环境影响评价

(第2版)

主　编　王罗春
副主编　蒋海涛　胡晨燕　周　振

北　京
冶 金 工 业 出 版 社
2021

内容简介

本书系统介绍了环境影响评价的基本概念、基本理论、有关法规和标准以及环境影响评价的程序和方法，尤其对大气、地表水与地下水、土壤、噪声、固体废物、生态等环境要素的评价作了详细的论述。此外，本书还包含了许多新的评价方法，如规划环境影响评价、区域环境影响评价、生命周期评价、社会经济环境影响评价、环境风险评价、累积影响评价等。本书不仅涵盖面广，系统性强，同时注重理论与实践的结合，在主要章节后附有环境影响评价的实例，以使学生了解环境影响评价工作实践。

本书可作为作为大学环境工程、城市规划、市政工程、环境科学与管理以及其他理工科有关专业的本科生和研究生的教学用书，也可供环境保护科技人员和管理人员常备阅读。

图书在版编目(CIP)数据

环境影响评价/王罗春主编. —2版. —北京：冶金工业出版社，2017.8（2021.7重印）
普通高等教育“十三五”规划教材
ISBN 978-7-5024-7558-1

Ⅰ.①环…　Ⅱ.①王…　Ⅲ.①环境影响—评价—高等学校—教材　Ⅳ.①X820.3

中国版本图书馆CIP数据核字（2017）第202523号

出版人　苏长永
地　　址　北京市东城区嵩祝院北巷39号　邮编　100009　电话　(010)64027926
网　　址　www.cnmip.com.cn　电子信箱　yjcbs@cnmip.com.cn
责任编辑　程志宏　徐银河　美术编辑　吕欣童　版式设计　孙跃红
责任校对　卿文春　责任印制　李玉山
ISBN 978-7-5024-7558-1
冶金工业出版社出版发行；各地新华书店经销；北京印刷一厂印刷
2012年2月第1版，2017年8月第2版，2021年7月第6次印刷
787mm×1092mm　1/16；21.25印张；513千字；321页
49.00元

冶金工业出版社　投稿电话　(010)64027932　投稿信箱　tougao@cnmip.com.cn
冶金工业出版社营销中心　电话　(010)64044283　传真　(010)64027893
冶金工业出版社天猫旗舰店　yjgycbs.tmall.com
（本书如有印装质量问题，本社营销中心负责退换）

第2版前言

《环境影响评价》自2012年出版以来，被多所院校选为教材，受到了环境工程、环境科学、资源环境与城乡规划管理等环境保护相关专业师生、工程技术人员及广大读者的欢迎和好评，并在2015年上海市教委开展的普通高校优秀教材的评选中荣获“上海普通高校优秀教材”奖。

《环境影响评价》一书出版已超过5年。随着经济社会的发展，环境保护形势的变化，特别是生态文明建设的推进，环境影响评价体系从法规、理论、内容、方法和技术上都有重大变化。面对环境领域新形势和新问题，党的十八大报告提出要大力推进生态文明，将生态文明建设放在突出地位，融入经济建设、政治建设、文化建设、社会建设各方面和全过程，努力建设美丽中国，实现中华民族永续发展。十八届三中全会进一步对建设生态文明提出了具体要求。环境保护法作为环境保护领域基础性、综合性的法律，应当反映中央提出的推进生态文明建设的新精神、新要求，为推进生态文明建设提供法治保障。为此国家做了一系列法规修订等的工作：

1. 《中华人民共和国环境保护法》2014年4月24日由第十二届全国人民代表大会常务委员会第八次会议修订，自2015年1月1日起施行，新《环境保护法》增加规定“未依法进行环境影响评价的建设项目，不得开工建设”。

2. 《建设项目环境影响评价资质管理办法》2015年4月2日由环境保护部部务会议修订，自2015年11月1日起施行，新办法规定事业单位不得出资成立环评机构，提高了申请机构环评工程师数量和业绩要求。

3. 《环境影响评价技术导则　总纲》（HJ2.1—2011）修订为《建设项目环境影响评价技术导则 总纲》（HJ2.1—2016），新导则明确建设单位为公众参与责任主体，删除了环境影响报告书（表）对公众参与、清洁生产、社会环境概况调查、总量控制、环境风险等章节内容的要求。

4. 《规划环境影响评价技术导则（试行）》（HJ/T 130—2003）修订为《规划环境影响评价技术导则　总纲》（HJ 130—2014），修改了规划环境影响预测与评价的内容、方法和要求。

5.《500kV超高压送变电工程电磁辐射环境影响评价技术规范》（HJ/T 24—1998）修订为《环境影响评价技术导则　输变电工程》（HJ 24—2014），将适用范围扩展为110kV及以上电压等级的交流输变电工程、100kV及以上电压等级的直流输电工程，增加了直流输电工程的评价内容要求。

6.《环境影响评价技术导则　地下水环境》（HJ 610—2011）修订为《环境影响评价技术导则　地下水环境》（HJ 610—2016），调整了地下水环境影响评价工作等级分级判定依据，等等。

作为教学使用的《环境影响评价》内容已显陈旧，不再反映学科发展的水平，也不能适应现阶段我国环境影响评价教学和工作的实际需要，因此有必要对教材进行相应修订，编写教材第2版。

本书编者本着理论与实际相结合、方法与应用相结合的原则，在基本保持教材总体框架和结构不变，即在保持和发扬原教材优势的前提下，对书中过时内容以及依据最新颁布的法规进行修订，并增加了一些新的知识和新的技术，力求较全面地反映国内当前环境影响评价领域法律法规水平、管理制度、科研与实践成果和学科发展趋势，同时也吸纳国外一些先进方法，除适应学科的发展和教学的需求外，也能满足从事环境评价管理的科技人员学习、参考和使用。

参与本次教材修订工作的包括：上海电力学院的王罗春（第3章、第6~10章、第13章）、胡晨燕（第2章、第5章、第12章、第14~16章）、周振（第1章、第3~4章、第7章）、田新梅（第6章、第8章、第11章），长江流域水资源保护局上海局的蒋海涛（第3章、第10章、第14章）、官春芬（第3章）、林剑波（第4章、第6章），中南大学的何德文（第6~7章）、复旦大学的包存宽（第11章）和上海大学的汪承伟（第8章、第10章）。

由于本书编者水平所限以及时间有限，书中存在一些遗漏和不足之处，恳请读者批评和指正。编写过程中参阅了环境影响评价技术导则以及国内出版的相关环境评价的文献，编者在此向相关文献作者深表谢意。

编　者

2017年4月28日于上海

第1版前言

自从20世纪60年代初“环境影响评价”概念的提出直到21世纪初的40多年中，环境影响评价已成为环境科学体系中一门基础学科和环境管理过程中的一项具体制度，也是公众参与环境保护与管理的一种有效途径。

近几年来，我国的环境影响评价在理论、法规、内容、方法和技术上都有长足进步，具体体现在：新颁布了《环境影响评价技术导则　地下水环境》(HJ 610—2011)，修订了《环境影响评价技术导则　声环境》(HJ 2.4—2009)和《环境影响评价技术导则　大气环境》(HJ 2.2—2008)，出台了《环境影响评价技术导则　公众参与（征求意见稿)》和《规划环境影响评价技术导则　总纲》(HJ 2.1—2011)，等等。目前已出版并且在国内高等院校普遍采用的《环境影响评价》教材，内容均已略显落伍，已不能反映学科发展的水平，也难以满足我国环境影响评价教学和实际工作的需要。正是基于此，编者本着理论与实际相结合、方法与应用相结合的原则，力图编写一本能较全面反映国内环境影响评价法规、管理制度、科研与实践成果，同时吸纳国内外先进方法和发展趋势的教材和工作参考书，以满足高等院校教学和从事环境评价管理的科技人员学习和参考之用。

本书内容全面，翔实，在编写过程中参考了国内高校使用率较高的相关教材，注意对新近颁布或修订的环境影响评价技术导则相关内容的更新，在立足国内环境影响评价实践的基础上，适当地介绍了国外环境影响评价程序、方法等，既使得本书具有实用性，又可拓宽学生的知识面。

本书可分为三个部分，第1章和第2章，主要介绍环境影响评价的基本概念及其在中国的发展与应用，使学生对我国的环境影响评价制度有基本了解；第3章~第9章，系统介绍环境影响评价的方法与技术，通过对主要环境要素如水、大气、土壤、生态等的环境影响评价的论述，使学生掌握环境影响评价的理论、技术和方法；第10章~第16章，扼要介绍国内外环境影响评价发展的某些新发展，如区域环境影响评价、社会经济环境影响评价、规划环境影响评价、累积环境影响评价和环境风险评价等，使学生从中掌握一些新的理念、方法和技术，并能继续跟踪这些发展。教材结构紧凑、逻辑性强，每章节前都附有内容摘要，章后附有适量的启发式思考题，利于学生总结、复习和思考。

参与本教材编写工作的有：上海电力学院的王罗春（第3章、第6章、第7章、第8章、第9章、第10章、第13章）、胡晨燕（第2章、第5章、第11章、第12章、第14章、第15章、第16章）、周振（第1章、第3章、第4章、第7章），长江流域水资源保护局上海局的蒋海涛（第3章、第9章、第13章），中南大学的何德文（第4章、第6章、第7章）和同济大学的包存宽（第10章）。此外，上海电力学院研究生张卓磊参与了部分章节的资料整理和文字输入工作。

由于时间和作者水平所限，书中存在疏漏和不妥之处，恳请读者批评指正。编写过程中引用了环境影响评价技术导则以及国内出版的多本相关环境评价教材及参考资料，在此谨向文献作者深表谢意。

编　者

2011.8.15于上海

目　录

1 环境影响评价的基本概念

[内容摘要] 环境是指人类赖以生存和发展的物质条件的综合体，其基本特性有整体性和区域性、变动性和稳定性、资源性和价值性。环境影响是指人类活动对环境的作用和导致的环境变化以及由此引起的对人类社会和经济的效应。环境影响评价的根本目的是鼓励在规划和决策中考虑环境因素，以达到人类活动和环境相协调，是社会经济可持续发展的重要保证。目前世界上已有100多个国家开展了环境影响评价工作，且包括中国在内的大多数国家都以法律规定的形式确定了环境影响评价制度。环境标准是环境评价的准绳，只有依靠环境标准，才能对环境变化作出定量化的比较和评价，从而为环境污染综合整治提供科学依据。

1.1 环　　境

1.1.1 环境的概念

1.1.1.1 环境

环境的定义是环境影响评价的核心。环境是相对于中心事物而言的。某一中心事物周围的事物，就是这一中心事物的环境。在环境影响评价的过程中，需要有明确的评价对象，在相应的环境影响报告书文本、法规、政策、条例，甚至国际公约或条约中也出现环境的概念，因此必须有界定清楚，便于环境影响评价工作的环境定义。在环境科学领域中，环境是指以人类为主体的外部世界的总体，即人类赖以生存和发展的物质条件综合体。外部世界主要指人类已经认识到的，直接或间接影响人类生存和社会发展的各种自然因素和社会因素。自然因素包括高山、大海、江河、湖泊、天然森林、野生动植物等，社会因素则包括住房、工厂、桥梁、娱乐设施等人工构筑物以及经济、政治、文化等要素。自然因素的总体称为自然环境，社会因素的总体称为社会环境，人类环境包括自然环境和社会环境。

《中华人民共和国环境保护法》所称的环境是：影响人类生存和发展的各种天然的和经过人工改造的自然因素的总体，包括大气、水、海洋、土地、矿藏、森林、草原、野生动物、自然遗迹、自然保护区、风景名胜区、城市和乡村等。这是把环境中应当保护的要素或对象界定为环境的一种定义，它是从实际工作的需要出发，对环境一词的法律适用对象或适用范围所做的规定，其目的是保证法律的准确实施。

环境科学将地球环境按其组成要素分为大气环境、水环境、土壤环境和生态环境。前三种环境又可称为物化环境，有时还形象地称之为大气圈、水圈、岩石圈（土圈）和居于上述三圈交接带或界面上的生物圈。从人类的角度看，它们都是人类生存与发展所依赖的环境，其中生物圈就是通常所称的生态环境。

大气、水、土壤和生物圈都是地球长期进化形成的，具有特定的组成、结构并按一定的自然规律运行。这些性质就构成了它们的质量要素。地球上一切生物，包括人类在内，都是在特定的环境中产生和发展的。生物与其环境相互作用，相互适应，最终形成一种平衡和协调的关系。但是，人类活动增加或减少某种环境组成成分，或破坏其固有结构，或扰乱其运行规律，会造成社会环境质量的下降，破坏生物（包括人类）与环境长期形成的和谐关系，或者说使环境变得不大适宜于人类的生存和发展需要。所以，环境质量是一种对人类生存和发展适宜程度的标志，环境问题也大多是指环境质量变化问题。

1.1.1.2 环境质量

环境质量包括环境的整体质量（或综合质量），如城市环境质量和各环境要素的质量，即大气环境质量、水环境质量、土壤环境质量和生态环境质量。

表征环境质量的优劣或变化趋势常采用一组参数，可称为环境质量参数。它们是对环境组成要素中各种物质的测定值或评定值。例如，以 pH 值、化学需氧量、溶解氧浓度和微量有害化学元素的含量、农药含量、细菌菌群数等参数表征水环境质量。

为了保护人体健康和生物的生存环境，要对污染物（或有害因素）的含量做出限制性规定，或者根据不同的用途和适宜性，要将环境质量分为不同的等级，并规定其污染物含量限值或某些环境参数（如水中溶解氧）的要求值，这就构成了环境质量标准。这些标准就成为衡量环境质量的尺度。

1.1.2 环境的基本特性

环境的特性可以从不同的角度来认识和表述。从与环境影响评价有密切关系出发，可把环境系统的特性归纳为如下三方面特性。

1.1.2.1 整体性与区域性

环境的整体性又称为环境的系统性，是指各环境要素或环境各组成部分之间，因有其相互确定的数量与空间位置，并以特定的相互作用而构成的具有特定结构和功能的系统。因此，环境的整体性体现在环境系统的结构和功能方面。环境系统的各要素或各组成部分之间通过物质、能量流动网络而彼此关联，在不同的时刻呈现出不同的状态。环境系统的功能也不是各组成要素功能的简单加和，而是由各要素通过一定的联系方式所形成的，与结构紧密相关的功能状态。

环境的整体性是环境最基本的特性。因此，对待环境问题也不能采用孤立的观点。任何一种环境因素的变化，都可能导致环境整体质量的降低，并最终影响人类的生存和发展。例如，燃煤排放 SO_2，不仅恶化了大气环境质量，酸沉降还酸化了水体和土壤，进而导致水生生态系统和农业生态环境质量恶化，因而减少了农业产量并降低了农产品的品质。

同时，环境又有明显的区域差异，这一点生态环境表现得尤为突出。环境的区域性指的就是环境特性存在的区域差异。例如，内陆的季风和逆温、滨海的海陆风，就是地理区域不同导致的大气环境差异。海南岛是热带生态系统，西北内陆却是荒漠生态系统，这是气候不同造成的生态环境差异。环境的区域性不仅体现了环境在地理位置上的变化，还反映了区域社会、经济、文化、历史等的多样性。因此研究环境问题又必须注意其区域差异造成的差别和特殊性。

1.1.2.2 变动性和稳定性

环境的变动性是指在自然的、人为的，或两者共同的作用下，使环境的内部结构和外在状态始终处于不断变化之中。环境的稳定性是相对于变动性而言的。所谓稳定性是指环境系统具有一定的自我调节功能的特性，也就是说，环境结构与状态在自然的和人类社会行为的作用下，所发生的变化不超过这一限度时，环境可以借助于自身的调节功能使这些变化逐渐消失，环境结构和状态可以基本恢复到变化前的状态。例如，生态系统的恢复，水体自净作用等，都是这种调节功能的体现。

环境的变动性和稳定性是相辅相成的。变动是绝对的，稳定是相对的。前述的"限度"是决定能否稳定的条件，而这种"限度"由环境本身的结构和状态决定。目前的问题是由于人口快速增长，工业迅速发展，人类干扰环境和无止境的需求与自然的供给不成比例，各种污染物与日俱增，自然资源日趋枯竭，从而使环境发生剧烈变化，破坏了其稳定性。因此，人类社会必须自觉地调控自己的行为，使之适应环境自身的变化规律，以求得环境资源的可重复利用，并向着更加有利于人类社会生存发展的方向变化。

1.1.2.3 资源性与价值性

环境提供了人类存在和发展的空间，同时也提供了人类必需的物质和能量。环境为人类生存和发展提供必需的资源，这就是环境的资源性。也可以说，环境就是资源。

环境资源包括物质性（以及以物质为载体的能量性）和非物质性两方面。环境资源包括空气资源、生物资源、矿产资源、淡水资源、海洋资源、土地资源、森林资源等。这些环境资源属于物质性方面。环境提供的美好景观和广阔空间，是另一类可满足人类精神需求的资源，体现了环境非物质性的一面。环境也提供给人类多方面的服务，尤其是生态系统的环境服务功能，如涵养水源、防风固沙、保持水土等，都是人类不可缺少的生存与发展条件。

环境具有资源性，当然就具有价值性。人类的生存与发展，社会的进步，一刻都离不开环境。从这个意义上来看，环境具有不可估量的价值。

对于环境的价值，有一个如何认识和评价的问题。历史地看，最初人们从环境中取得物质资料，满足生活和生产的需要，这是自然的行为，对环境造成的影响也不大。在长期的和有意无意之中，形成环境资源是取之不尽，用之不竭的观念，或者说环境无所谓价值，环境无价值。随着人类社会的发展进步，特别是自工业革命以来，人类社会在经济、技术、文化等方面都得到突飞猛进的发展，人类对环境的要求增加，干预环境的程度、范围、方式等，都大大不同于以往，对环境的压力增大。环境污染的产生，危害人群健康；环境资源的短缺，阻碍社会经济的可持续发展。人们开始认识到环境价值的存在。但不同的地区，由于文化传统、道德观念以及社会经济水平等的不同，所认为的环境价值往往有差异。

环境价值是一个动态的概念，随着社会的发展，环境资源日趋稀缺，人们对环境价值的认识在不断深入，环境的价值正在迅速增加。有些原先并不成为有价值的东西，也变得十分珍贵了。例如，阳光、海水、沙滩，现称"3S"资源，在农业社会是无所谓价值的，但在工业社会和城市化高度发展的今天，它们已成为旅游业的资源基础。从这点出发，对环境资源应持动态的、进步的观点。

1.2 环境影响及其特征

1.2.1 环境影响的概念

环境影响是指人类活动（经济活动、社会活动和政治活动）对环境的作用和导致的环境变化以及由此引起的对人类社会和经济的效应。因此，环境影响概念包括人类活动对环境的作用和环境对人类的反作用两个层次。研究人类活动对环境的作用是认识和评价环境对人类的反作用的手段和前提条件，而认识和评价环境对人类的反作用是为了制定出缓和不利影响的对策措施，改善生活环境，维护人类健康，保证和促进人类社会的可持续发展，这也是我们研究环境影响的根本目的。一般而言，环境对人类的反作用要远比人类活动对环境的作用复杂。

环境影响的程度与人的开发行动密切相关，开发行动的性质、范围和地点不同，受影响的环境要素变化的范围和程度也不同。在研究一项开发行动对环境的影响时，首先应该注意那些受到重大影响的环境要素的质量参数（或称环境因子）的变化。例如，建设一个大型的燃煤火力发电厂，使周围大气中二氧化硫浓度显著增加，城市污水经过一级处理后排入海湾会使排放口附近海水中有机物浓度显著升高，会影响原有水生生态的平衡。

1.2.2 环境影响的分类

环境影响有多种不同的分类，比较常见的有三种分类方法。

1.2.2.1 按照影响来源划分

根据影响来源不同，环境影响可分为直接影响、间接影响和累积影响。直接影响是指由于人类活动的结果而对人类社会或者其他环境的直接作用，而这种直接作用诱发的其他后续结果则为间接影响。直接影响与人类活动在时间上同时，在空间上同地；而间接影响在时间上推迟，在空间上较远，但是在可合理预见的范围内。如空气污染造成人体呼吸道疾病，这是直接影响，而由于疾病导致工作效率降低，收入下降等则属于间接影响。又如某一开发建设造成大气和水体的质量变化，或改变区域生态系统结构，造成区域环境功能改变，这是直接影响；而导致该地区人口集中、产业结构和经济类型的变化是间接影响。直接影响一般比较容易分析和测定，而间接影响就不太容易。间接影响空间和时间范围的确定，影响结果的量化等，都是环境影响评价中比较困难的工作。确定直接影响和间接影响并对其进行分析和评价，可以有效地认识评价项目的影响途径、范围、影响状况等，对于如何缓解不良影响和采用替代方案有重要意义。

累积影响是指一项活动的过去、现在及可以预见的将来影响具有累积性质，或多项活动对同一地区可能叠加的影响。当建设项目的环境影响在时间上过于频繁或在空间上过于密集，以至于各项目的影响得不到及时消除时，都会产生累积影响。累积影响的实质是各单项活动影响的叠加和扩大。

1.2.2.2 按照影响效果划分

按照影响效果划分，环境影响可分为有利影响和不利影响。这是一种从受影响对象的损益角度进行划分的方法。有利影响是指对人群健康、社会经济发展或其他环境的状况和功能有积极的促进作用的影响。反之，对人群健康有害或对社会经济发展或其他环境状况有消极阻碍或破坏作用的影响，则为不利影响。需注意的是，不利与有利是相对的，是可以相互转化的，而且不同的个人、团体、组织等由于价值观念、利益等的不同，对同一环境的评价会不尽相同，导致同一环境变化可能产生不同的环境影响。环境影响的有利和不利的确定，要考虑多方面的因素，是一个比较困难的问题，也是环境影响评价工作中经常需要认真考虑、调研和权衡的问题。

1.2.2.3 按照影响性质划分

按照影响性质划分，环境影响可分为可恢复影响和不可恢复影响。可恢复影响是指人类活动造成的环境某特性改变或某价值丧失后可能恢复，如油轮泄油或者海底油田泄露事件，造成大面积海域污染，但经过一段时间后，在人为努力和环境自净作用下，又可恢复到污染以前的状态，这是可恢复影响。而开发建设活动使某自然风景区改变成为工业区，造成其观赏价值或舒适性价值的完全丧失，是不可恢复影响。一般认为，在环境承载力范围内对环境造成的影响是可恢复的；超出了环境承载力范围，则为不可恢复影响。

另外，环境影响还可分为：短期影响和长期影响；暂时影响和连续影响；地方、区域、国家和全球影响；建设阶段、运行阶段和服务期满后影响；单个影响和综合影响等。

1.3 环境影响评价

1.3.1 环境影响评价概念

环境影响评价（Environmental Impact Assessment，EIA）的概念始于1964年在加拿大召开的国际环境质量评价会议。环境影响评价是指人们在采取对环境有重大影响的行动之前，在充分调查研究的基础上，识别、预测和评价该行动可能带来的影响，按照社会经济发展与环境保护相协调的原则进行决策，并在行动之前制定出消除或减轻负面影响的措施。环境影响评价的根本目的是鼓励在规划和决策中考虑环境因素，最终达到更具环境相容性的人类活动。

环境影响评价一般分为环境质量评价（主要是环境现状质量评价）、环境影响预测与评价以及环境影响后评估。这是一个不断评价和不断完善决策的过程。

环境质量评价（Environmental Quality Assessment，EQA）是依据国家和地方制定的环境质量标准，用调查、监测和分析的方法，对区域环境质量进行定量判断，并说明其与人体健康、生态系统的相关关系。环境质量评价根据不同时间域，可分为环境质量回顾评价（过去的环境质量）、环境质量现状评价和环境质量预测评价。在空间域上，可分为局地环境质量评价、区域环境质量评价和全球环境质量评价等。涉及建设项目的环境质量评价主要是环境质量现状评价。

环境影响后评估可以认为是环境影响评价的延续，是在开发建设活动实施后，对环境的实际影响程度进行系统调查和评估，检查对减少环境影响的落实程度和实施效果，验证环境影响评价结论的正确可靠性，判断提出的环保措施的有效性，对一些评价时尚未认识到的影响进行分析研究，以达到改进环境影响评价技术方法、提高管理水平，并采取补救措施达到消除不利影响的作用。

环境影响评价是一种过程，这种过程重点在决策和开发建设活动开始前，体现出环境影响评价的预防功能。决策后或开发建设活动开始，通过实施环境监测计划和持续性研究，环境影响评价还在延续，不断验证其评价结论，并反馈给决策者和开发者，进一步修改和完善其决策和开发建设活动。环境影响评价的过程包括一系列的步骤，这些步骤按顺序进行；各个步骤之间存在着相互作用和反馈机制。在实际工作中，环境影响评价的工作过程可以有所不同，而且各步骤的顺序也可能变化。环境影响评价是一个循环的和补充的过程。

一种理想的环境影响评价过程，应该能够满足以下条件：

（1）基本上适应所有可能对环境造成显著影响的项目，并能够对所有可能的显著影响作出识别和评估；

（2）对各种替代方案（包括项目不建设或地区不开发的方案）、管理技术、减缓措施进行比较；

（3）编写出清楚的环境影响报告书（EIS），以使专家和非专家都能了解可能影响的特征及其重要性；

（4）进行广泛的公众参与和严格的行政审查；

（5）能够及时为决策提供有效信息。

1.3.2　环境影响评价的基本功能

环境影响评价作为一项有效管理工具，具有四种基本功能：判断功能、预测功能、选择功能和导向功能。评价的基本功能在评价的基本形式中得到充分的体现。

评价的基本形式之一，是以人的需要为尺度，对已有的客体作出价值判断。例如，从可持续发展角度，对人的行为作出功利判断和道德判断，对自然风景区作出审美价值判断等。现实生活中，人们对许多已存在的有利或有害的价值关系并不了解，越是熟悉的东西，越有可能因熟视无睹而一无所知。而通过这一判断，可以了解客体的当前状态，并提示客体与主体需要的满足关系是否存在以及在多大程度上存在。

评价的基本形式之二，是以人的需要为尺度，对将形成的客体的价值作出判断。显然，这是具有超前性的价值判断。其特点在于，它是在思维中构建未来的客体，并对这一客体与人的需要的关系作出判断，从而预测未来客体的价值。这一未来客体，有可能是现有客体所导致的客体，也可能是现有客体可能导致的客体中的一种，还可能是新创造的客体。这时的评价是对这些客体与人的需要的满足关系的预测，或者说是一种可能的价值关系的预测。人类通过这种预测而确定自己的实践目标，确定哪些是应当争取的，而哪些是应当避免的。评价的预测功能是其基本功能中非常重要的一种功能。

评价的基本形式之三，是将同样都具有价值的客体进行比较，从而确定其中哪一个是更有价值，更值得争取的，这是对价值序列的判断，也可称为对价值程度的判断。在现实生活中，人们常常面临着不同的选择，面临鱼与熊掌不可兼得或两害相权取其轻的有所取有所舍的情况，在这种必须作出选择的情势下，评价的功能就是确定哪一种更值得取，而哪一种更应该舍。这就是评价所具有的选择功能。通过评价而将取与舍在人的需要的基础上统一起来，理智和自觉地倾向于被选择之物，以使实践活动更加符合目的和顺利。

在人类活动中，评价最为重要的、处于核心地位的功能是导向功能，以上三种功能都隶属于这一功能。人类理想的活动是使目的与规律达到统一，其中目的的确立要以评价所判定的价值为基础和前提，而对价值的判断是通过对价值的认识、预测和选择这些评价形式才得以实现的。所以也可以说，人类活动目的的确立应基于评价，只有通过评价，才能建立合理的和合乎规律的目的，才能对实践活动进行导向和调控。

综上所述，可以简单地说，评价是人或人类社会对价值的一种能动的反映，评价具有判断、预测、选择和导向四种基本功能。这就是环境影响评价的哲学依据。在环境影响评价的实际工作中，环境影响评价的概念、内容、方法、程序以及决策等都体现出上述依据。同时，我们也在不断地运用环境影响评价的哲学依据，发现环境影响评价中的不足，解决面临的问题，不断地充实和发展环境影响评价，使这一领域的工作顺应社会的要求，实现可持续发展。

1.3.3 环境影响评价的重要性

环境影响评价是一项技术，也是正确认识经济发展、社会发展和环境发展之间相互关系的科学方法，是使经济发展符合国家总体利益和长远利益、强化环境管理的有效手段，对确定经济发展方向和保护环境等一系列重大决策都有重要作用。环境影响评价能为地区社会经济发展指明方向，有助于合理确定地区发展的产业结构、产业规模和产业布局。环境影响评价过程是对一个地区的自然条件、资源条件、环境质量条件和社会经济发展现状进行综合分析的过程，它是根据一个地区的环境、社会、资源的综合能力，将人类活动不利于环境的影响限制到最小。

环境影响评价的重要性体现在以下方面。

(1) 保证项目选址和布局的合理性。合理的经济布局是保证环境与经济持续发展的前提条件，而不合理的布局则是造成环境污染的重要原因。环境影响评价从项目所在地区的整体出发，考察建设项目的不同选址和布局对区域整体的不同影响，并进行比较和取舍，选择最有利的方案，保证建设选址和布局的合理性。

(2) 指导环境保护设计，强化环境管理。一般来说，开发建设活动和生产活动，都要消耗一定的资源，都会给环境带来一定的污染与破坏，因此必须采取相应的环境保护措施。环境影响评价针对具体的开发建设活动或生产活动，综合考虑开发活动特征和环境特征，通过对污染治理设施的技术、经济和环境论证，可以得到相对最合理的环境保护对策和措施，把因人类活动而产生的环境污染或生态破坏限制在最小范围内。

(3) 为区域的社会经济发展提供导向。环境影响评价可以通过对区域的自然条件、资源条件、社会条件和经济发展等进行综合分析，掌握该地区的资源、环境和社会等状况，从而对该地区的发展方向、发展规模、产业结构和产业布局等作出科学的决策和规划，指导区域活动，实现可持续发展。

(4) 促进相关环境科学技术的发展。环境影响评价涉及自然科学和社会科学的广泛领域，包括基础理论研究和应用技术开发。环境影响评价工作中遇到的问题，必然会对相关环境科学技术提出挑战，进而推动相关环境科学技术的发展。

1.4 环境影响评价制度及其法规体系

1.4.1 环境影响评价制度

环境影响评价制度是指把环境影响评价工作以法律、法规或行政规章的形式确定下来从而必须遵守的制度。环境影响评价不等于环境影响评价制度，前者是指导人类开发活动的一种科学方法和技术手段，但没有约束力，后者提供了环境影响评价的法律依据。

环境影响评价制度要求在工程、项目、计划和政策等活动的拟定和实施中，除了传统的经济和技术等因素外，还要考虑环境影响，并把这种考虑体现到决策中去。因此，环境影响评价制度的建立体现了人类环境意识的提高，是正确处理人与环境关系，保证社会经济与环境协调发展的一个进步。

美国是世界上第一个把环境影响评价用法律固定下来并建立环境影响评价制度的国家，1970 年 1 月 1 日正式实施的美国《国家环境政策法》标志着环境影响评价制度的建立。继美国建立环境影响评价制度后，先后有瑞典（1970 年）、新西兰（1973 年）、加拿大（1973 年）、澳大利亚（1974 年）、马来西亚（1974 年）、德国（1976 年）、印度（1978 年）、菲律宾（1979 年）、泰国（1979 年）、中国（1979 年）、印度尼西亚（1979 年）、斯里兰卡（1979 年）等国家建立了环境影响评价制度。

经过 40 多年的发展，已有 100 多个国家建立了环境影响评价制度。但从立法上看，其形式是不同的。有的国家在国家环境保护法律中肯定了环境影响评价制度，或者制定了专门的环境影响评价法律、法规或规范性文件，如美国、瑞典、澳大利亚、加拿大、法国、中国、阿根廷、尼日利亚等国家。有的国家并没有以国家法律的形式予以肯定，但在其他有关制度或法规中包括了环境影响评价方面的内容，如日本、英国、新西兰等。有些没有环境影响评价立法的国家则正在或者计划制定有关法律。

一般来说，环境影响评价制度不管是以明确的法律形式确定下来，还是以其他形式存在，都具有强制性的共同特点。即建设项目必须进行环境影响评价，对环境可能产生重大影响的必须作出环境影响报告书，报告书的内容包括开发项目对自然环境、社会环境及经济发展将产生的影响，拟采取的环境保护措施及其经济、技术论证等。当然也有例外情况，如新西兰就并不强制所有项目都做环境影响评价，只要求对环境有重大影响的项目需作环境影响评价，其性质是带有教育性的，目的是让计划者自己来评价该计划对环境所产生的影响，从而提高对环境的认识。

1.4.2 环境影响评价的法规体系

我国的环境影响评价制度融汇于环境保护的法律法规体系之中，该体系以《中华人民共和国宪法》关于环境保护的规定为基础，以综合性环境基本法为核心，以相关法律关于环境保护的规定为补充，是由若干相互联系协调的环境保护法律、法规、规章、标准及国际条约所组成的一个完整而又相对独立的法律法规体系。我国的环境影响评价法律体系由以下八个层次构成。

1.4.2.1 宪法中关于环境保护的规定

1982年12月4日通过的《中华人民共和国宪法》第二十六条规定："国家保护和改善生活环境和生态，防治污染和其他公害。"第九条规定："国家保障自然资源的合理利用，保护珍贵的动物和植物。禁止任何组织或者个人用任何手段侵占或破坏自然资源。"第十条、第二十二条也有关于环境保护的规定。这是国家以根本大法的形式，作出保护自然生态环境、合理利用自然资源、防治污染和其他公害的规定。宪法的这些规定是中国环境保护工作的最高准则，也是确定环境影响评价制度的最根本的法律依据。

1.4.2.2 环境保护基本法中的规定

1979年9月13日，《中华人民共和国环境保护法（试行）》颁布，标志着我国的环境保护工作进入法治轨道，带动了我国环境保护立法的全面开展。1989年颁布实施的《中华人民共和国环境保护法》是中国环境保护的基本法，在环境保护法律体系中占核心地位，是其他单项环境立法的依据。该法于2014年4月24日由第十二届全国人民代表大会常务委员会第八次会议修订，共70条，分为"总则"、"监督管理"、"保护和改善环境"、"防治污染和其他公害"、"信息公开和公众参与"、"法律责任"及"附则"七章。

《中华人民共和国环境保护法》第十九条明确规定："编制有关开发利用规划，建设对环境有影响的项目，应当依法进行环境影响评价。未依法进行环境影响评价的开发利用规划，不得组织实施；未依法进行环境影响评价的建设项目，不得开工建设"。

这一条款在法律上确认了规划和建设项目的环境影响评价制度，并为行政法规中具体规范环境影响评价制度提供了法律依据和基础。

1.4.2.3 环境保护单行法

环境保护单行法是针对特定的污染防治对象或资源保护对象而制定的。它分为两大类：一类是自然资源保护法，如《中华人民共和国森林法》、《中华人民共和国草原法》、《中华人民共和国渔业法》、《中华人民共和国矿产资源法》、《中华人民共和国土地管理法》、《中华人民共和国水法》、《中华人民共和国野生动物保护法》、《中华人民共和国水土保持法》和《中华人民共和国气象法》等；另一类是污染防治法，如《中华人民共和国水污染防治法》、《中华人民共和国大气污染防治法》、《中华人民共和国固体废物污染环境防治法》、《中华人民共和国环境噪声污染防治法》、《中华人民共和国海洋环境保护法》、《中华人民共和国清洁生产促进法》和《中华人民共和国放射性污染防治法》等。这些法律中，基本都有关于环境影响评价的相关规定。

2002年10月28日通过的《中华人民共和国环境影响评价法》作为一部独特的环境保护单行法，规定了规划和建设项目环境影响评价的相关法律要求，是近十多年来我国环境立法的重大进展。它将环境影响评价的范畴从建设项目扩展到规划即战略层次，力求从决策的源头防止环境污染和生态破坏，标志着我国环境与资源立法进入了一个新的阶段。

1.4.2.4 环境保护行政法规

环境保护行政法规是由国务院制定并公布，或者经国务院批准由有关主管部门公布的环境保护规范性文件。它分为两类，一类是为执行某些环境保护单行法而制定的实施细则或条例；另一类是针对环境保护工作中某些尚无相应单行法律的重要领域而制定的条例、规定或办法。例如《中华人民共和国大气污染防治法实施细则》、《建设项目环境保护管理条例》等。

1.4.2.5 环境保护部门规章

环境保护部门规章是由国务院环境保护行政主管部门单独发布或者与国务院有关部门联合发布的环境保护规范性文件。它以有关的保护法律法规为依据制定，或针对某些尚无法律法规的领域作相应规定。

1.4.2.6 环境保护地方性法规和地方政府规章

环境保护地方性法规和地方政府规章是依照宪法和法律享有立法权的地方权力机关和地方行政机关（包括省、自治区、直辖市、省会城市、国务院批准的较大的市及计划单列市的人民代表大会及其常务委员会、人民政府）制定的环境保护规范性文件。这些规范性文件是根据本地的实际情况和特殊的环境问题，为实施环境保护法律法规而制定，具有较强的可操作性。

1.4.2.7 环境标准

我国环境标准具有法规约束性，是我国环境保护法规所赋予的。在《中华人民共和国环境保护法》、《中华人民共和国大气污染防治法》、《中华人民共和国水污染防治法》、《中华人民共和国海洋环境保护法》、《中华人民共和国噪声污染防治法》和《中华人民共和国固体废物污染防治法》等法规中，都规定了实施环境标准的条款，使环境标准成为执法必不可少的依据和环境保护法规的重要组成部分。我国环境标准本身所具有的法规特征是：国家环境标准绝大多数是法律规定必须严格贯彻执行的强制性标准。国家环境标准是国家环保部组织制定、审批、发布，地方环境标准由省级人民政府组织制定、审批、发布。这就使我国环境标准具有行政法规的效力。国家环境标准明确规定了适用范围，及企事业单位在排放污染物时必须达到、可以达到的各项技术指标要求，规定了监测分析的方法以及违反要求所应承担的经济后果等，同时我国环境标准从制（修）订到发布实施有严格的工作程序，使环境标准具有规范性特征。国家环境标准又是国家有关环境政策在技术方面的具体体现，如我国环境质量标准兼顾了我国环保的区域性和阶段性特征，体现了我国经济建设和环境建设协调发展的战略政策；我国污染物排放标准综合体现了国家关于资源综合利用的能源政策、淘劣奖优的产业政策，鼓励科技进步的科技政策等，其中行业污染物排放标准又着重体现了我国行业环保政策。

1.4.2.8 环境保护国际公约

我国已经缔结或者签署的多边国际环境保护条约 50 多项，如《防止倾倒废弃物和其他物质污染海洋公约》（1972 年伦敦公约）、《关于保护臭氧层的维也纳公约》（1985 年）、《关于消耗臭氧层物质的蒙特利尔议定书》（1987 年）、《控制危险废物越境转移及其处置的巴塞尔公约》（1992 年）、《关于持久性有机污染物的斯德哥尔摩公约》（2001 年）以及《联合国气候变化框架公约》（2005 年）京都议定书等。

我国环境保护法律法规各层次之间的相互关系包括以下五点：

（1）环境保护法律体系建立是以《宪法》为依据，法律这个层次不管是环境保护的综合法、单行法和相关法中环境保护的要求的法律效力是一样的；

（2）如果法律规定中，有不一致的地方，应按颁布时间遵循后法大于先法；

（3）国务院环境保护行政法规的法律地位仅次于法律；

(4) 部门行政规章、地方环境法规和地方政府规章均不得违背法律和行政法规的规定，地方法规和地方政府规章只对制定法规、规章的辖区内有效；

(5) 中国的环境保护法律如与中国参加和签署的国际公约有不同规定时，应优先适用国际公约的规定；但我国声明的有保留的条款除外。

1.5 环境影响评价的标准体系

根据国际标准化组织的定义，标准是经公认的权威机关批准的一项特定标准化工作的成果，它可采用下述表现形式：(1) 一项文件，规定一整套必须满足的条件；(2) 一个基本单位或物理常数，如：安培、绝对零度；(3) 可用作实体比较的物体。在开展环境影响评价和环境管理工作的过程中，都必须依据相关的环境标准。

1.5.1 环境标准的概念和作用

1.5.1.1 环境标准的概念

环境标准是为了防治环境污染，维护生态平衡，保护人群健康而对环境保护工作中需要统一的各项技术规范和技术要求所做的规定。具体来讲，环境标准是国家为了保护人民健康、促进生态良性循环、实现社会经济发展目标，根据国家的环境政策和法规，在综合考虑国家自然环境特征、社会经济条件和科学技术水平的基础上，规定环境中污染物的允许含量和污染源排放污染物的数量、浓度、时间和速率以及其他有关技术规范。

环境标准是国家环境政策在技术方面的具体体现，是行使环境监督管理和进行环境规划的主要依据，是推动环境科技进步的动力。由此可以看出，环境标准是随环境问题的产生而出现，随科技进步和环境科学的发展而发展的，在种类（国家环境标准五类）和数量上也越来越多。环境标准为社会生产力的发展创造了良好的条件，但同时也受到社会生产力发展水平的制约。

1.5.1.2 环境标准在环境保护中所起的作用

(1) 制订环境规划和环境计划的主要依据。保护人民群众的身体健康，促进生态良性循环和保护社会财物不受损害，都需要使环境质量维持在一定的水平上，这种水平是由环境质量标准规定的。制订环境规划和计划需要有一个明确的目标，环境目标就是依据环境质量标准提出的。

像制订经济计划需要生产指标一样，制订保护环境的计划也需要一系列的环境指标，环境质量标准和按行业制订的与生产工艺、产品质量相联系的污染物排放标准正是这种类型的指标。

有了环境质量标准和排放标准，国家和地方就可以依据它们来制订控制污染和破坏以及改善环境的规划、计划，也有利于将环境保护工作纳入各种社会经济发展计划中。

(2) 环境评价的准绳。无论是进行环境质量现状评价和编制环境质量报告书，还是进行环境影响评价，编制环境影响报告书，都需要依据环境标准做出定量化的比较和评价，正确判断环境质量状况和环境影响大小，为进行环境污染综合整治以及采取切实可行的减轻或消除环境影响的措施提供科学的依据。

(3) 环境管理的技术基础。环境管理包括环境立法、环境政策、环境规划、环境评价和环境监测等。如制定的大气、水质、噪声、固体废物等方面的法令和条例中，就包含了环境标准的要求。环境标准用具体数字体现了环境质量和污染物排放应控制的界限和尺度。超越这些界限，污染了环境，即违背法规。环境管理是执法过程，也是实施环境标准的过程。如果没有各种环境标准，环境法规将难以具体执行。

（4）提高环境质量的重要手段。颁布和实施环境标准可以促使企业进行技术改造和技术革新，提高资源和能源的利用率，努力达到环境标准的要求。显然，环境标准的作用不仅表现在环境效益上，也表现在经济效益和社会效益上。

（5）成为环境保护科技进步的推动力。环境标准与其他任何标准一样，是以科学技术与实践的综合成果为依据制订的，具有科学性和先进性，代表了今后一段时期内科学技术的发展方向。这使得标准在某种程度上成为判断污染防治技术、生产工艺与设备是否先进可行的依据，成为筛选、评价环保科技成果的一个重要尺度，对技术进步起到导向作用。同时，环境方法、样品、基础标准统一了采样、分析、测试、统计计算等技术方法，规范了环保有关技术名词、术语等，保证了环境信息的可比性，使环境科学各学科之间、环境监督管理各部门之间以及环境科研和环境管理部门之间有效的信息交往和相互促进成为可能。标准的实施还可以起到强制推广先进科技成果的作用，加速了科技成果转化，使污染防治新技术、新工艺、新设备尽快得到推广应用。

（6）投资导向作用。环境标准中指标值的高低是确定污染源治理污染资金投入的技术依据：在基本建设和技术改造项目中也是根据标准值，确定治理程度，提前安排污染防治资金。环境标准对环境投资的这种导向作用是明显的。

1.5.2 环境标准体系

各种环境标准之间是相互联系、依存和补充的。环境标准体系就是按照各个环境标准的性质、功能和内在联系进行分级、分类所构成的一个有机整体。这个体系随全世界或各个国家不同时期的社会经济和科学技术发展水平的变化而不断修订、充实和发展。

1.5.2.1 环境标准分类及含义

环境标准种类繁多，依分类原则而异。

按标准的级别可分为国际级、国家级、地方级和（或）部门级。例如，饮用水标准就有1971年世界卫生组织（WHO）制定的《国际饮用水标准》，中国于2006年制定的《国家生活饮用水标准》（GB 5749—2006），建设部制定的《生活饮用水水源水质标准》（CJ 3020—1993），2001年卫生部发布的《生活饮用水水质卫生规范》等。有些省市结合本地情况也制定了补充标准。

按标准的性质可分为具有法律效力的强制性标准和推荐性标准。凡是环境保护法规条例和标准化方法上规定必须执行的标准为强制性标准，如污染物排放标准、环境基础标准、分析方法标准、环境标准物质标准和环保仪器设备标准中的大部分标准，均属强制性标准；环境质量标准中的警戒性标准也属强制性标准。推荐性标准是在一般情况下应遵循的要求或做法，但不具有法定的强制性。

按标准控制的对象和形式可分为环境质量标准、污染物排放标准、基础标准和方法标准以及环境标准物质标准和环保仪器设备标准四大类。

1.5.2.2 我国的环境标准体系

我国现行的环境标准体系是从国情出发，总结多年来环境标准工作经验以及参考国际和国外的环境标准体系规定的。我国的环境标准体系分为“六类两级”，如图 1-1 所示。六类是环境质量标准、污染物排放标准（或污染控制标准）、环境基础标准、环境方法标准、环境标准物质标准和环保仪器设备标准。两级是国家环境标准和地方环境标准，其中环境基础标准、环境方法标准、环境标准物质标准等只有国家标准，并尽可能与国际接轨。

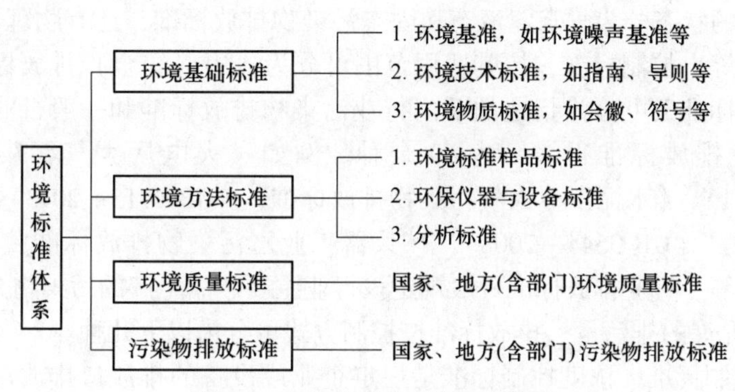

图 1-1 我国现行的环境标准体系

A 环境质量标准

环境质量标准是指在一定时间和空间范围内，对各种环境要素（如大气、水、土壤等）中的污染物或污染因子所规定的允许含量和要求，是衡量环境污染的尺度，也是环境保护有关部门进行环境管理、制定污染排放标准的依据。环境质量标准分为国家和地方两级。

国家环境质量标准是由国家按照环境要素和污染因子规定的标准，适用于全国范围；地方环境质量标准是地方根据本地区的实际情况对某些指标的更严格的要求，是国家环境标准的补充完善和具体化。国家环境质量标准还包括中央各个部门对一些特定的对象，为了特定的目的和要求而制订的环境质量标准，如《生活饮用水标准》及《工业企业设计卫生标准》等。环境质量标准主要包括空气质量标准、水环境质量标准、环境噪声及土壤质量标准、生物质量标准等。污染报警标准也是一种环境质量标准，其目的是使人群健康不至于被严重损害。当环境中的污染物超过报警标准时，地方政府发布警告并采取应急措施，比如勒令排污的工厂停产，告诫年老体弱者在室内休息等。

我国现行的环境质量标准有：《环境空气质量标准》（GB 3095—2012）、《保护农作物的大气污染物最高允许浓度》（GB 9137—1988）、《室内空气质量标准》（GB/T 18883—2002）、《地面水环境质量标准》（GB 3838—2002）、《海水水质标准》（GB 3097—1997）、《渔业水质标准》（GB 11607—1989）、《农田灌溉水质标准》（GB 5084—2005）、《地下水质量标准》（GB/T 14848—1993）、《声环境质量标准》（GB 3096—2008）、《机场周围飞机噪声环境标准》（GB 9660—1988）、《城市区域环境振动标准》（GB 10070—1988）、《土壤环境质量标准》（GB 15618—1995）等。与环境质量标准平行并作为补充的是卫生标准，这类标准如《工业企业设计卫生标准》（GBZ 1—2010）中规定的《地面水中有害物质最高允许浓度》和《居住区大气中有害物质最高允许浓度》、《生活饮用水卫生标准》（GB 5749—2006）等。

B 污染物排放标准

污染物排放标准是根据环境质量要求，结合环境特点和社会、经济、技术条件，对污染源排入环境的污染物和产生的有害因子所做的控制标准，或者说是环境污染物或有害因子的允许排放量（浓度）或限值。它是实现环境质量目标的重要手段，规定了污染物排放标准，要求严格控制污染物的排放量。这能促使排污单位采取各种有效措施加强管理和污染管理，使污染物排放达到标准。污染物排放标准也可分为国家和地方两级。污染物排放标准按污染物的状态分为气态、液态和固态污染物排放标准，还有物理污染（如噪声、振动、电磁辐射等）控制标准，按其适用范围可分为通用（综合）排放标准和行业排放标准，行业排放标准又可分为指定的部门行业污染物排放标准和一般行业污染物排放标准。我国行业性排放标准很多，达 60 余种。例如《火电厂大气污染物排放标准》(GB 13223—2011)、《水泥工业大气污染物排放标准》(GB 4915—2013)、《造纸工业水污染物排放标准》(GB 3544—2008)、《兵器工业水污染物排放标准》(GB 144701~144703—2002) 等。行业排放标准一般规定该行业主要产品生产的污染物允许排放浓度和(或) 单位产品允许的排污量。排放标准按控制方式可分为以下几种：

(1) 浓度控制标准。浓度控制标准是规定企业或设备的排放口排放污染物的允许浓度。一般废水中污染物的浓度以“mg/L”表示，废气中污染物的浓度以“mg/m^3”表示。此类标准的主要优点是简单易行，只要监测总排放口的浓度即可。它的缺点是：无法排除以稀释手段降低污染物排放浓度的情况，因而不利于对不同企业做出确切的评价和比较；而且，不论污染源大小一律看待。改进的方向是既监测浓度，又监测废水、废气的流量。我国的《污水综合排放标准》(GB 8978—1996) 属于浓度控制的排放标准。

(2) 地区系数法标准。对于部分污染物，如 SO_2，可根据环境质量目标、各地自然条件、环境容量、性质功能、工业密度等，规定不同系数的控制污染源排放的方法。

(3) 总量控制标准。这是首先由日本发展起来的方法。日本于 20 世纪 70 年代首先在神奈川县对废气中的 SO_2 排放试行了总量控制，1974 年纳入大气污染防治法律。这种方法受到世界各国和我国环境保护工作者的重视。它的基本思想是：由于在污染源密集的地区，只对一个个单独的污染源规定排放浓度，不能保证整个地区（或流域）达到环境质量标准的要求，应该以环境质量标准为基础，考虑自然特征，计算出为满足环境质量标准的污染物总允许排放量，然后综合分析所有在区域（或流域）内的污染源，建立一定的数学模型，计算每个源的合理污染分担率和相应的允许排放量，求得最优方案。每个源的排放量都控制在小于最优方案的规定值内，即可保证环境质量标准的实现。

(4) 负荷标准（或称排放系数）。这是从实际控制技术出发，采用分行业、分污染物来控制，以每吨产品或原料计算的任何一日排放污染物的最大值和连续 30 天排放污染物的平均值来表示。此法比总量控制法简单，不需计算复杂的环境总容量和各种源的分担率，对不同行业产量品种工艺区别对待。我国 1988 年颁布的《工业污染物排放标准》属于这类。

C 环境基础标准

环境基础标准是指在环境标准化工作范围内，对有指导意义的符号、代号、指南、程序、规范等所做的统一规定。在环境标准体系中，环境基础标准处于指导地位，是制订其他环境标准的基础。如《环境污染源类别代码》(GB/T 16706—1996) 规定了环境污染源的类别与代码，适用于环境信息管理以及其他信息系统的信息交换。《制订地方大气污染物排放标准的技术方法》（GB/T 3840—1991）是大气环境保护标准编制的基础。《环境影响评价技术导则》（HJ/T 2.1~2.3—1993）则是为建设项目环境影响评价规范化所作的规定。

D 环境方法标准

这是环境保护工作中，以采样、分析、测定、试验、统计等方法为对象而制订的标准，是制订和执行环境质量标准和污染物排放标准实现统一管理的基础。如《水质采样技术指导》（HJ 494—2009）、《摩托车和轻便摩托车排气污染物排放限值及测量方法（双怠速法）》（GB 14621—2011）、《建筑施工厂界噪声测试方法》（GB 12524—1990）等。有统一的环境保护方法标准，才能提高监测数据的准确性，保证环境监测质量；否则对复杂多变的环境污染因素，将难以执行环境质量标准和污染物排放标准。

E 环境标准样品标准

环境标准样品标准是对环境标准样品必须达到的要求所作的规定。环境标准样品是环境保护工作中用来标定仪器、验证测试方法、进行量值传递或质量控制的标准材料或物质。如《环境监测用二氧化硫溶液（100mg/L）》（GSB 07-1273—2000）、《水质 COD 标准样品》（GSBZ 500001—1987）等。

F 环保仪器设备标准

为了保证污染物监测仪器所监测数据的可比性、可靠性和污染治理设备运行的各项效率，对有关环境保护仪器设备的各项技术要求也编制统一规范和规定。例如《汽油机动车怠速排气监测技术条件》（HJ/T 3—1993）、《柴油车滤纸烟度计技术条件》（HJ/T 4—1993）等。

1.5.2.3 相关环境标准之间的关系

A 地方环境标准与国家环境标准之间的关系

地方环境标准是对国家环境标准的补充和完善，由省、自治区、直辖市人民政府制定。近年来为控制环境质量的恶化趋势，一些地方已将总量控制指标纳入地方环境标准。

（1）地方环境质量标准与国家环境质量标准之间的关系为国家环境质量标准中未作规定的项目，可以补充制定地方环境质量标准。

（2）地方污染物排放标准（或控制标准）与国家污染物排放标准（或控制标准）之间的关系为国家污染物排放标准（或控制标准）中未作规定的项目，可以补充制定地方污染物排放标准（或控制标准）；国家污染物排放标准（或控制标准）已规定的项目，可以制定严于国家污染物排放标准的地方污染物排放标准（或控制标准）；省、自治区、直辖市人民政府制定机动车、船大气污染物地方排放标准严于国家排放标准的，须报经国务院批准。

（3）国家环境标准与地方环境标准执行上的关系为地方环境标准优先于国家环境标准执行。

B 国家污染物排放标准之间的关系

国家污染物排放标准（或控制标准）又分为跨行业综合性排放标准（如《污水综合排放标准》、《大气污染物综合排放标准》以及《锅炉大气污染物排放标准》等）和行业性排放标准（如《火电厂大气污染物排放标准》、《合成氨工业水污染物排放标准》以及《造纸工业水污染物排放标准》等）。综合性排放标准与行业性排放标准不交叉执行，即有行业性排放标准的执行行业排放标准，没有行业排放标准的执行综合排放标准。

1.6 我国环境影响评价的实施和发展

1.6.1 我国环境影响评价制度的建立

1973 年 8 月，以北京召开的第一届全国环境保护会议为标志，揭开了中国环境保护事业的序幕，该次会议也开始将环境影响评价的概念引入我国。高等院校和科研单位一些专家学者开始在报刊和学术会议上，宣传和倡导环境影响评价，并参与了环境质量评价及其方法的研究。

1973 年“北京西郊环境质量评价研究”协作组成立，开始进行环境质量评价的研究。随后，官厅流域、南京市、茂名市也开展了环境质量评价。1977 年中国科学院召开“区域环境学”讨论会，推动了大中城市环境质量现状评价，如北京市东南郊、沈阳市、天津市河东区、上海市吴淞区、广州市荔湾区、保定市、乌鲁木齐市等。其中北京西郊、沈阳市、南京市的环境质量评价是有代表性的。同时，也开展了松花江、图们江、白洋淀、湘江及杭州西湖等重要水域的环境质量现状评价。1979 年 11 月在南京召开的中国环境学会环境质量评价委员会学术座谈会上，总结了这一阶段环境质量评价的工作经验，编写了《环境质量评价参考提纲》，为各地进行环境质量现状评价研究提供了方法。

1978 年 12 月 31 日，中发［1978］79 号文件批转的国务院环境保护领导小组《环境保护工作汇报要点》中，首先提出了环境影响评价的意向。1979 年 4 月，国务院环境保护领导小组在《关于全国环境保护工作会议情况的报告》中，把环境影响评价作为一项方针政策再次提出。在国家支持下，北京师范大学等单位率先在江西永平铜矿开展了我国第一个建设项目的环境影响评价工作。

1979 年 9 月，《中华人民共和国环境保护法（试行）》颁布，规定：“一切企业、事业单位的选址、设计、建设和生产，都必须注意防止对环境的污染和破坏。在进行新建、改建和扩建工程中，必须提出环境影响报告书，经环境保护主管部门和其他有关部门审查批准后才能进行设计。”我国的环境影响评价制度正式建立起来。

1.6.2 我国环境影响评价制度的特点

我国的环境影响评价制度是借鉴国外经验并结合中国的实际情况，逐渐形成制度体系的。我国的环境影响评价制度主要特点表现在以下五个方面：

（1）具有法律强制性。我国的环境影响评价制度是国家环境保护法明令规定的一项法律制度，以法律形式约束人们必须遵照执行，具有不可违背的强制性，所有对环境有影响的建设项目都必须执行这一制度。

（2）纳入基本建设程序。我国多年实行计划体制，改革开放以来，虽然实行社会主义市场经济，但在固定资产上国家仍然有较多的审批环节和产业政策控制，强调基建程序。多年来，建设项目的环境管理一直纳入到基本建设程序管理中。1998 年《建设项目环境保护管理条例》颁布，对各种投资类型的项目都要求在可行性研究阶段或开工建设之前，完成其环境影响评价的报批。

(3) 分类管理。国家规定，对造成不同程度环境影响评价的建设项目实行分类管理。对环境有重大影响的必须编写环境影响报告书，对环境影响较小的项目可以编写环境影响报告表，而对环境影响很小的项目，可只填报环境影响登记表。评价工作的重点也因类而异，对新建项目，评价重点主要是解决合理布局、优化选址和总量控制；对扩建和技术改造项目，评价的重点在于工程实施前后可能对环境造成的影响及“以新带老”，加强原有污染治理，改善环境质量。

(4) 实行评价资格审核认定制。为确保环境影响评价工作的质量，自1986年起，中国建立了评价单位的资格审查制度，强调评价机构必须具有法人资格，具有与评价内容相适应的固定在编的各专业人员和测试手段，能够对评价结果负起法律责任。评价资格经审核认定后，颁发环境影响评价资格证书。

持证评价是中国环境影响评价制度的一个重要特点。我国从2004年4月开始实施环境影响评价工程师职业资格制度，从事环境影响评价的技术人员都将持证上岗，根据相关规定，凡从事环境影响评价、技术评估和环境保护验收的单位，均应配备一定数量的环境影响评价工程师。根据2015年9月28日发布的国家环境保护部第36号令《建设项目环境影响评价资质管理办法》，评价机构只有在经国家环境保护部审查合格，取得建设项目环境影响评价资质证书后，方可在资质证书规定的资质等级和评价范围内从事环境影响评价技术服务。按照资格证书规定的等级（甲级和乙级）和范围，从事建设项目环境影响评价工作，并对评价结果负责。

1.6.3　我国环境影响评价制度的发展

中国环境影响评价制度建立后大致经历了四个阶段。

1.6.3.1　规范建设阶段（1979—1989年）

1979年《环境保护法（试行）》确立了环境影响评价制度后，在以后颁布的各种环境保护法律、法规中，不断对环境影响评价进行规范，通过行政规章，逐步规范环境影响评价的内容、范围、程序，环境影响评价的技术方法也不断完善。

A　法律规范

(1)《中华人民共和国环境保护法》（1989年）第十三条中规定：“建设污染环境的项目，必须遵守国家有关建设项目环境管理的规定。建设项目环境影响报告书，必须对建设项目产生的污染和对环境的影响做出评价，规定防治措施，经项目主管部门预审，并依照规定的程序报环境保护行政主管部门批准。环境影响报告书经批准后，计划部门方可批准建设项目设计任务书”。

在这一条款中，对环境影响评价制度的执行对象和任务、工作原则和审批程序、执行时段和与基本建设程序之间的关系作了原则规定，是行政法规中具体规范环境影响评价制度的法律依据和基础。

(2)《中华人民共和国海洋环境保护法》（1982年）第六条：“海岸工程建设项目的主管单位……，按照国家有关规定，需编制环境影响报告书”。第九条、第十条又分别要求围海工程和开发海洋石油的企业提出工程环境影响报告书。

（3）《中华人民共和国水污染防治法》（1984 年）第十三条："新建、扩建、改建直接或者间接向水体排放污染物的建设项目和其他水上设施，必须遵守国家有关建设项目环境管理的规定。建设项目的环境影响报告书，必须对建设项目可能产生的水污染和对生态环境的影响做出评价，规定防治的措施，按照规定的程序报经有关环境保护部门审查批准……"。

《中华人民共和国海洋环境保护法》中第九条："对围海造地或其他围海工程，以及采挖矿石，应当严格控制，确需进行的，必须在调查研究和经济效果对比的基础上，提出工程的环境影响报告书……"。

（4）《中华人民共和国大气污染防治法》（1987 年）第九条："新建、扩建、改建向大气排放污染物的项目，必须遵守国家有关建设项目环境保护管理的规定。建设项目的环境影响报告书，必须对建设项目可能产生的大气污染和对生态环境的影响作出评价，规定防治措施，并按照规定的程序报环境保护部门审查批准"。

（5）《中华人民共和国野生动物保护法》（1988 年）第十二条："建设项目对国家或者地方重点保护野生动物的生存环境产生不利影响的，建设单位应当提交环境影响报告书；环境保护部门在审批时，应当征求同级野生动物行政主管部门的意见"。

（6）《中华人民共和国环境噪声污染防治条例》（1989 年）第十五条："新建、改建、扩建的建设项目，必须遵守国家有关建设项目环境保护管理的规定"。

B　部门行政规章

部门行政规章是执行制度时的具体工作准则，可保证环境影响评价制度的有效执行，这阶段主要的部门行政规章如下。

（1）国家计委、国家经贸委、国家建委、国务院环境保护领导小组 1981 年 12 号文件《基本建设项目环境保护管理办法》，明确把环境影响评价制度纳入到基本建设项目审批程序中。

（2）国务院环境保护委员会、国家计委、国家经贸委（86）国环字第 003 号文件《建设项目环境保护管理办法》，对建设项目环境影响评价的范围、程序、审批和报告书（表）编制格式都做了明确规定。

（3）国家环保局 1986 年颁布《建设项目环境影响评价证书管理办法（试行）》，核发综合和单项评价证书单位 1536 个。

（4）国家环保局（86）环建字第 306 号文件《关于建设项目环境影响报告书审批权限问题的通知》。

（5）国家环保局（88）环建字第 117 号文件《关于建设项目环境管理问题的若干意见》。

（6）国家环保局（89）环监字第 53 号文件《关于重审核设施环境影响报告书审批程序的通知》。

（7）国家环保局（89）环建字第 281 号文件《建设项目环境影响评价证书管理办法》，将环评证书分为甲级和乙级。

（8）国家环保局、财政部、国家物价局（89）环建字第 141 号文件《关于颁发建设项目环境影响评价收费标准的原则与方法（试行）的通知》。

各地方根据《建设项目环境保护管理办法》制定了以适用本地的建设项目环境管理

办法的实施细则为主体的地方环境影响评价行政法规，各行业主管部门也陆续制定了建设项目环境保护管理行业行政规章，共50多个，初步形成了国家、地方、行业相配套的建设项目环境影响评价的多层次法规体系。通过上述法规，基本理顺了环境影响评价的程序，确定了“按工作量收费”的环境影响评价收费原则，并对评价单位的资质认可作了明确规定，建设了一支环境影响评价专业队伍。

这阶段，在环境影响评价技术方法上也进行了广泛研究和探讨，取得明显进展。环境影响评价覆盖面积越来越大，“六五”期间（1980—1985年）全国完成大中型建设环境影响报告书445项，其中有4项确定了原选址方案。“七五”期间（1986—1990年）全国共完成大中型项目环境影响评价2592个，其中有84个项目的环境影响评价指导和优化了项目选址。1979—1989年的十年，是环境影响评价制度在中国形成规范和建设发展阶段。

1.6.3.2　强化和完善阶段（1990—1998年）

1989年12月26日通过《中华人民共和国环境保护法》到1998年11月29日国务院发布《建设项目环境保护管理条例》，是建设项目环境影响评价强化和完善的阶段。

《中华人民共和国环境保护法》第十三条，重新规定了环境影响评价制度。随着我国改革开放的深入发展，社会主义计划经济向市场经济转轨，建设项目的环境保护管理也不断地改革、强化，这期间加强了国际合作与交流，把中国环境影响评价制度介绍给世界，同时汲取国外有益经验，进一步完善了中国的环境影响评价制度。

针对建设项目的多渠道立项和开发区的兴起，1993年国家环保局及时下发了《关于进一步做好建设项目环境保护管理工作的几点意见》，提出了“先评价，后建设”、环境影响评价分类指导和开发区进行区域环境影响评价的规定。

随着外商投资和国际金融组织贷款项目的增多，1992年，原国家环保局和外经贸部又联合颁发了《关于加强外商投资建设项目环境保护管理的通知》；1993年原国家环保局、国家计委、财政部联合颁布了《关于加强国际金融组织贷款建设项目环境影响评价管理工作的通知》。

第三产业蓬勃发展也带来了相应的扰民问题，1995年原国家环保局、国家工商行政管理局又联合颁发《关于加强饮食娱乐服务企业环境管理的通知》，及时对改革开放新形势下的新问题进行了规范，刹住了建设项目中出现的一些错误倾向，纠正了不依法行政的违法行为。

1994年起，开始了环境影响评价招标试点，原国家环保局选择上海吴泾电厂、常熟氟化工项目等十几个项目陆续进行了公开招标，甘肃、福建、陕西、辽宁、新疆、江苏等省积极进行了招标试点和推广，江苏、陕西、甘肃等省还制定了较规范的招标办法。招标对提高环境影响评价质量，克服地方和行业的狭隘保护主义起到了积极推动作用。

这期间马鞍山市、海南洋浦开发区、浙江大榭岛、兰州西固工业区等有影响的区域开发活动都进行了区域环境影响评价，开发区的环境管理得到明显加强，并明确了区域环境影响评价的重点是区域的合理规划布局，污染物总量控制和污染物集中处理。

“八五”期间，由于加强了环境影响评价制度的执行力度，全国环评执行率从1995年的61%提高到2000年的81%。

1996年召开了第四次全国环境保护工作会议，各级环境保护主管部门认真落实《国务院关于环境保护若干问题的决定》，严格把关，坚决控制新污染，对不符合环境保护要求的项目实施“一票否决”。各地加强了对建设项目的检查和审批，并实施污染物总量控制，环评中还强化了“清洁生产”和“公众参与”的内容，强化了生态环境影响评价。环境影响评价的深度和广度得到进一步扩展。原国家环保局又开展了环境影响评价的后评估试点，对海口电厂、齐鲁石化等项目环境保护管理的技术支持单位和环境影响报告书进行技术审查。几年来，评估中心不断地发展壮大，其技术支持作用也越来越大。甘肃、福建、四川、辽宁、重庆等省市也分别成立了“环境评估中心”，加强了环境影响评价的技术把关。国家加强了对评价队伍的管理，进行了环境影响评价人员的持证上岗培训。全国有甲级评价证书单位264个，乙级评价证书单位455个，评价队伍达11000余人。到1998年底培训了7100余人，提高了环评人员的业务素质。这期间加强了环境影响评价的技术规范的制定工作，在已有工作的基础上，1993年国家环保局发布了《环境影响评价技术导则　总纲》、《环境影响评价技术导则　大气环境》和《环境影响评价技术导则　地面水环境》，1996年发布《辐射环境保护管理导则　电磁辐射环境影响评价方法与标准》、《环境影响评价技术导则　声环境》，1998年发布《环境影响评价技术导则　非污染生态影响》，1996年国家环保局电力部还联合发布《火电厂建设项目环境影响报告书编制规范》。此外，地下水、环境工程分析及固体废弃物的环境影响评价导则正在编制。1990—1998年期间，是中国环境影响评价制度不断强化和完善阶段。

1.6.3.3　提高阶段（1999—2012年）

1998年11月29日国务院253号令发布实施《建设项目环境保护管理条例》，这是建设项目环境管理的第一个行政法规，《条例》中的第二章对环境影响评价做了详细明确的规定。1999年1月20-22日，在北京召开了第三次全国建设项目环境保护管理工作会议，认真研究贯彻《条例》，将中国的环境影响评价制度推向了一个新的时期。2002年10月28日，第九届全国人大常委会通过了《中华人民共和国环境影响评价法》并于2003年9月1日起正式实施。环境影响评价从项目环境影响评价拓展到规划环境影响评价，是环境影响评价制度的重大发展。

A　陆续颁布了一系列技术导则和配套法规

1999—2012年先后颁布了《规划环境影响评价技术导则（试行）》（HJ/T 130—2003）、《开发区区域环境影响评价技术导则》（HJ/T 131—2003）、《环境影响评价技术导则　生态影响》（HJ 19—2011）、《环境影响评价技术导则　总纲》（HJ 2.1—2011）等15项技术导则。

1999年3月，国家环保总局令第2号，公布《建设项目环境影响评价资格证书管理办法》，对评价单位资质进行了规定；1999年4月，国家环保总局《关于公布建设项目环境保护分类管理名录（试行）的通知》，公布了分类管理名录；1999年4月，国有环保总局《关于执行建设项目环境影响评价制度有关问题的通知》（环发［1999］107号文），对《建设项目环境保护管理条例》中涉及环境影响评价程序，审批及评价资格等问题进一步明确。

上述部门行政规章是贯彻落实《建设项目环境保护管理条例》、把环境影响评价推向新阶段的有力保证。

B　整顿评价队伍

在对评价单位进行全面考核的项目，国家环保总局加大对评价单位的管理，坚决贯彻评价单位“少而精”的原则。1999年3月，国家环保总局关于吊销中止部分单位《建设项目环境影响评价证书（甲级）》(环发［1999］94号）的公告，吊销、中止了10个不合乎要求单位的甲级评价单位资格。

1999年4月和6月，又分别下发关于重新申领《建设项目环境影响评价资格证书(甲级)》的通知（环办［1999］41号）和关于重新申领《建设项目环境影响评价资格证书（乙级）》的通知（环办［1999］59号)，对原持证单位重新考核。1999年7月，国家环保总局公布了第一批122个单位的建设项目环境影响评价资格证书（甲级）（环发［1999］168号)；10月，又公布了第二批68个单位的甲级评价证书资格（环发［1999］236号)。并对全国环评人员开展了大规模持证上岗培训，仅1999年9月，全国就培训了800余人，促进了环评队伍的健康发展。

C　事业体制改革

为了加强环境影响评价管理，确保环境影响评价质量，2004年2月，人事部（原国家环境保护总局）决定在全国环境影响评价行业建立环境影响评价工程师职业资格制度，对环境影响评价这门科学和技术以及从业者提出了更高的要求。

2004年，人事部、国家环境保护总局《环境影响评价工程师职业资格制度暂行规定》和《环境影响评价工程师职业资格考试实施办法》（国人部发〔2004〕13号）规定，凡从事环境影响评价、技术评估和环境保护验收的单位，应配备环境影响评价工程师。通过全国统一考试，取得环境影响评价工程师职业资格证书的人员，用人单位可根据工作需要聘任工程师职务。2005年8月15日，国家环境保护总局第26号令《建设项目环境影响评价资质管理办法》规定，评价机构只有在经国家环境保护总局审查合格，取得《建设项目环境影响评价资质证书》后，方可在资质证书规定的资质等级和评价范围内从事环境影响评价技术服务。按照资格证书规定的等级（甲级和乙级）和范围，从事建设项目环境影响评价工作，并对评价结果负责。

1.6.3.4　全面改革和发展阶段（2013年—)

2014年4月，十二届全国人大常委会第八次会议通过修订后的《中华人民共和国环境保护法》，自2015年1月1日起施行。新《环境保护法》将战略和规划环评提升到新高度，在政策和规划两个层面规定战略和规划环评的适用范围，第十四条规定，“国务院有关部门和省、自治区、直辖市人民政府组织制定经济、技术政策，应当充分考虑对环境的影响，听取有关方面和专家的意见”；而第十九条则规定，“编制有关开发利用规划，建设对环境有影响的项目，应当依法进行环境影响评价”，且该条第二款规定“未依法进行环境影响评价的开发利用规划，不得组织实施”。除进一步强调在规划领域需开展环境影响评价外，特别是引入了政策环评的概念，“源头控制”作用进一步上溯，这是战略环评应用的重要突破。新环保法中关于环评的规定，是环保法治建设的里程碑。

在2015年底及2016年初，环保部又先后出台了《关于加强规划环境影响评价与建设项目环境影响评价联动工作的意见》、《关于开展规划环境影响评价会商的指导意见（试行）》、《建设项目环境保护事中事后监督管理办法》、《建设项目环境影响后评价管理办法》、《建设项目环境影响评价区域限批管理办法》、《建设项目环境影响评价信息公开机制方案》和《关于规划环境影响评价加强空间管制、总量管控和环境准入的指导意见（试行）》等一系列环评制度性文件，推动规划环评“落地”。

新《环境保护法》对规划环评地位的重视，以及推动规划环评“落地”的一系列制度性文件的颁布与实施，意味着我国的环境影响评价的发展进入了一个新的阶段。

与此同时，从2013年起，环境保护部在环评行业技术完善与更新、环评文件审批制度改革、事业单位环评体制改革、环评队伍管理与整顿、环评事中事后监管的强化、环评信息公开、环评违法惩戒等方面做了大量的工作，促使我国的环境影响评价工作全面健康发展。

A 环评行业技术完善与更新

环保部对《环境影响评价技术导则 总纲》（HJ 2.1—2011）进行了修订，并更名为《建设项目环境影响评价技术导则 总纲》（HJ 2.1—2016），新导则将建设项目环评工作的关注重点聚焦在建设项目的环境影响和环境保护对策措施上，将由其他主管部门管理的、或通过市场调节能够解决的事项一律从环评文件中剥离出去，对于法律上没有明确规定且与环境影响评价无关的内容，不再纳入环评文件内容。如删除了环境影响报告书（表）对公众参与、清洁生产、社会环境概况调查、总量控制等章节内容的要求。同时，还先后出台了《规划环境影响评价技术导则 总纲》（HJ 130—2014）、《环境影响评价技术导则 输变电工程》（HJ 24—2014）、《环境影响评价技术导则 钢铁建设项目》（HJ 708—2014），《尾矿库环境风险评估技术导则（试行）》（HJ 740—2015）、《环境影响评价技术导则 地下水环境》（HJ 610—2016）等五项技术导则。

B 环评文件审批制度改革

2013年11月15日，环境保护部发布《关于下放部分建设项目环境影响评价文件审批权限的公告》（环办［2013］第73号），对2009年发布的第7号公告的内容进行了调整，下放了城市快速轨道交通、扩建民用机场等25项建设项目环评审批权限，缩短了审批流程，提高了审批效率。2014年12月29日，国务院办公厅印发《精简审批事项规范中介服务实行企业投资项目网上并联核准制度工作方案的通知》，取消除重大项目之外的环评前置审批，优化审批流程，将前置审批改为并联审批，促进环评审批制度改革。2015年3月再次发布《环境保护部审批环境影响评价文件的建设项目目录（2015年本）》，进一步下放了32项建设项目环评审批权限。2015年3月19日环境保护部部务会议修订通过了《建设项目环境影响评价分类管理名录》，将13类项目由编制报告书降为编制报告表或填报登记表，优化环境影响评价的建设项目范围，简化环境影响小的建设项目环评内容和程序。以2015年拟开工建设的30个重大水利工程项目为例，环评平均审批时间由2014年的40天缩减至2015年的20天。2015年12月18日，环保部印发了火电、水电、钢铁、铜铅锌冶炼、石化、制浆造纸、高速公路等7个行业的建设项目环境影响评价文件审批原则（试行），规范建设项目环评文件审批，统一了管理尺度。

C 事业单位环评体制改革

环境保护部于2013年11月25日发出《关于推进事业单位环境影响评价体制改革工作的通知》（环办［2013］109号），明确了事业单位环评体制改革的范围、进度和保障措施，要求现有环保系统事业单位的环评机构应在2015年底前完成体制改革，自2016年1月1日起，环境保护部不再受理各类事业单位资质晋级、评价范围调整，以及环保部门所属事业单位的资质延续申请。

2014 年 3 月 3 日，环境保护部办公厅颁布《关于进一步加强环境影响评价机构管理的意见》（环办［2014］24 号），提出全面推进事业单位环评体制改革，现有事业法人类型的环评机构要通过体制改革，形成独立企业法人类型的环评机构，逐步建立起产权清晰、权责明确、政企分开、管理科学的现代企业制度，成为自主经营、自担责任的市场主体。2015 年 3 月 25 日，环保部发布《全国环保系统环评机构脱钩方案》，要求全国环保系统环评机构分三批，在 2016 年年底前彻底脱钩。

D　环评队伍管理与整顿

2014 年 3 月 3 日环境保护部发布《关于进一步加强环境影响评价机构管理的意见》（环办［2014］24 号），大幅度提高了新申请环评资质机构和晋升资质等级、调整评价范围的环评机构人员规模和专业准入条件，推动了环评机构规模化专业化发展。该意见规定："申请第一个甲级报告书评价范围的，要具有 15 名及以上环评工程师，申请第二个及以上甲级报告书评价范围的，要具有 20 名及以上环评工程师，每个甲级报告书评价范围要具有 8 名及以上相应类别的环评工程师；申请乙级报告书评价范围的，要具有 9 名及以上环评工程师，每个报告书评价范围要具有 4 名及以上相应类别的环评工程师；仅申请乙级报告表评价范围的，要具有 5 名及以上环评工程师"。

2014 年 7 月底，环境保护部开展 2014 年度建设项目环境影响评价机构抽查工作，抽查内容包括资质条件、工作质量、从业行为三方面。2014 年全年及 2015 年年初，先后 4 次对违反《建设项目环境影响评价资质管理办法》（原国家环保总局令第 26 号）的环评机构及从业人员提出处理意见，严肃处理了 96 家环评机构及 86 名从业人员。

2015 年 9 月，严肃查处环评机构出租出借环评资质、环评文件编制质量低劣、环评工程师"挂靠"等违规行为，2015 年 12 月通报了对发现问题的 30 家环评机构和 31 名环评工程师的处理意见。

环保部还组织了针对各省（区、市）环保部门负责审批的建设单位环境影响报告书公众参与部分的专项检查，其中有 15 个项目的公众参与存在问题，包括众多被调查者无法取得联系或表示未填过调查表，部分被调查者的意见由起初的支持变更为反对等问题，建设项目环境影响评价公众参与流于形式，公众意见调查质量不高，未能充分保证公众的合法权益等。环保部于 2015 年 11 月 20 日通报了对相应环评机构的处理意见。

2015 年 10 月，环保部修订颁布《建设项目环境影响评价资质管理办法》，并于 11 月 1 日起施行。为保证该办法的顺利实施，环保部还同时印发了 6 个配套文件，对现有环评机构的资质过渡、评价范围类别适用、甲级环评机构业务领域划分、资质申请材料要求、环评文件相关格式要求以及环评工程师从业管理等方面作出具体规定。

E　环评事中事后监管的强化

环保部加强了对环评的"过程严管"和"后果严惩"。

2013 年 11 月 15 日环境保护部发布《关于切实加强环境影响评价监督管理工作的通知》（环办［2013］104 号），进一步强化了环评事中事后监管，全面提出了强化环评全过程监管的具体要求和措施，着力解决了当前环评工作重事前审批、轻事中事后监管的问题。

2015 年底，环保部发布《建设项目环境保护事中事后监督管理办法》和《建设项目环境影响后评价管理办法》等，对一些特别重大、复杂、敏感项目在运行一段时间后，要求建设单位对其实际环境影响及生态环境保护措施的有效性进行验证与评价。

F 环评信息公开

新《环境保护法》专门设立了“信息公开和公众参与”专章，第五十六条特别强调：需编制环境影响报告书的建设项目的承担单位，应当在环评文件编制时，向可能受影响的公众说明相关情况，充分征求公众意见。2013 年 11 月 14 日环境保护部发布《建设项目环境影响评价政府信息公开指南（试行）》(环办［2013］第 103 号)，于 2014 年 1 月 1 日正式实施，加大了环评政府信息公开和公众参与力度，公开内容增加了报告书（表）全文、政府承诺文件、审批决定全文、环评机构和从业人员诚信信息，并对全国环保系统环评信息的公开方式、范围、内容进行了统一和规范。

G 环评违法惩戒

新《环境保护法》在项目未批先建查处、环评机构责任追究等方面进行了大幅度修订：

(1) 加大了对建设项目“未批先建”违法行为的惩处力度，对于未批先建的项目，可责令停止建设，处以罚款，并可以责令恢复原状，被责令停建拒不执行的，要拘留责任人，彻底取消了建设项目可补办环评的规定。

(2) 规定对环评机构弄虚作假造成严重环境后果的，环评机构要同污染者一同承担连带责任，以“连坐制”加大惩处力度。

(3) 加大了对环保部门和有关人员的责任追究力度，对不符合行政许可条件准予行政许可的主要负责人给予行政处分的同时，还要其引咎辞职。

在建立责任追究体系方面，环保部印发了《关于进一步加强环境影响评价违法责任追究的通知》，对情节严重的环评违法行为，移送纪检监察机关，追究相关人员责任。对未依法开展规划环评的，环保部提出了党政领导干部责任追究的原则要求，并正在抓紧制定《规划环境影响评价责任追究实施办法》。

思 考 题

1-1 环境的资源性和价值性是如何体现出来的？

1-2 什么是环境影响评价和环境质量评价？两者的关系如何？

1-3 什么是环境影响评价制度？建立环境影响评价制度有何意义？

1-4 什么是环境标准？环境标准在环境保护中起什么作用？

1-5 我国的环境标准体系是怎样划分的？试论述各级、各类环境标准的关系。

2 环境影响评价程序

[内容摘要] 作为法定制度的环境影响评价工作，其程序有两大部分：执行环境影响评价制度的管理程序和完成环境影响报告书的技术工作程序。环境影响评价管理程序是保证环境影响评价工作顺利进行和实施的管理程序，是管理部门的监督手段。在正式书写环境影响评价报告书前，应确定环境影响评价工作等级，编写大纲，评价区域环境质量现状，进行环境影响预测和评价。

2.1 环境影响评价管理程序

在中华人民共和国领域和中华人民共和国管辖的海域内对环境有影响的建设项目，从提出建议到环境影响报告书审查通过的全过程，每一步都必须按照环境影响评价管理程序进行。

2.1.1 环境影响分类筛选

建设项目对环境的影响千差万别，不同行业、不同产品、不同规模、不同工艺、不同原材料产生的污染物种类和数量不同，对环境的影响不同。《环境影响评价法》和《建设项目环境保护管理条例》规定了对建设项目的环境保护实行分类管理的原则。

凡建设或改扩建工程，需由建设单位将建设计划向环境保护部门提出申请，由环境保护部门会同有关专家对拟议的项目的环境影响进行初步筛选，以便在所涉及问题的性质、潜在规模和敏感程度的基础上确定需要进行哪种环境评价。环境影响分类筛选管理的结果可能会出现下述的三种情况。

2.1.1.1 重大环境影响

项目可能对环境造成重大的不良影响。这些影响可能是敏感的、不可逆的、多种多样的、综合的、广泛的、带有行业性的或以往尚未有过的。这类项目应当编制环境影响报告书，对建设项目产生的污染和对环境的影响进行全面、详细的评价。

具体来说，这类项目主要包括：

(1) 原料、产品或生产过程中涉及的污染物种类多、数量大或毒性大、难以在环境中降解的建设项目；

(2) 可能对脆弱生态系统产生较大影响或可能引发和加剧自然灾害的建设项目；

(3) 可能造成生态系统结构重大变化、重要生态功能改变或者生物多样性明显减少的建设项目；

(4) 容易引起跨行政区环境影响纠纷的建设项目；

(5) 所有流域开发、开发建设、城市新区建设和旧区改建等区域性开发活动或建设活动。

2.1.1.2　轻度环境影响

项目可能对环境产生有限的不利影响。这些影响是较小的、不太敏感的、不是太多的、不是重大的或不是太不利的，其影响要素中极少数是不可逆的，并且减缓影响的补救措施是很容易找到的，通过规定控制或补救措施可以减缓环境影响的。这类项目应当编制环境影响报告表，对项目产生的污染和对环境的影响进行分析或者专项评价。

具体来说，这类项目主要包括：

(1) 污染因素单一，而且污染物种类少、产生量小或者毒性较低的建设项目；

(2) 对地形、地貌、水文、土壤、生物多样性等有一定影响，但不改变生态系统结构和功能的建设项目；

(3) 基本不对环境敏感区造成影响的小型建设项目。

2.1.1.3　环境影响很小

项目对环境不产生不利影响或影响极小的建设项目。这类项目一般不需要开展环境影响评价，只需填报环境影响登记表。

具体来说，这类项目主要包括：

(1) 基本不产生废气、废渣、废水、粉尘、恶臭、噪声、振动、热污染、放射性、电磁波等不利环境影响的建设项目；

(2) 基本不改变地形、地貌、水文、土壤、生物多样性等，不改变生态系统结构和功能的建设项目；

(3) 不对环境敏感区造成影响的小型建设项目。

国家环保部根据筛选原则确定评价类别，如需要进行环境影响评价，则由建设单位委托有相应评价资格证书的单位来承担。

环境筛选审查的目的是，通过对拟议中的项目与环境有关的各个方面给予恰当的考虑，鉴定项目存在哪些关键性的环境问题，并确定需要做哪些环境评价，在项目计划、设计和评价中及早明确并有效地对待这些问题（有无漏项或其他可能出现的问题）。以确保拟议中的各种开发方案在环境方面是安全和可持续发展的。

环境筛选的审查至少有以下三个方面的作用：

(1) 帮助建设单位、项目设计单位和评价单位及时地、实际地对待环境问题；

(2) 拟议适当地预防、减缓和补偿措施，以减少对项目施加的制约条件；

(3) 避免由于未预见到的环境问题所带来的额外费用和拖延时间。

2.1.2　环境影响评价项目的监督管理

为使建设项目环境影响评价管理逐步规范化、程序化，根据《中华人民共和国环境保护法》、《建设项目环境管理条例》和《建设项目环境影响分类管理名录》等法律、法规规定，主管部门须对环境影响评价项目进行相应的监督管理。

2.1.2.1　评价单位资格考核与人员培训

为建设项目环境影响评价提供技术服务的机构，必须有《建设项目环境影响评价证书》，在资质证书规定的资质等级和评价范围内接受建设单位委托，开展环境影响评价，并对评价结论负责。对持证单位实行申报和定期审查的管理程序，对审查不合格或违反有关规定的执行处罚乃至中止和吊销“证书”的处罚。

环境影响评价工程师职业资格制度规定：凡从事环境影响评价、技术评估、环境保护验收的单位，应配备一定数量的环境影响评价工程师（见表2-1）。

表2-1　不同等级的评价单位须配备的环评工程师人数

评价单位等级	工程师总人数	每个类别应配备的专业类别工程师人数	核工业类别应配备的注册核安全工程师人数
甲级单位	15	8	3
乙级单位	9	4	1

2.1.2.2　评价大纲的审核

评价大纲是环境影响报告书的总体设计，应在开展评价工作之前编制。评价大纲由建设单位向负责审批的环境保护部门申报，并抄送行业主管部门。环境保护部门根据情况确定评审方式，提出审查意见。

在下列任一种情况下应编制环境影响评价工作实施方案，以作为评价大纲的必要补充：

（1）由于必需的资料暂时缺乏，所编大纲不够具体，对评价工作的指导作用不足；

（2）建设项目特别重要或环境问题特别严重；

（3）环境状况十分敏感。

评价单位在实施中必须把审查意见列为大纲内容。

2.1.2.3　环境影响评价的质量管理

环境影响评价项目确定后，承担单位要责成有经验的项目负责人组织有关人员编写评价大纲，明确其目标和任务，同时还要编制其监测分析、参数测定、野外实验、室内模拟、模式验证、数据处理、仪器刻度校验等在内的质保大纲。此外，承担单位的质量保证部门要对质保大纲进行审查，对其具体内容与执行情况进行检查，把好各环节和环境影响报告书质量关。为获得满意的环境影响报告书，按照环境影响评价管理程序而进行有组织、有计划的活动是确保环境影响评价质量的重要措施。总而言之，质量保证工作应贯穿环境影响评价的全过程。在环境影响评价工作中，向有经验的专家咨询，多与其交换意见，是做好环境评价的重要条件。最后请专家审评报告是质量把关的重要环节。

2.1.2.4 环境影响评价报告书的审批

各级主管部门和环保部门在审批环境影响报告书时应贯彻下述原则：

（1）审查该项目是否符合经济效益、社会效益和环境效益相统一的原则；

（2）审查该项目是否贯彻了“预防为主”、“谁污染谁治理、谁开发谁保护、谁利用谁补偿”的原则；

（3）审查该项目的技术政策与装备政策是否符合国家规定；

（4）审查该项目是否符合城市环境功能区划和城市总体发展规划；

（5）审查该项目环评过程中是否贯彻了“在污染控制上从单一浓度控制逐步过渡到总量控制，在污染治理上，从单纯的末端治理逐步过渡到对生产全过程的管理，在城市污染治理上，要把单一污染治理与集中治理或综合治理结合起来”。

环境影响报告书的审查以技术审查为基础，审查方式是专家评审会还是其他形式，由国家环保部根据情况而定。

2.1.3 环境影响评价管理程序与基本建设程序的关系

根据《中华人民共和国环境保护法》、《建设项目环境管理条例》和《建设项目环境影响分类管理名录》等法律、法规的规定，建设项目环境影响评价管理程序如下。

（1）项目建议书批准后，由建设单位填写《环境管理手续程序表》，按照同级审批的原则，征得环保部门审批意见，确定建设项目环境影响评价类别。

（2）建设单位或主管部门通过签订合同，委托有资格证书的评价单位进行调查和评价工作。

（3）应编制环境影响报告书的项目，需要编写环境影响评价大纲；应编制环境影响报告表的项目，不需要编写评价大纲。环境影响评价大纲由建设单位上报有审批权的环境保护行政主管部门，同时抄报有关部门。大纲审查通过，建设单位与评价单位签订评价合同，开始编制报告书。

（4）在设计任务书下达前提交环境影响报告书或报告表。

（5）环境影响报告书或报告表编制完成后，建设项目有行业主管部门的，由行业主管部门组织环境影响报告书、报告表的预审；自治区或地区审批的建设项目的，环境影响报告书、报告表报当地环境保护部门提出预审意见后，由具审批权的环境保护行政主管部门组织审批。

（6）报告书或报告表预审后一个月内，行业主管部门应抄送预审意见，环境保护行政主管部门按审批权限进行审批。

（7）环境保护部门自接到环境影响报告书或报告表之日起，报告书在两个月内、报告表在一个月内予以批复或签署意见，逾期不批复的可视作同意。审批报告书的环境保护部门在一个月内向上一级环境保护部门备案。

环境影响评价管理程序是保证环境影响评价工作顺利进行和实施的管理程序，是管理部门的监督手段。我国基本建设程序与环境管理程序的工作关系如图 2-1 所示。

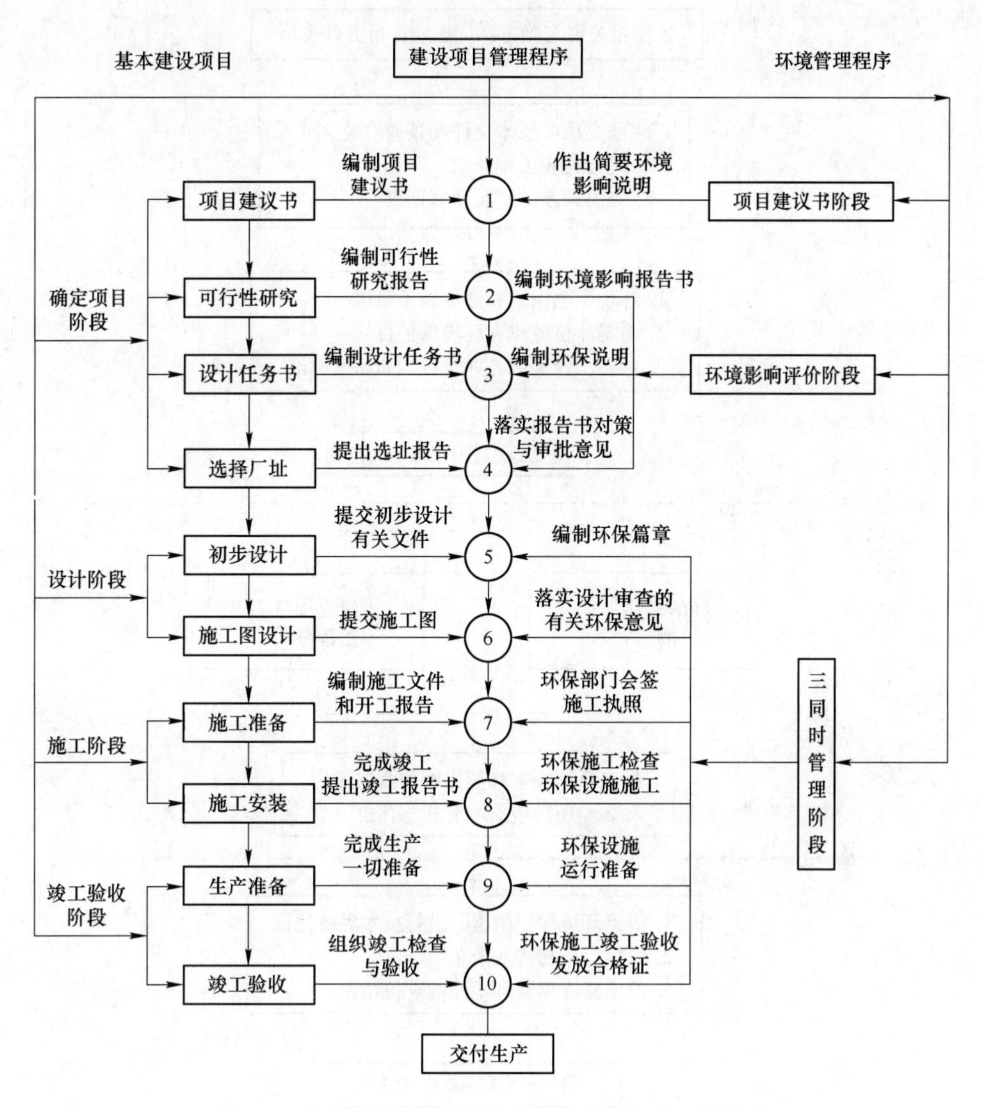

图 2-1 我国基本建设程序与环境管理程序的工作关系

2.2 环境影响评价工作程序

2.2.1 环境影响评价工作程序阶段划分

环境影响评价工作一般分为三个阶段，即调查分析和工作方案制定阶段，分析论证与预测评价阶段，环境影响报告书（表）编制阶段。具体流程如图 2-2 所示。

在开展环境影响评价工作之前，必须分析、判定建设项目选址选线、规模、性质和工艺路线与国家和地方有关环境保护法律法规、标准、政策、规范、相关规划、规划环境影响评价结论及审查意见的符合性，并与生态保护红线、环境质量底线、资源利用上线和环境准入负面清单进行对照。

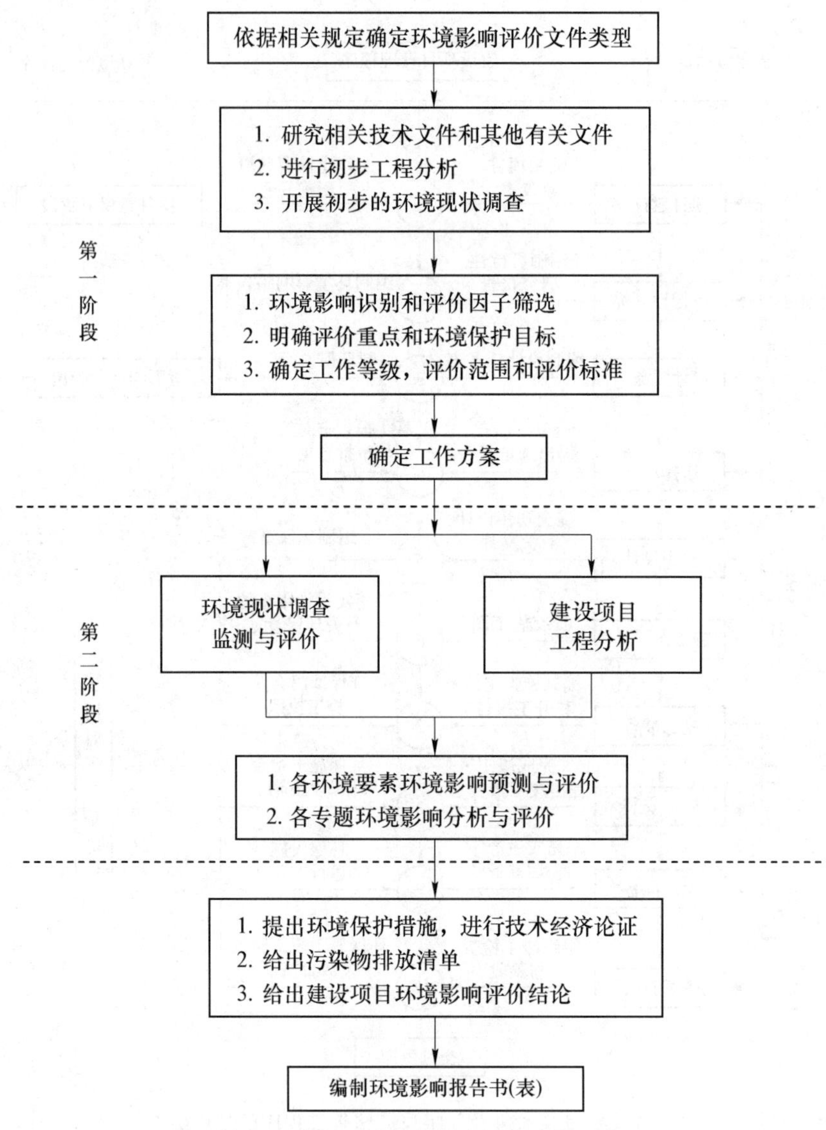

图 2-2　建设项目环境影响评价工作程序

2.2.2　评价工作等级的确定

2.2.2.1　工作等级

评价工作的等级是指需要编制环境影响评价和各专题其工作深度的划分，各单项环境影响评价分为三个工作等级。一级评价最详细，二级次之，三级较简略。各单项影响评价工作等级划分的详细规定，可参考相应导则。

2.2.2.2　划分依据

（1）项目的工程特点（工程性质、工程规模、能源及资源的使用量及类型、源项等）；

（2）所在地区的环境特征（自然环境特点、环境敏感程度、环境质量现状及社会经济状况等）；

(3) 国家或地方政府所颁布的有关法则（包括环境质量标准和污染物排放标准）。

对于某一具体建设项目，在划分各评价项目的工作等级时，根据建设项目对环境的影响、所在地区的环境特征或当地对环境的特殊要求情况可作适当调整。

2.2.3　环境影响评价大纲

环境影响评价大纲是环境影响评价报告书的总体设计和行动指南，应在开展评价工作之前编制，它是具体指导环境影响评价的技术文件，也是检查报告书内容和质量的主要判据。该文件应在充分研读有关文件、进行初步的工程分析和环境现状调查后形成。

评价大纲一般包括以下内容：

(1) 总则（包括评价任务的由来，编制依据，污染控制和环境保护的目标，采用的评价标准，评价项目及其工作等级和重点等）；

(2) 建设项目概况，基本情况、工艺流程、排污等；

(3) 拟建项目地区环境简况；

(4) 建设项目工程分析的内容与方法；

(5) 环境现状调查（根据已确定的各评价项目工作等级、环境特点和影响预测的需要，尽量详细地说明调查参数、调查范围及调查的方法、时期、地点、次数等）；

(6) 环境影响预测与评价建设项目的环境影响（包括预测方法、内容、范围、时段及有关参数的估值方法，对于环境影响综合评价，应说明拟采用的评价方法）；

(7) 评价工作成果清单，拟提出的结论和建议的内容；

(8) 评价工作的组织、计划安排；

(9) 经费概算。

2.2.4　建设项目工程分析

工程分析是对工程的一般特征、污染特征以及可能导致生态破坏的因素做全面分析。从宏观上掌握开发行动或建设项目与区域乃至国家环境保护全局的关系，从微观上为环境影响预测、评价和污染控制提供基础依据。

2.2.4.1　建设项目概况

包括主体工程、辅助工程、公用工程、环保工程、储运工程以及依托工程等。

以污染影响为主的建设项目应明确项目组成、建设地点、原辅料、生产工艺、主要生产设备、产品（包括主产品和副产品）方案、平面布置、建设周期、总投资及环境保护投资等。

以生态影响为主的建设项目应明确项目组成、建设地点、占地规模、总平面及现场布置、施工方式、施工时序、建设周期和运行方式、总投资及环境保护投资等。

改扩建及异地搬迁建设项目还应包括现有工程的基本情况、污染物排放及达标情况、存在的环境保护问题及拟采取的整改方案等内容。

2.2.4.2　影响因素分析

A　污染影响因素分析

遵循清洁生产的理念，从工艺的环境友好性、工艺过程的主要产污节点以及末端治理措施的协同性等方面，选择可能对环境产生较大影响的主要因素进行深入分析。

主要包括以下几个方面：

（1）绘制包含产污环节的生产工艺流程图，按照生产、装卸、储存、运输等环节分析包括常规污染物、特征污染物在内的污染物产生、排放情况（包括正常工况和开停工及维修等非正常工况），存在致癌、致畸、致突变物质的、具有持久性有机污染物或重金属的，应明确其来源、转移途径和流向，给出噪声、振动、放射性及电磁辐射等污染的来源、特性及强度等，说明各种源头防控、过程控制、末端治理、回收利用等环境影响减缓措施状况。

（2）明确项目消耗的原料、辅料、燃料、水资源等种类、构成和数量，给出主要原辅材料及其他物料的理化性质、毒理特征，产品及中间体的性质、数量等。

（3）对建设阶段和生产运行期间，可能发生突发性事件或事故，引起有毒有害、易燃易爆等物质泄漏，对环境及人身造成影响和损害的建设项目，应开展建设和生产运行过程的风险因素识别。存在较大潜在人群健康风险的建设项目，应开展影响人群健康的潜在环境风险因素识别。

B　生态影响因素分析

结合建设项目特点和区域环境特征，分析建设项目建设和运行过程（包括施工方式、施工时序、运行方式、调度调节方式等）对生态环境的作用因素与影响源、影响方式、影响范围和影响程度。影响程度大、范围广、历时长或涉及环境敏感区的作用因素和影响源，重点关注间接性影响、区域性影响、长期性影响以及累积性影响等特有生态影响因素的分析。

2.2.4.3　污染源源强核算

（1）根据污染物产生环节（包括生产、装卸、储存、运输）、产生方式和治理措施，核算建设项目有组织与无组织、正常工况与非正常工况下的污染物产生和排放强度，给出污染因子及其产生和排放的方式、浓度、数量等。

（2）对改扩建项目的污染物排放量（包括有组织与无组织、正常工况与非正常工况）的统计，应分别按现有、在建、改扩建项目实施后等几种情形汇总污染物产生量、排放量及其变化量，核算改扩建项目建成后最终的污染物排放量。

2.2.5　环境现状调查和评价

2.2.5.1　基本要求

（1）对与建设项目有密切关系的环境要素应全面、详细调查，给出定量的数据并作出分析或评价；对于自然环境的现状调查，可根据建设项目情况进行必要说明。

（2）充分收集和利用评价范围内各例行监测点、断面或站位的近三年环境监测资料或背景值调查资料，当现有资料不能满足要求时，应进行现场调查和测试，现状监测和观测网点应根据各环境要素按照环境影响评价技术导则要求布设，兼顾均布性和代表性原则。符合相关规划环境影响评价结论及审查意见的建设项目，可直接引用符合时效的相关规划环境影响评价的环境调查资料及有关结论。

2.2.5.2　环境现状调查与评价内容

根据环境影响因素识别结果，开展相应的现状调查与评价。

(1) 自然环境现状调查与评价。包括地形地貌、气候与气象、地质、水文、大气、地表水、地下水、声、生态、土壤、海洋、放射性及辐射（如必要）等调查内容。根据环境要素和专题设置情况选择相应内容进行详细调查。

(2) 环境保护目标调查。调查评价范围内的环境功能区划和主要的环境敏感区，详细了解环境保护目标的地理位置、服务功能、四至范围、保护对象和保护要求等。

(3) 环境质量现状调查与评价。根据建设项目特点、可能产生的环境影响和当地环境特征，选择环境要素进行调查与评价，其主要内容包括：评价区域环境质量现状，说明环境质量的变化趋势，分析区域存在的环境问题及产生的原因。

(4) 区域污染源调查

选择建设项目常规污染因子和特征污染因子、影响评价区环境质量的主要污染因子和特殊污染因子作为主要调查对象，注意不同污染源的分类调查。

2.2.6 环境影响预测与评价

2.2.6.1 基本要求

(1) 环境影响预测与评价的时段、内容及方法均应根据工程特点、环境特性、评价工作等级、当地的环境保护要求确定。

(2) 预测和评价的因子应包括反映建设项目特点的常规污染因子、特征污染因子和生态因子，以及反映区域环境质量状况的主要污染因子、特殊污染因子和生态因子。

(3) 须考虑环境质量背景与环境影响评价范围内在建项目同类污染物环境影响的叠加。

(4) 对于环境质量不符合环境功能要求或环境质量改善目标的，应结合区域限期达标规划对环境质量变化进行预测。

2.2.6.2 环境影响预测与评价方法

预测与评价方法主要有数学模式法、物理模型法、类比调查法等，由各环境要素或专题环境影响评价技术导则具体规定。

2.2.6.3 环境影响预测与评价内容

(1) 应重点预测建设项目生产运行阶段正常工况和非正常工况等情况的环境影响。

(2) 当建设阶段的大气、地表水、地下水、噪声、振动、生态以及土壤等影响程度较重、影响时间较长时，应进行建设阶段的环境影响预测和评价。

(3) 可根据工程特点、规模、环境敏感程度、影响特征等选择开展建设项目服务期满后的环境影响预测和评价。

(4) 当建设项目排放污染物对环境存在累积影响时，应明确累积影响的影响源，分析项目实施可能发生累积影响的条件、方式和途径，预测项目实施在时间和空间上的累积环境影响。

(5) 对以生态影响为主的建设项目，应预测生态系统组成和服务功能的变化趋势，重点分析项目建设和生产运行对环境保护目标的影响。

(6) 对存在环境风险的建设项目，应分析环境风险源项，计算环境风险后果，开展环境风险评价；对存在较大潜在人群健康风险的建设项目，应分析人群主要暴露途径。

2.2.7 环境影响报告书的编制

2.2.7.1 环境影响报告书编制原则

环境影响报告书是环境影响评价程序和内容的书面表现形式之一，是环境影响评价项目的重要技术文件。在编写时应遵循以下原则：

（1）报告书应该全面、客观、公正、概括地反映环境影响评价的全部工作，重点评价项目可另编分项报告书，主要技术问题可另编专题报告书。

（2）文字应简洁、准确，图表要清晰，论点要明确。大项目可分为总报告和分报告（或附件）。

2.2.7.2 环境影响报告书编写基本要求

（1）环境影响报告书总体编排结构应符合《建设项目保护管理条例》要求，内容全面，重点突出，实用性强。

（2）基础数据可靠。基础数据是评价的基础。基础数据若有错误，特别是污染源排放量有错误，即使选用正确的计算模式和精确的计算，其计算结果都是错误的。因此，基础数据必须可靠。对不同来源的同一参数，数据出现不同时，应进行核实。

（3）预测模式及参数选择合理。环境影响评价预测模式都有一定的适用条件。参数也因污染物和环境条件的不同而不同。因此，预测模式和参数选择应“因地制宜”。应选择推导（总结）条件和评价环境条件相近（相同）的模式。在选择参数时，应选择环境条件和评价环境条件相近（相同）的参数。

（4）语句通顺、条理清楚、文字简练、篇幅不宜过长。凡带有综合性、结论性的图表应放到报告书的正文中，对有参考价值的图表应放到报告书的附件中，以减少篇幅。

（5）结论观点明确，客观可信。结论中必须对建设项目的可行性、选址的合理性做出明确回答，不能模棱两可。结论必须以报告书中客观的论证为依据，不能带感情色彩。

（6）环境影响报告书中应有评价资格证书，报告书的署名，报告书编制人员按行政总负责人、技术总负责人、技术审核人、项目总负责人，依次署名，报告书编写人署名。

2.2.7.3 环境影响报告书编制要点

环境影响报告书的编写提纲，在《建设项目环境保护管理条例》中已有规定。建设项目的类型不同，对环境的影响差别很大，环境影响报告书的编制内容也就不同。虽然如此，但其基本格式、基本内容相差不大。

环境影响报告书编写的基本格式有两种：一种是以环境现状（背景）调查、污染源调查、影响预测及评价分章编排的。它是《建设项目环境保护管理条例》中规定的编排格式。另一种是以环境要素（含现状评价及影响评价）分章编排的。以前一种编排居多，下面对两种编排的要点分别加以叙述。

A 按现状调查及影响评价分章的编排要点

a 总论

（1）环境影响评价项目的由来。

（2）编制环境影响报告书的目的。

（3）编制依据。

(4) 评价标准。
(5) 评价范围。
(6) 控制及保护目标。
b 建设项目概况
应介绍建设项目规模、生产工艺水平、产品方案、原料、燃料及用水量、污染物排放量、环保措施，并进行工程影响环境因素分析等。
(1) 建设规模。
(2) 生产工艺简介。
(3) 原料、燃料及用水量。
(4) 污染物的排放量清单。
(5) 建设项目采取的环保措施。
(6) 工程影响环境因素分析。
c 环境现状（背景）调查
(1) 自然环境调查。
(2) 大气环境质量现状（背景）调查。
(3) 地面水环境质量现状调查。
(4) 地面水质现状（背景）调查。
(5) 土壤及农作物现状调查。
(6) 环境噪声现状（背景）调查。
(7) 评价区内人体健康及地方病调查。
(8) 其他社会、经济活动污染环境现状调查。
d 污染源调查与评价
污染源向环境中排放污染物是造成环境污染的根本原因。污染源排放污染物的种类、数量、方式、途径及污染源的类型和位置，直接关系到它危害的对象、范围和程度。因此，污染源调查与评价是环境影响评价的基础工作。
(1) 建设项目污染源预估。
(2) 评价区内污染源调查与评价。
e 环境影响预测与评价
(1) 大气环境影响预测与评价。
(2) 水环境影响预测与评价。
(3) 噪声环境影响预测及评价。
(4) 土壤及农作物环境影响分析。
(5) 对人群健康影响分析。
(6) 振动及电磁波的环境影响分析。
(7) 对周围地区的地质、水文、气象可能产生的影响。
f 环保措施的可行性分析及建议
(1) 大气污染防治措施的可行性分析及建议。
(2) 废水治理措施的可行性分析与建议。
(3) 对废渣处理及处置的可行性分析。

(4) 对噪声、振动等其他污染控制措施的可行性分析。

(5) 对绿化措施的评价及建议。

(6) 环境监测制度建议。

g 环境影响经济损益简要分析

环境影响经济损益简要分析是从社会效益、经济效益、环境效益统一的角度论述建设项目的可行性。由于这三个效益的估算难度很大，特别是环境效益中的环境代价估算难度更大，目前还没有较好的方法，使环境影响经济损益简要分析还处于探索阶段，有待今后的研究和开发。目前，主要从以下几方面进行：

(1) 建设项目的经济效益。

(2) 建设项目的环境效益。

(3) 建设项目的社会效益。

h 环境管理与监测计划

(1) 提出具体环境管理要求。

(2) 给出污染物排放清单，明确污染物排放的管理要求，提出应向社会公开的信息内容。

(3) 提出建立日常环境管理制度、组织机构和环境管理台账相关要求，明确各项环境保护设施和措施的建设、运行及维护费用保障计划。

(4) 制定污染源监测计划和环境质量监测计划，对以生态影响为主的建设项目应提出生态监测方案，对存在较大潜在人群健康风险的建设项目，应提出环境跟踪监测计划。

i 结论及建议

评价工作的主要结论要简要、明确、客观地阐述，内容包括下述五个方面：

(1) 评价区的环境质量现状。

(2) 污染源评价的主要结论、主要污染源及主要污染物。

(3) 建设项目对评价区环境的影响。

(4) 环保措施可行性分析的主要结论及建议。

(5) 从三个效益统一的角度，综合提出建设项目的选址、规模、布局等是否可行。建议应包括各节中的主要建议。

j 附件、附图及参考文献

(1) 附件主要有建设项目建议书及其批复，评价大纲及其批复。

(2) 附图。若在图、表特别多时，报告书中可编附图分册，一般情况下不另编附图分册。如有些图与内容联系紧密，没有该图对理解报告书内容有较大困难时，该图应编入报告书中，不入附图。

(3) 参考文献应给出作者、文献名称、出版单位、版次、出版日期等项目。

B 按环境要素分章的编写要点

(1) 总论（内容同前）。

(2) 建设项目概况（内容同前）。

(3) 污染源调查与评价（内容同前）。

(4) 大气环境现状及影响评价，包括上述的大气环境现状（背景）调查及大气环境影响预测与评价两部分内容。

（5）地面水环境现状及影响评价，包括上述的地面上环境现状（背景）调查及地面水环境影响预测与评价两部分内容。

（6）地下水环境现状及影响评价，包括上述的地下水环境现状（背景）调查及地下水环境影响预测与评价两部分内容。

（7）环境噪声现状及影响评价，包括上述的环境噪声调查及环境噪声影响预测与评价两部分内容。

（8）土壤及农作物现状与影响预测分析，包括上述土壤及农作物现状调查和土壤及农作物环境影响分析两部分内容。

（9）人群健康现状及对人群健康影响分析，包括上述评价区内人体健康及地方病调查和人群健康影响分析两部分内容。

（10）生态与环境现状及影响预测和评价，包括森林、草原、水产、野生动物、野生植物等现状及建设项目对生物及其生态环境的影响预测和评价。

（11）特殊地区的环境现状及影响预测和评价，自然保护区、风景游览区、名胜古迹、温泉、疗养区及重要政治文化设施等地区环境现状，建设项目对这些地区的影响预测及评价。

（12）建设项目对其他环境影响预测和评价，振动、电磁波、放射性的环境现状，建设项目对其环境影响预测及评价。

（13）环保措施的可行性分析及建议（内容同前）。

（14）环境影响经济损益简要分析（内容同前）。

（15）结论及建议（内容同前）。

思 考 题

2-1 对建设项目的环境评价管理分类筛选可分为哪几种结果？
2-2 环境影响评价项目的监督管理应注意哪些方面？
2-3 环境影响评价工作等级的划分依据是什么？
2-4 现状调查的方法有哪些？
2-5 撰写环境影响评价报告书应注意哪些问题？

3 环境影响评价方法与技术

[内容摘要] 40多年来各国环境影响评价工作者提出了大量方法。这些方法，从其功能上可概括为：影响识别方法、影响预测方法、影响评价方法。污染源调查和工程分析是环境影响预测和评价的基础，为环境影响预测和评价提供所需的基础数据，工程分析贯穿于整个评价工作的全过程，公众参与是“以人为本”的思想在环境影响评价中的体现。本章介绍了环境影响评价工作中的一些经典方法，并融会于全书各个章节之中。最后还提供了污染型和生态影响型两类项目的工程分析案例。

3.1 污染源调查与工程分析

3.1.1 污染源调查

3.1.1.1 污染源调查内容

污染源是指对环境产生污染影响的污染物发生源，通常是指向环境排放有害物质或对环境产生有害影响的场所、设备和装置。在开发建设和生产过程中，凡以不适当的浓度、数量、速率、形态进入环境系统而产生污染或降低环境质量的质量和能量，即为环境污染物，简称污染物。

污染源排放的污染物质的种类、数量，排放方式、途径及污染源的类型和位置，直接关系到其影响对象、范围、程度。污染源调查就是要了解、掌握上述情况及其他有关问题，通过污染源调查，找出建设项目和所在区域内所有的主要污染源和主要污染物，作为评价的基础。

按污染源性质分类，污染源调查包括工业污染源调查、生活污染源调查、农业污染源调查、交通污染源调查、噪声污染源调查、放射性污染源调查、电磁辐射污染源调查等。

A 工业污染源调查内容

对于工业污染源，调查内容包括项目概况、工艺、原辅材料和能耗状况、生产布局、管理、污染物治理、污染物排放情况及其污染危害等。

B 生活污染源调查内容

对于生活污染源，应该调查城市居民人口、城市居民用水和排水状况、民用燃料、城市垃圾及处置方法。

C 农业污染源调查内容

对于农业污染源，调查内容包括农药及化肥使用情况、农业废弃物、农业机械使用情况等。

在进行一个地区的污染源调查，或某一单项污染源调查时，都应同时进行自然环境背景调查和社会背景调查。根据调查目的和项目的不同，调查内容可以有所侧重。自然背景包括地质、地貌、气象、水文、土壤、生物；社会背景调查包括居民区、水源区、风景区、名胜古迹、工业区、农业区、林业区。

3.1.1.2 污染源调查方法

污染源调查分为详查和普查两种，可采用点面相结合的方法。重点污染源调查称为详查；对区域内所有的污染源进行全面调查称为普查。各类污染源都应有自己的侧重点，同类污染源中，应选择污染物排放量大、影响范围广泛、危害程度大的污染源作为重点污染源进行详查。对详查单位要派调查小组蹲点进行调查，详查的工作内容从广度和深度上，都超过普查。

普查工作一般多由主管部门发放调查表，以填表方式进行。对于调查表格，可以根据特定的调查目的自行制定。进行一个地区的污染源调查时，要统一调查时间、调查项目、方法、标准和计算方法等。

3.1.1.3 污染源源强核算

污染物排放量的确定是污染源调查的核心问题。确定污染物排放量的方法有物料衡算法、经验计算法（排放系数法、排污系数）和实测法三种。实际工作中，应该将这三种方法结合起来，取得可靠的污染物排放量结果。

A 物料衡算法

根据物质守恒定律，在生产过程中，投入的物料量应等于产品所含这种物料的量与这种物料流失的量的总和。如果物料的流失量全部由烟囱排放或由排水排放，则污染物排放量（或称源强）就等于物料流失量。

B 经验计算法

根据生产过程中单位产品的排污系数求得污染物排放量的计算方法称为经验计算法。计算公式为

$$Q = KW$$

式中 K——单位产品经验排放系数，kg/t；

W——单位产品的单位时间产量，t/h。

各种污染物排放系数，国内外文献中给出很多，它们都是在特定条件下产生的。由于各地区、各单位的生产技术条件不同，污染物排放系数和实际排放系数可能有很大差距，因此，在选择时，应根据实际情况加以修正。在有条件的地方，应调查统计出本地区的排放系数。

对拟建工程的污染源进行排放量预测时，若上述两种方法均无法进行，可采用类比法进行预测。搜集国内外和拟建工程的性质、规模、工艺、产品、产量大体相近的生产厂（或设备）的污染物排放量，作为参考数据，估算拟建工程污染源的排放量。

C 实测法

实测法是通过对某个污染源现场测定，得到污染物的排放浓度和流量（烟气或废水），然后计算出排放量（Q，kg/h），计算公式为

$$Q = CL \times 10^6$$

式中 C——实测的污染物算术平均浓度，m^3/h；

L——烟气或废水的流量，mg/L。

这种方法只适用于已投产的污染源。

3.1.1.4 燃烧过程中主要污染物排放量的计算

A 二氧化硫排放量的计算

燃煤中的硫主要以有机硫、硫铁矿和硫酸盐三种形态存在。煤燃烧时只有有机硫和硫铁矿中的硫（可燃硫）可以转化为二氧化硫，硫酸盐以灰分的形式进入灰渣中。一般情况下，可燃硫占全硫量的80%左右。燃煤产生的二氧化硫的计算公式为

$$G = BS \times 80\% \times 2$$

式中 G——二氧化硫的产生量，kg/h；

B——燃煤量，kg/h；

S——煤的含硫量，%。

B 燃煤烟尘排放量的计算

燃煤烟尘包括黑烟和飞灰两部分，黑烟是未完全燃烧的炭粒；飞灰是烟气中不可燃烧成分中的矿物微粒，是煤的灰分的一部分，烟尘的排放量与燃烧状况有关。燃煤产生的烟尘计算公式为

$$Y = B \times A \times D \times (1 - \eta)$$

式中 Y——烟尘排放量，kg/h；

B——燃煤量，kg/h；

A——煤的灰分含量，%；

D——烟气中烟尘占灰分量的百分数，%，其值与燃烧方式有关；

η——除尘器的总效率，%。

各种除尘器的效率（η）不同，可参照有关除尘器的说明书。若安装了二级除尘器，则除尘器系统的总效率为

$$\eta = 1 - (1 - \eta_1)(1 - \eta_2)$$

式中 η_1——一级除尘器的除尘效率，%；

η_2——二级除尘器的除尘效率，%。

3.1.2 工程分析

工程分析是分析建设项目影响环境的因素，是环境影响预测和评价的基础，贯穿于整个评价工作的全过程，因此常将工程分析作为评价工作的独立专题。

工程分析的作用为：

（1）为项目决策提供依据；

（2）弥补“可行性研究报告”对建设项目产污环节和源强估算的不足；

（3）为环保设计提供优化建议；

（4）为项目的环境管理提供建议指标和科学数据。

3.1.2.1 污染型项目工程分析

A 工程分析的重点与阶段划分

污染型项目工程分析应以工艺过程为重点，并兼顾污染物的不正常排放。资源、能源的储运、交通运输及场地的开发利用是否分析及分析的深度，应根据工程、环境的特点及评价工作等级决定。

根据实施过程的不同阶段可将建设项目分为建设期、生产运营期、服务期满后三个阶段进行工程分析。

所有建设项目均应分析生产运行阶段所带来的环境影响。生产运行阶段要分析正常排放和不正常排放两种情况。对随着时间的推移，环境影响有可能增加较大的建设项目，同时它的评价工作等级、环境保护要求均较高时，可将生产运行阶段分为运行初期和运行中后期，并分别按正常排放和不正常排放进行分析，运行初期和运行中后期的划分应视具体工程特性而定。

供水工程、道路施工、矿山开采等建设项目，在建设初期以及矿山恢复、垃圾填埋场等建设项目服务期满后的影响不容忽略，应对这两类项目的这些时段进行工程分析。

在建设项目实施过程中，由于自然或人为原因所酿成的爆炸、火灾、中毒等后果十分严重的、造成人身伤害或财产损失的事故，属风险事故，其严重性与工程性质、规模、建设项目所在地环境特征以及事故后果等因素有关。凡涉及有毒有害和易燃易爆物质的生产、使用、储运等的新建、改建、扩建和技术改造项目（不包括核建设项目），均应进行环境风险评价。

B 工程分析方法

一般来讲，建设项目的工程分析都应根据建设项目规划、可行性研究和设计方案等技术资料进行工作。有些建设项目，如大型资源开发、水利工程建设以及国外引进项目，在可行性研究阶段所能提供的工程技术资料不能满足工程分析需要时，可以根据具体情况选用其他适用的方法进行工程分析。目前应用较多的工程分析方法有类比法、物料衡算法和资料复用法。

a 类比法

类比法是利用与拟建项目类型相同的现有项目的设计资料或实测数据进行工程分析的常用方法，适用于评价时间长、评价工作等级较高，且有可供参考的相同或相似的现有工程的建设项目。采用此法时，为提高类比数据的准确性，应充分注意分析对象与类比对象之间的相似性。如：

(1) 工程一般特征的相似性，包括建设项目的性质、建设规模、车间组成、产品结构、工艺路线、生产方法、原料及燃料来源与成分、用水量和设备类型等。

(2) 污染物排放特征的相似性，包括污染物排放类型、浓度、强度与数量、排放方式与去向以及污染方式与途径等。

(3) 环境特征的相似性，包括气象条件、地貌状况、生态特点、环境功能以及区域污染情况等方面的相似性。

利用单位产品的经验排污系数计算污染物排放量时，也可以采用类比法。但是采用此法必须注意，一定要根据生产规模等工程特征和生产管理以及外部因素等实际情况进行必要的修正。

b 物料衡算法

物料衡算法是计算污染物排放量的常规方法。此法的基本理论依据是质量守恒定律，即在生产过程中投入系统的物料总量必须等于产出的产品量和物料流失量之和，其计算通式为

$$\sum G_{投入} = \sum G_{产品} + \sum G_{流失}$$

式中 $\sum G_{投入}$——投入系统的物料总量；

$\sum G_{产品}$——产出产品量；

$\sum G_{流失}$——物料流失量。

当投入的物料在生产过程中发生化学反应时，可按总量法或定额法公式进行衡算。

(1) 总量法公式：

$$\sum G_{排放} = \sum G_{投入} - \sum G_{回收} - \sum G_{处理} - \sum G_{转化} - \sum G_{产品}$$

式中 $\sum G_{排放}$——某污染物的排放量；

$\sum G_{投入}$——投入物料中的某污染物总量；

$\sum G_{产品}$——进入产品结构的某污染物总量；

$\sum G_{回收}$——进入回收产品中的某污染物总量；

$\sum G_{处理}$——经净化处理掉的某污染物总量；

$\sum G_{转化}$——生产过程中被分解、转化的某污染物总量。

(2) 定额法公式：

$$A = A_D \times M$$

$$A_D = B_D - (a_D + b_D + c_D + d_D)$$

式中 A——某污染物的排放总量；

A_D——某单位产品污染物排放定额；

M——产品总产量；

B_D——单位产品投入或生成的某污染物量；

a_D——单位产品中某污染物含量；

b_D——单位产品生成的副产物、回收品中某污染物的含量；

c_D——单位产品分解转化掉的污染物量；

d_D——单位产品被净化处理掉的污染物量。

采用物料衡算法计算污染物排放量时，必须对生产工艺、化学反应、副反应和管理等情况进行全面了解，掌握原料、辅助材料、燃料的成分和消耗定额。此法的计算工作量大，结果偏低，只能在评价工作等级较低的建设项目工程分析中引用，引用时应注意修正。

c 资料复用法

此法是利用同类工程已有的环境影响报告书或可行性研究报告等资料进行工程分析的方法。此法较为简便，但所得数据的准确性很难保证，所以只能在评价工作等级较低或无法引用类比法以及物料衡算法时采用。

C 工程分析的工作内容

工程分析的主要目的是查清建设项目的污染物的产生（包括生产工艺、污染物种类、数量）、处理或治理方法、排放方式和排放种类，定量地给出污染物的排放量，估计其环境影响，提出减少其环境污染的措施。

对于环境影响以污染因素为主的建设项目来说，其工作内容通常包括以下八部分。

a　工程概况

（1）工程一般特征简介。工程一般特征简介主要是介绍项目的基本情况，包括工程名称、建设性质、建设地点、项目组成、建设规模、车间组成、产品方案、辅助设施、配套工程、储运方式、占地面积、职工人数、工程总投资及发展规划等，附总平面布置图。项目的建设规模和产品方案可以由表3-1给出，项目的组成可以参照表3-2。

表3-1　项目建设规模和产品方案一览表

序号	工艺名称	建设规模	产品产量	商品量	年操作数	备　注
1						
2						
3						
⋮						

表3-2　项目组成一览表

序号	生产装置	辅助生产装置	公用工程	环保工程	备　注
1					
2					
3					
⋮					

（2）物料及能源消耗定额。物料及能源消耗定额包括主要原料、辅助材料、助剂、能源（煤、焦、油、气、电和蒸气）以及用水等的来源、成分和消耗量。物料及能源消耗定额可以从表3-3清楚地反映出来。

表3-3　主要原辅材料消耗定额及来源一览表

序号	名　称	规　格	单　位	消耗量	来　源	备　注
1						
2						
3						
⋮						

（3）主要技术经济指标。主要技术经济指标包括产率、效率、转化率、回收率和放射率等。建设项目的技术经济指标可以采用表3-4的格式给出。

表3-4　建设项目的技术经济指标一览表

序号	产　率	效　率	转化率	回收率	放射率	备　注
1						
2						
3						

b 产污环节分析

（1）绘制生产工艺污染流程图，在工艺流程中标明污染物的产生位置和污染物的类型，必要时列出主要化学反应和副反应式。

（2）做原料、成品和废物的物料平衡估算。通过物料平衡，核算产品和副产品的产量，并计算出污染物的源强。根据不同行业的具体特点，选择若干有代表性的物料进行物料衡算。如合成氨厂中选择氨进行氨平衡。

（3）说明废气、废水、固体废物和噪声的来源，并在工艺流程图的有关部分注明这些污染物的排放量。

c 污染源源强分析与核算

（1）污染物分布及污染物源强核算。污染源分布和污染物类型及排放量是各专题评价的基础资料，必须按建设过程、生产过程和服务期满后（退役期）三个时期，详细核算和统计，力求完善。因此，对于污染源分布应根据已经绘制的污染流程图，并按排污点编号，标明污染物排放部位，然后列表逐点统计各种因子的排放强度、浓度及数量。

对于废气可按点源、面源、线源进行核算，说明源强、排放方式和排放高度及存在的有关问题。废水应说明种类、成分、浓度、排放方式、排放去向。废液应说明种类、成分、浓度、处置方式和去向等有关问题。废渣应说明有害成分、溶出物浓度、数量、处理、处置方式和存储方法。噪声和放射性应列表说明源强、剂量及分布。

污染物的排放状况可采用表 3-5 方式表示。

表 3-5 污染源强一览表

序号	指标名称	单 位	数 量	备 注
1				
2				
3				
⋮				

统计方法应以车间或工段为核算单元，对于泄漏和放散量部分，原则上要求实测，实测有困难时，可以利用年均消耗定额的数据进行物料平衡推算。

（2）新建项目污染物源强。在统计污染物排放量的过程中，对于新建项目要求算清两本账：一本是工程自身的污染物设计排放量；另一本则是按治理规划和评价规定措施实施后能够实现的污染物削减量。两本账之差才是评价需要的污染物最终排放量。可以用表 3-6 的形式列出。

（3）改扩建项目和技术改造项目污染物源强。对于改扩建项目和技术改造项目的污染物排放量统计则要求算清三本账，即改扩建与技术改造前污染物排放量；改扩建与技术改造项目按计划实施的污染物排放量；实施治理措施和评价规定措施后能够实现的污染削减量。三本账的代数和方可作为评价后所需的最终排放量，可以采用表 3-6 分别列出。

d 无组织排放源的统计

无组织排放是指生产装置在生产运行过程中污染物不经过排气筒（管）的无规则排放，表现在生产工艺过程中具有弥散型的污染物的无组织排放，以及设备、管道和管件的跑冒滴漏，在空气中的蒸发、逸散引起的无组织排放。无组织排放污染物是指不经过排气筒或排气筒高度低于15m排放的污染物。

表3-6 建设项目污染物排放量一览表

类别	名称	排放点	设计排放量	设计排放浓度	排放方式	排放去向	执行排放标准	处理后排放量	处理后排放浓度	最终排放去向	备注
废气											
废水											
固体废弃物											

e　风险排污分析

风险排污包括事故排污和非正常工况排污两部分。

(1) 事故排污分析。事故排污分析应说明在管理范围内可能产生的事故种类和频率，并提出防范措施和处理方法。应计算事故状态下的污染物最大排放量，作为风险预测的源强。

(2) 非正常工况排污分析。建设项目非正常工况是指生产运行阶段设备检修、开车停车、操作不正常、试验性生产等，不包括事故。非正常工况排污是指工艺设备或环保设施达不到设计规定指标的超额排污，因为这种排污代表长期运行的排污水平，所以在风险评价中，应以此作为源强。非正常工况排污分析，应确定污染物来源、种类及排放量，分析发生的可能性及频率，重点说明异常情况的原因和处置方法。

f　环保措施方案分析

(1) 分析建设项目可行性研究阶段环保措施方案，并提出进一步改进的意见。即：根据建设项目产生的污染物特点，充分调查同类企业的现有环保处理方案，分析建设项目可行性研究阶段所采用的环保设施的先进水平和运行可靠程度，并提出进一步改进的意见。

(2) 分析污染物处理工艺有关技术经济参数的合理性，即根据现有的同类环保设施的运行技术经济指标，结合建设项目环保设施的基本特点，分析论证建设项目环保设施的技术经济参数的合理性，并提出进一步改进的意见。

(3) 分析环保设施投资构成及其在总投资中占有的比例，即汇总建设项目环保设施的各项投资，分析其投资结构，并计算环保投资在总投资中所占的比例，并提出进一步改进的意见。

g　总图布置方案分析

(1) 分析厂区与周围的保护目标之间所定卫生防护距离和安全防护距离的保证性。即参考国家的有关安全防护距离规范，分析厂区与周围的保护目标之间所定防护距离的可靠性，合理布置建设项目的各构筑物，充分利用场地。

(2) 根据气象、水文等自然条件分析工厂和车间布置的合理性。即在充分掌握项目建设地点的气象、水文和地质资料的条件下，减少不利因素，合理布置工厂和车间。

(3) 分析村镇居民拆迁的必要性。即分析项目产生的污染物的特点及其污染特征，结合现有的有关资料，确定建设项目对附近村镇的影响，分析村镇居民拆迁的必要性。

h 补充措施与建议

(1) 关于合理的产品结构与生产规模的建议。合理的产品结构和生产规模可以有效地降低单位污染物的处理成本，提高企业的经济效益，有效地降低建设项目对周围环境的不利影响。

(2) 优化总图布置的建议。充分利用自然条件，合理布置建设项目中的各构筑物，可以有效地减轻建设项目对周围环境的不良影响，降低环境保护投资。

(3) 节约用地的建议。根据各个构筑物的工艺特点和结构要求，做到合理布置，有效利用土地。

(4) 可燃气体平衡和回收利用措施建议。可燃气体排入环境中，不仅浪费资源，而且对大气环境有不良影响，因此，必须考虑对这些气体进行回收利用。根据可燃气体的物料衡算，可以计算出这些可燃气体的排放量，为回收利用措施的选择提供基础数据。

(5) 用水平衡及节水措施建议。根据用水平衡图，充分考虑废水回用，减少废水排放。

(6) 废渣综合利用建议。根据固体废弃物的特性，选择有效的方法，进行合理的综合利用。

(7) 污染物排放方式改进建议。污染物的排放方式直接关系到污染物对环境的影响，通过对排放方式的改进往往可以有效地降低污染物对环境的不利影响。

(8) 环保设备选型和实用参数建议。根据污染物的排放量和排放规律，以及排放标准的基本要求，结合对现有资料的全面分析，提出污染物的处理工艺和基本工艺参数。

(9) 其他建议。针对具体工程的特征，提出与工程密切相关的、有较大影响的其他建议。

3.1.2.2 生态影响型项目工程分析

生态影响型项目，如水电建设项目、水利建设项目、矿业建设项目、公路建设项目和农业建设项目等，其工程分析技术要点如下。

A 工程组成必须完善

应分析所有的工程活动，包括主体工程、辅助工程、配套工程、公用工程和环保工程，无论是临时的或永久的，施工期的或营运期的，直接的或相关的，都应考虑在内。一般应有完善的项目组成表，明确占地、施工、技术标准等主要内容。

B 重点工程明确

应将主要造成环境影响的工程作为重点的工程分析对象，包括可能产生重大生态影响的工程，与特殊生态敏感区和重要生态敏感区有关的工程，可能产生间接、累积生态影响的工程和可能造成重大资源占用和配置的工程行为。明确其名称、位置、规模、建设方案、施工方案、营运方式等，一般还应将其所涉及的环境作为分析对象，因为同样的工程发生在不同的环境中，其影响作用是大不相同的。

C 全过程分析

生态影响是一个过程，不同的时期有不同的问题需要解决，因此必须做全过程工程分析。一般可将全过程分为选址选线期（工程预可研期）、设计方案期（初步设计与工程设计期）、建设期（施工期）、营运期以及营运后期（结束期、闭矿、设备退役和渣场封闭等）。

D 污染源分析

明确主要产生污染物的源、污染物类型、源强、排放方式和纳污环境等。污染源可能发生于施工建设阶段，亦可能发生于营运期。污染源的控制要求与纳污环境的环境功能密切相关，必须同纳污环境联系起来作分析。

E 其他分析

施工建设方式、营运方式不同，都会对环境产生不同的影响，需要在工程分析时予以考虑。对于那些发生可能性不大，而一旦发生又会产生重大影响者，则应该进行风险分析。例如，公路运输农药时，车辆可能在跨越水库或水源地时发生事故性泄漏等。

3.1.3 工程分析案例

3.1.3.1 污染型项目工程分析

以宏华海洋油气装备（江苏）有限公司启东制造基地工程项目为例。

A 项目基本情况

项目为新建项目，其他略。

B 建设规模与产品方案

建设规模：年钢材加工量总计约20万吨，产品方案见表3-7。

表3-7 产品方案

序号	代表产品	年产量		钢材耗量/t	
		单位	数量	单座（组）	全年
1	自升式海上石油钻井平台	座	2	16000	32000
2	半潜式钻井平台	座	3	26000	78000
3	海上石油钻井平台模块	座	10	3500	35000
4	圆筒形海洋钻井平台舾装	座	4	5000	20000
5	钻井船舾装	艘	4	4000	16000
6	组装陆地钻机	台	30	只提供组装场	0
7	中小型海工作业船舾装	艘	2	3500	7000
合　计					188000

C 项目组成

项目组成包括主体工程、公用及辅助工程、环保工程和外协工程。

主体工程组成见表3-8。

表 3-8 拟建项目主体工程

序号	车间名称	作业内容	设计能力	作业时间
1	组块结构厂房	钢材预处理、切割和弯曲加工、部件及H型钢装焊、分段装焊	板材 135000t/a， 型材 45000t/a	251d/a，2 班制
2	涂装厂房	海洋平台组件及容器设备除锈喷漆	涂装面积 $186\times10^4m^2$/a	251d/a，3 班制
3	制管厂房	自升式平台桩腿、大直径管子卷板以及有曲率板材弯曲的制作	总加工量 66360t/a	251d/a，2 班制
4	管子加工厂房	工艺管子预制、容器、工艺管线、生活管线、柴油机和锅炉排气管绝热材料包敷、机械、电仪等组对、安装物品集配	管材年加工量 3620t/a	251d/a，2 班制
5	机修间	液压模块运输车、叉车、运货车等厂内运输车辆维修	行车最大起重 10t，轨高 8m	251d/a，2 班制
6	模块制造场	自升式平台、半潜式平台、固定式平台、生活模块、悬臂梁等的总装；平台上各种机械、仪器、装置和设施等的安装，主要分为分段舾装和码头舾装	自升式平台 10 个、半潜式平台 2 个、平台模块 10 个。 总组装量 165000t/a； 舾装量 6 万 t/a	251d/a，2 班制
7	桩腿制造厂			
8	组块集配场			
9	滑道			
10	港池			
11	舾装码头	完成在分段上不能安装的舾装件或单元和容易碰坏和易受天气影响、在舱室遮蔽之前安装可能损坏的舾装件以及分段与分段之间的舾装件，单元之间的舾装连接件的舾装	内线舾装码头长 450m，宽 25m；外线舾装码头长 1200m，宽 25m	
12	材料码头	3000t 驳船泊位，泊位利用率 0.6		

公用及辅助工程主要包括给排水系统、动力系统、供电系统、消防系统，具体组成略。

环保工程包括废水处理系统、废气处理系统、噪声治理系统、固废收集系统，具体组成略。

外协工程略。

D 总平面布置

(略)。

E 主要原辅材料消耗量及理化性质

本项目主要原辅料、燃料的规格、年用量来源及运输情况见表 3-9。

表 3-9 主要原辅材料、动力能源消耗

类别	名称	年耗量	储运方式	重要组分、规格、指标
主要原料	钢料/$t \cdot a^{-1}$	200000	水运+陆运	
	管材/$t \cdot a^{-1}$	3620	水运+陆运	
	焊材/$t \cdot a^{-1}$	2950	水运+陆运	
	环氧富锌漆/$t \cdot a^{-1}$	888. 73	陆运	其中二甲苯 99. 54t，其他 789. 19t
	环氧中涂漆/$t \cdot a^{-1}$	396. 49		其中二甲苯 45. 60t，其他 350. 89t
	聚氨酯面漆/$t \cdot a^{-1}$	178. 54		其中二甲苯 38. 74t，其他 139. 80t
	漆雾滤料/$m^2 \cdot a^{-1}$	200000	陆运	玻璃纤维
	活性炭/$t \cdot a^{-1}$	120	陆运	C
辅料	钢丸（钢砂）/$t \cdot a^{-1}$	500	陆运	Fe
动力能源	天然气/$m^3 \cdot a^{-1}$	2561000	管道输送	混合烃类物质
	市政自来水/$t \cdot a^{-1}$	477982	市政管网输送	水
	电/$kW \cdot h \cdot a^{-1}$	36744580	电网输送	
	压缩空气/$m^3 \cdot a^{-1}$	177300000	工场自给	N_2、O_2
	氧气/$m^3 \cdot a^{-1}$	4584000	外购	O_2
	丙烷/$m^3 \cdot a^{-1}$	1375200		C_3H_8
	二氧化碳/$m^3 \cdot a^{-1}$	1337000		CO_2
	氩气/$m^3 \cdot a^{-1}$	13370		Ar

本项目原辅材料中有毒有害物的理化毒性略。

F 生产工艺及产污节点分析

a 生产工艺

总体生产工艺过程如图 3-1 所示。

b 产污节点分析

本项目建成投产后的主要污染物来源于钢板预处理工序、钢材加工及焊接工序、涂装工序、舾装工序和管子加工厂房产生的各种废气、废水、噪声和固体废物，各产污环节及污染物产生情况汇总如图 3-1 所示。

图中，废水，W7：来自空压机冷却循环水；W8：来自机修间含油污水；W9：办公楼、食堂、浴室职工生活污水；W10：产品压载水。

废气，G17：食堂产生的油烟气。

噪声，N13：110kV 总降压站噪声；N14：各类泵站噪声；N15：空压站噪声；N16：食堂风机噪声。

固体废物，S13：生活垃圾；S14：含油废水处理设施含油污泥；S15：机修间废乳化液。

G　物料平衡

a　水平衡

本项目水平衡如图 3-2 所示。

b　油漆平衡

本项目油漆中的二甲苯平衡如图 3-3 所示，油漆平衡如图 3-4 所示。

c　焊材平衡

本项目焊材平衡如图 3-5 所示。

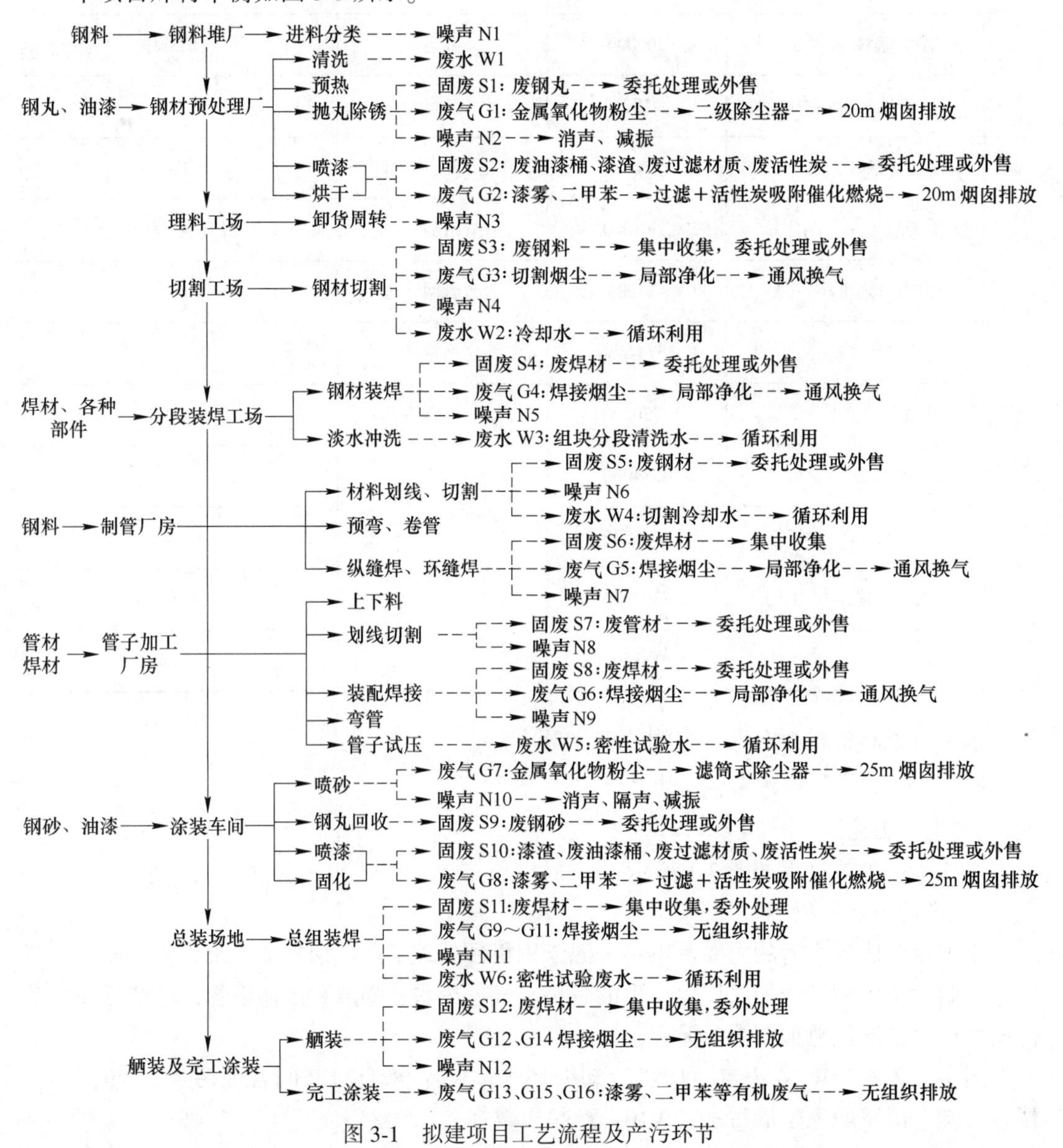

图 3-1　拟建项目工艺流程及产污环节

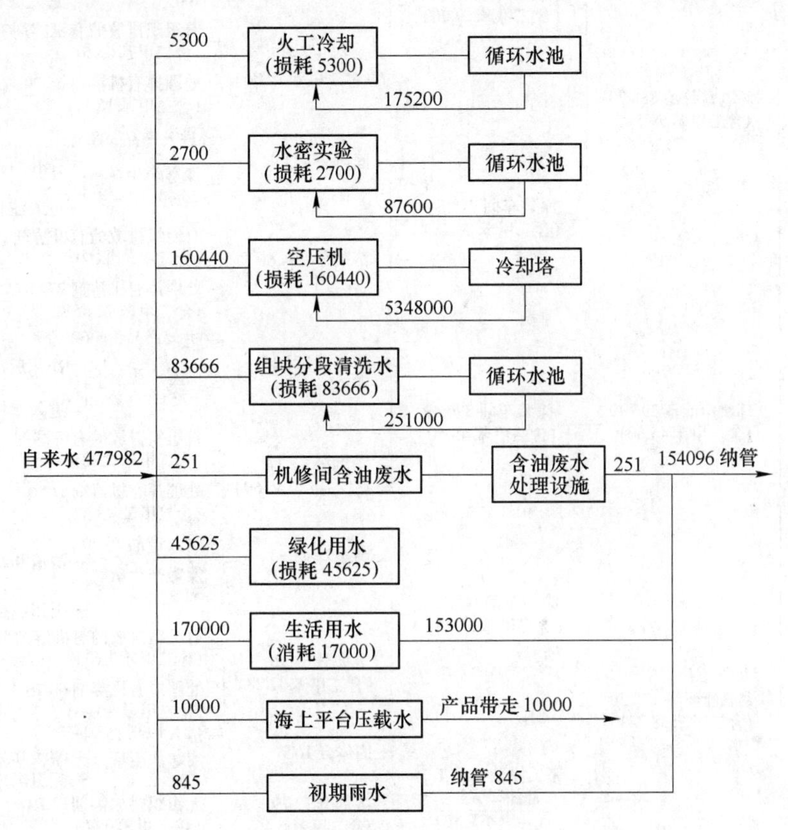

图 3-2 拟建项目水平衡图（单位：t/a）

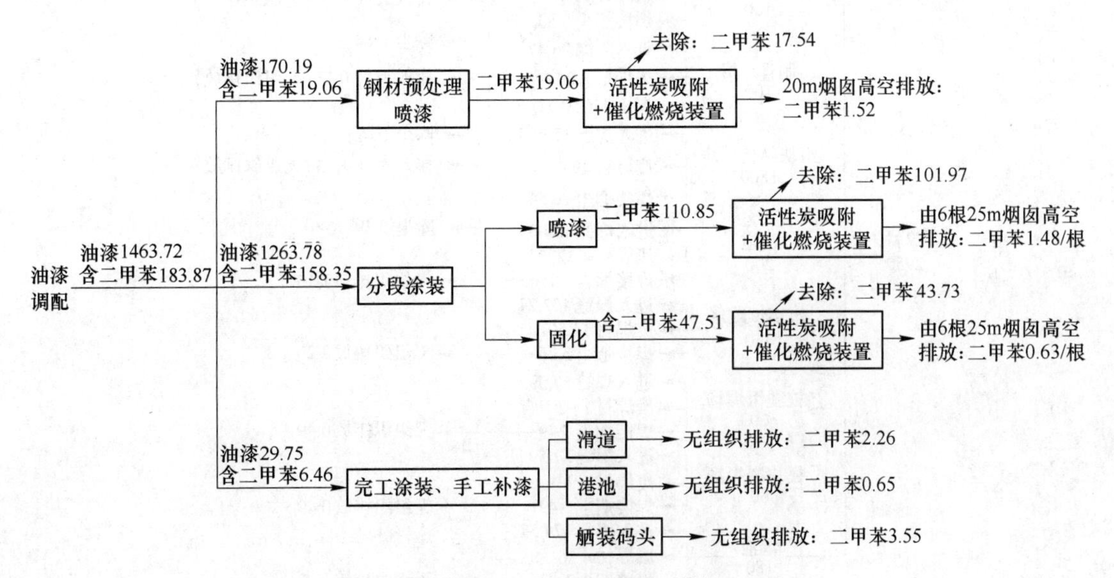

图 3-3 拟建项目二甲苯平衡图（单位：t/a）

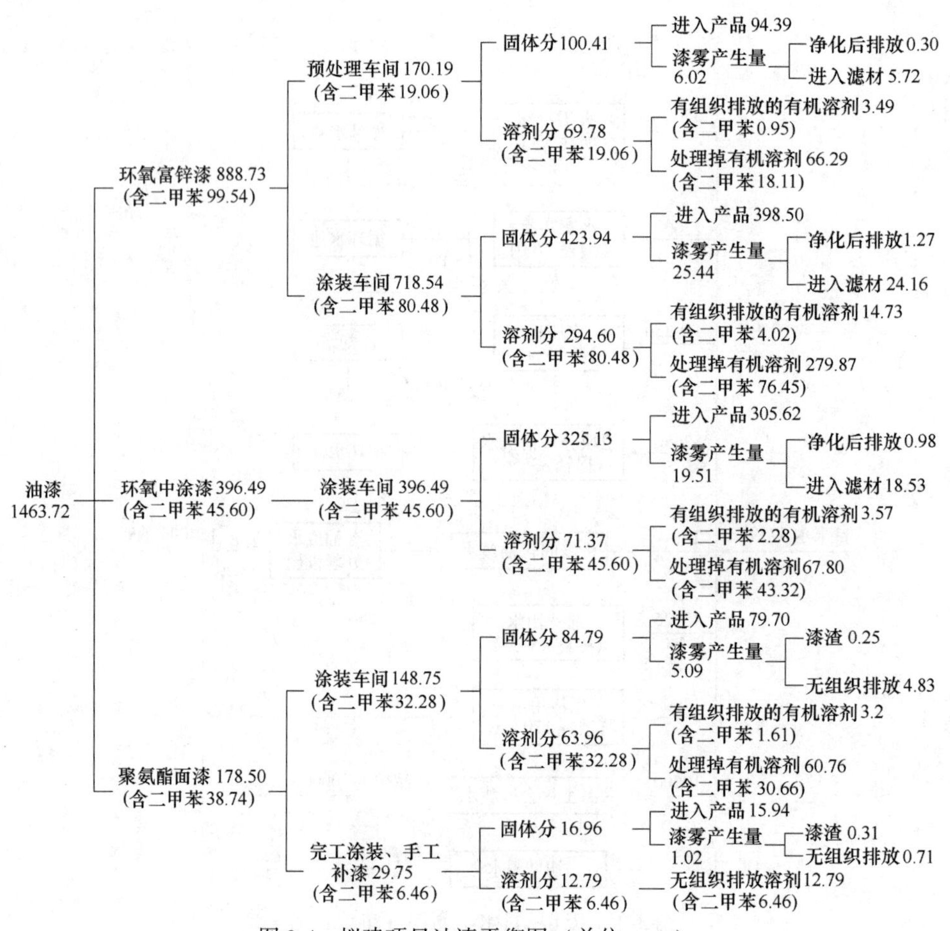

图3-4　拟建项目油漆平衡图（单位：t/a）

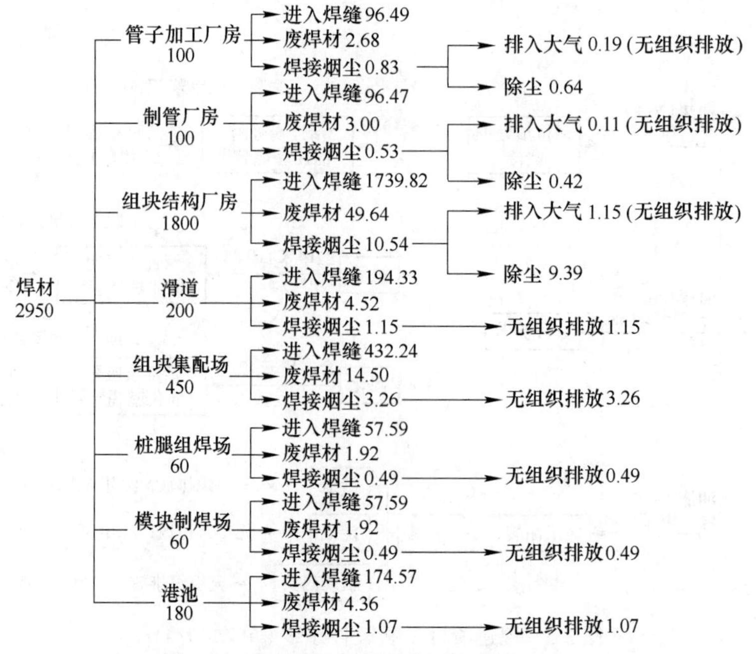

图3-5　拟建项目焊材平衡图（单位：t/a）

H 污染物源强分析

本项目各类废水产生量、主要污染物浓度、污染物产生量和浓度见表3-10，有组织排放废气源强见表3-11，无组织排放废气源强见表3-12，噪声来源、声源设备与噪声级见表3-13，各类固体废物排放量和主要组成见表3-14。

I 污染物“三本账”汇总

本项目污染物“三本账”见表3-15。

表3-10 建设项目废水污染源表

废水种类	废水产生量		污染物	污染物产生量		采取的处理方式	污染物排放量	
	日产生量/t	年产生量/t		浓度/mg·L^{-1}	产生量/t·a^{-1}		浓度/mg·L^{-1}	产生量/t·a^{-1}
生活污水	450	153000	COD_{Cr}	350	53.55	纳管排放	350	53.550
			BOD_5	150	22.95		150	22.950
			SS	300	45.90		300	45.900
			氨氮	25	3.825		25	3.825
			PO_4^-	3	0.459		3	0.459
			动植物油	40	6.12		40	6.120
机修间含油污水	1	251	COD	500	0.126	沉淀隔油后纳管	300	0.075
			BOD_5	300	0.075		150	0.038
			SS	300	0.075		150	0.038
			石油类	200	0.050		20	0.005
合计	—	153251	—	—	—	—	—	—

注：车间污水年工作日按251天计，年生活污水按340天计。

3.1.3.2 生态影响型工程分析

以太仓市应急水源地工程项目为例。

A 工程概况

本工程为新建项目。

项目主体工程包括水库工程、取输水泵站工程和浏河口下游岸线整治工程（以下简称“圈围工程”）。辅助工程包括管理房、便道和临时建设用房（施工营地、施工机械和材料仓库等）。

工程为中型水库，工程等级为Ⅱ级，围堤及主要建筑物级别为2级。

工程特性见表3-16。

表 3-11 工程有组织排放废气源强

生产场地	污染源编号	生产工艺	主要污染物	产生量			治理措施及效果	排放量			排风量 $/m^3 \cdot h^{-1}$	排气筒/m	
				速率		浓度		速率		浓度			
				kg/h	t/a	$/mg \cdot m^{-3}$		kg/h	t/a	$/mg \cdot m^{-3}$		高度	直径
钢材预处理线	G1	喷砂段	抛丸除锈粉尘	99.60	200.00	1992.03	旋风除尘器+脉冲布袋除尘器，效率大于98%	1.99	4.00	39.84	50000	20	1.20
	G2	喷漆段	漆雾	3.00	6.02	59.96	过滤，效率达到95%	0.15	0.30	3.00	50000	20	1.30
			调漆挥发二甲苯	0.09	0.57	1.84	催化燃烧，效率92%	0.01	0.05	0.15			
			二甲苯	9.21	18.49	184.15	催化燃烧，效率92%	0.74	1.48	14.73			
			调漆挥发非甲烷总烃	0.76	1.52	15.16	催化燃烧，效率92%	0.06	0.12	1.21			
			非甲烷总烃	24.50	49.20	490.02	催化燃烧，效率92%	1.96	3.94	39.20			
涂装厂房	G7	喷砂段	金属氧化物粉尘	69.50	360.00	434.36	滤筒式除尘器，效率大于98%	0.46×3根	2.40×3根	2.90×3根	160000/根，每间1根	25	2.20
	G8	喷漆段	漆雾粉尘	9.66	50.03	80.49	过滤，效率达到95%	0.08×6根	0.42×6根	0.67×6根	120000/根，每间1根		2.10
			调漆挥发二甲苯	3.15	4.75	26.29	催化燃烧，效率92%	0.04×6根	0.06×6根	0.35×6根			
			二甲苯 喷漆	71.39	107.52	594.95	催化燃烧，效率92%	0.95×6根	1.43×6根	7.93×6根			
			二甲苯 固化	10.20	46.08	169.99	催化燃烧，效率92%	0.14×6根	0.61×6根	2.27×6根	60000/根		
			调漆挥发非甲烷总烃	5.41	8.15	45.08	催化燃烧，效率92%	0.07×6根	0.11×6根	0.60×6根	120000/根，每间1根		
			非甲烷总烃 喷漆	122.45	184.40	1020.38	催化燃烧，效率92%	1.63×6根	2.46×6根	13.61×6根			
			非甲烷总烃 固化	17.49	79.03	291.54	催化燃烧，效率92%	0.23×6根	1.05×6根	3.89×6根	60000/根		
生活设施	G17	食堂	油烟气	—	—	10.00	油烟净化器	—	—	2.00	—	15	1.30

表 3-12 工程无组织排放废气源强

生产场地	污染源编号	生产工艺	主要污染物	产生量		治理措施及效果	排放量		面积 $/m^2$	高度 /m
				kg/h	t/a		kg/h	t/a		
组块结构厂房	G3	切割	切割烟尘	2.32	4.65	组合式切割机，捕集率90%，净化效率98%	0.27	0.55	86784	3
	G4	焊接	焊接烟尘	5.25	10.54	移动式+静电焊烟空气净化机组，捕集率90%，净化效率99%	0.57	1.15		

续表 3-12

生产场地	污染源编号	生产工艺	主要污染物	产生量		治理措施及效果	排放量		面积/m²	高度/m
				kg/h	t/a		kg/h	t/a		
制管厂房	G5	焊接	焊接烟尘	0.14	0.53	滤筒式净化器，捕集率 80%，净化效率 99%	0.03	0.11	26416	3
管子加工厂房	G6	焊接	焊接烟尘	0.22	0.83	移动式焊接烟尘净化器，捕集率 80%，净化效率 96%	0.05	0.19	11232	5
组块集配场	G9	焊接	焊接烟尘	1.62	3.26	—	1.62	3.26	176250	5
桩腿组焊场	G10	焊接	焊接烟尘	0.24	0.49	—	0.24	0.49	9660	5
模块制造厂	G11	焊接	焊接烟尘	0.24	0.49	—	0.24	0.49	34335	5
滑道	G12	焊接	焊接烟尘	0.57	1.15	—	0.57	1.15	67000	5
	G13	喷涂	漆雾	0.18	0.36	—	0.18	0.36		
			调漆挥发二甲苯	0.03	0.07		0.03	0.07		
			喷漆二甲苯	1.09	2.19	—	1.09	2.19		
			调漆挥发非甲烷总烃	0.03	0.07		0.03	0.07		
			喷漆非甲烷总烃	1.07	2.15	—	1.07	2.15		
港池	G14	焊接	焊接烟尘	0.53	1.07	—	0.53	1.07	16500	10
	G15	喷涂	漆雾	0.05	0.10	—	0.05	0.10		
			调漆挥发二甲苯	0.01	0.02		0.01	0.02		
			喷漆二甲苯	0.31	0.63	—	0.31	0.63		
			调漆挥发非甲烷总烃	0.01	0.02		0.01	0.02		
			喷漆非甲烷总烃	0.30	0.61	—	0.30	0.61		
舾装码头	G16	喷涂	漆雾	0.28	0.56	—	0.28	0.56	80750	10
			调漆挥发二甲苯	0.05	0.11		0.05	0.11		
			喷漆二甲苯	1.71	3.44	—	1.71	3.44		
			调漆挥发非甲烷总烃	0.05	0.10		0.05	0.10		
			喷漆非甲烷总烃	1.69	3.39	—	1.69	3.39		

表 3-13 建造基地噪声源强

噪声源编号	生产车间	主要噪声设备	噪声级/dB(A)	台数	治理措施	降噪效果/dB(A)
1	钢料堆场	钢板撞击	80	—	绿化带隔声	75
2	预处理工场	卧式抛丸	92~95	1	建筑隔声、隔振底座、消声	70
		除锈装置	88~92	1		
		吸尘装置	88~92	1		67
		废气处理风机	88~92	1		67
3	组块结构厂房	切割机	75	3	建筑隔声、隔振底座、消声	60
		碳弧气刨机	105	5		
		焊机	65	285		
4	制管厂房	切割机	75	1	建筑隔声、隔振底座、消声	60
		焊机	85	120		
		碳弧气刨机	105	3		
5	管子加工车间	焊机	88	若干	建筑隔声、隔振底座	58
		切割机	75	2		
6	涂装厂房	喷砂机	90~95	36	建筑隔声、隔振底座、吸声装置、消声	60
		真空回收装置	90~95	18		
		除尘风机	88~95	6		
		废气处理风机	88~95	6		
7	滑道	焊机、打磨设备	65~85	若干	隔振底座	75
8	舾装码头	焊机、打磨设备	65~85	若干	隔振底座	75
9	港池	焊机、打磨设备	65~85	若干	隔振底座	75
10	空压站	空压机	85	若干	建筑隔声、隔振底座、消声	65
		风机	95	若干		
11	各类泵站	水泵	95	若干	建筑隔声、隔振底座、消声	65
12	食堂风机	风机	65	2	建筑隔声	50

注：降噪效果为采取降噪措施后在噪声源所在厂房或场地边界所测噪声。

表 3-14 建设项目固体废物产生量

分类	废物名称	分类编号	性状	产生量/$t \cdot a^{-1}$	拟采取的处理方式
危险废物	漆渣	HW12	液态	54	启东市金阳光固废处置有限公司
	废油漆桶	HW12	固态	105	
	过滤材质	HW12	固态	39	
	含油污泥	HW09	固态	216	
	废活性炭	HW42	固体	120	
	乳化液	HW09	液态	2.5	
	合计			536.5	

续表 3-14

分类	废物名称	分类编号	性状	产生量 /$t\cdot a^{-1}$	拟采取的处理方式
一般固体废物	废钢砂		固态	500	南通宏旭固废处置有限公司
	废钢材边角料、铁屑		固态	15200	
	管材下脚料		固态	181	
	废焊材		固态	102	
	除尘粉尘（包括焊接烟尘）		固态	667	
	生活垃圾		固态	1224	环卫部门
	合计			17874	

表 3-15 本工程污染物“三本账”初步核算

种类	污染物名称		产生量	本项目削减量	污水处理厂接管量	排放量
废水	排放量/$m^3\cdot a^{-1}$		153251	0	153251	153251
	COD_{Cr}/$t\cdot a^{-1}$		53.676	0.050	53.625	7.663
	BOD_5/$t\cdot a^{-1}$		23.025	0.038	22.988	1.533
	SS/$t\cdot a^{-1}$		45.975	0.038	45.938	1.533
	氨氮/$t\cdot a^{-1}$		3.825	0.000	3.825	0.765
	磷酸盐/$t\cdot a^{-1}$		0.459	0.000	0.459	0.077
	石油类/$t\cdot a^{-1}$		0.050	0.045	0.005	0.0003
废气	排放量/$\times10^4t\cdot a^{-1}$		1152.60	1111.88		40.72
	有组织/$t\cdot a^{-1}$	烟尘	0	0		0
		粉尘	616.05	608.93		7.12
		二甲苯	175.64	172.04		3.60
		非甲烷总烃	319.08	311.48		7.60
	无组织/$t\cdot a^{-1}$	粉尘	1.02	0		1.02
		烟尘	23.01	14.55		8.46
		二甲苯	8.24	1.74		6.50
		非甲烷总烃	9.56	3.15		6.41
固废	生活垃圾/$t\cdot a^{-1}$		1224	1224		0
	工业固废/$t\cdot a^{-1}$		17186.5	17186.5		0
	其中：危险固废/$t\cdot a^{-1}$		536.5	536.5		0

表 3-16 太仓市应急水源地工程特性表

序号	名　称	单位	数量	备　注
		水　文		
1	工程区外江潮位			国家 85m 高程，下同
	设计高潮位（1.0%）	m	4.57	
	校核高潮位（0.33%）	m	4.88	

续表 3-16

序号	名　　称	单位	数量	备　　注
		水　　文		
1	多年平均高潮位	m	1.71	国家 85m 高程，下同
	多年平均低潮位	m	−0.55	
	最低潮位	m	−1.52	
2	库址处南支河段宽度	km	14	
3	大通站特征流量			
	多年平均流量	m^3/s	28500	
	最大洪峰流量	m^3/s	92600	
	最小流量	m^3/s	4260	
		水　　库		
1	水库特征水位			
	最高蓄水位	m	5.22	
	咸潮期运行水位	m	5.22	
	非咸潮期运行水位	m	2.5~3.0	
	水库死水位	m	−1.0	
2	水库库底高程	m	−2.76	清淤疏浚后
3	水库面积	m^2	2.09×10^4	库底
4	水库库容			
	总库容	m^3	1751×10^4	中型水库
	有效库容	m^3	1420×10^4	
	死库容	m^3	331×10^4	
		工程等级		
1	工程等别	等	Ⅱ	
2	围堤及主要建筑物级别	级	2	与长江大堤同级
		围堤工程		
1	新建水库围堤			
	长度	m	4568	北堤、东堤、南堤
	堤顶宽度	m	8.0	
	堤顶高程	m	6.37	
	防浪墙高程	m	7.57	
2	加高培厚老堤			
	长度	m	2265	水库西堤
	堤顶宽度	m	8.0	
	堤顶高程	m	6.5~6.8	同原高程
	防浪墙顶高程	m	7.1~7.8	
3	浏河口下游岸线整治工程			

续表 3-16

序号	名　称	单位	数量	备　注
	围堤工程			
3	堤防长度 堤顶宽度 堤顶高程 防浪墙高程 圈围面积	m m m m m^2	1800 8.0 6.37 7.57 45×10^4	
	取水泵站工程			
1	设计流量 机组台数	m^3/s 台	40 4	 根据规定未设备用泵
2	单泵流量 取水管长 出水管长	m^3/s m m	10 2680 275	 2 根，管径 ϕ4000mm，壁厚 24~32mm 2 根，管径 ϕ3600mm，壁厚 24mm
	输水泵站			
1	设计流量 机组台数	m^3/s 台	8 6	 其中 1 台备用泵
2	单泵流量 进水管长 出水管长	m^3/s m m	1.6 194 1492	 1 根，内径 ϕ2400mm，壁厚 24mm 3 根，内径 ϕ1400mm，壁厚 14mm
	供电电源			
1	供电电源等级	kV	35	
2	供电回路数	回	2	
	工程施工			
1	主要工程量 砂肋软体排 土工反滤布 砌石 抛石 碎石及石渣 混凝土及钢筋混凝土 防渗墙 充泥管袋 吹填土 外来砂	 m^2 m^2 m^3 m^3 m^3 m^3 m m^3 m^3 m^3	 13.99×10^4 57.44×10^4 10.23×10^4 27.70×10^4 19.19×10^4 10.45×10^4 8596.34 124.52×10^4 95.09×10^4 285.49×10^4	
	工程征地			
1	工程征地	亩	4720	其中 4699 亩利用滩涂

续表 3-16

序号	名　　称	单位	数量	备　　注
经济指标				
1	工程总投资	亿元	11.84	静态总投资 11.25 亿元
	水库工程	亿元	2.82	
	水库下游围区工程	亿元	0.52	
	取、输水泵站工程	亿元	4.57	包括机电及金属结构
2	工程效益			
	年供水效益	亿元	4.62	

B　施工期工程作用因素分析

工程在建设期对环境造成影响的作用因素主要是工程占地、工程取砂、工程弃土和工程施工，其具体分析见表 3-17。

表 3-17　施工工程分析表

环境要素	作用因素	污染物及排放浓度	排放去向或作用对象
水环境	采砂、运砂、吹砂	SS	长江
	混凝土拌和	SS：3000mg/L	浏河镇污水处理厂
	机械和汽车冲洗	石油类：40mg/L	
	陆上施工人员	BOD_5：200mg/L COD：400mg/L 氨氮：45mg/L	
	施工船舶	石油类：2000~5000mg/L BOD_5：200mg/L COD：400mg/L 氨氮：45mg/L	太仓万事达船务贸易有限公司
大气环境	材料运输、装卸、储存	扬尘、SO_2、CO、NO_2	周围大气环境
	施工机械燃油	SO_2、CO、NO_2	
声环境	混凝土搅拌	85dB（A）	施工人员及周围居民
	挖掘机	112dB（A）	
	车辆运输	85~91dB（A）	
固体废物	施工人员	臭气并带来蚊虫和细菌	施工营地附近地区
	土方开挖	水土流失	水环境
生态环境	水库工程	占用水域面积约 2km^2	长江水生生物
	老堤防加固	植被和景观破坏、水土流失	占用当地的陆生植物和动物
	进水管与出水管		
	取输水泵房		
	材料加工、机械保养、施工人员	水质污染对水生生物影响	周围水体的水生生物

续表 3-17

环境要素	作用因素	污染物及排放浓度	排放去向或作用对象
生态环境	圈围工程及水库新堤防	湿地资源减小 底栖生物量损失 湿生植被损失	
	各类施工	野生动物栖息地破坏	区域环境
社会环境	陆路材料运输 水上采砂及驳运	市区交通拥挤 水上航运受影响	太仓市部分区域交通环境和南支航运环境

C 运行期工程作用因素分析

a 工程阻隔作用

(1) 水环境。河道边滩水库的建成，改变了河道岸线，河道水文情势发生一定程度和一定范围的变化。应急水源地建成之后，对于长江南支河段，过水断面缩窄，河宽减小约1/14，同样流量之下，引起局部河段内水位有所抬高，流速有所增大，但影响程度和影响范围有限；工程影响上下游范围约在1.5km内，陈行水库取水口位于其下游约5km，基本不受其影响。

河段内水文情势的变化会引起泥沙输移也发生相应的变化。若本项目在太仓岸线调整第七期工程之前建成，则水库北堤迎水面，落潮期含沙水流受阻，易导致水流中泥沙落淤，河床高程会逐年提高；水库南堤迎水面，涨潮水流中泥沙无明显落淤趋势；东堤沿长江南支治导线布置，与下游岸线基本一致，有利于河床的稳定。

对于浏河，水库建成后，浏河闸至入江口门长度由原来的3km增加到约4km。浏河开闸排放的污水经过4km的输移，才能与南支主流江水混合，污水的稀释扩散条件有所变化，但总体上变化不大。

水库和圈围工程建成后，在浏河闸不引不排工况条件下，浏河口外附近水域可能发生一定的淤积；而在其排水工况下，口门附近流速略大于工程前等效口门位置的流速，有利于减小工程后口门附近的淤积。对于位于浏河口右岸的墅沟水闸，闸前的水动力条件建库前后有所变化，但变化不大。

(2) 生态环境。生态环境包括：

1) 水生生态，鱼类洄游通道局部变窄，水生生态的连通性和完整性受到局部影响；

2) 陆生生态，通过植被的恢复和绿化建设，不会造成明显不利影响；

3) 湿地资源，建成后水库内仍然属于湿地，但湿地的连通性有所下降。本项目湿地资源损失主要在浏河口下游的圈围工程，圈围将导致湿地面积减少约45hm^2。

(3) 河势。工程采砂、围库和圈围工程会对长江南支采砂区域和近浏河段局部区域河势在若干年发生微量调整，但总体上是有利于长江口的河势稳定。

(4) 航运。无论是对南支主航道，还是对浏河过闸或停泊的船舶，都不会造成明显不利影响。

b 取水

工程抽引长江水量达40m^3/s，占大通站多年平均流量28800m^3/s的0.139%，占枯水期最小月平均流量10800m^3/s（1月份）的0.370%，抽水对长江南支的水资源总量和生态基流影响较小。

取水到水库后，水库中水体一方面水流较缓，另一方面氮磷营养元素含量较高，在一定的气候条件下，有可能发生富营养化。

取水头部流速较大，如不采取恰当的措施，可能对取水头部附近的鱼类产生不利影响。

c 管理人员

本工程实施后成立了太仓市应急水源地管理处，编制23人，负责工程管理和运行工作。

管理人员排放生活污水和生活垃圾。以每人每天排放0.12m^3生活污水计，生活污水排放总量为3.84m^3/d；按人均日排放生活垃圾0.9kg计，生活垃圾为28.8kg。生活污水中主要污染物包括COD、SS、NH_3—N和TP，其排放浓度分别为400mg/L、200mg/L、35mg/L和4mg/L。

生活污水和生活垃圾如随意排放，将对周围环境产生一定程度的不利影响。另管理房输水和取水泵站产生的噪声，也对周围环境产生一定程度的不利影响。

d 水库维护

长江口水体含沙量较大，进入水库后，大部分泥沙将会落淤库底。为此库底需定期进行泥沙清淤，库底清淤时将对库内的水环境产生局部不利影响。而清淤的泥沙在运输过程中，以及堆放于弃泥区后，如不采取恰当的保护措施，将会对周围环境造成一定程度的不利影响。

3.2 环境影响识别方法

3.2.1 环境影响识别的基本内容

3.2.1.1 环境影响因子识别

对人类某项活动（如某项建设工程）进行环境影响识别，首先要弄清楚该工程影响地区的自然环境和社会环境状况，确定环境影响评价的工作范围。在此基础上，根据工程的组成、特性及其功能，结合工程影响地区的特点，从自然环境和社会环境两个方面，选择需要进行影响评价的环境因子。自然环境影响包括对地质地貌、水文、气候、地表水质、空气质量、土壤、草原森林、陆生生物与水生生物等方面的影响；社会环境影响包括对城镇、耕地、房屋、交通、文物古迹、风景名胜、自然保护区、人群健康以及重要的军事、文化设施等方面的影响。各个影响方面又根据各环境要素具体展开；各环境要素还可依表达该要素性质的各相关环境因子具体阐明，构成一个具有通用性、有结构、分层次的因子空间。

选出的因子应能组成群，并构成与环境总体结构相一致的层次，在各个层次上通过回答“有”、“无”（可含“不定”）全部识别出来，最后得到一个某项工程的环境影响识别表，用以表示该工程对环境的影响。具体工作可通过专家咨询来进行。

项目的建设阶段、生产运行阶段和服务期满后（如矿山）对环境的影响内容是各不相同的，其环境影响识别表也是不同的。项目在建设阶段的环境影响主要是施工期间的建筑材料、设备、运输、装卸、贮存的影响，施工机械、车辆噪声和振动的影响，土地利用、填埋疏浚的影响，以及施工期污染物对环境的影响。项目生产运行阶段的环境影响主要是物料流、能源流、污染物对自然环境（大气、水体、土壤、生物）和社会、文化环境的影响，对人群健康和生态系统的影响以及危险设备事故的风险影响，此外还有环保设备（措施）的环境、经济影响等。服务期满后（如矿山）的环境影响主要是对水环境和土壤环境的影响，如水土流失所产生的悬浮物和以各种形式存在于废渣、废矿中的污染物。

3.2.1.2 环境影响程度识别

工程建设项目对环境因子的影响程度可用等级划分来反映，按有利影响与不利影响两类分别划级。

A 不利影响

不利影响常用负号表示，按环境敏感度划分为极端不利、非常不利、中度不利、轻度不利和微弱不利5级。

（1）极端不利。外界压力引起某个环境因子无法替代、恢复与重建的损失，此种损失是永远的，不可逆的。如使某濒危的生物种群或有限的不可再生资源遭受灭绝威胁。

（2）非常不利。外界压力引起某个环境因子严重而长期的损害或损失，其代替、恢复和重建非常困难和昂贵，并需很长的时间。如造成稀少的生物种群或有限的、不易得到的可再生资源严重损失。

（3）中度不利。外界压力引起某个环境因子的损害或破坏，其替代或恢复是可能的，但相当困难且可能需要较高的代价，并需比较长的时间。如对正在减少或有限供应的资源造成相当损失。

（4）轻度不利。外界压力引起某个环境因子的轻微损失或暂时性破坏，其再生、恢复与重建可以实现，但需要一定的时间。

（5）微弱不利。外界压力引起某个环境因子暂时性破坏或受干扰，此级敏感度中的各项是人类能够忍受的，环境的破坏或干扰能较快地自动地恢复或再生，或者其替代与重建比较容易实现。

B 有利影响

有利影响一般用正号表示，按对环境与生态产生的良性循环、提高的环境质量、产生的社会经济效益程度而定等级，例如可分为微弱有利、轻度有利、中等有利、大有利和特有利5级。

3.2.2 环境影响识别方法

识别一项开发行为或一个工程建设项目对哪些环境因子有影响，其影响的特征以及评价工作要求如何，可以采用本章第四节介绍的各种核查表法。对于不同类型的评价项目，应依据其影响特点，设计专用的核查表；在进行初步识别时，常用一些通用的核查表（见表3-18和表3-22第二部分）。

3.3 环境影响预测方法

目前常用的预测方法大体上可以分为以专家经验为主的主观预测方法、以数学模式为主的客观预测方法以及以实验手段为主的实验模拟方法。

3.3.1 主观预测方法

主观预测方法包括对比法、类比法以及专业判断法。

3.3.1.1 对比法

对比法是最简单的主观预测方法，主要通过对工程兴建前后，对某些环境因子影响机制及变化过程进行对比分析。例如，水库对库区小气候的影响的预测，可通过小气候形成的成因分析与库区小气候现状进行对比，研究其变化的可能性及其趋势，并确定其变化的程度，完成建库后的小气候预测。

3.3.1.2 类比法

类比法应用十分广泛，特别适用于相似工程的分析，即一个未来工程（或拟建工程）对环境的影响，可以通过一个已知的相似工程兴建前后对环境的影响订正得到。

3.3.1.3 专业判断法

专业判断法即专家咨询法。

最简单的咨询法是召开专家会议，通过组织专家讨论，对一些疑难问题进行咨询，在此基础上做出预测。专家在思考问题时会综合应用其专业理论知识和实践经验，进行类比、对比分析以及归纳、演绎、推理，给出该专业领域内的预测结果。

较有代表性的专家咨询法是德尔斐法（Delphi），通过围绕某一主题让专家们以匿名方式充分发表其意见，并对每一轮意见进行汇总、整理、统计，作为反馈材料再发给每个专家，供他们作进一步的分析判断、提出新的论证。经多次反复，论证不断深入，意见日趋一致，可靠性越来越大，最后得到具有权威性的结论。

3.3.2 客观预测方法

3.3.2.1 按数学模型的性质和结构分类

根据人们对预测对象认识的深浅，可分为白箱、灰箱和黑箱模型法三类。

A 白箱模型法

白箱模型法为理论分析方法，用某领域内的系统理论进行逻辑推理，通过数学物理方程求解，以其解析解或数值解来做预测，又可分为解析模式和数值模式两小类。在环境影响预测中，很难找到实用的白箱模型（纯机理模型）。

B 灰箱模型法

在环境影响评价工作中，应用最多、发展最快的是灰箱模型。当人们对所研究的环境要素或过程已有一定程度的了解但又不完全清楚，或对其中一部分比较了解而对其他部分不甚清楚时，可以应用该模型。灰箱模型多用于预测开发行动对环境的物理、化学和生物过程为主的影响。常用的环境灰箱模型有以高斯模型为代表的污染物在空气中扩散的一系列方程，以斯特里脱-菲尔普斯（Streeter-Phelps 简称 S-P）模型为代表的描述河流中溶解氧和生化需氧量耦合关系的一系列水质模型等。在灰箱模型中，状态变量和输出常常是随时间变化的。

C 黑箱模型法

这是一种纯经验模型，它依据系统的输入-输出数据或各种类型输出变量数据所提供的信息，建立各个变量之间的函数关系，而完全不追究系统内部状态变化的机理。黑箱模型用于环境预测时，只涉及开发活动的性质、强度与其环境后果之间的因果关系。通常，输入环境系统的干扰与输出之间存在因果关系，通过对大量实测资料的统计处理（常用多元分析、时间序列分析等方法），建立起开发活动（性质、强度）与环境后果之间的统计关系。然后在一定的约束条件下，进行预测。如果应用已有的黑箱模型进行预测时，必须保证应用的条件与建模条件的相似性。

3.3.2.2 按数学模型反映的空间维数分类

数学模型还可以按照其反映的空间维数分为零维模型、一维模型、二维模型、三维模型四类。

A 零维模型

例如小型湖泊，可以看作该水体内污染物浓度是均匀分布的。

B 一维模型

例如，河床均匀、不十分宽和深的河道，或长度比起宽度和深度大得多的河道，常用一维模式，这时只需模拟河流流向的参数变化。在这种河道的任何断面上（在河宽和水深方向上），物质浓度是均匀的。

C 二维模型

例如，宽阔的河流（如长江）在整个河道断面上污染物浓度分布是不均匀的。对于一般深而狭窄的河流、湖泊或海湾，则假设横向是均匀的而垂直方向是变化的；这种类型的模型也适用于热分层条件的水体。

D 三维模型

实际上，大气烟羽、河流和湖泊等显示的是三维变化。三维模型需要大量的计算时间、计算机存储量、输入参数和系数的详细清单，而这些参数中很多项在公开发表的资料上很难找到。

数学模型还可分为非稳态和稳态两类。非稳态模型可以提供环境要素随距离和时间而变化的信息，例如，可模拟白天由于太阳辐射、温度和藻类活动导致的溶解氧变化。稳态模型的应用前提是假设变量不随时间变化。

3.3.2.3 模型参数的确定

模型参数（如扩散参数）的确定可以采用类比的方法、数值试验逐步逼近的方法、现场测定的方法和物理实验的方法。前两个方法属统计方法；后两个方法属物理模拟方法，常用的有示踪剂测定法、照相测定法、平衡球测定法与风洞、水渠实验方法。

3.3.3 实验模拟方法

在实验室或现场通过直接对物理、化学、生物过程测试来预测人类活动对环境的影响，一般称为物理模拟模式。

物理模型预测法的最大特点是采用实物模型（非抽象模型）来进行预测。方法的关键在于原型与模型的相似，即几何相似、运动相似、热力相似、动力相似。

A 几何相似

模型流场与原型流场中的地形地物（建筑物、烟囱）的几何形状、对应部分的夹角和相对位置要相同，尺寸按相同比例缩小。一般大气扩散实验使用1/100～1/2500的缩尺模型。几何相似是其他相似的前提条件。

B 运动相似

模型流场与原型流场在各对应点上的速度方向相同，并且大小（包括平均风速与湍流强度）成常数比例。即风洞模拟的模型流场的边界层风速垂直廓线、湍流强度要与原型流场的相似。

C 热力相似

模型流场的温度垂直分布要与原型流场的相似。

D 动力相似

模型流场与原型流场在对应点上受到的力要求方向一致，并且大小成常数比例。动力相似其实还包含“时间相似”，即两个流场随时间的变化率可以不同（模型流场可以比原型流场加速或者减速），但所有对应点上的变化率必须相同（即同时以相同的比例加速或减速）。

物理模拟的主要测试技术有：

（1）示踪物浓度测量法，原则上野外现场示踪试验所用的示踪物和测试、分析方法在物理模拟中同样可以使用；

（2）光学轮廓法，模拟形成的污气流、污气团、污水流、污水团按一定的采样时段拍摄照片（或录像），所得资料处理方法与野外资料处理方法相同。

3.4 环境影响评价方法

3.4.1 环境影响评价方法的分类

常用的环境影响评价方法可分为综合评价和专项评价方法两种类型。这两类方法实际上没有明确的分界线。

3.4.1.1 综合评价方法

这类方法主要是用于综合地描述、识别、分析和（或）评价一项开发行动对各种环境因子的影响或引起的总体环境质量的变化。必须通过监测调查和从报刊、书籍以及其他文献资料中收集信息，或者采用专项分析和评价方法间接地获取信息。常用的综合评价方法包括：核查表法（checklist），矩阵法（matrix），网络法（network），环境指数法（environmental index），叠图法（overlay）和幕景分析法（scenario analysis）等。每种方法又可衍生出许多改型的方法，以适应不同的对象和不同的评价任务。例如核查表可分为简单的、描述性的和评分型等多种。随着地理信息系统（geographic information system）的广泛应用，叠图法和幕景分析法都可通过地理信息系统在计算机上实现。逐层分解综合影响评价法则是以上方法的综合运用。

3.4.1.2 专项评价方法

这一类型方法常用于定性、定量地确定环境影响程度、大小及重要性；对影响大小排序、分级；用于描述单项环境要素及各种评价因子质量的现状或变化；还可对不同性质的影响，按环境价值的判断进行归一化处理。

属于这一类型的方法有：环境影响特征度量法，环境指数和指标法，专家判断法（expert judgement），智暴法（brainstorming），德尔斐法（Delphi technique），巴特尔指数法（Battelle environmental evaluation system），费用-效益分析法（cost-benefit analysis），以及定权方法等。

3.4.2 环境影响综合性评价方法

3.4.2.1 核查表法

核查表法是最早用于环境影响识别、评价和方案决策的方法，是综合性评价方法中最常用和最简单的方法。本法是将环境评价中必须考虑的因子，如环境参数或影响以及决策的因素等一一列出，然后对这些因子逐项进行核查后做出判断，最后对核查结果给出定性或半定量的结论。视核查表的复杂程度，本法可分为简单核查表、描述性核查表、评分型核查表和提问式核查表等多种形式。

A 简单核查表

简单核查表列出了环境评价必须考虑的因子，评价人员只需就开发行动对每个因子是否有影响，以及影响的简单性质做出判断。初步核查一般工业建设项目环境影响所用的核查表见表3-18；单条公路建设的核查表见表3-19。简单核查表在环境影响评价中有广泛的应用。

表3-18 一般工业建设项目的初步核查用表

影响面	建设期			运转期		
	有害影响	无影响	有利影响	有害影响	无影响	有利影响
1. 土地改造和建设						
（1）压实和平整						
（2）侵蚀						
（3）地面植被和覆盖物						
（4）沉积						
（5）稳定性（滑动）						
（6）地应力变化（地震）						
（7）洪水						
（8）控制沙漠化和荒漠化						
（9）钻探和爆破						
（10）操作上的失误						
2. 土地利用方式						
（1）空置土地						

续表 3-18

影 响 面	建 设 期			运 转 期		
	有害影响	无影响	有利影响	有害影响	无影响	有利影响
（2）娱乐用地						
（3）农业用地						
（4）住宅用地						
（5）商业用地						
（6）工业用地						
3. 水资源						
（1）水质						
（2）灌溉						
（3）排水						
4. 空气质量						
（1）碳、硫、氮氧化物						
（2）颗粒物						
（3）化学物质						
（4）臭味						
（5）能见度						
5. 服务设施						
（1）学校						
（2）治安状况						
（3）消防设施						
（4）水电系统						
（5）防水系统						
（6）垃圾处理						
6. 生物条件						
（1）野生生物						
（2）树林、灌木林						
（3）草地、湿地						
7. 运输系统						
（1）小汽车						
（2）卡车						
（3）安全						
（4）运行						
8. 噪声和震动						
（1）所在地						
（2）所在地以外						
9. 美学						

续表 3-18

影响面	建设期			运转期		
	有害影响	无影响	有利影响	有害影响	无影响	有利影响
（1）景观						
（2）建筑结构						
10. 社会结构						
（1）居民动迁						
（2）人口流动性						
（3）服务						
（4）娱乐场所						
（5）就业						
（6）住房质量						
11. 其他						

表 3-19 单条内陆公路建设的环境影响的简单核查表

可能受影响的环境因子	可能产生的影响									
	不利影响						有利影响			
	短期	长期	可逆	不可逆	局部	大范围	短期	长期	显著	一般
水生生态系统		×		×	×					
渔业		×		×	×					
森林		×		×	×					
陆地野生生物		×		×		×				
稀有及濒危物种		×		×		×				
河流水文条件		×		×		×				
地面水水质		×								
地下水										
土壤										
空气质量	×				×					
航运		×			×					
陆上运输								×	×	
农业							×			×
社会经济								×	×	
美学		×		×						

注：表中的符号“×”表示有影响。

B 描述性核查表

描述性核查表除了列出环境因子外，还同时说明对每项因子影响的初步度量以及影响预测和评价的途径，参见表 3-20。

C 评分型核查表

这类核查表评出对每个因子影响大小的分值 m_{ij}，然后累加求得总分 w_{ij}。在作多个备选方案比较时，将评分值乘以权值得到每个因子的计权分值（$m_{ij} \cdot w_{ij}$），累加后得到加权总分（I_j），依总分值大小选出最佳方案，以对各备选方案作比较和决策。加权计分用以下两式表示。

$$M_j = \sum_{i=1}^{n} m_{ij}$$

表 3-20 改变土地利用方式对一些水文参数的影响

水文参数	活动	土地覆盖或利用方式改变						建设施工													供水					废物处置					河道改造						
		植被移除	推土机清除土地	砂砾开挖	土壤开挖	开垦和耕作	筑梯田	基础施工	无铺砌道路	有铺砌道路	铺路缘石	筑道路边沟	独立建筑物	建花园	公共宿舍	停车场	办公建筑	医院或工厂	仓储区	机场	集水井	地面水贮存池	大型水库	外地饮水	市政供水井	卫生填埋场	化粪池	下水道	处理后废水回用	工业废水	越河道路隧道	桥梁	河道取直	防洪工程	垃圾填河	暴雨排水	筑运河
水文参数 水量	沉积														▽	▽	▽	▽	▽	▽																	
	截流	※	※	※	※																																
	跌水	▼	▼	▼	▼																																
	地表径流	▼	▼	×	×	×	×		▼	▼	▼	▼	▽	×	▼	▼	▼	▼	▼	▼		※	※													▼	
	渗入地下	※	×	×	×	▽	▽				×	▽	×	×	×	※	×			※																×	
	贯流	▽	×	▽	▽	▽	▽	×				×	▽	×	×	※	×	×		※	※					▽	▽										
	水位线	▽	×	▽	▽	▽	▽	×				×		×	×	※	×	×		※	※	▽	▼	▽	※	▽	▼	▽					○	○			
	洪水位高度	▲	▲	○	○	○	○	○	▲	▲	▲	▲			▲	▲	▲	▲	▲	▲		○	●									△	△	▲	▲	△	
	洪水持续时间	○	○	△	△	△	△		○	○	○	●			●	●	●	●	●	●		▽	▽										△			×	
	基本流量	○	○	△	△	△	△		○	○	○	○			●	●	●	●	●	●		▲	▲	▲	●	△	△	▲	▲	△			○		●	○	
	蒸发	▽	▽	▽	▽	▽	▽	▽	▽	▼	▼	▼	▽	×	▼	▼	▼	▼	▼	▼		▼	▼	▽													
	蒸腾	※	※	※	※	※	▽			※	※	※	※	▼	※	※	※	※	※	※																	
水文参数 水质	沉淀物浓度	▼	▼	▼	▼	▽	×		▼	▼	▽	▽		▽	▽	▽	▽	▽	▼	▽		○	●							▽				▼	▽		
	溶质浓度	▽	▽	▽	▽	▽	▽		▽	▽	▽	▽	▽	▽	▽	▽	▽	▼	▼	▽		▽	▽	▽		▽	▽	▽		▼				▽	▽		
	有机物浓度	▽	▽	▽	▽	▽	▽		▽	▽	▽	▽	▽	▽	▽	▽	▽	▼	▼	▽		▽	▽	▽		▼	▼	▼		▼				▽	▽		
	微量元素	▽	▽	▽	▽	▽	▽		▼	▼	▼	▼	▽	▽	▽	▼	▽	▼	▼	▼		▽	▽	▽						▼				▽	▼		
	溶解氧	×	×	▽	▽	▽	▽		×	×	×	×			×	×	×	※	×	×		▽	▽	▽		※	※	※	▼	▽				×			
	地下水水质	×	×	×	×	×	×		×	×	×	×			×	×	×	※	×	×	※	×	×	×	※	※	※	※		※				×			
河床地貌	河床稳定性	●	●	●	○	○	△		●	○	○	○			○	○	○	○	○	○	○	●									●	●	▼	●		▼	
	河岸侵蚀	▲	▲	▲	△	△	○		▲	△	△										△	▲									▲	▲	※			※	
	河道延伸范围	▼	※	×	×				▽	▽																											
	沟槽侵蚀	▼	※	×	×				▽	▽																											
	河道淤积	▲	▲	▲	△				▲	△	△	△			△	△	△	△	△	△											▲	▲	▲	▲			
	淤泥沉积	▼	▲	▲	▲	▽	▼		▲	△	△	△																			▲	▲		▲			

注：▼表示“就地正面（或提高）的重要影响”；▲表示“下游正面（或提高）的重要影响”；▽表示“就地正面（或提高）的次要影响”；△表示“下游正面（或提高）的次要影响”；※表示“就地负面（或降低）的重要影响”；●表示“下游负面（或降低）的重要影响”；×表示“就地负面（或降低）的次要影响”；○表示“下游负面（或降低）的次要影响”。

$$I_j = \sum_{i=1}^{n} m_{ij} \cdot w_{ij} \qquad \left(\sum_{i=1}^{n} w_i = 1\right)$$

式中 i, n——分别表示环境因子序号和因子总数；

j——备选方案序号。

单个水资源开发项目的评分型核查表示于表 3-21。

表 3-21 水资源开发项目环境影响评分型核查表

编号	环境因子	m_{ij}	w_{ij}	$m_{ij} \cdot w_{ij}$
	生态影响			
	陆生生态			
1	森林			
2	野生生物			
3	物种多样性			
4	稀有和濒危动物			
	水生生态			
5	水库渔业			
6	下游渔业			
7	迁徙鱼类			
8	富营养化			
9	底栖动物			
10	水草			
11	物种多样性			
12	稀有和濒危动物			
	小　计			
	物理-化学环境			
	土壤			
13	土壤侵蚀			
14	土壤肥力			
15	河岸稳定性			
16	沉积作用			
17	地震			
	地面水			
18	流量变化			
19	蒸发作用			
20	温度分层			
21	溶解氧			
22	浊度			
23	BOD			

续表 3-21

编号	环境因子	m_{ij}	w_{ij}	$m_{ij} \cdot w_{ij}$
24	重金属			
25	杀虫剂			
26	pH			
27	咸水入侵			
28	无机氮			
29	无机磷			
	地下水			
30	潜水位			
31	水库渗漏			
	大气			
32	气候变化			
33	空气质量			
	小　计			
	社会经济			
	人群健康			
34	寄生虫病			
35	公共卫生			
36	营养			
	社会经济			
37	作物产量			
38	水产养殖			
39	供水			
40	供电			
41	航行			
42	灌溉			
43	洪水控制			
44	移民			
45	公路重建			
	美学及文化			
46	考古价值			
47	水质			
48	输电线			
49	娱乐活动			
50	风景			
	小　计			
总　计				

D　提问式核查表

这是以提问的形式请评价人员、行业专家或公众按项目具体情况，对可能产生的重大影响进行问题式核查。

3.4.2.2　矩阵法

矩阵法也是最早和最广泛应用的环境分析、评价和决策方法，由清单法发展而来，不仅具有影响识别功能，还有影响综合分析评价功能。矩阵法可以分为简单相互作用矩阵法和迭代矩阵法两大类。

A　简单相互作用矩阵法

列昂波特相互作用矩阵是列昂波特（L. B. Leopold）于1972年首先开发应用的。这种矩阵的横轴列出一项开发行动所包含的对环境有影响的各种活动，纵轴列出所有可能受开发行动的各种活动影响的环境因子。他们将一般的工程开发行动分为11个方面的工程行为，每一方面又由许多活动组成（见表3-22的第一部分），这部分应置于矩阵的横轴上；将受行动影响的环境因子分为5个方面（见表3-22的第二部分）。

表3-22　工程行动和受影响的环境因子

第一部分　工程行为	第二部分　环境因子
1. 现状的变化	1. 物理和化学条件
（1）外来物种的引入	（1）土地
（2）生物控制	矿产资源
（3）生物的变化	建筑材料
（4）地面覆盖物变化	土壤
（5）地下水水文状况的变化	地形
（6）排水状况的变化	独特的自然特性
（7）河流控制和流量变化	（2）水
（8）渠道引水	地表水
（9）灌溉	海洋
（10）天气变化	地下水
（11）燃煤	水质
（12）地表或铺砌	水温
（13）噪声和振动	回灌
2. 土地变化和建设	雪、冰和永久冻土
（1）城市化	（3）大气
（2）工业区和建筑物	大气质量（包括气体及颗粒污染物）
（3）机场	气候（微气候和天气）
（4）公路和桥梁	气温
（5）道路和小径	（4）环境过程
（6）铁路	洪水

续表 3-22

第一部分　工程行为	第二部分　环境因子
（7）电缆和架空线	侵蚀
（8）输电线、管线通道	沉积（沉积和沉淀）
（9）障碍物（包括篱笆）	溶解
（10）河道疏浚和取直	吸着作用（离子交换、结合）
（11）河道护岸	压实和沉积
（12）运河	稳定性（滑坡、塌方）
（13）坝和水库	压力及张力变化（地震）
（14）码头、防波堤、船坞和海运集散站	空气运动
（15）近海构筑物	2. 生物状况
（16）娱乐建筑	（1）植物群
（17）爆炸和钻探	树
（18）挖土和覆土	灌木
（19）隧道和地下建筑	草
3. 资源的开发	作物
（1）爆炸和钻孔	微植物群
（2）露天矿开采	水生植物
（3）地下矿开采和加工	妨碍濒危物种逃逸
（4）矿井挖掘	野生生物通道
（5）疏浚	（2）动物群
（6）清除弃土和其他废物	鸟类
（7）捕鱼和打猎	陆生动物（包括两栖类）
4. 加工业	鱼和贝壳类
（1）耕作	底栖生物
（2）牧场饲养和放牧	昆虫
（3）饲料地	微生物群
（4）乳制品业	濒危物种
（5）发电	动物障碍
（6）矿石处理	动物通道
（7）冶金工业	3. 文化和社会条件
（8）化学工业	（1）土地利用
（9）纺织工业	荒地和旷野
（10）汽车和飞机	湿地
（11）炼油	森林

续表 3-22

第一部分　工程行为	第二部分　环境因子
（12）食品	放牧
（13）伐木业	农业
（14）纸浆和造纸	居住
（15）产品贮藏	商业
5. 土地变化	工业
（1）侵蚀控制和造梯田	开矿和采石
（2）封矿和废物控制	（2）娱乐
（3）露天矿的恢复	打猎
（4）美化风景	钓鱼
（5）港口疏浚	划船
（6）沼泽填埋和排水	游泳
6. 资源更新	野营和徒步旅行
（1）重新造林	野餐
（2）野生动物饲养和管理	胜地
（3）地下水回灌	（3）美学和人类兴趣
（4）使用肥料	景观
（5）废物循环	荒地质量
7. 交通变化	旷野质量
（1）铁路	景观设计
（2）汽车	独特的自然特征
（3）卡车	公园和保留地
（4）海运	山地
（5）飞机	珍稀物种和生态系统
（6）河运	文物古迹
（7）游船业	（4）文化状况
（8）小径	文化方式
（9）缆车和电梯	卫生和安全
（10）通讯	就业
（11）管线	人口密度
8. 废物处置和处理	（5）人工设施和活动
（1）倾倒于海洋	建筑物
（2）填地	运输网
（3）弃土、土石和表土的放置	公共事业网

续表 3-22

第一部分　工程行为	第二部分　环境因子
（4）地下贮藏	废物处置
（5）废弃物的处置	障碍
（6）油井	通道
（7）深井处置	4. 生态方面的联系
（8）冷却水排放	水资源的盐化
（9）市政废物排放（包括喷雾排放）	富营养化
（10）废水排放	疾病—昆虫媒介引起
（11）稳定塘和氧化塘	食物链
（12）化粪池（包括公共的和家庭的）	地表物质的盐化
（13）烟囱和排气装置的废气排放	灌丛地带的侵占
（14）润滑剂排放	5. 其他
9. 化学处理	
（1）施肥	
（2）公路化学除冰	
（3）生物中使用危险化学品	
（4）杂草控制	
（5）昆虫控制（农药）	
10. 事故	
（1）爆炸	
（2）溢出和渗漏	
（3）操作失误	
11. 其他	

由于各个环境要素在环境中的重要性不同，各个行为对环境影响的程度也不同，为了求得各个行为对整个环境影响的总和，常用加权的办法。假设 M_{ij} 表示开发行为 j 对环境要素 i 的影响，W_{ij} 表示环境因素 j 对开发行为 i 的权重。所有开发行为对环境要素 i 总的影响，则为 $\sum\limits_j M_{ij}W_{ij}$；开发行为 j 对整个环境总的影响，则为 $\sum\limits_i M_{ij}W_{ij}$，所有开发行为对整个环境的影响，则为 $\sum\limits_i\sum\limits_j M_{ij}W_{ij}$，如表 3-23 所示。

表 3-23　各开发行为对环境要素的影响（按矩阵法排列）

环境要素	居住区改变	水文排水改变	修路	噪声和震动	城市化	平整土地	侵蚀控制	园林化	汽车环行	总影响
地形	8（3）	−2（7）	3（3）	1（1）	9（3）	−8（7）	−3（7）	3（10）	1（3）	3
水循环使用	1（1）	1（3）	4（3）			5（3）	6（1）	1（10）		47
气候	1（1）				1（1）					2

续表 3-23

环境要素	居住区改变	水文排水改变	修路	噪声和震动	城市化	平整土地	侵蚀控制	园林化	汽车环行	总影响
洪水稳定性	-3（7）	-5（7）	4（3）			7（3）	8（1）	2（10）		5
地震	2（3）	-1（7）			1（1）	8（3）	2（1）			26
空旷区	8（10）		6（10）	2（3）	-10（7）			1（10）	1（3）	89
居住区	6（10）				9（10）					150
健康和安全	2（10）	1（3）	3（3）		1（3）	5（3）	2（1）		-1（7）	45
人口密度	1（3）			4（1）	5（3）					22
建筑	1（3）	1（3）	1（3）		3（3）	4（3）	1（1）		1（3）	34
交通	1（3）		-9（7）		7（3）				-10（7）	-109
总影响	180	-47	42	11	97	31	-2	70	-68	314

注：表中数字表示影响大小。1 表示没有影响；10 表示影响最大。负数表示坏影响；正数表示好影响。括号内数字表示权值，数值越大权重越高。

由表可知，加权后总影响为 314，说明整个工程对环境是有益的；而交通这一环境要素受到的总影响为-109，意味着该工程对交通产生的是有害影响；得益最大的是居住区和空旷地，分别为 150 与 89。居住区改变、城市化、园林化三项开发行为的总影响分别为 180、97、70，得益最大，而汽车环行与排水改变两个开发行为的总影响为-68 与-47，意味着此两项开发行为对环境具有较大的有害影响，应采取相应对策补救。由此可见，此方法不仅具有影响识别功能，也具有影响综合分析的功能。

B　迭代矩阵法

迭代矩阵又称“交叉影响矩阵”，可以表达初级-次级-三级以至多级影响之间的关系。迭代矩阵的第一个矩阵与相互作用矩阵类似，显示开发行动与环境因子的关系，而次级和三级等矩阵则显示受影响的环境因子之间的连锁关系 ，如图 3-6 所示。例如，活动 1 对环境因子 A 的影响会导致环境因子 C 和 H 的次级影响，因子 C 又会引起因子 B 和 J 的三级影响。迭代矩阵中每格元素可列出影响大小和权值，据此可分别计算出初级、次级和三级等的加权分值；如果不能给出定量的评分和权值，也可表示影响性质、大小和重要性。

3.4.2.3　网络法

网络法是以原因-结果关系树来表示环境影响链，即反映初级-次级-三级等影响之间的关系；也可用于识别累积效应。网络呈树枝状，故又称影响关系树或影响树。本法概念如图 3-7 所示。

本法的网络，实际是由许多事件链组成的，事件链表示影响连续发生的过程，故也称影响链。链上的每个事件的重要性除了可以由影响大小 m_i 及其权值 w_i 表示外，还要考虑事件链发生的概率 P_i。网络分析的计算方法如下。

设 P_i 只为分支 i 的事件链发生概率，它是分支上每级概率之积。例如图 3-7 上分支 1 的 $P_i = P_A \cdot P_{A_1} \cdot P_{A_{11}} \cdot P_{A_{111}}$。一个分支 i 上的环境影响 I_i^0，是该分支上每种影响大小 m_{ij}

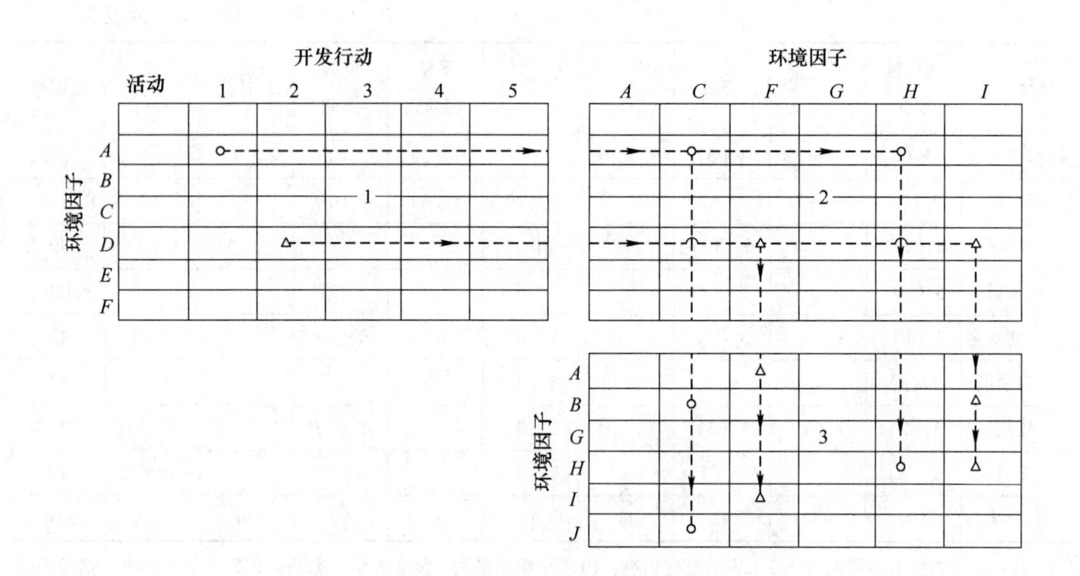

图 3-6 迭代矩阵概念示意图

（图中"○"、"△"为示例开发行动的环境影响）

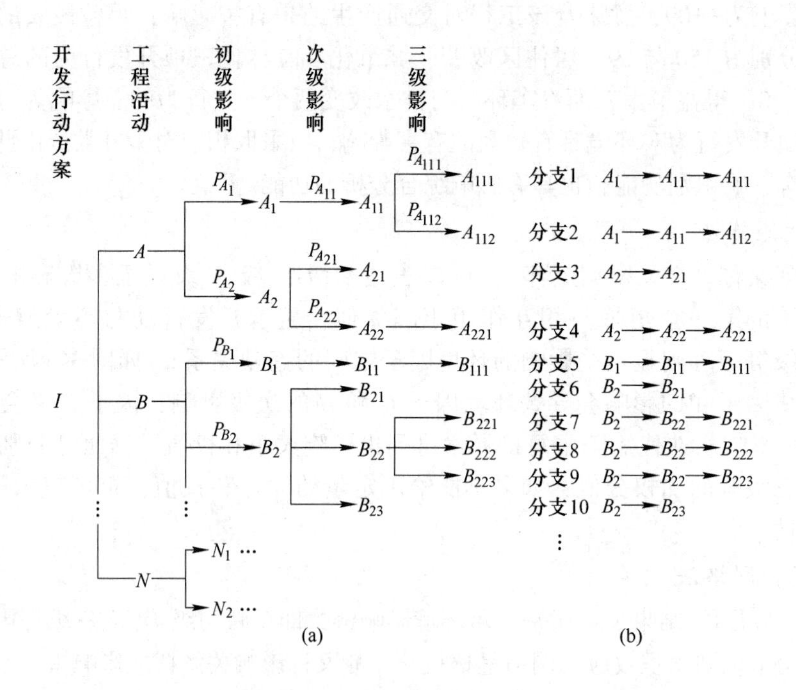

图 3-7 网络法概念示意图

（a）影响树（部分）；（b）相应的分支

及其权值 w_{ij} 之积的和。例如，分支 1 的加权影响为

$$I_1^0 = m_{A_1} \cdot w_{A_1} + m_{A_{11}} \cdot w_{A_{11}} + m_{A_{111}} \cdot w_{A_{111}}$$

考虑上述影响发生的概率，则分支 1 可能发生的加权影响 I_1 为

$$I_1 = P_1 \cdot I_1^0 = P_i(m_{A_1} \cdot w_{A_1} + m_{A_{11}} \cdot w_{A_{11}} + m_{A_{111}} \cdot w_{A_{111}})$$

总的影响为
$$I = \sum_{i=1}^{n} P_i \cdot I_i^0$$

3.4.3 环境影响专项评价方法

3.4.3.1 专家判断法

专家判断法是指个别、分散地征求专家意见，其形式可以个别地采访或讨论，也可寄发各种格式的意见征询表。主要目的是依靠在一定领域内具有丰富的专业知识的专家的有关见解：

(1) 对受影响后的未来状况做出预断；

(2) 对影响的类型和强度提出定性或定量的判断；

(3) 提出各种可供比选的方案；

(4) 推荐优化的决策方案。

专家们常善于解决疑难问题，但也有其局限性，如倾向性和偏见。因此，环评人员在吸取专家意见时应了解自己所选择的专家的特长与不足，以便客观地引用他们的意见。

3.4.3.2 智暴法

"智暴"一词是形容参加会议的人可以不受约束发表意见，互相启发、争辩，使头脑处于激活状态，通过不同观点的交锋，产生新的智力火花，使专家的论点不断集中和精化。智暴法通过专家间直接交换信息，充分发挥创造性思维，有可能在较短时间内取得富有成效的结果。

一般说智暴法可以排除折中方案，对所讨论问题通过客观分析，找到一组切实可行的或合理的方案或答案。当评价人员对一项新的拟议开发行动缺乏识别环境影响的经验时，可以组织一批专家以智暴法开展识别工作。首先由评价人员提出一个初步的识别结果及存在的问题，提请专家组用智暴法进行评判和讨论。对一个拟建的工业项目的工程分析缺少经验时，也可以由评价人员依据掌握的资料先做初步工程分析，然后采用智暴法进行评判、补充和完善。在需要对各种环境影响性质、大小及重要性作定性判断或半定量评分、排序和定权时，还应辅以专家的集体评价，并对评价结果进行统计处理，求得专家协调意见作为评价结果。

3.4.3.3 德尔斐法

德尔斐技术是将专家为评价和预测目的所做的判断规范化。其原理是使一组专家，按照一些明确的要求（包括假设）来考虑一个结构化（即系统的、组织好的）问题，通过集体智慧，辨识出或明确地提出解决问题的新方案（有别于一开始提出问题时的一套想法或方案）。充分发挥集体智慧的关键是将某个人或少数人的意志对众人的强制影响减至最少。

德尔斐法的基本原则有以下四项：

(1) 匿名性，即参加者之间互相匿名，主办者采用匿名函询，征求专家意见或将不同意见反馈给专家征询进一步的意见，以避免专家本人受心理因素制约和专家之间互相影响，使调查结果能更客观反映专家想法。

(2) 轮回反馈征询意见，沟通情况，德尔斐法一般要经过四轮，甚至更多轮的调查信息汇总，才能得出结果。组织征询意见的人员应对每一轮的结果作统计，并反馈给每个专家，作为下一轮征询的参考。

(3) 对征询意见结果应作统计处理。

(4) 发挥集体智慧，避免个别或少数专家意见支配或代替全体专家的意见；更要避免个人权威、资历、辩才、劝说、势力等因素的影响。

3.4.3.4　巴特尔指数法

巴特尔指数法是将环境参数（因子）值或受影响后参数的变化值作为自变量“x”，将环境质量指数作为应变量“y”，建立起系列的 y-x 的函数关系，即 $y = f(x)$，以曲线图表示。此外，他们还赋予每一种环境参数的质量指数以相应的权值，这样，就将不同性质、尺度和量纲表示的参数变化，归一化为统一的、具有相应权值的“质量指数”，这就很方便于工作人员采用矩阵法、网络法或其他方法进行综合评价。

每个环境参数的质量指数的估计必须遵循下述五个步骤：

(1) 取得有关因子或参数与环境质量之间的关系的科学资料；

(2) 把影响量度依大小排列，使参数的低值为零并且按正方向增加（非负值）；

(3) 划分质量级别（0~1）为相等的间隔并表示出区间和参数的关系，继续这个过程直到得到一条曲线；

(4) 把各人得到的曲线所代表的值进行平均（对仅凭判断求值的函数，价值函数应由各方面的代表来决定）；

(5) 让同一组专家或另外一组专家做重复实验，以提高函数的可靠性。

3.4.4　环境指数法

环境指数法既是环境评价的综合性方法，也是一种专项方法，用于描述环境现状和确定影响大小及重要性。一个环境指数是将一个或多个环境要素的各种参数（或因子）的系列数据或资料用数学式子归纳，以描述或评价环境现状或预测到的受影响环境的状况。

3.4.4.1　环境指数的建立

将大量监测数据转化为少数有规律的指数是一个信息流动的过程，也是信息加工、提炼的过程，这个过程如图 3-8 所示。由图可见环境指数有多个层次。第一层次是将监测数

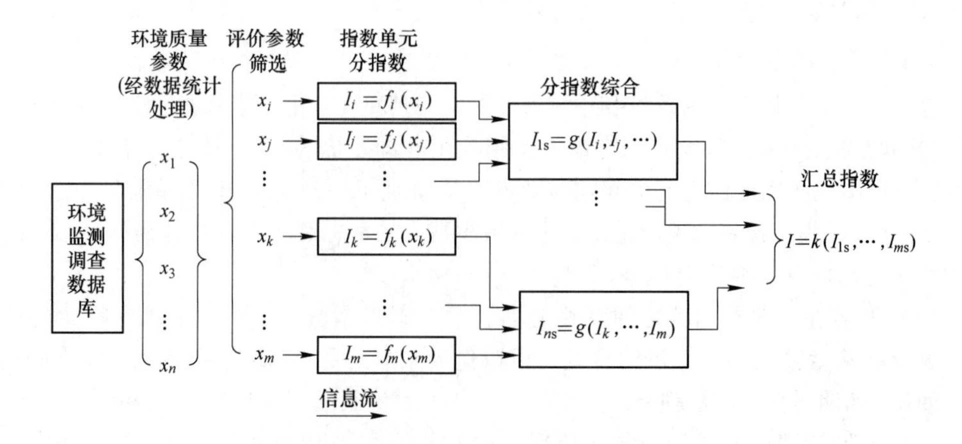

图 3-8　建立环境指数的信息流动过程

据变为指数单元，第二层次是将指数单元综合为分指数，再上一层次是将分指数综合为总指数。

A 指数单元

指数单元的形式一般有用浓度直接表示的指数和用浓度与评价标准的比值表示的标准型指数两种。

用浓度直接表示的指数为 $$x_i = c_i$$

标准型指数为 $$x_i = \frac{c_i}{S_i}$$

式中 c_i——某一质量参数的监测统计浓度（或强度），例如某一污染物的年月平均质量浓度或一个小区大气中 SO_2 的 8h 浓度（几个监测点的统计平均值）；也可以为巴特尔系统或其他评价指标系统中的一个分指数或指标值；

S_i——某一质量参数的评价标准，通常采用国家环境质量标准。

B 分指数

分指数的函数形式一般有以下六种：

(1) $I_i = f_i(x)$，可以表示水、气等要素的某一质量参数分指数。

(2) $I_i = f_j(x_i, x_j, \cdots, x_m)$，可以表示某环境要素的质量指数。

(3) 线性函数：$I_i = \alpha x_i + \beta$（α 和 β 为常数）。

(4) 分段线性函数：$I_i = \alpha x_i + \beta$（α 和 β 在 x_i 的不同定义域内是不同的），美国的 PSI（污染物标准指数）是这类的代表性指数。

(5) 非线性指数

$$I_i = \alpha x_i^{\beta}$$

或 $$I_i = \alpha \beta^{x_i}$$

式中 I_i——第 i 个参数的分指数值。

这类代表性指数是美国的格林（Green）指数。

(6) 分段非线性函数，例如 Prati 水质指数中的 pH 分指数。这个分指数在 pH < 7 时，函数为降指数函数，pH > 7 为升指数函数。

C 分指数的综合

常见的分指数综合函数形式有以下四种：

(1) 代数叠加型：

$$I_j = \sum_{i=1}^{m} I_{ij}$$

适用于质量参数数据呈正态分布的场合。

(2) 加权平均型：

$$I_j = \sum_{i=1}^{m} w_i \cdot x_{ij} \qquad \left(\sum_{i=1}^{m} w_i = 1\right)$$

与代数叠加法相同，适用于质量参数数据呈正态分布的场合。

(3) 幂指数法，当质量参数数据呈对数正态分布，可以用幂指数进行综合：

$$I_j = \prod_{i=1}^{m} x_{ij}^{w_i} \qquad \left(\sum_{i=1}^{m} w_i = 1\right)$$

(4) 向量模法：

$$I_j = \left(\prod_{i=1}^{m} x_{ij}^2\right)^{\frac{1}{2}}$$

式中 I_j ——第 j 个监测点上的综合指数值；

w_i ——第 i 个参数的权值。

3.4.4.2 用指数法评价环境质量的程序

A 收集、整理、分析所要评价的区域的环境要素背景的监测数据和资料

监测数据集合应经统计检验确定其分布属于正态型、对数正态型或其他类型，依据数据集合的分布进行处理。正态分布的数据集合应给出代数平均值和方差，对数正态分布应给出几何平均值和相应的方差。

B 确定所要评价的环境要素及其评价因子（参数）

通常根据以下几点确定欲评价的环境要素及其评价因子。

(1) 所选择的评价要素及评价因子应能满足预定的目的和要求。一般来说，做区域或流域环境质量综合评价，要求选择较多的环境要素及其因子参加评价，以利作出较全面、确切的评价结论。在做项目环境影响评价的预测和基线环境状况评价时，选择的要素和因子可限定于可能受拟议行动影响的那些。

(2) 区域污染源调查和评价所确定的主要污染源的主要污染物。

(3) 环境质量标准所规定的主要指标。

(4) 评价费用的限额与评价单位可能提供的监测和测试条件。

C 评价指数的设计、选用和综合

用指数法评价环境，应尽可能选择国内或地区范围内已通用的指数，其优点是评价结果具有可比性又节省工作量；其次是选用国内外使用较多、较成熟的指数，在不得已时才自行设计指数。新设计的指数要求物理概念明确，便于解释，同时易于计算。

为了更好地描述环境质量从指数单元变成分指数，再从分指数转成总指数，都有一个指数综合的问题。综合方法常用的有三种：

(1) 代数叠加，把每个分指数的权值按 1 考虑叠加；

(2) 加权平均，可以是分指数和权值的乘积加和取平均，也可以是分指数的幂函数与数值乘积加和再开方平均；

(3) 加权平均兼顾极值，在分指数中往往有个别极大值对环境质量的变化有重要影响，因此，在考虑平均值外还需兼顾极值的情况。

D 权值的确定

在指数单元综合为分指数、将分指数综合为总指数时，各指数单元或分指数的重要性可以是不同的，这就要赋予不同的权值。

E 环境质量分级

为了评价环境质量状况，需将指数值与环境质量状况联系起来，建立分级系统。分级系统是依据环境质量评价的目的，调查历史上环境污染状况和环境质量参数实际监测数据的相关资料，经过汇总分析和征询行业专家的意见，找出环境质量指数与实际环境污染的定量关系建立起来的。

一般做法是按评价因子（污染物）浓度超标倍数、超标因子的个数、不同因子（污染物）的超标倍数，对环境影响（人群健康、生态效应）大小等对环境指数进行分级。例如：一级，相当于未污染，各项评价因子浓度相当于清洁区的背景值；二级，轻污染，有1~2个评价因子标准指数单元大于1，但小于2，生物生长正常，人群健康无显著受损；三级，中污染，一般有2~3个评价因子的标准指数单元大于1，但其中有1个小于或等于5，生物生长受影响，敏感生物严重受害，人群健康明显受损；四级，重污染，有3~4个评价因子标准指数单元大于1，个别指数单元小于或等于20，生物生长和人群健康受害严重，许多常见物种消失；五级，严重污染，即比四级污染更严重。

3.5 公 众 参 与

根据新修订的《建设项目环境影响评价技术导则 总纲》（HJ2.1—2016）的规定，建设项目环评公众参与不属于环评文本章节内容；环境保护部发布的《建设项目环境影响评价信息公开机制方案》（环发［2015］162号）也明确规定建设单位是建设项目环评公众参与的主体。所以本节仅介绍规划环境影响评价中的公众参与。

3.5.1 公众参与者类型

在规划环境影响评价中的公众参与者一般包括以下4种类型。

A 受影响的公众

指将要受到规划环境影响或怀疑会受到其环境影响的人群。这部分公众是规划环境影响的直接受害者或受益者，他们将以切身体会进行信息反馈，决策者或评价者应充分重视他们的意见。

B 本研究领域及相关领域的专家

规划环境影响评价过程中，要选择一批环境学、社会经济学、医学、工程学、政治学、生态学、地质学与地理学等研究领域的学识渊博、实践经验丰富且对此感兴趣的专家独立参加。参与专家应互不干扰，直至最后才相互复核评价结论，结论不要求一致。

C 感兴趣的团体

这些团体可以是政治团体，也可以是群众组织或非政府组织，如果他们对此感兴趣且能积极参与，则应重视他们的意见。

D 新闻媒介

新闻媒介信息量大，信息传递速度快。通过新闻媒介报道能充分发动公众参与规划环境影响评价，能迅速将公众反馈信息传递给评价者或决策者。

3.5.2 公众参与的方式

规划环境影响评价中的公众参与的方式主要有以下5种。

A 代表参与的座谈会

在受影响区域，按一定比例选出能代表不同年龄、不同职业、不同性别、不同信仰、不同收入水平、不同知识层次的公众，以座谈会的形式参与规划环境影响评价。座谈会适合那些性质严重、分布范围广、延续时间长的规划。其优点是便于评价者或决策者与公众直接进行双向交流，易于达成一致意见；其缺点是费用较高，且不容易组织。

B 民众参与的问卷调查

事先设计好民意调查表，以实地采访或信函等方式向公众调查。其特点是费用较少，但信息反馈率不高，且不便于双向交流。

C 公众信访接待室

对公众影响大、关系密切的规划评价，为了征询公众意见，可以设立专门处理公众来信和来访的接待室。

D 舆论参与的媒体

评价者或决策者通过报纸、广播、电视、互联网等传媒发动公众参与规划环境影响评价。其优点是能促进公众广泛参与，缺点是反馈信息的系统性差。

E 全民公决投票

全民公决投票适合于重大的、关系到全局的规划环境影响评价。其缺点是反馈信息含量低，仅有“是”、“否”、“弃权” 等3种意见。

3.5.3 公众参与的时机与程序

公众参与应贯穿规划环境影响评价全过程，即应在环境评价工作的任何时候、任何阶段，公众都可以要求了解规划行动的有关内容，并随时发表他们的意见和建议。一般情况下，公众参与可分为以下5个阶段。

A 制定公众参与计划

明确公众参与目的、对象、内容、方式、时间、人员及组织与实施计划。

通过报刊、布告和散发宣传册子向公众公示有关规划的设想，国家与地方的有关政策、法规，特别要向公众代表提供详细资料。

B 环境评价大纲编制阶段

目的是调查公众对该项规划实施的一般设想和意见。主管部门应如实向公众提供信息，并与公众代表接触和讨论，以避免大纲对公众关心的环境问题的疏漏。

C 环境影响评价报告书初稿听证会

在听证会之前应向公众提供报告书的简本，内容包含重要的结论和措施以及相应的环保法规、政策等有关文件。

听证会的目的是：

(1) 向公众代表说明规划对全市社会、经济和环境的正面与负面影响；

(2) 向公众说明拟采取的减缓负面影响的措施及其效果；

(3) 听取公众对环保措施或补偿措施的新建议或不同意见；

(4) 规划制定部门应协调公众的不同观点。

D 总结工作

总结公众参与的最后结果和有关规划的修改意见、对居民的补偿方式、公众的环境监督计划等。

E 工作监督

居民根据环境影响评价报告书确定的监督计划，对环境保护措施的实施及效果进行监督，直接或通过代表提出意见。

3.5.4 公众参与的内容

A 环境背景调查

通过公众参与，全面理解环境背景情况，掌握重要的、且为当地人们所关心的环境问题。

B 环境资源价值估算

通过公众参与，了解公众消费的支付意愿或其对商品或劳务数量的选择愿望，确定环境资源价值，特别是估算公共资源或不可分物品（如空气、水质）和具有美学、文化、生态、历史价值或稀有特性的享受性资源以及没有市场价格的物品的价值。

C 环境要素与受影响的环境要素关系的确定

规划-环境输入响应关系是复杂的、纵横交错的，可以通过公众参与，尤其是专家参与来确定。德尔斐法就是其中一例。

D 规划环境影响评价后评估及监督

在规划实施过程中通过公众参与，及时反馈规划执行过程中出现的而在规划环境影响评价中没有预测到的环境问题，并监督规划执行效果及环境防范措施的落实，以便决策者及时修正、调整、甚至终止规划，避免造成重大环境影响。

3.5.5 公众参与的实施

对于非保密性的规划，应就其涉及的社会、经济、环境各方面问题向公众进行咨询，认真考虑他们的意见。应向受影响的公众和非政府组织公开规划环境影响评价的报告书和结论，并反馈其意见。对于A类规划至少要咨询两次：

（1）规划筛选后和评价工作大纲编制前；

（2）规划的环境影响报告完成后。

对于保密性的规划，应在咨询方式和方法上将保密性内容经过技术处理转化为非保密性问题，在不泄密的条件下进行咨询，使公众了解处理的结果，并听取其意见。

3.5.6 公众参与的信息处理

（1）对公众意见进行有效性识别，在保证完整性前提下去伪存真、去粗取精。

（2）对公众参与者一视同仁，不受年龄、职业、性别、信仰、收入水平、知识层次等影响。

（3）区别对待反馈信息，坚持保护弱势群体原则，侧重考虑直接受影响公众意见。

（4）及时处理与反馈，在规划环境影响报告书报送审批或者重新审核前，应将公众意见采纳与否的信息及时反馈给公众。

思 考 题

3-1 简述污染源调查的方法与程序?

3-2 污染物排放量的确定有哪几种方法?

3-3 工程分析的概念是什么?其内容主要有哪些?

3-4 工程分析的目的是什么?

3-5 工程分析的作用和原则是什么?试归纳简述。

3-6 工程建设项目的环境影响一般可以分为几类?试简单加以归纳。

3-7 如何对一个拟建项目排放的各种排放因子进行筛选?

3-8 用于环境评价的专家判断法、智暴法和德尔斐法的主要异同点是什么?

3-9 何谓“巴特尔指数”?

3-10 一城市某工厂锅炉耗煤量为6000kg/h,煤的硫分为1%,水膜除尘脱硫效率为15%,求该工厂锅炉二氧化硫排放量。

3-11 某企业年新鲜工业用水9000m^3,无监测排水流量,排污系数取0.7,废水处理设施进口COD浓度为500mg/L,排放口COD浓度为100mg/L,那么这个企业每年去除的COD是多少千克?

3-12 某企业年投入物料中的某污染物总量为9000t,进入回收产品中的某污染物总量为2000t,经净化处理掉的某污染物总量为500t,生产过程中被分解、转化的某污染物总量为100t,排放量为5000t,求进入产品中的某污染物总量为多少吨?

4 水环境影响评价

[内容摘要] 水环境影响评价是建设项目环境影响评价的主要内容之一，工作步骤一般为在准确全面的工程分析和充分的水环境状况调查的基础上，利用合理的数学模型对建设项目给地表水环境带来的影响进行计算、预测、分析和论证，给出环境影响的程度和范围，比较项目建设前后水体主要指标的变化情况，并结合当地的水环境功能区划，得出是否满足使用功能的结论，并进一步提出建设项目和区域主要污染物的控制和防治对策。

4.1 地表水环境影响评价工作程序

地表水环境影响评价的工作程序一般包括三个阶段。

第一阶段为前期准备阶段，具体内容为进行详细的工程分析，确定污染源强和特征污染物，选择确定预测因子，进行详细的环境现状调查，包括水文调查，必要时进行水文测量，调查纳污水体的功能区划，在预测范围内有无需要特别注意的环境敏感目标，如取水口、居民区、学校、医院、党政机关集中办公区、文物保护单位、养殖场、鱼类的“三场”（越冬场、产卵场、索饵场）等，并根据这些情况查阅国家和地方关于设置排污口或排污要求的法律法规和标准，在纳污水体合适地方设置监测断面（点）进行水质监测，根据监测结果评价水质状况，对引起不达标的原因进行分析调查，在预测范围内进行污染源调查。根据纳污水体的类型（非感潮河流、感潮河流、湖泊、海域）、水文状况（流速、流量、河宽、河深、坡降、河床粗糙程度、弯曲程度、岛屿等）、排污条件（岸边排放、中心排放）及污染物类型（持久性污染物、非持久性污染物）等选择合理的预测模型及参数。

第二阶段为预测计算阶段，根据第一阶段的工作成果，选择合适的参数进行预测计算，成果以表或图的形式反映出来，应特别注意环境敏感目标处的预测结果。

第三阶段为分析评价阶段，对整个地表水环境影响评价得出结论，如果不能满足水体使用功能要求，应采取何种措施方能达到环保要求，如减小污染源强、改变排污口的位置或方式等。

具体的工作程序如图 4-1 所示。

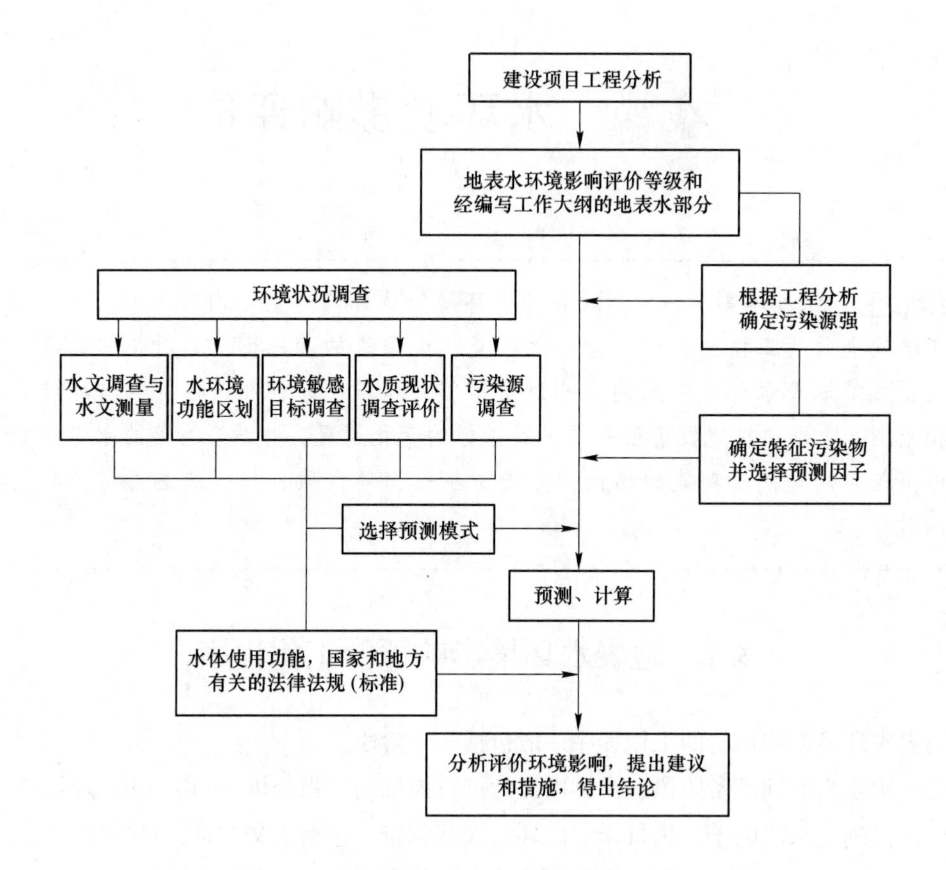

图 4-1 地表水环境影响评价工作程序

4.2 地表水环境评价等级的确定

地表水环境影响评价的工作等级划分为三个等级，一级评价项目要求最高，二级次之，三级最低，其划分的依据主要是项目排放的水量、废水复杂程度、废水中污染物迁移、转化和衰减变化特点以及纳污水体的规模、类型以及使用功能要求。

《环境影响评价技术导则 地面水环境》（HJ/T 2.3—1993）中规定的地表水环境影响评价具体分级见表 4-1。

海湾环境影响评价的分级标准可参阅《环境影响评价技术导则 地面水环境》（HJ/T 2.3—1993）。

4.2.1 水质复杂程度划分

污水水质的复杂程度按污水中的污染物类型以及某类污染物中水质参数的多少划分为复杂、中等和简单三类。

根据污染物在水环境中输移、衰减特点以及它们的预测模式，将污染物分为四类：持久性污染物、非持久性污染物、酸和碱、热污染。

表 4-1 地表水环境影响评价分级判据

建设项目污水排放量/$m^3 \cdot d^{-1}$	建设项目污水水质复杂程度	一级		二级		三级	
		地表水域规模（大小规模）	地表水水质要求（水质类别）	地表水域规模（大小规模）	地表水水质要求（水质类别）	地表水域规模（大小规模）	地表水水质要求（水质类别）
≥20000	复杂	大	Ⅰ~Ⅲ	大	Ⅳ、Ⅴ		
		中、小	Ⅰ~Ⅳ	中、小	Ⅴ		
	中等	大	Ⅰ~Ⅲ	大	Ⅳ、Ⅴ		
		中、小	Ⅰ~Ⅳ	中、小	Ⅴ		
	简单	大	Ⅰ、Ⅱ	大	Ⅲ~Ⅴ		
		中、小	Ⅰ~Ⅲ	中、小	Ⅳ、Ⅴ		
<20000 ≥10000	复杂	大	Ⅰ~Ⅲ	大	Ⅳ、Ⅴ		
		中、小	Ⅰ~Ⅳ	中、小	Ⅴ		
	中等	大	Ⅰ、Ⅱ	大	Ⅲ、Ⅳ	大	Ⅴ
		中、小	Ⅰ、Ⅱ	中、小	Ⅲ~Ⅴ		
	简单			大	Ⅰ~Ⅲ	大	Ⅳ、Ⅴ
		中、小	Ⅰ	中、小	Ⅱ~Ⅳ	中、小	Ⅴ
<10000 ≥5000	复杂	大、中	Ⅰ、Ⅱ	大、中	Ⅲ、Ⅳ	大、中	Ⅴ
		小	Ⅰ、Ⅱ	小	Ⅲ、Ⅳ	小	Ⅴ
	中等			大、中	Ⅰ~Ⅲ	大、中	Ⅳ、Ⅴ
		小	Ⅰ	小	Ⅱ~Ⅳ	小	Ⅴ
	简单			大、中	Ⅰ~Ⅱ	大、中	Ⅲ~Ⅴ
				小	Ⅰ~Ⅲ	小	Ⅳ、Ⅴ
<5000 ≥1000	复杂			大、中	Ⅰ~Ⅲ	大、中	Ⅳ、Ⅴ
				小	Ⅱ~Ⅳ	小	Ⅴ
	中等			大、中	Ⅰ~Ⅱ	大、中	Ⅲ~Ⅴ
		小	Ⅰ	小	Ⅰ~Ⅲ	小	Ⅳ、Ⅴ
	简单					大、中	Ⅰ~Ⅳ
				小	Ⅰ	小	Ⅱ~Ⅴ
<1000 ≥200	复杂					大、中	Ⅰ~Ⅳ
						小	Ⅰ~Ⅴ
	中等					大、中	Ⅰ~Ⅳ
						小	Ⅰ~Ⅴ
	简单					中、小	Ⅰ~Ⅳ

复杂：污染物类型数不小于3，或者只含有两类污染物，但需预测其浓度的水质参数数目不小于10；

中等：污染物类型数等于2，且需预测其浓度的水质参数数目小于10；或者只含有一类污染物，但需预测其浓度的水质参数数目不小于7；

简单：污染物类型数等于1，需预测浓度的水质参数数目小于7。

4.2.2　水体规模的划分

河流与河口，按建设项目排污口附近河段的多年平均流量或平水期平均流量划分：

大河：≥150m^3/s；

中河：15~150m^3/s；

小河：<15m^3/s。

湖泊和水库，按枯水期湖泊或水库的平均水深以及水面面积划分：

当平均水深≥10m时：

大湖（库）：≥25km^2；

中湖（库）：2.5~25km^2；

小湖（库）：<2.5km^2。

当平均水深<10m时：

大湖（库）：≥50km^2；

中湖（库）：5~50km^2；

小湖（库）：<5km^2。

4.2.3　评价范围

建设项目地表水环境影响评价范围与地表水环境现状调查的范围相同或略小（特殊情况可略大），确定环境现状调查范围（预测范围）的原则和要求为：

（1）环境现状调查的范围，应能包括建设项目对周围地表水水环境影响较显著的区域，在此区域内进行的调查，能全面说明与地表水环境相联系的环境基本状况，并能充分满足环境影响预测的要求；

（2）在确定某项具体工程的地表水环境调查范围时，应尽量按照将来污染物排放后可能的达标范围，参考表4-2~表4-4并考虑评价等级高低（评价等级高时可取调查范围略大，反之可略小）后决定。

表4-2　不同污水排放量时河流环境现状调查范围（排污口下游）参考表

污水排放量/m^3·d^{-1}	调查范围/km		
	大河	中河	小河
>50000	15~30	20~40	30~50
50000~20000	10~20	15~30	25~40
20000~10000	5~10	10~20	15~30
10000~5000	2~5	5~10	10~25
<5000	<3	<5	5~15

表 4-3 不同污水排放量时湖泊（水库）环境现状调查范围参考表

污水排放量/$m^3 \cdot d^{-1}$	调查范围	
	调查半径/km	调查面积/km^2
>50000	4~7	25~80
50000~20000	2.5~4	10~25
20000~10000	1.5~2.5	3.5~10
10000~5000	1~1.5	2~3.5
<5000	≤1	≤2

注：调查面积为以排污口为圆心，以调查半径为半径的半圆面积。

表 4-4 不同污水排放量时海湾环境现状调查范围参考表

污水排放量/$m^3 \cdot d^{-1}$	调查范围	
	调查半径/km	调查面积/km^2
>50000	5~8	40~100
50000~20000	3~5	15~40
20000~10000	1.5~3	3.5~15
<5000	≤1.5	≤3.5

注：调查面积为以排污口为圆心，以调查半径为半径的半圆面积。

4.3 地表水环境现状调查

进行水环境现状调查的目的是了解评价范围内的水环境质量，是否满足水体功能使用要求，取得必要的背景资料，以此为基础进行计算预测，比较项目建设前后水质指标的变化情况。水环境现状调查应尽量利用现有数据，如资料不足时需进行实测。

4.3.1 水体污染源调查

为了充分说明问题，在调查范围内应进行现有污染源的调查。污染源分为两类：点污染源（简称点源）和非点污染源（简称非点源或面源）。

点源调查的方法以收集现有资料为主，调查的详细程度应根据评价等级及其与建设项目的关系而确定，评价等级高且现有污染源与建设项目距离较近时应详细调查。调查的内容为：

（1）点源的排放概况，排放口的平面位置（附污染源平面位置图）及排放方向；排放口在断面上的位置；排放形式（分散排放还是集中排放）；

（2）排放数据，根据现有的实测数据、统计报表以及各厂矿的工艺路线等选定的主要水质参数，调查现有的排放量、排放速度、排放浓度及其变化等数据；

（3）用排水状况，主要调查取水量、用水量、循环水量及排水量等；

（4）厂矿企业、事业单位的污水处理情况，主要调查污水的处理设施、处理效率、处理能力及事故排放状况等。

非点源主要指生产废水或生活污水集中处理排放以外的其他污染源，如物料堆放引起的污染、农业面源污染（农药、化肥）、比较分散的没有处理设施的生活污水和大气沉降等。非点源的调查一般采用间接收集资料的方法，基本上不实测。非点源调查的内容如下：

（1）概况，原料、燃料、废料、废弃物的堆放位置（即主要污染源，要求附污染源平面位置图）、堆放面积、堆放形式、堆放点的地面铺装及其保洁程度、堆放物的遮盖方式等；

（2）排放方式、排放去向与处理情况，应说明非点源污染物是有组织的汇集还是无组织的漫游，是集中后直接排放还是处理后排放，是单独排放还是与生产废水或生活污水共同排放等；

（3）排放数据，根据现有实测数据、统计报表以及引起非点源污染的原料、燃料、废料、废弃物的物理、化学、生物化学性质选定调查的主要水质参数，并调查有关排放季节、排放时期、排放量、排放深度及其变化等数据。

4.3.2 水质监测

4.3.2.1 水质监测项目

水质监测所包括的项目有两类，一类是常规水质参数，它们能反映评价水体水质的一般状况；一类是特征水质参数，它们能代表或反映建设项目建成投产后排放废水的性质。

常规水质参数以《地表水环境质量标准》（GB 3838—2002）中所提出的pH值、DO、OC、BOD_5、NH_3—N、挥发酚、石油类、氰化物、铜、锌、砷、汞、铬（六价）、总磷以及水温为基础，根据水域类别、评价等级、污染源状况适当删减。

特征水质参数应根据建设项目的特点、水域类别以及评价等级选定。不同行业的特征水质参数可参阅《环境影响评价技术导则———地面水环境》（HJ/T 2.3—1993）的相关规定。

当受纳水体的环境保护要求较高（如自然保护区、饮用水源保护区、珍贵水生生物保护区、经济鱼类养殖区等），且评价等级为一、二级时，应考虑调查水生生物和底泥，调查项目可根据具体工作要求确定，或从下列项目中选择部分内容：

（1）水生生物方面：浮游动植物、藻类、底栖无脊椎动物的种类和数量、水生生物群落结构等；

（2）底泥方面：主要调查与拟建工程排水性质有关的易积累的污染物。

4.3.2.2 河流监测断面的布设原则

在调查范围的两端，调查范围内重点保护水域、重点保护对象附近水域，水文特征突然变化处（如支流汇入处等）、水质急剧变化处（如污水排入处等）、重点水工构筑物（如取水口、桥梁涵洞等）附近、水文站附近等应布设监测断面。

在拟建排污口上游500m处应设一个监测断面。

4.3.2.3 取样点的布设

A 取样垂线的确定

当河流断面形状为矩形或相近于矩形时，可按下列原则布设。

（1）小河：在取样断面的主流线上设一条取样垂线。

（2）大、中河：河宽小于50m者，在监测断面上各距岸边1/3水面宽处，设一条取样垂线（垂线应设在有较明显水流处），共设两条取样垂线；河宽大于50m者，在监测断面的主流线上及距离两岸不少于0.5m，并有明显水流的地方，各设一条取样垂线，共设三条取样垂线。

（3）特大河（如长江、黄河、珠江等）：由于河流过宽，监测断面上的取样垂线应适当增加，而且主流线两侧的垂线不必相等，拟设置排污口一侧可以多一些。

如断面形状十分不规则时，应结合主流线的位置，适当调整取样垂线的位置和数目。

B　垂线上取样水深的确定

在一条垂线上，水深大于5m时，在水面下0.5m水深处及在距河底0.5m处，各取样一个；水深为1~5m时，只在水面下0.5m处取一个样；在水深不足1m时，取样点距水面不应小于0.3m，距河底也不应小于0.3m。对于三级评价的小河不论河水深浅，只在一条垂线上一个点取一个样，一般情况下取样点应在水面下0.5m处，距河底不应小于0.3m。

4.3.2.4　水样的对待

三级评价：需要预测混合过程段水质的场合，每次应将该段内各监测断面中每条垂线上的水样混合成一个水样。其他情况每个监测断面每次只取一个混合水样，即在该断面上，各处所取的水样混匀成一个水样。

二级评价：同三级评价。

一级评价：每个取样点的水样均应分析，不取混合样。

河口、湖泊、海湾等地表水体及各类水体监测频次见《环境影响评价技术导则—地面水环境》（HJ/T 2.3—1993）的相关规定。

4.3.3　水质现状评价

地表水水质现状评价是在水质现状监测的基础上展开的，是水质调查的继续。评价水质现状主要采用文字分析与描述，并辅之以数学表达式。在文字分析与描述中，有时可采用检出率、超标率等统计值。数学表达式分两种：一种用于单项水质参数评价；另一种用于多项水质参数综合评价。单项水质参数评价简单明了，可以直接了解该水质参数现状与标准的关系，一般均可采用。多项水质参数综合评价只在调查的水质参数较多时方可应用。此方法只能了解多个水质参数的综合现状与相应标准的综合情况之间的某种相对关系。

4.3.3.1　评价标准

地表水的评价标准应采用《地表水环境质量标准》（GB 3838—2002）、海水水质标准（GB 3097—1997）或者相应的地方标准，国内无标准规定的水质参数可参考国外标准或采用经主管部门批准的临时标准。评价区内不同功能的水域应采用不同类别的水质标准。

综合水质的分级应与GB 3838中水域功能的分类一致，其分级判据与所采用的多项水质参数综合评价方法有关。

4.3.3.2　水质参数的取值

在单项水质参数评价中，用于地表水环境现状评价的水质参数通常应采用经过统计检验、剔除离群值后的多次监测数据的平均值。在实际工作中，往往监测数据样本量较小，难以利用统计检验剔除离群值。此时，如果水质参数变化幅度甚大，则应考虑高值的影响，可采用内梅罗（Nemerow）平均值或其他计算高值影响的平均值。内梅罗法的计算公式为

$$c = \sqrt{\frac{c_{极}^2 + c_{均}^2}{2}} \tag{4-1}$$

式中 c——某参数的评价浓度值，mg/L；

$c_{均}$——某参数监测数据（共 k 个）的平均值，mg/L；

$c_{极}$——某参数监测数据集中的极值。$c_{极}$ 通常取水质最差的极值，如 COD 等污染物浓度常取最大值，而溶解氧（DO）浓度则取最小值。

4.3.3.3 单项水质参数评价

单项评价建议采用标准指数法。单项水质参数 i 在第 j 点的标准指数为

$$S_{i,j} = \frac{c_{i,j}}{c_{si}} \tag{4-2}$$

式中 $S_{i,j}$——单项水质参数 i 在第 j 点的标准指数；

$c_{i,j}$——污染物 i 在第 j 点（预测点或监测点）的浓度，mg/L；

c_{si}——水质参数 i 的地表水相关标准的浓度限值，mg/L。

由于溶解氧和 pH 与其他水质参数的性质不同需要采用不同的指数单元。DO 的标准指数为：

$$S_{DO,j} = \begin{cases} \dfrac{|DO_f - DO_j|}{DO_f - DO_s} & 当 DO_j \geqslant DO_s \\ 10 - 9\dfrac{DO_j}{DO_s} & 当 DO_j < DO_s \end{cases} \tag{4-3}$$

式中 $S_{DO,j}$——第 j 点的溶解氧标准指数；

DO_j——第 j 点溶解氧浓度，mg/L；

DO_s——溶解氧的评价标准限定值，mg/L；

DO_f——某水温、气压条件下的饱和溶解氧浓度，mg/L，其计算公式为

$$DO_f = \frac{468}{31.6 + T} \tag{4-4}$$

式中，T 为水温，℃。

pH 的标准指数为：

$$S_{pH,j} = \begin{cases} \dfrac{7.0 - pH_j}{7.0 - pH_{sd}} & 当 pH_j \leqslant 7.0 \\ \dfrac{pH_j - 7.0}{pH_{su} - 7.0} & 当 pH_j > 7.0 \end{cases} \tag{4-5}$$

式中 $S_{pH,j}$——第 j 点的 pH 标准指数；

pH_j——第 j 点的 pH 值；

pH_{sd}——地表水水质标准中规定的 pH 值下限；

pH_{su}——地表水水质标准中规定的 pH 值上限。

水质参数的标准指数大于 1，表明该水质参数超过了规定的水质标准，已经不能满足使用要求。

4.3.3.4 多项水质参数综合评价方法

多项水质参数综合评价的方法很多，以根据水体水质数据的统计特点选用以下指数之一对水体水质进行综合评价。

A 幂指数法

幂型水质指数 S 的表达式为：

$$S_j = \prod_{i=1}^{m} I_{i,j}^{W_i} \quad \left(0 < I_{i,j} \leqslant 1,\ \sum_{i=1}^{m} W_i = 1\right) \tag{4-6}$$

首先根据实际情况和各类功能水质标准绘制 I_i-c_i 关系曲线，然后由 $c_{i,j}$ 在曲线上找到相应的 $I_{i,j}$ 值。

B 加权平均法

此法所求 j 点的综合评价指数 S 可表达为：

$$S_j = \sum_{i=1}^{m} W_i S_i \quad \left(\sum_{i=1}^{m} W_i = 1\right) \tag{4-7}$$

C 向量模法

此法所求 j 点的综合评价指数 S 可表达为：

$$S_j = \left[\sum_{i=1}^{m} S_{i,j}^2\right]^{1/2} \tag{4-8}$$

D 算术平均法

此法所求 j 点的综合评价指数 S 可表达为：

$$S_j = \frac{1}{m}\sum_{i=1}^{m} S_{i,j} \tag{4-9}$$

以上各种综合评价指数中，幂指数法适合于各水质参数标准指数单元相差较大的场合，加权平均法和算术平均法一般用于水质参数的标准指数单元相差不大的情况，向量模法则用于突出污染最重的水质参数的影响。

4.4 地表水环境影响预测

4.4.1 预测条件的确定

4.4.1.1 预测范围

由于地表水水文条件的特点，其预测范围一般与已确定的评价范围一致。

4.4.1.2 预测点

为了全面地反映拟建项目对该范围内地表水的环境影响，一般应选以下地点为预测点：

(1) 已确定的敏感点；

(2) 环境现状监测点(以利于进行对比);

(3) 水文特征和水质突变处的上下游、水源地、重要水工建筑物及水文站;

(4) 在混合过程段,应设若干预测点;

(5) 在排污口下游附近可能出现局部超标的点位。

为了预测超标范围,应自排污口起由密而疏地布设若干预测点,直到达标为止;预测混合段和超标范围段的预测点可以互用。

4.4.1.3 预测时期

地表水预测时期为丰水期、平水期和枯水期三个时期。一般来说,枯水期河水自净能力最小,平水期居中,丰水期最大;但不少水域因非点源污染可能使丰水期的稀释能力变小。冰封期是北方河流特有的现象,此时的自净能力最小;因此对一、二级评价应预测自净能力最小和一般的两个时期环境影响。对于冰封期较长的水域,当其功能为生活饮用水、食品工业用水水源或渔业用水时,还应预测冰封期的环境影响。三级评价或评价时间较短的二级评价可只预测自净能力最小时期的环境影响。

4.4.1.4 预测阶段

预测阶段一般分建设过程、生产运行和服务期满后三个阶段。所有建设项目均应预测生产运行阶段对地表水体的影响,并按正常排污和不正常排污(包括事故)两种情况进行预测。对于建设过程超过一年的大型建设项目,如产生流失物较多、且受纳水体属于水质级别要求较高(在Ⅲ类以上)时,应进行建设阶段环境影响预测。个别建设项目还应根据其性质、评价等级、水环境特点以及当地的环保要求,预测服务期满后对水体的环境影响(如矿山开发、垃圾填埋场等)。

4.4.2 预测方法的选择

预测建设项目对水环境的影响应尽量利用成熟、简便并能满足评价精度和深度要求的方法。

4.4.2.1 定性分析法

定性分析法分为专业判断法和类比调查法两种。

(1) 专业判断法是根据专家经验推断建设项目对水环境的影响,运用专家判断法、智暴法、幕景分析法和德尔斐法等,有助于更好发挥专家专长和经验。

(2) 类比调查法是参照现有类似工程对水体的影响,预测拟建项目对水环境的影响。本法要求拟建项目和现有类似工程在污染物来源和性质上相似,并在数量上有比例关系。但实际的工程条件和水环境条件往往与拟建项目有较大差异,因此类比调查法给出的是拟建项目影响大小的估值范围。

定性分析法具有省时、省力、耗资少等优点,并且在某种条件下也可给出明确的结论。定性分析法主要用于三级和部分二级的评价项目和对水体影响较小的水质参数,或解决目前尚无法取得必需的数据而难以应用数学模型预测等情况。

4.4.2.2 定量预测法

定量预测法是指应用物理模型和数学模型进行计算预测,是地表水环境影响预测最常用的方法。

4.4.3　拟预测水质参数的筛选

建设项目实施过程各阶段拟预测的水质参数应根据工程分析和环境现状、评价等级、当地的环保要求筛选和确定。拟预测水质参数的数目应既说明问题又不过多，一般应少于环境现状调查水质参数的数目。建设过程、生产运行（包括正常和不正常排放两种）、服务期满后各阶段均应根据各自的具体情况决定其拟预测水质参数，彼此不一定相同。根据上述原则，在环境现状调查水质参数中选择拟预测水质参数。

对河流，可用水质参数排序指标（ISE）选取预测水质因子：

$$\mathrm{ISE} = \frac{Q_{\mathrm{p}} c_{\mathrm{p}}}{Q_{\mathrm{h}}(c_{\mathrm{s}} - c_{\mathrm{h}})} \tag{4-10}$$

式中　c_{p}——建设项目水污染物的排放浓度，mg/L；

c_{s}——水污染物的评价标准限值，mg/L；

c_{h}——评价河段河水中的污染物浓度，mg/L；

Q_{p}——建设项目废水排放量，$\mathrm{m^3/s}$；

Q_{h}——评价河段的河水流量，$\mathrm{m^3/s}$。

ISE 越大说明建设项目对河流中该项水质参数的影响越大，当 ISE 为负值时，说明河水水质本身已经超标。

4.4.4　污染源与水体的简化

为了便于进行模型预测常需对污染源和水体做适当简化。地表水环境简化包括边界几何形状的规则化和水文、水力要素时空分布的简化等。这种简化应根据水文调查与水文测量的结果和评价等级等进行。

4.4.4.1　河流简化

河流可以简化为矩形平直河流、矩形弯曲河流和非矩形河流。河流的断面宽深比不小于 20 时，可视为矩形河流。大中河流中，预测河段弯曲较大（如其最大弯曲系数大于 1.3）时，可视为弯曲河流，否则可以简化为平直河流。大中河预测河段的断面形状沿程变化较大时，可以分段考虑；大中河流断面上水深变化很大且评价等级较高（如一级评价）时，可以视为非矩形河流并应调查其流场，其他情况均可简化为矩形河流。小河可以简化为矩形平直河流。河流水文特征或水质有急剧变化的河段，可在急剧变化之处分段，各段分别进行环境影响预测。河网应分段进行环境影响预测。

评价等级为三级时，江心洲、浅滩等均可按无江心洲、浅滩的情况对待。江心洲位于充分混合段，评价等级为二级时，可以按无江心洲对待；评价等级为一级且江心洲较大时，可以分段进行环境影响预测，江心洲较小时可不考虑。江心洲位于混合过程段可分段进行环境影响预测，评价等级为一级时也可以采用数值模式进行环境影响预测。

4.4.4.2　湖泊、水库简化

在预测湖泊、水库环境影响时，可以将湖泊、水库简化为大湖（库）、小湖（库）和分层湖（库）等三种情况进行。水深大于 10m 且分层期较长（如超过 30 天）的湖泊、水库可视为分层湖（库）。不存在大面积回流区和死水区且流速较快，停留时间较短的狭长湖泊可简化为河流。不规则形状的湖泊、水库可根据流场的分布情况和几何形状分区。

4.4.4.3 污染源简化

拟建项目排放废水的形式、排污口数量和排放规律是复杂多样的，在应用水质模型进行预测前常需将污染源进行简化。根据污染源的具体情况、排放形式可简化为点源和面源，排放规律可简化为连续恒定排放和非连续恒定排放。

(1) 排放形式的简化。大多数污染物排放均可简化为点源考虑，但无组织排放和均布排放源（如垃圾填埋场及农田）应视为非点源；在排放口很多且间距较近，最远两排污口间距小于预测河段或湖（库）岸边长度的1/5时也应该按照非点源考虑。

(2) 排入河流的两排放口的间距较近时，可以简化为一个，其位置假设在两排放口之间，其排放量为两者之和；两排放口间距较远时，可分别单独考虑。

(3) 排入小湖(库) 的所有排放口可以简化为一个，其排放量为所有排放量之和；排入大湖（库）的两排放口间距较近时，可以简化成一个，其位置假设在两排放口之间，其排放量为两者之和；两排放口间距较远时，可分别单独考虑。

(4) 当两个或多个排放口间距或面源范围小于沿方向差分网格的步长时，可以简化为一个，否则应分别单独考虑。

以上所提排放口远近的判据可按照两排污口距离小于或等于预测河段长度1/20为近，大于预测距离的1/5为远。

在地表水环境影响预测中，通常可以把排放规律简化为连续恒定排放。

4.4.5 预测模型

4.4.5.1 水体自净

地表水环境影响预测是以一定的预测方法为基础的，而这种方法的理论基础是水体的自净特性。水体自净是指水体可以在其环境容量范围内，经过自身的物理、化学和生物作用，使受纳的污染物浓度不断降低，逐渐恢复原有水质的过程。实际上，水体自净可以视为是污染物在水体中迁移、转化和衰减的过程。

污染物在水体中的迁移和转化作用包括推流迁移、分散稀释、吸附沉降等方面。污水排入河流的物理混合过程主要包括三个阶段：(1) 竖向混合阶段；(2) 横向混合阶段；(3) 断面充分混合阶段。衰减变化作用则包括有机污染物的好氧生化降解、硝化反硝化作用、硫化物反应、细菌衰减作用、重金属和有机毒物的衰减作用、厌氧分解等。

在污染物衰减变化的同时水中溶解氧被不断消耗（耗氧过程)，而空气中的氧气又不断溶于水中（复氧过程)。水体中常见的耗氧过程主要包括碳化需氧量衰减耗氧、含氮化合物硝化耗氧、水生植物呼吸耗氧、水体底泥耗氧等。复氧过程则主要包括大气复氧和水生植物光合作用复氧两个过程。

水温是影响水质的重要指标。各种水质参数（如溶解氧浓度、游离氨浓度等）以及水质模型中的许多系数（如耗氧系数、复氧系数等）均与水温有关。过高的水温或者过快的水温变化速率都会影响水生生物的正常生长和水体的功能。水体水温除了受工业污染源(发电厂、化工厂等排放的热水）影响外，还与一系列热交换过程有关，如水体与大气的能量交换、与河床的热量交换等。

水体自净过程的主要特征包括：

(1) 进入水体中的污染物，在连续的自净过程中，总的趋势是浓度逐渐下降；

(2) 大多数有毒污染物经各种物理、化学和生物作用，转变为低毒或无毒化合物；

(3) 重金属类污染物，从溶解状态被吸附或转变为不溶性化合物，沉淀后进入底泥；

(4) 复杂的有机物（如碳水化合物，脂肪和蛋白质等）在好氧和缺氧条件下，均能被微生物利用和分解，先降解为较简单的有机物，再进一步分解为二氧化碳和水；

(5) 不稳定的污染物在自净过程中转变为稳定的化合物，如氨转变为亚硝酸盐，再氧化为硝酸盐；

(6) 在自净过程的初期，水中溶解氧数量急剧下降，到达最低点后又缓慢上升，逐渐恢复到正常水平；

(7) 在自净过程初期，水中生物种类和个体数量大量减少。随着自净过程的进行，生物种类和个体数量也逐渐随之回升，最终趋于正常的生物分布。

4.4.5.2 河流水质模型

河流是沿地表的线形低凹部分集中的经常性或周期性水流，较大的称河（或江），较小的称为溪。河口是河流注入海洋、湖泊或其他河流的河段，可以分为入海口、入湖口及支流河口。河口的水文特性及形态变化与河流及其所注入水体条件有关。

应用水质模型预测河流水质时，常假设该河段内无支流，在预测时期内河段的水力条件是稳态的和只在河流的起点有恒定浓度和流量的废水（或污染物）排入。如果在河段内有支流汇入，而且沿河段有多个污染源，这时应将河流划分为多个河段采用多河段模型。

从理论上说，污染物在水体中的迁移、转化过程要用三维水质模型预测描述，但是，实际应用的是一维模型和二维模型。一维模型常用于污染物浓度在断面上比较均匀分布的中小型河流水质预测；二维模型常用于污染物浓度在垂向比较均匀，而在纵向（X 轴）和横向（Y 轴）分布不均匀的大河。对于小型湖泊还可以采用更简化的零维模型，即在该水体内污染物浓度是均匀分布的。

A 完全混合模型

一股废水排入河流后能与河水迅速完全混合，则混合后的污染物浓度 c_0 为：

$$c_0 = \frac{Qc_1 + qc_2}{Q + q} \tag{4-11}$$

式中 Q——河流的流量，m^3/s；

c_1——排污口上游河流中的污染物浓度，mg/L；

q——排入河流的废水流量，m^3/s；

c_2——废水中的污染物浓度，mg/L。

在完全混合段，持久性污染物的预测均应采用完全混合模型。

B 一维模型

在河流的流量和其他水文条件不变的稳态条件下，可以采用一维模型进行污染物浓度预测。对于一般条件下的河流，推流形成的污染物迁移作用要比弥散作用大得多，在稳态条件下，弥散作用可以忽略，则有：

$$c = c_0 \exp\left(-\frac{Kx}{86400u_x}\right) \tag{4-12}$$

式中 c_0——起始点（$x=0$）河水的污染物浓度，mg/L；

u_x——河流的平均流速，m/s；

K——污染物的衰减系数，d^{-1}；

x——河水从排放口向下游流经的距离，m。

当污染物排入小型河流中，可认为混合过程瞬间完成，非持久性污染物的预测计算可采用一维模型。

C 污染物与河水完全混合所需距离

污染物从排污口排出后要与河水完全混合需一定的纵向距离，这段距离称为混合过程段，其长度为 l。

当某一断面上任意点的浓度与断面平均浓度之比介于 0.95～1.05 时，称该断面已达到横向混合，由排放点至完成横向断面混合的距离称为完成横向混合所需的距离。一般混合段长度可由下式进行估算：

$$l = \frac{(0.4B - 0.6a)Bu}{(0.058H + 0.0065B)(gHI)^{\frac{1}{2}}} \tag{4-13}$$

式中 B——河流宽度，m；

a——排放口到岸边的距离，m；

u——河流段面平均流速，m/s；

H——平均水深，m；

I——河流坡度，m/m；

g——重力加速度，$g=9.81\text{m/s}^2$。

D 二维稳态混合模式

当受纳河流较大，断面宽深比≥20，污染物进入河流后会形成一个明显的污染带，应选用二维稳态混合模式进行预测计算。

污染物岸边排放时：

$$c(x, y) = \exp\left(-\frac{Kx}{86400u_x}\right)\left\{c_h + \frac{c_p Q_p}{H(\pi M_y x u)^{\frac{1}{2}}}\left\{\exp\left(-\frac{uy^2}{4M_y x}\right) + \exp\left[-\frac{u(2B-y)^2}{4M_y x}\right]\right\}\right\} \tag{4-14}$$

污染物非岸边排放时：

$$c(x, y) = \exp\left(-\frac{Kx}{86400u_x}\right)\left\{c_h + \frac{c_p Q_p}{2H(\pi M_y x u)^{\frac{1}{2}}}\left\{\exp\left(-\frac{uy^2}{4M_y x}\right) + \exp\left(-\frac{u(2a+y)^2}{4M_y x}\right) + \exp\left[-\frac{u(2B-2a-y)^2}{4M_y x}\right]\right\}\right\} \tag{4-15}$$

式中 c——河流中污染物预测浓度，mg/L；

c_h——河流上游污染物浓度，mg/L；

c_p——污染物排放浓度，mg/L；

Q_p——污水排放量，m^3/s；

H——水深，m；

x，y——预测点的位置，m；

u——河水的平均流速，m/s；

B——河道宽度，m；

a——排放口距岸边距离，m；

K——污染物的一级降解速率常数，d^{-1}，持久性污染物 $K=0$；

M_y——横向混合系数，m^2/s，其计算公式为

$$M_y = \alpha u^* H \tag{4-16}$$

α——综合系数，一般取 0.58；

u^*——摩阻流速，$u^* = \sqrt{gHI}$，m/s；

g——重力加速度，$g=9.81m/s^2$；

I——水力坡降，m/m；

H——平均水深，m。

E　BOD-DO 耦合模型

河水中溶解氧（DO）浓度是决定水质洁净程度的重要参数之一，而排入河流的 BOD 在衰减过程中将不断消耗 DO，与此同时空气中的氧气又不断溶解到河水中。斯特里特（H. Streeter）和菲尔普斯（E. Phelps）于 1925 年提出了描述一维河流中 BOD 和 DO 浓度消长变化规律的模型（S-P 模型），随后出现了多种 BOD-DO 浓度关系的修正模型。

建立 S-P 模型的基本假设如下：

（1）河流中的 BOD 的衰减和溶解氧的复氧都是一级反应；

（2）反应速度是恒定的；

（3）河流中的耗氧是由 BOD 衰减引起的，而河流中的溶解氧来源则是大气复氧。

S-P 模型是关于 BOD 和 DO 的耦合模型，可以写作：

$$\frac{dc_{BOD}}{dt} = -K_1 c_{BOD} \tag{4-17}$$

$$\frac{dc_{DO}}{dt} = -K_1 c_{BOD} + K_2(c_s - c_{DO}) \tag{4-18}$$

式中　c_{BOD}——河水中的 BOD 浓度，mg/L；

t——河水的流行时间；

K_1——河水中 BOD 衰减（耗氧）系数，d^{-1}；

K_2——河流复氧系数，d^{-1}；

c_{DO}——河水中的 DO 浓度，mg/L；

c_s——饱和溶解氧浓度，mg/L。

其解析解为

$$c_{BOD} = c_{BOD,0} e^{-K_1 t} \tag{4-19}$$

$$c_s - c_{DO} = (c_s - c_{DO,0}) e^{-K_2 t} + \frac{K_1 c_{BOD,0}}{K_2 - K_1}(e^{-K_1 t} - e^{-K_2 t}) \tag{4-20}$$

式中　$c_{BOD,0}$，$c_{DO,0}$——分别为河流起始点的 BOD 和 DO 浓度，mg/L。

水体中饱和溶解氧和现存溶解氧的差（c_s-c_{DO}）为水体的氧亏值（c_D），大气复氧速率与水体的氧亏量成正比。式（4-20）变形后即可描述河流的氧亏变化规律：

c_s-c_{DO}水体的氧亏值可表示

$$c_D = c_s - c_{DO} = c_{D,0}e^{-K_2t} + \frac{K_1c_{BOD,0}}{K_2 - K_1}(e^{-K_1t} - e^{-K_2t}) \tag{4-21}$$

式中 $c_{D,0}$——河流起始点的氧亏值，mg/L。

一般来说，最关心的是溶解氧浓度最低的点——临界点。在临界点，河水的氧亏值最大，且变化速率为零，则

$$\frac{dc_D}{dt} = K_1c_{BOD} - K_2c_D = 0 \tag{4-22}$$

$$c_{D,c} = \frac{K_1}{K_2}c_{BOD,0}e^{-K_1t_c} \tag{4-23}$$

式中 $c_{D,c}$——临界点的氧亏值，mg/L；

t_c——由起始点到达临界点的流行时间。

临界氧亏发生的时间 t_c可由下式计算：

$$t_c = \frac{1}{K_2 - K_1}\ln\left\{\frac{K_2}{K_1}\left[1 - \frac{c_{D,0}(K_2 - K_1)}{c_{BOD,0}K_1}\right]\right\} \tag{4-24}$$

S-P 模型是应用最广的河流水质影响预测模型，也可用于计算河段的最大容许排污量。该模型适用于污染物连续稳定排放的、恒定流动河流的充分混合段耗氧有机污染物和河流溶解氧状态的预测。

在 S-P 模型基础上，结合河流自净过程中的不同影响因素，人们提出了一些修正型。例如托马斯（Thomas）引入悬浮物沉降作用对 BOD 衰减的影响；多宾斯-坎普提出了考虑底泥耗氧和光合作用复氧的模型；奥康纳进一步考虑含氮污染物的影响；1989 年美国 EPA 推出了 QUAL-2E，这是一维水质模型，全面考虑河流自净的机理，可以模拟 15 种以上不同的水质参数的变化，如水温、有机磷、有机氮、肠杆菌等。

在 S-P 模型的改进模型中，托马斯模型主要考虑沉淀、絮凝、冲刷和再悬浮过程对 BOD 去除的影响，引入了 BOD 沉浮系数 K_3，可表述为以下方程组：

$$\begin{cases} \dfrac{dc_{BOD}}{dt} = -(K_1 + K_3)c_{BOD} \\ \dfrac{dc_{DO}}{dt} = -(K_1 + K_3)c_{BOD} + K_2(c_s - c_{DO}) \end{cases} \tag{4-25}$$

其解析解为

$$\begin{cases} c_{BOD} = c_{BOD,0}e^{-(K_1+K_3)t} \\ c_s - c_{DO} = (c_s - c_{DO,0})e^{-K_2t} + \dfrac{K_1c_{BOD,0}}{K_2 - (K_1 + K_3)}[e^{-(K_1+K_3)t} - e^{-K_2t}] \end{cases} \tag{4-26}$$

4.4.5.3 河口和河网水质模型

河口是入海河流受潮汐作用影响明显的河段。潮汐对河口水质具有双重影响，一方面，由海潮带来的大量的溶解氧，与上游下泄的水流相汇，形成强烈的混合作用，使污染

物的分布趋于均匀；另一方面，由于潮流的顶托作用，延长了污染物在河口的停留时间，有机物的降解会进一步消耗水中的溶解氧，使水质下降。此外，潮汐也可使河口的含盐量增加。

河口模型比河流模型复杂，求解也比较困难。对河口水质有重大影响的评价项目，需要预测污染物浓度随时间的变化。这时应采用水力学中的非恒定流的数值模型，以差分法计算流场，再采用动态水质模型，预测河口任意时刻的水质。当排放口的废水能在断面上与河水迅速充分混合，则也可用一维非恒定流数值模型计算流场，再用一维动态水质模型预测任意时刻的水质。对河口水质有重大影响，但只需预测污染在一个潮汐周期内的平均浓度，这时可以用一维潮周平均模型预测。其计算方法如下：

$$E_x \frac{\mathrm{d}}{\mathrm{d}x}\left(\frac{\mathrm{d}c}{\mathrm{d}x}\right) - \frac{\mathrm{d}}{\mathrm{d}x}(u_x c) + r + s = 0 \tag{4-27}$$

式中 r——污染物的衰减速率，$\mathrm{g/(m^3 \cdot d)}$；

s——系统外输入污染物的速率，$\mathrm{g/(m^3 \cdot d)}$；

u_x——不考虑潮汐作用，由上游来水（净泄量）产生的流速，m/s；

E_x——污染物横向扩散系数，$\mathrm{m^2/s}$。

假定 $s=0$ 和 $r=-K_1 c$，解得：

对排放点上游（$x<0$）

$$\frac{c}{c_0} = \exp(j_1, x) \tag{4-28}$$

对排放点下游（$x>0$）

$$\frac{c}{c_0} = \exp(j_2, x) \tag{4-29}$$

式中

$$j_1 = \frac{u_x}{2E_x}\left(1 + \sqrt{1 + \frac{4K_1 E_x}{u_x^2}}\right) \tag{4-30}$$

$$j_2 = \frac{u_x}{2E_x}\left(1 - \sqrt{1 + \frac{4K_1 E_x}{u_x^2}}\right) \tag{4-31}$$

c_0是 $x=0$ 处的污染物浓度，可以用下式计算：

$$c_0 = \frac{W}{Q\sqrt{1 + \frac{4K_1 E_x}{u_x^2}}} \tag{4-32}$$

式中 W——单位时间内排放的污染物质量，g；

Q——河口上游来的平均流量净泄量，$\mathrm{m^3/d}$。

关于河口水质模型的其他详细情况，请参阅有关专著或《环境影响评价技术导则 地面水环境》（HJ/T 2.3—1993）。

我国南方河口地区的冲积平原上常形成河网，例如长江和珠江三角洲河网非常发达。这些地区的河网流态受潮汐影响变化多端，有的地区河网上建有许多水闸、船闸和防潮闸等，使河网流态受自然水文因素和人工调节的双重作用。要模拟和预测河网的水质非常复杂，虽然已有几种理论计算模型，但实际应用性和可操作性较差。一般的计算原则是将环状河网中过水量很小的河流忽略，将环状河网简化为树枝状河网，然后采用水力学模型和水质模型耦合的计算模型进行动态模拟。

4.4.5.4 湖泊（水库）水质模型

湖泊是天然形成的，水库是由于发电、蓄洪、航运、灌溉等目的拦河筑坝人工形成的，它们的水流状况类似。绝大部分湖泊（水库）水域开阔，水流状态分为前进和振动两类，前者指湖流和混合作用，后者指波动和波漾。

由于湖泊和水库属于静水环境，进入湖泊和水库中的营养物质在其中容易不断积累，致使湖、库中的水质发生富营养化。在水深较大的湖（库）中，还存在水质和水温的竖向分层现象。与上述湖、库的水质特征相对应，目前用于描述湖（库）水质变化的模型分为描述湖（库）营养状况的箱式模型、分层箱式模型和描述温度与水质竖向分布的分层模型等。

A 完全混合模型

完全混合模型属箱式模型，也称沃兰伟德（Vollenwelder）模型。

对于停留时间很长，水质基本处于稳定状态的中小型湖泊和水库，可以简化为一个均匀混合的水体。沃兰伟德假定，湖泊中某种营养物的浓度随时间的变化率，是输入、输出和在湖泊内沉积的该种营养物量的函数，可以用质量平衡方程表示：

$$V\frac{\mathrm{d}c}{\mathrm{d}t} = \overline{W} - Qc - K_1cV \tag{4-33}$$

式中 V——湖泊（水库）的容积，m^3；

c——污染物或水质参数的浓度，mg/L；

t——时间，s；

Q——出入湖、库流量，m^3/s；

K_1——污染物或水质参数浓度衰减速率系数，s^{-1}。

$\overline{W}$——污染物或水质参数的平均排入量，mg/s，可计算为

$$\overline{W} = \overline{W}_0 + c_pq \tag{4-34}$$

式中 $\overline{W}_0$——现有污染物排入量，mg/s；

c_p——拟建项目废水中污染物浓度，mg/L；

q——废水排放量，m^3/s。

假定湖库中起始污染物浓度为 c_0，对式（4-33）积分可得：

$$c = \frac{\overline{W}}{\alpha V}(1 - e^{-\alpha t}) + c_0e^{-\alpha t} \tag{4-35}$$

$$\alpha = \frac{Q}{V} + K_1 \tag{4-36}$$

当时间足够长，湖中污染物（营养物）浓度达到平衡时，$\frac{\mathrm{d}c}{\mathrm{d}t} = 0$。则平衡时浓度为：

$$c_e = \frac{\overline{W}}{Q + K_1V} \tag{4-37}$$

湖库中污染物达到某一指定浓度 c_t 所需时间 t_0 为

$$t_0 = \frac{V}{Q + K_1 V} \ln\left(1 - \frac{c_t}{c_p}\right) \tag{4-38}$$

B 卡拉乌舍夫扩散模型

水域宽阔的大湖，当其污染来自沿湖厂矿或入湖河道时，污染往往出现在入湖口附近水域，此时应考虑废水在湖中的稀释扩散现象。假设污染物在湖中呈圆锥形扩散，可以采用极坐标表示较为方便。根据湖水中的移流和扩散过程，用质量平衡原理可得：

$$\frac{\partial c_r}{\partial t} = \left(E - \frac{q}{\varphi H}\right)\frac{1}{r}\frac{\partial c_r}{\partial r} + E\frac{\partial^2 c_r}{\partial r^2} \tag{4-39}$$

式中 q——排入湖中的废水量，m^3/s；

r——湖内某计算点离排出口距离，m；

E——径向湍流混合系数，m^2/s；

c_r——所求计算点的污染物浓度，mg/L；

H——废水扩散区污染物平均水深，m；

φ——废水在湖中的扩散角（由排放口处地形确定，如在开阔、平直和与岸垂直时，$\varphi = 180°$，而在湖心排放时，$\varphi = 360°$）。

4.5 地表水环境影响评价

水环境影响评价是在工程分析和影响预测的基础上，以法规、标准为依据解释拟建项目引起水环境变化的重大性，同时辨识敏感对象对污染物排放的反应；对拟建项目的生产工艺、水污染防治与废水排放方案等提出意见；提出避免、消除和减少水体影响的措施和对策建议；最后提出评价结论。

4.5.1 评价重点和依据

（1）所有预测点和所有预测的水质参数均应结合各建设、运行和服务期满三个阶段的不同情况的环境影响重大性进行评价，但应抓住重点。如空间方面，水文要素和水质急剧变化处、水域功能改变处、取水口附近等应作为重点；水质方面，影响较大的水质参数应作为重点。多项水质参数综合评价的评价方法和评价的水质参数应与环境现状综合评价相同。

（2）进行评价的水质参数浓度应是其预测的浓度与基线浓度之和。

（3）了解水域的功能，包括现状功能和规划功能。

（4）评价建设项目的地表水环境影响所采用的水质标准应与环境现状评价相同。

（5）向已超标的水体排污时，应结合环境规划酌情处理或由环保部门事先规定排污要求。

4.5.2 判断影响重大性的方法

（1）规划中的几个拟建项目在一定时期（如 5 年）内兴建并且向同一地表水环境排污的情况可以采用自净利用指数法进行单项评价。

对位于地表水环境中 j 点的污染物 i 来说，其自净利用指数 $P_{i,j}$ 的计算公式为

$$P_{i,j}=\frac{c_{i,j}-c_{hi,j}}{\lambda(c_{si}-c_{hi,j})} \tag{4-40}$$

式中 $c_{i,j}$，$c_{hi,j}$，c_{si} ——分别为 j 点污染物 i 的浓度，j 点上游 i 的浓度和 i 的水质标准，mg/L；

λ——自净能力允许利用率。

溶解氧的自净利用指数为

$$P_{DO,j}=\frac{c_{DO_{hj}}-c_{DO_j}}{\lambda(c_{DO_{hj}}-c_{DO_s})} \tag{4-41}$$

式中，$c_{DO_{hj}}$，c_{DO_j}，c_{DO_s} 分别为 j 点上游和 j 点的溶解氧值，以及溶解氧的标准，mg/L。

自净能力允许利用率 λ 应根据当地水环境自净能力的大小、现在和将来的排污状况以及建设项目的重要性等因素决定，并应征得主管部门和有关单位同意。

当 $P_{ij}\leqslant 1$ 时说明污染物 i 在 j 点利用的自净能力没有超过允许的比例；否则说明超过允许利用的比例，这时的 P_{ij} 值即为超过允许利用的倍数，表明影响是重大的。

（2）当水环境现状已经超标，可以采用指数单元法或综合指数法进行评价。

具体方法：将由拟建项目时预测数据计算得到的指数单元或综合评价指数值与现状值（基线值）求得的指数单元或综合指数值进行比较。根据比值大小，采用专家咨询法并征求公众与管理部门意见确定影响的重大性。

（3）多项水质参数综合评价可采用有拟建项目时的综合指数值与基线条件下的综合指数值进行比较。根据比值的大小，采用专业判断法征求公众与管理部门意见确定影响的重大性。采用综合指数法应注意有些水质参数，特别是超过水质标准的参数对水域敏感对象的影响。

4.5.3 对拟建项目选址、生产工艺和废水排放方案的评价

项目选址、采用的生产工艺和废水排放方案对水环境影响有重要作用，有时甚至是关键作用。当拟建项目有多个选址、生产工艺和废水排放方案时，应分别给出各种方案的预测结果，再结合环境、经济、社会等多重因素，从水环境保护角度推荐优选方案。这类多方案比较常可利用各种环境影响评价方法以及数学规划方法探求优化方案。

生产工艺主要是通过工程分析进行评价，如有条件，应采用清洁生产审计进行评价。如果有多种工艺方案，应分别预测其影响，然后推荐优选方案。

4.5.4 环保措施

4.5.4.1 一般原则

环保措施建议一般包括污染削减措施建议和环境管理措施建议两部分。

（1）污染削减措施建议应尽量做到具体、可行，以便对建设项目的环境工程设计起指导作用。对污染削减措施的评述应主要评述其环境效益（应说明排放物的达标情况），也可以做些简单的技术经济分析。

（2）环境管理措施建议中包括环境监测（含监测点、监测项目和监测次数）的建议、

水土保持措施建议、防止泄漏等事故发生的措施建议、环境管理机构设置的建议等。

4.5.4.2 常用的削减措施

（1）对拟建项目实施清洁生产、预防污染和生态破坏是最根本的措施；其次是就项目内部和受纳水体的污染控制方案的改进提出有效的建议。

（2）推行节约用水和废水再用，减少新鲜水用量；结合项目特点，对排放的废水采用适宜的处理措施。

（3）在项目建设期因清理场地和基坑开挖、堆土造成的裸土层应就地建雨水拦蓄池和种植速生植被，减少沉积物进入地表水体。

（4）施用农用化学品的项目，可通过安排好化学品施用时间、施用率、施用范围和流失到水体的途径等方面想办法，将土壤侵蚀和进入水体的化学品减至最少。

（5）应采用生物、化学、管理、文化和机械手段一体的综合方法。

（6）在有条件的地区可以利用人工湿地控制非点源污染（包括营养物、农药和沉积物污染等）。人工湿地必须精心设计，污染负荷和处理能力相匹配。

（7）在地表水污染负荷总量控制的流域，通过排污交易保持排污总量不增加。

（8）提出拟建项目建设和投入运行后的环境监测的规划方案与管理措施。

4.5.5 评价结论

评价建设项目的地表水环境影响的最终结果应得出建设项目在实施过程的不同阶段能否满足预定的地表水环境质量的结论。

以下两种情况应做出可以满足地表水环境保护要求的结论：

（1）建设项目在实施过程的不同阶段，除排放口附近很小范围外，整个水域的水质均能达到预定要求；

（2）在建设项目实施过程的某个阶段，个别水质参数在较大范围内不能达到预定的水质要求，但采取一定的环保措施后可以满足要求。

以下两种情况原则上应做出不能满足地表水环境保护要求的结论：

（1）地表水现状水质已经超标；

（2）污染削减量过大，以至于削减措施在技术、经济上明显不合理。

建设项目在个别情况下虽然不能满足预定的环保要求，但其影响不大而且发生的机会不多，此时应根据具体情况做出分析。

有些情况不宜做出明确的结论，如建设项目恶化了地表水环境的某些方面，同时又改善了其他某些方面。这种情况应说明建设项目对地表水环境的正影响、负影响及其范围、程度和评价者的意见。

需要在评价过程中确定建设项目与地表水环境有关部分的方案比较时，应在小结中确定推荐方案并说明其理由。

4.6 地下水环境影响评价

地下水是指以各种形式埋藏在地壳空隙中的水，包括包气带和饱水带中的水。从潜水层到地面的这层岩土的空隙中，既含水也充满空气，故称为包气带。饱水带则是指地下水面以下，土层或岩层的空隙全部被水充满的地带。饱水带中的地下水是连续分布的，其所含地下水是地下水的主体。

地下水环境影响评价的基本任务包括：识别地下水环境影响，确定地下水环境影响评价工作等级；开展地下水环境现状调查，完成地下水环境现状监测与评价；预测和评价建设项目对地下水水质可能造成的直接影响，提出有针对性的地下水污染防控措施与对策，制定地下水环境影响跟踪监测计划和应急预案。

4.6.1 评价工作程序和评价等级的确定

根据建设项目对地下水环境的影响程度，结合《建设项目环境影响评价分类管理名录》，项目分为四类，详见《环境影响评价技术导则—地下水环境》（HJ 610—2016）中的附录 A。Ⅰ类、Ⅱ类、Ⅲ类建设项目必须开展地下水环境影响评价，Ⅳ类建设项目不开展地下水环境影响评价。

根据建设项目所在地地下水环境保护的要求和地下水环境敏感保护目标的重要性，建设项目的地下水环境敏感程度可分为敏感、较敏感、不敏感三级，分级原则见表 4-5。

表 4-5 地下水环境敏感程度分级

敏感程度	地下水环境敏感特征
敏感	集中式饮用水水源（包括已建成的在用、备用、应急水源，在建和规划的饮用水水源）准保护区；除集中式饮用水水源以外的国家或地方政府设定的与地下水环境相关的其他保护区，如热水、矿泉水、温泉等特殊地下水资源保护区
较敏感	集中式饮用水水源（包括已建成的在用、备用、应急水源，在建和规划的饮用水水源）准保护区以外的补给径流区；未划定准保护区的集中水式饮用水水源，其保护区以外的补给径流区；分散式饮用水水源地；特殊地下水资源（如矿泉水、温泉等）保护区以外的分布区等其他未列入上述敏感分级的环境敏感区①
不敏感	上述地区之外的其他地区

①“环境敏感区”是指《建设项目环境影响评价分类管理名录》中所界定的涉及地下水的环境敏感区。

依据建设项目行业分类和地下水环境敏感程度，可将地下水环境影响评价工作分为一、二、三级。

地下水环境影响评价工作可划分为准备、调查、评价和结论四个阶段。

4.6.2 地下水环境现状调查和评价

地下水环境现状调查与评价工作应遵循资料收集与现场调查相结合、项目所在场地调查与类比考察相结合、现状监测与长期动态资料分析相结合的原则。

地下水环境现状调查与评价工作的深度应满足相应的工作级别要求。当现有资料不能满足要求时，应组织现场监测及环境水文地质勘察与试验。对于地面工程建设项目应监测潜水含水层以及与其有水力联系的含水层，兼顾地表水体，对于地下工程建设项目应监测受其影响的相关含水层。对于一、二级改、扩建建设项目，应展开包气带污染现状调查。

地下水环境现状调查与评价的范围可采用公式计算、查表法和自定义法确定。地下水环境现状调查的内容包括水文地质条件调查和地下水污染源调查。调查的详细内容和要求可参阅《环境影响评价技术导则　地下水环境》（HJ 610—2016）。

地下水环境现状数据的收集主要通过地下水环境现状监测和环境水文地质勘察与试验完成。地下水环境现状监测主要通过对地下水水位、水质的动态监测，了解和查明地下水水流与地下水化学组分的空间分布现状和发展趋势，为地下水环境现状评价和环境影响预测提供基础资料。环境水文地质勘察与试验则是在充分收集已有相关资料和地下水环境现状调查的基础上，针对某些需要进一步查明的环境水文地质问题和为获取预测评价中必要的水文地质参数而进行的工作。调查的监测试验内容和要求可参阅《环境影响评价技术导则　地下水环境》(HJ 610—2016)。

地下水环境现状评价常通过等标负荷法进行污染源整理与分析，对于改、扩建Ⅰ类和Ⅲ类建设项目，还应根据建设项目场地包气带污染调查结果开展包气带水、土污染分析。地下水水质现状评价通常采用标准指数法进行评价，并对环境水文地质问题进行分析。

4.6.3 地下水环境影响预测

考虑到地下水环境污染的复杂性、隐蔽性和难恢复性，地下水环境影响预测应遵循保护优先、预防为主，预测应为评价各方案的环境安全和环境保护措施的合理性提供依据。预测的范围、时段、内容和方法均应根据评价工作等级、工程特征与环境特征，结合当地环境功能和环保要求确定，应预测建设项目对地下水水质产生的直接影响，重点预测对地下水环境保护目标的影响。

建设项目地下水环境影响预测方法包括数学模型法和类比预测法。一级评价应采用数值法；二级评价中水文地质条件复杂时应采用数值法，三级评价可采用解析法或类比分析法。采用数值法预测时，应先进行参数识别和模型验证。常用的地下水评价预测模型可参阅《环境影响评价技术导则　地下水环境》(HJ 610—2016)。

4.6.4 地下水环境影响评价

地下水环境影响评价应以地下水环境现状调查和地下水环境影响预测结果为依据，对建设项目、各实施阶段（建设、生产运行和服务期满后）不同环节及不同污染防控措施下的地下水环境影响进行评价。

地下水保护措施与对策应符合《中华人民共和国水污染防治法》和《中华人民共和国环境影响评价法》的相关规定，按照“源头控制，分区防治，污染防控，应急响应”，突出饮用水安全的原则确定。环保对策措施建议应根据建设项目特点、调查评价区和场地环境水文地质条件，在建设项目可行性研究提出的污染防控对策的基础上，根据环境影响预测和评价结果提出需要增加或完善的地下水环境保护措施和对策。改、扩建项目还应针对现有工程引起的地下水污染问题，提出“以新带老”的对策和措施。地下水环境管理对策应提出合理、可行、操作性强的地下水污染防控的环境管理体系，包括地下水环境跟踪监测方案和定期信息公开等。

4.7 地表水环境影响评价案例

某硫酸厂项目拟选址位于某条大河边上，项目建成投产后排放生产废水为 19.01×10^4t/a，生产废水中污染物主要是 pH 值、SS、氟化物、砷及微量重金属，其中比较敏感的污染物是氟化物和砷。因此，运营期对地表水环境的影响预测主要是预测项目废水正常排放和事故排放时，纳污河段中氟化物和砷的浓度分布。

4.7.1　预测因子

根据工程分析，结合所排废水的特征污染物，确定地表水环境影响的预测因子为氟化物和砷。

4.7.2　源强确定

根据《环境影响评价技术导则》，废水的排放分为正常排放和事故排放两种情况，达标排放即正常排放，事故排放是指当废水处理系统不能运行或完全失去作用，废水直接排放。根据工程分析结果，废水产生和排放源强见表4-6。

表4-6　生产废水的污染源强

排放类型 / 污染物种类	正常排放		事故排放	
	排放浓度/$mg \cdot L^{-1}$	排放源强/$t \cdot a^{-1}$	排放浓度/$mg \cdot L^{-1}$	排放源强/$t \cdot a^{-1}$
氟化物	10	1.90	41.7	7.93
砷	0.5	0.095	17.5	3.33

4.7.3　纳污水体水文条件

纳污河段为一库区范围，考虑枯水期水文条件，库区设计最低水位（33.5m），下泄流量为控制下泄流量（$70m^3/s$）。平均河宽300m。平均水深3m。

4.7.4　预测模式

该库区属于典型狭长湖泊，不存在大面积回流区和死水区且流速较快，停留时间较短，可简化为河流。河流的断面宽深比≥20，属宽浅河道，可以认为水中物质在垂直方向的扩散是瞬间完成的，垂向浓度分布均匀。污水进入水体后会产生一个污染带，对于混合过程段，采用《环境影响评价技术导则　地面水环境》（HJ/T 2.3—1993）推荐的二维稳态混合模式预测计算混合过程段以内的断面平均水质，计算模式如下：

$$l = \frac{(0.4B - 0.6a)Bu}{(0.058H + 0.0065B)(gHI)^{\frac{1}{2}}}$$

根据上述公式计算出混合过程段长度为543m。

氟化物和总砷（均为持久污染物）的预测采用岸边排放时混合过程段采用二维稳态混合模式：

$$c(x,\ y) = c_h + \frac{c_p Q_p}{H(\pi M_y x u)^{\frac{1}{2}}}\left\{\exp\left(-\frac{uy^2}{4M_y x}\right) + \exp\left[-\frac{u(2B-y)^2}{4M_y x}\right]\right\}$$

完全混合段采用完全混合模式：

$$c_0 = \frac{Qc_1 + qc_2}{Q + q}$$

4.7.5　预测结果

对砷和氟化物的预测结果见表4-7~表4-10。

表4-7　砷正常排放预测结果　（单位：mg/L，本底0.012）

Y/m X/m	0	30	60	90	120	150	180	210	240	270	300
0	0.5	0.012	0.012	0.012	0.012	0.012	0.012	0.012	0.012	0.012	0.012
5	0.0179	0.0148	0.0123	0.012	0.012	0.012	0.012	0.012	0.012	0.012	0.012
10	0.0162	0.0149	0.013	0.0122	0.012	0.012	0.012	0.012	0.012	0.012	0.012
50	0.0139	0.0137	0.0134	0.013	0.0126	0.0123	0.0121	0.0121	0.012	0.012	0.012
100	0.0133	0.0133	0.0131	0.0129	0.0127	0.0125	0.0124	0.0122	0.0121	0.0121	0.0121
200	0.0129	0.0129	0.0129	0.0128	0.0127	0.0126	0.0125	0.0124	0.0124	0.0123	0.0123
500	0.0121	0.0121	0.0121	0.0121	0.0121	0.0121	0.0121	0.0121	0.0121	0.0121	0.0121
800	0.0121	0.0121	0.0121	0.0121	0.0121	0.0121	0.0121	0.0121	0.0121	0.0121	0.0121
1000	0.0121	0.0121	0.0121	0.0121	0.0121	0.0121	0.0121	0.0121	0.0121	0.0121	0.0121
1400	0.0121	0.0121	0.0121	0.0121	0.0121	0.0121	0.0121	0.0121	0.0121	0.0121	0.0121
1800	0.0121	0.0121	0.0121	0.0121	0.0121	0.0121	0.0121	0.0121	0.0121	0.0121	0.0121
2200	0.0121	0.0121	0.0121	0.0121	0.0121	0.0121	0.0121	0.0121	0.0121	0.0121	0.0121
2600	0.0121	0.0121	0.0121	0.0121	0.0121	0.0121	0.0121	0.0121	0.0121	0.0121	0.0121
3000	0.0121	0.0121	0.0121	0.0121	0.0121	0.0121	0.0121	0.0121	0.0121	0.0121	0.0121

表4-8　砷事故排放预测结果　（单位：mg/L，本底0.012）

Y/m X/m	0	30	60	90	120	150	180	210	240	270	300
0	17.5	0.012	0.012	0.012	0.012	0.012	0.012	0.012	0.012	0.012	0.012
5	0.2184	0.1111	0.023	0.0123	0.012	0.012	0.012	0.012	0.012	0.012	0.012
10	0.1579	0.1131	0.0456	0.0174	0.0124	0.012	0.012	0.012	0.012	0.012	0.012
50	0.0773	0.0727	0.0607	0.0457	0.0322	0.0224	0.0167	0.0138	0.0126	0.0122	0.0121
100	0.0582	0.0565	0.0519	0.0452	0.0377	0.0305	0.0244	0.0197	0.0166	0.0149	0.0144
200	0.0447	0.0441	0.0424	0.0398	0.0366	0.0332	0.0298	0.0268	0.0244	0.0229	0.0224
500	0.0337	0.0339	0.034	0.0338	0.0335	0.0331	0.0327	0.0324	0.0321	0.0319	0.0318
800	0.0137	0.0137	0.0137	0.0137	0.0137	0.0137	0.0137	0.0137	0.0137	0.0137	0.0137
1000	0.0137	0.0137	0.0137	0.0137	0.0137	0.0137	0.0137	0.0137	0.0137	0.0137	0.0137
1400	0.0137	0.0137	0.0137	0.0137	0.0137	0.0137	0.0137	0.0137	0.0137	0.0137	0.0137
1800	0.0137	0.0137	0.0137	0.0137	0.0137	0.0137	0.0137	0.0137	0.0137	0.0137	0.0137
2200	0.0137	0.0137	0.0137	0.0137	0.0137	0.0137	0.0137	0.0137	0.0137	0.0137	0.0137
2600	0.0137	0.0137	0.0137	0.0137	0.0137	0.0137	0.0137	0.0137	0.0137	0.0137	0.0137
3000	0.0137	0.0137	0.0137	0.0137	0.0137	0.0137	0.0137	0.0137	0.0137	0.0137	0.0137

表 4-9 氟化物正常排放预测结果 （单位：mg/L，本底 0.235）

X/m \ Y/m	0	30	60	90	120	150	180	210	240	270	300
0	10	0.235	0.235	0.235	0.235	0.235	0.235	0.235	0.235	0.235	0.235
5	0.3529	0.2916	0.2413	0.2352	0.235	0.235	0.235	0.235	0.235	0.235	0.235
10	0.3184	0.2928	0.2542	0.2381	0.2352	0.235	0.235	0.235	0.235	0.235	0.235
50	0.2723	0.2697	0.2628	0.2543	0.2465	0.241	0.2377	0.236	0.2353	0.2351	0.235
100	0.2614	0.2604	0.2578	0.254	0.2497	0.2455	0.2421	0.2394	0.2377	0.2367	0.2363
200	0.2537	0.2533	0.2524	0.2509	0.2491	0.2471	0.2451	0.2434	0.2421	0.2412	0.241
500	0.2474	0.2475	0.2475	0.2475	0.2473	0.2471	0.2469	0.2466	0.2465	0.2464	0.2463
800	0.2359	0.2359	0.2359	0.2359	0.2359	0.2359	0.2359	0.2359	0.2359	0.2359	0.2359
1000	0.2359	0.2359	0.2359	0.2359	0.2359	0.2359	0.2359	0.2359	0.2359	0.2359	0.2359
1400	0.2359	0.2359	0.2359	0.2359	0.2359	0.2359	0.2359	0.2359	0.2359	0.2359	0.2359
1800	0.2359	0.2359	0.2359	0.2359	0.2359	0.2359	0.2359	0.2359	0.2359	0.2359	0.2359
2200	0.2359	0.2359	0.2359	0.2359	0.2359	0.2359	0.2359	0.2359	0.2359	0.2359	0.2359
2600	0.2359	0.2359	0.2359	0.2359	0.2359	0.2359	0.2359	0.2359	0.2359	0.2359	0.2359
3000	0.2359	0.2359	0.2359	0.2359	0.2359	0.2359	0.2359	0.2359	0.2359	0.2359	0.2359

表 4-10 氟化物事故排放预测结果 （单位：mg/L，本底 0.235）

X/m \ Y/m	0	30	60	90	120	150	180	210	240	270	300
0	41.7	0.235	0.235	0.235	0.235	0.235	0.235	0.235	0.235	0.235	0.235
5	0.7268	0.4711	0.2611	0.2357	0.235	0.235	0.235	0.235	0.235	0.235	0.235
10	0.5828	0.476	0.3152	0.2478	0.236	0.235	0.235	0.235	0.235	0.235	0.235
50	0.3905	0.3795	0.351	0.3154	0.2831	0.2598	0.2461	0.2393	0.2364	0.2354	0.2352
100	0.345	0.341	0.33	0.3141	0.2962	0.279	0.2644	0.2534	0.2461	0.2419	0.2406
200	0.3128	0.3115	0.3075	0.3013	0.2937	0.2854	0.2773	0.2702	0.2646	0.2611	0.2598
500	0.2868	0.2873	0.2873	0.2869	0.2863	0.2854	0.2844	0.2836	0.2829	0.2824	0.2822
800	0.239	0.239	0.239	0.239	0.239	0.239	0.239	0.239	0.239	0.239	0.239
1000	0.239	0.239	0.239	0.239	0.239	0.239	0.239	0.239	0.239	0.239	0.239
1400	0.239	0.239	0.239	0.239	0.239	0.239	0.239	0.239	0.239	0.239	0.239
1800	0.239	0.239	0.239	0.239	0.239	0.239	0.239	0.239	0.239	0.239	0.239
2200	0.239	0.239	0.239	0.239	0.239	0.239	0.239	0.239	0.239	0.239	0.239
2600	0.239	0.239	0.239	0.239	0.239	0.239	0.239	0.239	0.239	0.239	0.239
3000	0.239	0.239	0.239	0.239	0.239	0.239	0.239	0.239	0.239	0.239	0.239

4.7.6 预测结果分析评价

4.7.6.1 废水正常排放时的影响

废水处理达标排放时，砷在纳污河段中的最高浓度为 0.5mg/L，造成下游河段约 0.03m^2 的水域超标，超标河段长 0.12m；完全混合后的浓度是 0.0121mg/L，增量为 0.001mg/L。氟化物在纳污河段中的最高浓度是 10mg/L（排放口），造成约 0.02m^2 的水域面积超标，超标河段长 0.11m；完全混合后的浓度是 0.2359mg/L，增量是 0.0009mg/L。废水正常排放时，对纳污河段的影响很小。

4.7.6.2 废水事故排放时的影响

废水未处理直接排放时，砷在纳污河段中的最高浓度为 17.5mg/L（排放口），造成下游 150m 河段超标；完全混合后的浓度是 0.0137g/L，增量是 0.0017mg/L，没有超过水质标准。混合距离长度为 600m，对这一段水域有一定的影响。氟化物在纳污河段中的最高浓度是 41.7mg/L（排放口），造成下游 4.5m 河段超标；完全混合后的浓度是 0.239mg/L，增量是 0.004mg/L。可见废水事故排放时将给纳污河段带来一定程度的污染，应尽量减少这种情况出现。

由上述可见，废水正常排放时，除了会造成排放口附近极小区域的污染以外，不会对纳污河段造成实质性影响。在项目排水口下游约 4000m 处有一个饮用水取水口，供 15000 人的生活用水。根据预测结果废水事故排放时取水口位置的砷和氟化物浓度分别小于 0.0137mg/L 和 0.239mg/L，均未超过标准值。废水处理达标排放时，取水口位置的砷和氟化物浓度分别小于 0.0121mg/L 和 0.2359mg/L，对饮用水源的影响不大。

思 考 题

4-1 地表水环境评价等级划分的依据有哪些？

4-2 一拟建设项目，污水排放量为 5800m^3/d，经类比调查知，污水中含有 COD、BOD、Cd、Hg，pH 为酸性，受纳水体为一河流，多年平均流量为 90m^3/s，水质要求为Ⅳ类，此环评应按几级进行评价？

4-3 某水域经 5 次监测溶解氧的浓度分别为 5.6mg/L、6.1mg/L、4.5mg/L、4.8mg/L 和 5.8mg/L，用内梅罗法计算溶解氧的统计浓度值是多少？

4-4 某水域经过几次监测 COD 的浓度分别为 16.9mg/L、19.8mg/L、17.9mg/L、21.5mg/L 和 14.2mg/L，用内梅罗法计算 COD 的统计浓度值是多少？

4-5 气温为 23℃时，某河段溶解氧浓度为 6.5mg/L，已知该河段属于Ⅲ类水体，如采用单项指数法评价，求其指数。(根据 GB 3838—2002，Ⅲ类水体溶解氧标准为≥5.0mg/L)

4-6 两条河流水样 pH 值为 10 和 6.5，如采用单项指数法评价，其指数为多少？

4-7 某建设项目 COD 的排放浓度为 30mg/L，排放量为 36000m^3/h，排入地表水的 COD 执行 20mg/L，地表水上游 COD 的浓度是 18mg/L，其上游来水流量 50m^3/s，则其 ISE 是多少？

4-8 什么是水体自净？污染物进入河流后的迁移、转化和衰减机理有哪些？水体自净的主要特征有哪些？

4-9 河边拟建一工厂，排放含氯化物废水，流量 2.83m^3/s，含盐量 1300mg/L；该河流平均流速 0.46m/s，平均河宽 13.7m，平均水深 0.61m，含氯化物浓度 100mg/L。如该厂废水排入河中能与河水迅速混合，问河水氯化物是否超标（设地方标准为200mg/L）？

4-10　一河段K断面有一岸边污水排放口稳定地向河流排放污水，污水排放流量为19440m^3/d，BOD_5浓度为81.4mg/L，河水流量为6.0m^3/s，流速为0.1m/s，BOD_5浓度为6.16mg/L，一级降解动力学常数K_1为0.3d^{-1}，如果忽略污染物质在混合过程段内的降解和沿程河流水量的变化，在距完全混合断面10km的下游某段处，河流中BOD_5浓度是多少？

4-11　某河流断面处有一岸边污水排放口稳定地向河流排放污水，河流宽度为50.0m，平均深度1.2m，流速为0.1m/s，河底坡度为9‰，试计算混合过程污染带长度。

4-12　有一条比较浅而窄的河流，有一段长1km的河段，稳定排放含酚废水1.0m^3/s，酚浓度为200mg/L，河水流量为9m^3/s，上游河水中酚未检出，河水的平均流速为40km/d，酚的衰减速率系数为0.21d^{-1}，求河段出口处酚的浓度是多少？

4-13　一个改扩建工程拟向河流稳定排放废水，废水量为0.15m^3/s，苯酚浓度为25μg/L，河流流量为5.5m^3/s，流速0.3m/s，苯酚背景浓度为0.4μg/L，苯酚的降解系数为0.2d^{-1}。假设废水进入河流后立即与河水完全均匀混合，纵向弥散系数可以忽略不计，试求排放点下游10km处的苯酚浓度。

4-14　某河段流量$2.06\times10^6\ m^3/d$，流速46km/d，水温13.6℃，$K_1=0.94d^{-1}$，$K_2=1.82d^{-1}$，$K_3=-0.17d^{-1}$，河段排放废水量为$10^5\ m^3/d$，BOD_5为500mg/L，溶解氧为0mg/L；上游河水BOD_5为0mg/L，溶解氧为8.95mg/L。求该河段排污口下游6km处河水的BOD_5和氧亏值。

4-15　在一水库附近拟建一个工厂，投产后向水库排放废水1500m^3/d，水库设计库容为$8.5\times10^6 m^3$，入库地表径流为$8\times10^4 m^3/d$，当地政府规定该水库为Ⅱ类水体，Ⅱ类水体$BOD_5\leqslant3.0$mg/L。水库现状BOD_5为1.2mg/L，耗氧系数$k=0.02d^{-1}$。请计算该拟建工厂容许排放的BOD_5量。如果该工厂产出的废水中BOD_5为300mg/L，处理率应达到多少才能排放？应采取什么处理措施？

4-16　一条河流为Ⅲ类水体，Ⅲ类水体$COD_{Cr}\leqslant20$mg/L，COD_{Cr}基线浓度为10mg/L。一个拟建项目排放废水后，将使COD_{Cr}提高到13mg/L。当地的发展规划规定还将有两个拟建项目在附近兴建。按照水环境规划该河段自净能力允许利用率为0.6，当地环保部门是否应批准该拟建项目的废水排放，为什么？

4-17　常用的消减拟建项目对地表水污染的措施有哪些？

4-18　根据建设项目对地下水环境影响的特征，建设项目可分为哪四类？

5 大气环境影响评价

[内容摘要]　本章主要介绍建设项目大气环境影响评价的工作程序、评价等级和范围，大气环境现状调查，重点介绍不同评价工作等级的大气环境影响评价现状调查范围、方法、内容及环境影响预测模式和预测参数的选择和计算。并结合实例阐述大气环境影响评价的具体方法。

5.1　大气环境评价工作程序

大气环境影响评价的整个过程可分为三个阶段。

第一阶段：主要工作包括研究有关文件、环境空气质量现状调查、初步工程分析、环境空气敏感区调查、评价因子筛选、评价标准确定、气象特征调查、地形特征调查、编制工作方案、确定评价工作等级和评价范围等。

第二阶段：主要工作包括污染源的调查与核实、环境空气质量现状监测、气象观测资料调查与分析、地形数据收集和大气环境影响预测与评价等。

第三阶段：主要工作包括给出大气环境影响评价结论与建议、完成环境影响评价文件的编写等。

这三个阶段是相互联系的，目的是提供一份满足预防性环境保护要求的环境影响报告书。其评价程序如图 5-1 所示。

5.2　大气环境评价等级及评价范围的确定

5.2.1　评价等级的确定

按大气环境影响评价导则的要求识别大气环境影响因素，并筛选出大气环境影响评价因子。大气环境评价因子主要为项目排放的常规污染物及特征污染物，然后进行评价标准的确定，确定各评价因子所执行的环境保护标准，并说明采用标准的依据。

选择推荐模式中的估算模式对项目的大气环境评价工作进行分级。结合项目的初步工程分析结果，选择正常排放的主要污染物及排放参数，采用估算模式计算各污染物的最大影响程度和最远影响范围，然后按评价工作分级判据进行分级。

根据项目的初步工程分析结果，选择 1~3 种主要污染物，分别计算每一种污染物的最大地面浓度占标率 P_i（第 i 个污染物），及第 i 个污染物的地面浓度达标准限值 10%时

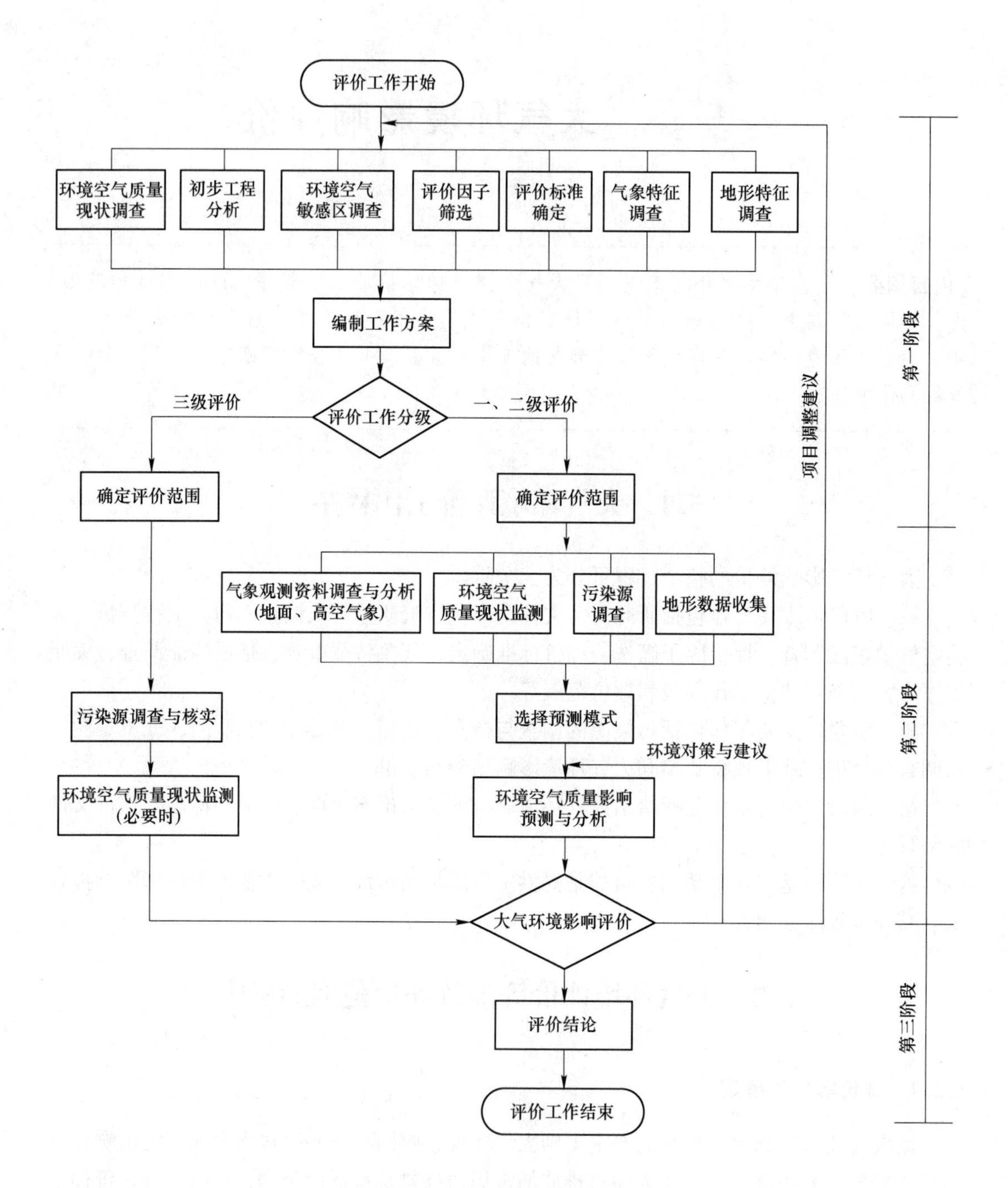

图 5-1 大气环境影响评价程序

所对应的最远距离 $D_{10\%}$。其中 P_i定义为：

$$P_i = \frac{C_i}{C_{0i}} \times 100\% \tag{5-1}$$

式中 P_i——第 i 个污染物的最大地面浓度占标率，%；

C_i——采用估算模式计算出的第 i 个污染物的最大地面浓度，mg/m^3；

C_{0i}——第 i 个污染物的环境空气质量标准，mg/m^3。

C_{0i}一般选用《环境空气质量标准》中 1 小时平均取样时间的二级标准的浓度限值；对于没有小时浓度限值的污染物，可取日平均浓度限值的三倍值；对该标准中未包含的污染物，可参照《工业企业设计卫生标准》中的居住区大气中有害物质的最高容许浓度的一次浓度限值。如已有地方标准，应选用地方标准中的相应值。对某些上述标准中都未包含的污染物，可参照国外有关标准选用，但应作出说明，报环保主管部门批准后执行。

大气评价工作等级按表 5-1 的分级判据进行划分。最大地面浓度占标率 P_i 按公式 (5-1) 计算，如污染物数 i 值大于 1，取 P 值中最大者（P_{max}），和其对应的 $D_{10\%}$。

表 5-1 评价工作等级划分

评价工作等级	评价工作分级判据
一级	$P_{max} \geq 80\%$，且 $D_{10\%} \geq 5km$
二级	其他
三级	$P_{max} < 10\%$ 或 $D_{10\%}$ <污染源距厂界最近距离

此外，评价工作等级的确定还应符合以下规定：

（1）同一项目有多个（两个以上，含两个）污染源排放同一种污染物时，则按各污染源分别确定其评价等级，并取评价级别最高者作为项目的评价等级。

（2）对于高耗能行业的多源（两个以上，含两个）项目，评价等级应不低于二级。

（3）对于建成后全厂的主要污染物排放总量都有明显减少的改、扩建项目，评价等级可低于一级。

（4）如果评价范围内包含一类环境空气质量功能区、或者评价范围内主要评价因子的环境质量已接近或超过环境质量标准、或者项目排放的污染物对人体健康或生态环境有严重危害的特殊项目，评价等级一般不低于二级。

（5）对于公路、铁路等项目，应分别按项目沿线主要集中式排放源（如服务区、车站等大气污染源）排放的污染物计算其评价等级。

（6）对于以城市快速路、主干路等城市道路为主的新建、扩建项目，应考虑交通线源对道路两侧的环境保护目标的影响，评价等级应不低于二级。

（7）一、二级评价应选择本导则推荐模式清单中的进一步预测模式进行大气环境影响预测工作，三级评价可不进行大气环境影响预测工作，直接以估算模式的计算结果作为预测与分析依据。

（8）确定评价工作等级的同时应说明估算模式计算参数和选项。

5.2.2 评价范围的确定

根据项目排放污染物的最远影响范围确定项目的大气环境影响评价范围。即以排放源为中心点，以 $D_{10\%}$ 为半径的圆或 $2\times D_{10\%}$ 为边长的矩形作为大气环境影响评价范围；当最远距离超过 25km 时，确定评价范围为半径 25km 的圆形区域，或边长 50km 矩形区域。

此外，评价范围的直径或边长一般不应小于 5km。对于以线源为主的城市道路等项目，评价范围可设定为线源中心两侧各200m的范围。

调查评价范围内所有环境空气敏感区，在图中标注，并列表给出环境空气敏感区内主要保护对象的名称、大气环境功能区划级别、与项目的相对距离、方位以及受保护对象的范围和数量。

5.3 大气环境现状调查

5.3.1 污染源调查与分析

环境调查是了解环境污染的历史和现状，预测环境污染的发展趋势的前提，是环境评价工作的基础。通过污染源调查，可以掌握污染源的类型、数量及其分布，掌握各类污染源排放的污染物种类、数量及其随时间的变化情况。通过污染源评价，可以确定一个区域内的主要污染物和主要污染源，然后提出具体可行的污染控制和治理方案，为政府决策提供技术依据。

5.3.1.1 大气污染源调查与分析对象

对于一、二级评价项目，应调查分析项目的所有污染源（对于改、扩建项目应包括新、老污染源）、评价范围内与项目排放污染物有关的其他在建项目、已批复环境影响评价文件的未建项目等污染源。如有区域替代方案，还应调查评价范围内所有的拟替代的污染源。对于三级评价项目可只调查分析项目污染源。

5.3.1.2 污染源调查与分析方法

对于新建项目可通过类比调查、物料衡算或设计资料确定；对于评价范围内的在建和未建项目的污染源调查，可使用已批准的环境影响报告书中的资料；对于现有项目和改、扩建项目的现状污染源调查，可利用已有有效数据或进行实测；对于分期实施的工程项目，可利用前期工程最近5年内的验收监测资料、年度例行监测资料或进行实测。评价范围内拟替代的污染源调查方法可参考项目污染源的调查方法。

5.3.1.3 污染源调查内容

建设项目污染源调查包括污染流程、排放量、排放方式等，对于毒性较大的污染物还应估算其非正常排放量或事故排放量。

污染流程图一般按生产工艺流程或按分厂、车间分别绘制，并按分厂或车间逐一统计各有组织排放源和无组织排放源的主要污染物排放量。

污染排放方式是指点源排放、面源排放，还是线源排放。所谓点源、面源、线源并非严格的几何概念，高的、独立的烟囱一般作点源处理；无组织排放源及数量多、源高不高、源强不大的排气筒一般作面源处理；繁忙的公路、铁路、机场跑道一般作线源处理；对于厂区某些属于线源性质的排放源可并入附近的面源，按面源排放统计。

A 一级评价项目污染源调查内容

a 污染源排污概况调查

在满负荷排放下，按分厂或车间逐一统计各有组织排放源和无组织排放源的主要污染物排放量；对改、扩建项目应给出：现有工程排放量、扩建工程排放量，以及现有工程经改造后的污染物预测削减量，并按上述三个量计算最终排放量；对于毒性较大的污染物还应估计其非正常排放量；对于周期性排放的污染源，还应给出周期性排放系数。

b 点源调查内容

(1) 排气筒底部中心坐标，以及排气筒底部的海拔高度，m；

(2) 排气筒几何高度以及排气筒出口内径，m；

(3) 烟气出口速度，m/s；

(4) 排气筒出口处烟气温度，K；

(5) 各主要污染物正常排放量，g/s 以及排放工况、年排放小时数，h；

(6) 毒性较大物质的非正常排放量，g/s 以及排放工况、年排放小时数，h；

(7) 点源（包括正常排放和非正常排放）参数调查清单。

c 面源调查内容

(1) 面源起始点坐标以及面源所在位置的海拔高度，m；

(2) 面源初始排放高度，m；

(3) 各主要污染物正常排放量，$g/(s \cdot m^2)$ 以及排放工况，年排放小时数，h；

(4) 矩形面源：初始点坐标、面源的长度，m、面源的宽度，m 以及与正北方向逆时针的夹角；

(5) 多边形面源：多边形面源的顶点数或边数（3~20）以及各顶点坐标；

(6) 近圆形面源：中心点坐标，近圆形半径，m 以及近圆形顶点数或边数。

d 体源调查内容

(1) 体源中心点坐标以及体源所在位置的海拔高度，m；

(2) 体源高度，m；

(3) 体源排放速率，g/s 以及排放工况、年排放小时数，h；

(4) 体源的边长（把体源划分为多个正方形的边长），m；

(5) 初始横向扩散参数，以及初始垂直扩散参数，m。

e 线源调查内容

(1) 线源几何尺寸（分段坐标）、线源距地面高度、道路宽度以及街道街谷高度，m；

(2) 各种车型的污染物排放速率，$g/(km \cdot s)$；

(3) 平均车速，km/h、各时段车流量，辆/h 以及车型比例。

f 其他需调查的内容

建筑物下洗参数：考虑到由于周围建筑物引起的空气扰动而导致地面局部高浓度的现象时，需调查建筑物下洗参数。建筑物下洗参数应根据所选预测模式的需要，按相应要求内容进行调查。

颗粒物的粒径分布：颗粒物粒径分级（最多不超过 20 级）、颗粒物的分级粒径，μm、各级颗粒物的质量密度，g/cm^3 以及各级颗粒物所占的质量比。

B 二级评价项目污染源调查内容

二级评价项目污染源调查内容参照一级评价项目执行，可适当从简。

C 三级评价项目污染源调查内容

三级评价项目可只调查污染源排污概况，并对估算模式中的污染源参数进行核实。

5.3.2 环境空气质量现状监测

大气质量现状监测除为预测和评价提供背景数据外，其监测结果还可用于以下两个方面：

(1) 结合同步观测的气象资料和污染源资料验证或调整某些预测模式，获得可信的环境参数，一般而言模式的建立并非难事，难在参数的确定上；

(2) 为该地区例行监测点的优化布局提供依据，监测范围主要限于评价区内，需要监测的项目可根据大气污染源调查中筛选的主要污染因子，同时考虑评价区污染现状确定。

应首先选用国家环境主管部门发布的标准监测方法。对尚未制定环境标准的非常规大气污染物，应尽可能参考 ISO 等国际组织和国内外相应的监测方法，在环评文件中详细列出监测方法、适用性及其引用依据，并报请环保主管部门批准。监测方法的选择，应满足项目的监测目的，并注意其适用范围、检出限、有效检测范围等监测要求。

大气环境质量监测的项目包括：TSP、PM_{10}、SO_2、NO_x、CO 和光化学氧化剂等。由于大气环境污染物的时空变化规律和气象条件密切相关，因此，在进行大气环境质量监测时应同步进行气象观测。

5.3.2.1 监测范围

监测区域范围与大气评价范围相同。为了查清对照（背景点）的浓度，往往需要在评价区外选择拟建项目主导风向的上风侧（不受当地工业的废气污染）的地点进行监测。对于评价区附近的名胜古迹、游览区等特定保护对象，可以根据特殊要求设置专门监测点。

5.3.2.2 监测布点

A 监测点设置数量

监测点设置的数量应根据拟建项目的规模和性质，综合考虑当地的自然环境条件、区域大气污染状况和发展趋势、功能布局和敏感点的分布，结合地形、污染气象等自然因素综合优化选择确定。对于一级评价项目，监测点不应少于 10 个；二级评价项目监测点数不应少于 6 个；三级评价项目，如果评价区内已有例行监测点可不安排监测，否则可布置 2~4 个点进行监测。

B 监测点位置的设置原则

监测点的位置应具有较好的代表性，设点的测量值应能反映一定地区范围的气象要素以及大气环境污染水平和规律。

监测点的布设，应尽量全面、客观、真实反映评价范围内的环境空气质量。依项目评价等级和污染源布局的不同，按照以下原则进行监测布点，各级评价项目现状监测布点原则汇总见表 5-2。

设点时应从总体上把握大气流场的特征与规律，不论是近距离输送还是中远程输送，大气流场都是首要因素，同时适当考虑自然地理环境、交通和工作条件，使测点尽可能分布比较科学合理而兼顾均匀，同时又便于有效秩序工作。

C 监测点位置的布设方法

主要思路与原则是正确把握大气流场及充分反映其运动规律与主要特征参数，具体的

表 5-2　现状监测布点原则

评价等级	一级评价	二级评价	三级评价
监测点数	≥10	≥6	2~4
布点方法	极坐标布点法	极坐标布点法	极坐标布点法
布点方位	在约 0°、45°、90°、135°、180°、225°、270°、315° 等方向布点，并且在下风向加密，也可根据局地地形条件、风频分布特征以及环境功能区、环境空气保护目标所在方位做适当调整。	至少在约 0°、90°、180°、270°等方向布点，并且在下风向加密，也可根据局地地形条件、风频分布特征以及环境功能区、环境空气保护目标所在方位做适当调整。	至少在约 0°、180° 等方向布点，并且在下风向加密，也可根据局地地形条件、风频分布特征以及环境功能区、环境空气保护目标所在方位做适当调整。

监测点位置的布设方法大致有以下 5 种。

a　网格布点法

这种布点法，适用于待监测的污染源分布非常分散（面源为主）的情况。具体布点方法是：把监测区域网格化，根据人力、设备等条件确定布点密度。条件允许，可以在每个网格中心设一个监测点。否则，可适当降低布点的空间密度。该方法监测结果代表性强，但监测分析的工作量大。在区域环评中常应用网格布点法。

b　极坐标布点法

该布点法适用于孤立源及其所在地区风向多变的情况。布点方法是：以排放源为圆心，画出 16 个或 8 个方位的射线和若干个不同半径的同心圆。同心圆圆周与射线的交点即为监测点。在实际工作中，根据客观条件需要，往往是在主导风的下风方位布点密些，其他方位疏些。确定同心圆半径的原则是：在预计的高浓度区及高浓度与低浓度交接区应密些，其他地区疏些。

c　扇形布点法

该布点法适用于评价区域内风向变化不大的情况。其方法步骤如下：沿主导风向轴线从污染源向两侧分别扩出 45°、22.5°或更小的夹角（视风向脉动情况而定）的射线。两条射线构成的扇形区即是监测布点区。再在扇形区内作出若干条射线和若干个同心圆弧，圆弧与射线的交点即为待定的监测点。在实际环评工作中，因监测时间较短，风向和风速等气象条件变化大，故代表性较差。

d　配对布点法

该布点法适用于线源。例如，对公路和铁路建设工程进行环境影响评价时，在行车道的下风侧，离车道外沿 0.5~1m 处设一个监测点，同时在该点外沿 100m 处再设一个监测点。根据道路布局和车流量分布，选择典型路段，用配对法设置监测点。

e　功能分区布点法

该方法适用于了解污染物对不同功能区的影响。通常的做法是按工业区、居民稠密区、交通频繁区、清洁区等分别设若干个监测点。在环境空气质量的例行监测和区域环境质量现状评价中，常用这种方法。

此外，通常应在关心点、敏感点（如居民集中区、风景区、文物点、医院、院校等）以及下风向距离最近的村庄布设监测点。在上风向（即最小风向）适当位置往往还需要设置对照点。

5.3.2.3 监测时间和采样频率

监测时间和频率的确定，主要考虑当地的气象条件和人们的生活和工作规律。中国大部分地区处于季风气候区，冬、夏季风有明显不同的特征，由于日照和风速的变化，边界层温度层结也有较大的差别。在北方地区，冬季采暖的能耗量大，逆温现象的频率高，扩散条件差，大气污染比较严重。而在夏季，气象条件对扩散有利，又是作物的主要生长季节。所以《环境影响评价技术导则 大气环境》规定：一级评价项目应进行二期（冬季、夏季）监测；二级评价项目可取一期不利季节进行监测，必要时应作二期监测；三级评价项目必要时可作一期监测。

由于气候存在着周期性的变化，每个小周期平均为 7 天左右。在一天之中，风向、风速、大气稳定度都存在着时间变化，同时人们的生产和生活活动也有一定的规律，生物的生长都有明显的时令、节气与物候，景观生态呈现周期和时律变化。为了使监测数据具有代表性，所以《环境影响评价技术导则 大气环境》规定：监测时应使用空气自动监测设备，在不具备自动连续监测条件时，1 小时浓度监测值应遵循下列原则：一级评价项目每天监测时段，应至少获取当地时间 02、05、08、11、14、17、20 及 23 时 8 个小时浓度值，二级和三级评价项目每天监测时段，至少获取当地时间 02、08、14 及 20 时 4 个小时浓度值。日平均浓度监测值应符合《环境空气质量标准》对数据的有效性规定。

现状监测应同步收集项目位置附近有代表性、且与各环境空气质量现状监测时间相对应的常规地面气象观测资料。常规气象观测资料包括常规地面气象观测资料和常规高空气象探测资料。气象观测资料的调查要求与项目的评价等级有关，还与评价范围内地形复杂程度、水平流场是否均匀一致、污染物排放是否连续稳定有关。

对于各级评价项目，均应调查评价范围 20 年以上的主要气候统计资料。包括年平均风速和风向玫瑰图，最大风速与月平均风速，年平均气温，极端气温与月平均气温，年平均相对湿度，年均降水量，降水量极值，日照等。对于一、二级评价项目，还应调查逐日、逐次的常规气象观测资料及其他气象观测资料。

5.3.2.4 采样及分析方法

环境空气监测中的采样点、采样环境、采样高度及采样频率的要求，按相关环境监测技术规范执行。

采样方法按《采样技术规范》进行，有单独采样和集中采样两种方法。对气态污染物的长时间采样必须采用集中采样方法；而 SO_2、NO_2、O_3、CO 在进行小时浓度采样时采用单独采样方法；氟化物的日均浓度和小时平均浓度、颗粒物、铅、苯并芘的采样采用单独采样方法。其采样方法、采样装置等详见《采样技术规范》。

样品的分析方法按照《环境空气质量标准》所规定的分析方法进行。该标准中未规定的监测分析项目，按《环境检测分析方法》进行。

5.3.3 环境空气质量现状调查与评价

5.3.3.1 评价的目的

评价的主要目的是通过分析比较，确定主要污染物和主要污染源，为污染治理和区域治理规划提供依据。各种污染物具有不同的特性和环境效应，要对污染源和污染物作综合评价，必须考虑到排污量与污染物危害性两方面的因素。为了便于分析比较，需要把这两个因素综合到一起，形成一个可把各种污染物或污染源进行比较的（量纲统一的）指标。其主要目的就是使各种不同的污染物和污染源能够相互比较，以确定其对环境影响大小的顺序。现状评价是现状调查的继续和深入，是该项综合工作中的一个主要组成部分。

5.3.3.2 评价项目和评价标准

原则上要求各地区污染源排放出来的大多数种类的污染物都纳入评价范围。但考虑到区域环境中污染源和污染物数量大、种类多，都进行评价目前困难较大。因此，在评价项目选择时，应保证本区域引起污染的主要污染源和污染物纳入评价范围。

为了消除不同污染源和污染物，因毒性和计量单位的不统一，评价标准的选择就成为衡量污染源评价结果合理性、科学性的关键问题之一。在选择标准进行标准化处理时，一要考虑所选标准制定的合理性，二要考虑到各标准能否反映出污染源在区域环境中可能造成的危害的各主要方面，同时还要使应选的标准至少包括本区域所有污染物的80%以上。

为了使各地区的污染源能相互之间比较，这就需要有一个全国范围的统一标准。国家环保总局污染源调查领导小组在《工业污染源调查技术要求及建档技术规定》中根据全国的具体情况制定了污染源评价标准。严格来说，各地在污染源评价时，都应执行这一标准。但是近年来，在环境影响评价的污染源调查和评价中常采用对应的环境质量标准或排放标准作为污染源评价标准。

5.3.3.3 评价方法

污染源评价方法很多，目前多采用等标污染负荷法和大气污染源特征指数法对大气污染物进行评价。

A 等标污染负荷法

（1）污染物的等标污染负荷

$$P_i = \frac{Q_i}{C_{0i}} \times 10^9 \tag{5-2}$$

式中 P_i——第 i 种污染物的等标污染负荷，t/h；

Q_i——第 i 种污染物的单位时间排放量，t/h；

C_{0i}——第 i 种污染物的环境空气质量标准，mg/m^3。

（2）工厂污染物等标污染负荷。某工厂污染物等标污染负荷等于该工厂所排放的各种污染物的等标污染负荷之和。

$$P_n = \sum_{i=1}^{n} P_i \tag{5-3}$$

（3）地区的等标污染负荷

$$P_{\mathrm{m}} = \sum P_n \tag{5-4}$$

（4）污染物占工厂的等标污染负荷比

$$K_i = \frac{P_i}{\sum P_i} \tag{5-5}$$

（5）污染源占区域的等标污染负荷比

$$K_n = \frac{P_n}{\sum P_n} \tag{5-6}$$

主要污染物的确定：按调查区域内污染物等标污染负荷比由大到小排列，然后由大到小计算累计污染负荷比，累计污染负荷比等于80%左右所包含的污染物被确定为该区域的主要污染物。

主要污染源的确定：按调查区域内污染源等标污染负荷比由大到小排列，然后由大到小计算累计污染负荷比，累计污染负荷比等于80%左右所包含的污染源被确定为该区域的主要污染源。

注意事项：采用等标污染负荷法处理容易造成一些毒性大、流量小，在环境中易于积累的污染物排不到主要污染物中去，然而对这些污染物的排放控制又是必要的。所以通过计算后，还应做全面的考虑和分析，最后定出主要污染物和主要污染源。

B 大气污染源特征指数法

大气污染源特征指数计算公式为

$$P_i = \frac{Q_i}{C_{0i}H^2} \tag{5-7}$$

式中 P_i——大气污染源特征指数；

Q_i——污染物 i 的质量排放量，mg/s；

C_{0i}——污染物 i 的环境空气质量标准，mg/m^3；

H——排气筒高度，m。

大气污染源特征指数是扩大了 $2\pi e\delta_y/\delta_z$ 倍的地面绝对最大浓度的近似值与大气环境质量标准比值。该指数考虑了排气筒的高度，比等标污染负荷比能更好地反映污染源对地面浓度的贡献。

5.4 大气环境影响预测

大气环境影响预测用于判断项目建成后对评价范围大气环境影响的程度和范围。常用的大气环境影响预测方法是通过建立数学模型来模拟各种气象条件、地形条件下的污染物在大气中输送、扩散、转化和清除等物理、化学机制。预测工作要有一定的深度，并且应具有较高的科学性，所选择的方法应能准确、定量地说明对环境影响的范围和程度。不但要预测污染物的贡献值，还要预测叠加值，绘制污染影响预测分布图。在基础数据正确的情况下，预测结果的准确与否，主要取决于扩散模式和扩散参数的合理选择和应用。

5.4.1 大气环境影响预测模型

大气环境影响预测的步骤一般为：

（1）确定预测因子；

（2）确定预测范围；

（3）确定计算点；

（4）确定污染源计算清单；

（5）确定气象条件；

（6）确定地形数据；

（7）确定预测内容和设定预测情景；

（8）选择预测模式；

（9）确定模式中的相关参数；

（10）进行大气环境影响预测与评价。

5.4.1.1 估算模式

估算模式是一种单源预测模式，可计算点源、面源和体源等污染源的最大地面浓度，以及建筑物下洗和熏烟等特殊条件下的最大地面浓度，估算模式中嵌入了多种预设的气象组合条件，包括一些最不利的气象条件，此类气象条件在某个地区有可能发生，也有可能不发生。经估算模式计算出的最大地面浓度大于进一步预测模式的计算结果。对于小于1小时的短期非正常排放，可采用估算模式进行预测。

估算模式适用于评价等级及评价范围的确定。

5.4.1.2 进一步预测模式

A AERMOD 模式系统

AERMOD 是一个稳态烟羽扩散模式，可基于大气边界层数据特征模拟点源、面源、体源等排放出的污染物在短期（小时平均、日平均）、长期（年平均）的浓度分布，适用于农村或城市地区、简单或复杂地形。AERMOD 考虑了建筑物尾流的影响，即烟羽下洗。

模式使用每小时连续预处理气象数据模拟大于等于1小时平均时间的浓度分布。AERMOD 包括两个预处理模式，即 AERMET 气象预处理和 AERMAP 地形预处理模式。AERMOD 适用于评价范围小于等于 50km 的一级、二级评价项目。

AERMOD 具有下述特点：

（1）按空气湍流结构和尺度的概念，湍流扩散由参数化方程给出，稳定度用连续参数表示；

（2）中等浮力通量对流条件采用非正态的 PDF 模式；

（3）考虑了对流条件下浮力烟羽和混合层顶的相互作用；

（4）AERMOD 模式系统可以处理地面源和高架源、平坦和复杂地形和城市边界层；

（5）AERMAP 提出了一个有效高度对流场的影响。示踪试验表明，AERMOD 模拟的结果比较理想。

B ADMS 模式系统

ADMS 可模拟点源、面源、线源和体源等排放出的污染物在短期（小时平均、日平均）、长期（年平均）的浓度分布，还包括一个街道窄谷模型，适用于农村或城市地区、简单或复杂地形。模式考虑了建筑物下洗、湿沉降、重力沉降和干沉降以及化学反应等功能。

化学反应模块包括计算一氧化氮、二氧化氮和臭氧等之间的反应。ADMS 有气象预处理程序，可以用地面的常规观测资料、地表状况以及太阳辐射等参数模拟基本气象参数的廓线值。

在简单地形条件下，使用该模型模拟计算时，可以不调查探空观测资料。

ADMS-EIA 版适用于评价范围小于等于 50km 的一级、二级评价项目。

C CALPUFF 模式系统

CALPUFF 是一个烟团扩散模型系统，可模拟三维流场随时间和空间发生变化时污染物的输送、转化和清除过程。CALPUFF 适用于从 50 公里到几百公里范围内的模拟尺度，包括了近距离模拟的计算功能，如建筑物下洗、烟羽抬升、排气筒雨帽效应、部分烟羽穿透、次层网格尺度的地形和海陆的相互影响、地形的影响；还包括长距离模拟的计算功能，如干、湿沉降的污染物清除、化学转化、垂直风切变效应、跨越水面的传输、薰烟效应、以及颗粒物浓度对能见度的影响。适合于特殊情况，如稳定状态下的持续静风、风向逆转、在传输和扩散过程中气象场时空发生变化下的模拟。

CALPUFF 适用于评价范围大于等于 50km 的一级评价项目，以及复杂风场下的一级、二级评价项目。

D AUSTAL 2000 模式

AUSTAL 2000 模式主要应用于“烟塔合一”排烟项目环境影响评价工作中的大气环境影响预测。“烟塔合一”技术是将脱硫后的烟气通过通风冷却塔排放。该技术利用冷却塔的湿热空气对烟气进行包裹产生较大的热力和动力抬升以增加烟气高度，从而促使烟气中污染物扩散。采用“烟塔合一”技术的电厂可以不设高烟囱，省去了烟囱和烟气再加热装置投资。“烟塔合一”技术能简化火电厂的烟气系统，节约投资，提高能源利用效率，所以在我国电厂应用较多。

AUSTAL 2000 模式应用于冷却塔排烟大气扩散计算，主要分为大气污染物扩散模式和烟气抬升模式 2 部分。AUSTAL2000 模型中涉及的地形参数主要为地表粗糙度。由于该模型通过释放模拟粒子跟踪污染物的迁移扩散，因此模拟粒子释放速率等级参数为模拟计算过程中的重要参数；同时，模拟过程中网格间距设置也会影响计算结果。该模型中的污染源参数主要包括冷却塔高度、冷却塔出口内径、出口混合气体烟气流速、出口混合气体烟气温度、混合烟气湿度、烟气液态含水量及污染物排放速率，其中烟气湿度和烟气液态含水量这 2 个参数是 AUSTAL2000 相比其他大气预测模型的特殊要求。

5.4.1.3 高斯模型

A 有风时点源扩散模式（$U_{10} \geqslant 1.5\text{m/s}$）

对于连续均匀排放的点源，源强为 Q，离地面的有效排放高度为 H_e，假定平均风速 U 沿 x 轴方向，在 y、z 方向上浓度 c 呈正态分布，则高架源地面浓度为

$$c(x, y, 0) = \frac{Q}{U\pi\sigma_y\sigma_z}\exp\left(-\frac{y^2}{2\sigma_y^2} - \frac{H_e^2}{2\sigma_z^2}\right) \tag{5-8}$$

$$H_e = H + \Delta H \tag{5-9}$$

式中 c——下风向任意位置（x, y, z）的污染浓度，mg/m^3；

H_e——有效排放高度，m；

ΔH——烟气抬升高度，m；

Q——排放源强，mg/s；

U——排放口高度处的平均风速，m/s；

y——求算点与通过排气筒的平均风向轴线在水平面上的垂直距离，m；

σ_y——扩散参数，y 方向的标准差，m；

σ_z——扩散参数，z 方向的标准差，m。

不考虑反射作用，污染源下风向地面轴线浓度公式为

$$c(x,\ 0,\ 0)=\frac{Q}{\pi U\sigma_y\sigma_z}\cdot\exp\left(-\frac{H_e^2}{2\sigma_z^2}\right)$$

排气筒下风向最大地面浓度 c_{max} 及其距排气筒距离 x_{max} 的计算公式为

$$c_{max}=\frac{2Q}{e\pi UH_e^2P_1}$$

式中，$P_1=\dfrac{2\gamma_1\gamma_2^{-\frac{\alpha_1}{\alpha_2}}}{\left(1+\frac{\alpha_1}{\alpha_2}\right)^{\frac{1}{2}\left(1+\frac{\alpha_1}{\alpha_2}\right)}H_e^{\left(1-\frac{\alpha_1}{\alpha_2}\right)}e^{\frac{1}{2}\left(1-\frac{\alpha_1}{\alpha_2}\right)}}$。

$$x_{max}=\left(\frac{H_e}{\gamma_2}\right)^{\frac{1}{\alpha_2}}\left(1+\frac{\alpha_1}{\alpha_2}\right)^{-\frac{1}{2\alpha_2}}$$

考虑混合层反射作用的地面浓度公式为

$$c(x,\ y,\ 0)=\frac{Q}{2\pi U\sigma_y\sigma_z}\exp\left(-\frac{y}{2\sigma_y^2}\right)F \tag{5-10}$$

$$F=\sum_{n=-k}^{+k}\left\{\exp\left[-\frac{(2nh-H_e)^2}{2\sigma_z^2}\right]+\exp\left[-\frac{(2nh+H_e)^2}{2\sigma_z^2}\right]\right\} \tag{5-11}$$

式中　h——混合层高度。

B　小风（$1.5\text{m/s}>U_{10}\geqslant 0.5\ \text{m/s}$）和静风（$U_{10}<0.5\text{m/s}$）点源扩散模式

$$c(x,\ y)=\frac{2Q}{2\pi^{3/2}\gamma_{02}\eta^2}\cdot G \tag{5-12}$$

$$\eta^2=\left(x^2+y^2+\frac{\gamma_{01}^2}{\gamma_{02}^2}\cdot H_e^2\right) \tag{5-13}$$

$$G=e^{-U^2/2\gamma_{01}^2}\cdot\left[1+\sqrt{2\pi}\cdot s\cdot e^{s^2/2}\cdot\Phi(s)\right] \tag{5-14}$$

$$\Phi(s)=\frac{1}{\sqrt{2\pi}}\int_{-\infty}^{s}e^{-t^2/2}dt \tag{5-15}$$

$$s=\frac{Ux}{\gamma_{01}\eta} \tag{5-16}$$

式中，γ_{01}、γ_{02} 分别为横向和垂直扩散参数的回归系数。

C　长期平均浓度模式

$$\bar{c}(x,\ y)=\sum_i\sum_j\sum_k\left(\sum_r\bar{c}_{rijk}f_{ijk}+\sum_r\bar{c}_{Lrijk}f_{Lijk}\right) \tag{5-17}$$

式中 $\bar{c}_{ijk}$ ——在有风条件下，在 i 风向 j 稳定度和 k 风速段的浓度值；

$\bar{c}_{Lijk}$ ——在小风和静风条件下，在 i 风向 j 稳定度和 k 风速段的浓度值；

f_{ijk}——有风时风向方位、稳定度、风速联合频率；

f_{Lijk} ——在小风和静风时，不同风向方位、稳定度、风速联合频率。

D 熏烟模式

$$c_f = \frac{Q}{\sqrt{2\pi}Uh_f\sigma_{yf}^2}\exp\left(\frac{-y^2}{2\sigma_{yf}^2}\right)\cdot\Phi(P) \tag{5-18}$$

$$P = (h_f - H_e)/\sigma_z \tag{5-19}$$

$$\sigma_{yf} = \sigma_y + H/8 \tag{5-20}$$

熏烟模式主要是用来计算日出以后，贴地逆温从下而上消失，逐渐形成混合层（厚度为 h_f）时，原来积聚在这一层的污染物所造成的高浓度污染。σ_y、σ_z 应选取逆温层破坏前稳定层结的数值。

5.4.2 模型参数的选择与计算

5.4.2.1 稳定度的划分

当使用常规气象资料时，导则指出大气稳定度的划分可采用修订的 Pasquill 稳定度分级法（简记 P.S），分为强不稳定、不稳定、弱不稳定、中性、较稳定和稳定六级。它们分别表示为 A、B、C、D、E、F。确定等级时首先由云量与太阳高度角查出太阳辐射等级，再由太阳辐射等级与地面风速查表得出稳定度等级。

有风条件下，导则中采用 Pasquill-Gifford 大气扩散参数，将稳定度分为 A、B、B~C、C、C~D、D、D~E、E、F，共九个等级。扩散参数为排放源下风距离的指数函数，指数的数值和系数随距离的不同而变化。取样时间 0.5h 的详细指数数值与系数见导则。导则规定平原地区农村及城市远郊区的扩散参数选取方法为：A、B、C 级稳定度直接查表，D、E、F 级稳定度需向不稳定方向提半级后查表计算。工业区或城区中的点源，其扩散参数选取方法为：A、B 级不提级，C 级提到 B 级，D、E、F 级向不稳定方向提一级后查表计算。

小风与静风条件下，扩散参数与有风条件下的不同，扩散参数值与排放烟团排放时间成系数关系，扩散参数可参见表 5-3。

表 5-3 小风与静风条件下的扩散参数

稳定度	γ_{01}		γ_{02}	
	U_{10}<0.5m/s	1.5m/s>U_{10}≥0.5m/s	U_{10}<0.5m/s	1.5m/s>U_{10}≥0.5m/s
A	0.93	0.76	1.57	1.57
B	0.76	0.56	0.47	0.47
C	0.55	0.35	0.21	0.21
D	0.47	0.27	0.12	0.12
E	0.44	0.24	0.07	0.07
F	0.44	0.24	0.05	0.05

扩散参数：　　$\sigma_x = \sigma_y = \gamma_{01} T$, $\sigma_z = \gamma_{02} T$　　(5-21)

对于取样时间大于0.5h的情况下，导则规定垂直方向扩散参数保持不变，横向扩散参数及稀释系数满足下式：

$$\sigma_{y\tau_2} = \sigma_{y\tau_1}\left(\frac{\tau_2}{\tau_1}\right)^q \tag{5-22}$$

或回归系数满足下式：

$$\gamma_{1\tau_2} = \gamma_{1\tau_1}\left(\frac{\tau_2}{\tau_1}\right)^q \tag{5-23}$$

式中　$\sigma_{y\tau_2}$, $\sigma_{y\tau_1}$ ——对应取样时间为 τ_2、τ_1 的横向扩散系数，m；

q——时间稀释系数，其取值按表5-4；

$\gamma_{1\tau_2}$, $\gamma_{1\tau_1}$ ——对应取样时间为 τ_2、τ_1 的横向扩散参数回归系数。

表5-4　时间稀释指数 q

适用时间范围/h	q	适用时间范围/h	q
$1 \leqslant \tau < 100$	0.3	$0.5 \leqslant \tau < 1$	0.2

5.4.2.2　扩散参数 σ_y、σ_z

用高斯模型估算污染物浓度分布的关键在于确定扩散参数 σ_y、σ_z 与下风距离 x 的关系。但目前无论从理论上还是从实践上都还没有一个很好的方案，目前常用的方法有帕斯奎尔（Pasquill）. 吉福德（Gifford）扩散曲线法、布里格斯（Briggs）公式和经验公式等。经过多年的实践，我国的扩散参数 σ_y、σ_z，主要由下述方法确定：

（1）平原地区农村及城市远郊区的扩散参数选取方法，A、B、C级稳定度可直接由表5-5和表5-6查出扩散参数 σ_y、σ_z 幂函数。D、E、F级稳定度则需要向不稳定方向提半级后查算。

（2）工业区或城区的扩散参数选取方法，工业区A、B级不提级，C级提到B级，D、E、F级向不稳定方向提一级后，再按表5-5和表5-6查算。

（3）丘陵山区的农村或城市，其扩散参数的选取方法同城市工业区。

表5-5　横向扩散参数幂函数表达式系数值 $\sigma_y = \gamma_1 x^{\alpha_1}$（取样时间0.5h）

稳定度	α_1	γ_1	下风距离/m
A	0.901074 0.850934	0.425809 0.602052	0~1000 >1000
B	0.914370 0.865014	0.281846 0.396353	0~1000 >1000
B~C	0.919352 0.875086	0.229500 0.314238	0~1000 >1000
C	0.924279 0.885157	0.177154 0.232123	0~1000 >1000
C~D	0.926849 0.886940	0.143940 0.189396	0~1000 >1000

续表 5-5

稳定度	α_1	γ_1	下风距离/m
D	0.929418 0.888723	0.110726 0.146669	0~1000 >1000
D~E	0.925118 0.892794	0.0985631 0.124308	0~1000 >1000
E	0.920818 0.896864	0.0864001 0.101947	0~1000 >1000
F	0.929418 0.888723	0.0553634 0.0733348	0~1000 >1000

表 5-6 横向扩散参数幂函数表达式系数值 $\sigma_z=\gamma_2 x^{\alpha_2}$（取样时间 0.5h）

稳定度	α_2	γ_2	下风距离/m
A	1.12154 1.51360 2.10881	0.0799904 0.00854771 0.000211545	0~300 300~500 >500
B	0.964435 1.09356	0.127190 0.057025	0~500 >500
B~C	0.941015 1.00770	0.114682 0.0757182	0~500 >500
C	0.917595	0.106803	>0
C~D	0.838628 0.756410 0.815575	0.126152 0.235667 0.136659	0~2000 2000~10000 >10000
D	0.826212 0.632023 0.55536	0.104634 0.400167 0.810763	1~1000 1000~10000 >10000
D~E	0.776864 0.572347 0.499149	0.111771 0.5289922 1.03810	1~2000 2000~10000 >10000
E	0.788370 0.565188 0.414743	0.0927529 0.433384 1.73241	1~1000 1000~10000 >10000
F	0.784400 0.525969 0.322659	0.0620765 0.370015 2.40691	1~1000 1000~10000 >10000

5.4.2.3 距地面 1.5km 高度以下的风速计算

$$U_2 = U_1\left(\frac{Z_2}{Z_1}\right)^P \tag{5-24}$$

式中 Z_1—— $Z_1 = 10$m；

Z_2——烟囱出口处高度，m；

U_2——距地面 Z_2(m) 高处 10min 平均风速，m/s；

U_1——距地面 Z_1(m) 高处 10min 平均风速，m/s；

P——与大气稳定度和地形条件有关的风速高度指数，取值方式如表 5-7 所示。

表 5-7 *P* 值的取值方式

稳定度	A	B	C	D	E、F
城市	0.10	0.15	0.20	0.25	0.30
乡村	0.07	0.07	0.10	0.15	0.25

5.4.2.4 混合层高度计算公式

(1) 当大气稳定度为 A、B、C 和 D 时：

$$h = a_s U_{10}/f \tag{5-25}$$

(2) 当大气稳定度为 E 和 F 时：

$$h = b_s \sqrt{U_{10}/f} \tag{5-26}$$

$$f = 2\Omega \sin\varphi \tag{5-27}$$

式中 h——混合层高度，m；

U_{10}——10m 高度处平均风速（m/s），当风速大于 6m/s 时，取 $U_{10} = 6$m/s；

a_s，b_s——分别为混合层系数，取值方式见表 5-8；

f——地转参数；

Ω——地转角速度，取为 7.29×10^{-5}rad/s；

φ——地理纬度，(°)。

表 5-8 我国各地区 a_s 和 b_s 值

地 区	a_s				b_s	
	A	B	C	D	E	F
新疆 西藏 青海	0.090	0.067	0.041	0.031	1.66	0.70
黑龙江、吉林、辽宁、内蒙古、北京、天津、河北、河南、山东、山西、陕西（秦岭以北）、宁夏、甘肃（渭河以北）	0.073	0.060	0.041	0.019	1.66	0.70
上海、广东、广西、河南、河北、江苏、浙江、安徽、海南、台湾、福建、江西	0.056	0.029	0.020	0.012	1.66	0.70
云南、贵州、四川、甘肃（渭河以南）、陕西（秦岭以南）	0.073	0.048	0.031	0.022	1.66	0.70

注：静风区各类稳定度的 a_s 和 b_s 可取表中的最大值。

5.4.2.5 烟气抬升公式

A 有风时，中性和不稳定条件下抬升高度公式

(1) 烟气释放率 $Q_h \geqslant 2100$kJ/s，且烟气与环境温度的差值 $\Delta T \geqslant 35$K 时：

$$\Delta H = n_0 Q_h^{n_1} H^{n_2} U^{-1} \tag{5-28}$$

$$Q_h = 0.35P_a Q_v \frac{\Delta T}{T_s} \tag{5-29}$$

$$\Delta T = T_s - T_a \tag{5-30}$$

式中 n_0——烟气热状况及地表状况系数；

n_1——烟气热释放率指数；

n_2——排气筒高度指数；

Q_h——烟气释放率，kJ/s；

H——排气筒距地面几何高度，m。当 H>240m 时，取当 H=240m；

P_a——大气压力，kPa；

U——排气筒出口处平均风速，m/s；

Q_v——实际排烟率，m^3/s；

T_s——烟气出口温度，K；

T_a——环境大气温度，K。

n_0、n_1、n_2 的选取见表 5-9。

表 5-9 n_0、n_1 和 n_2 的选取

Q_h /kJ · s^{-1}	地表状况（平原）	n_0	n_1	n_2
Q_h ≥21000	农村或城市远郊区	1. 427	1/3	2/3
	城市及近郊区	1. 303	1/3	2/3
2100≤Q_h<21000 且 ΔT ≥35K	农村或城市远郊区	0. 332	3/5	2/5
	城市及近郊区	0. 292	3/5	2/5

（2）烟气释放率 1700kJ/s<Q_h<2100kJ/s 时：

$$\Delta H = \Delta H_1 + (\Delta H_2 - \Delta H_1)\frac{Q_h - 1700}{400} \tag{5-31}$$

$$\Delta H_1 = 2(1.5V_s D + 0.01Q_h)/U - 0.048(Q_h - 1700)/U \tag{5-32}$$

式中 V_s——排气筒出口处烟气排放速度，m/s；

D——排气筒出口直径，m。

ΔH_2 按式（5-28）计算，n_0、n_1 和 n_2 按表 5-9 中 Q_h值较小的一类选取。

（3）烟气释放率 Q_h≤1700 kJ/s 或者 ΔT <35K 时：

$$\Delta H = 2(1.5V_s D + 0.01Q_h)/U \tag{5-33}$$

B 有风时，稳定条件下烟气抬升高度

$$\Delta H = Q_h^{1/3}\left(\frac{dT_a}{dz} + 0.0098\right)^{-1/3} U^{-1/3} \tag{5-34}$$

式中 $\frac{dT_a}{dz}$——排气筒高度以上的大气温度梯度，K/m；

C 静风和小风时，烟气抬升高度

$$\Delta H = 5.5Q_h^{1/4}\left(\frac{dT_a}{dz} + 0.0098\right)^{-3/8} \tag{5-35}$$

$\frac{dT_a}{dz}$ 取值宜小于 0.01K/m。

5.5 大气环境影响评价

5.5.1 判断影响后果重大性的方法

环境影响评价的目的主要是预防开发行动（包括建设项目、区域性开发、立法议案、重大方针、战略性规划或行动）对环境可能产生的污染和破坏作用，为环境管理工作提供科学依据。任何人的日常活动都会产生环境影响。国家或地方法规不可能要求任何行动都做环境影响评价，而只能规定可能造成重大环境影响的行动必须做环境影响评价，并进一步判断该行动是否可被接受。这里的环境影响重大性是指：

（1）拟定行动就其性质而言是否属于会造成重大环境影响的；

（2）该行动对环境资源的影响是否是重大的；

（3）采取费用-效益比合理的种种措施后，仍不能将影响消除和减轻到允许的水平。

判断一项开发行动对环境资源的影响是否重大的常用准则主要是：

（1）国家和地方法规和条例中已明确是“重大的”环境影响，例如对环境污染严重的项目或对区域有综合性环境影响的项目；

（2）从事环境保护管理官员、环境管理与科技专家和（或）广大公众公认是重大的环境影响，这种公认的判断可以是一致的也可以是多数人认可的；

（3）依据科学和技术知识或者对环境资源的关键性特征的判断认为是重大的影响，例如将大中型开发项目建在稀有物种栖息地内或附近；

（4）超过环境影响阈值的影响 。“环境影响阈值”指开发行动的环境影响或利用环境资源所容许的最大值、最小值或某一个数值范围，当超过此值或范围时就可认为其影响具有重大性。

5.5.1.1 指数法

将拟建项目实施后的大气中污染物浓度 c_i 与 c_{0i} 比较：

$$I_i = \frac{c_i}{c_{0i}} \tag{5-36}$$

式中 I_i——大气单元指数；

c_i——拟建项目实施后预期的污染物 i 的浓度，mg/L；

c_{0i}——污染物 i 的大气环境目标浓度，mg/L。

通常情况下，I_i 越大，影响越大，如果 $I_i>1$，表示污染物 i 已超标，说明项目影响重大。

5.5.1.2 容许排放量判断法

容许排放总量是一个较长时段内的统计平均值，会随着所在地区中污染源的位置、排放形式、风向、风速、大气稳定度以及地形条件的不同而有很大变化。它在短时间内可能比环境容量大，也可能比环境容量小。其实环境容量本身也同样是一个统计平均概念。

区域的总容许排放量一般是在区域环境规划中确定的，而对一个具体拟建项目的容许排放量则是由地方环保管理部门依据区域总容许排放量、现状总排放量以及当地的环境状况具体确定的。如果项目排放量超过容许排放量，说明影响重大。

5.5.1.3 污染分担率判别法

一个拟建项目或一个评价区域往往有排放形式不同的多个污染源。在给定源强以及相应气象参数的情况下，可根据源的类型选定扩散模型，再按照相应模型及选定的参数计算出各个源 i 在每个控制点（或关心点）j 上的浓度 c_{ij}。因此，各源对控制点 j 形成的总浓度为：

$$c_{ij} = \sum_{i=1}^{n} c_{ij} \tag{5-37}$$

令

$$K_{ij} = \frac{c_{ij}}{c_j} \tag{5-38}$$

由 K_{ij} 可判断拟建项目影响的重大性。如果 $K_{ij}>50\%$，可认为影响重大。

5.5.1.4 判别污染物排放对敏感对象的影响

评价拟建项目排放的一些量虽然少，但危害性大的污染物（如苯并［a］芘、二噁英等）的影响重大性，可以通过其对敏感对象，如老、弱、病、幼人群的健康以及某些品种的植物或农作物生长的影响程度判别出来。

5.5.2 大气环境防护距离

采用推荐模式中的大气环境防护距离模式计算各无组织源的大气环境防护距离。计算出的距离是以污染源中心点为起点的控制距离，并结合厂区平面布置图，确定控制距离范围，超出厂界以外的范围，即为项目大气环境防护区域。

当无组织源排放多种污染物时，应分别计算，并按计算结果的最大值确定其大气环境防护距离。对于属于同一生产单元（生产区、车间或工段）的无组织排放源，应合并作为单一面源计算并确定其大气环境防护距离。

无组织排放所排放的有害物质浓度超过排放限值（环保措施无法达到），无组织排放源所在的生产单元（生产区、车间或工段）与居民区之间应设置卫生防护距离。

$$\frac{Q_c}{c_m} = \frac{1}{A}(BL^C + 0.25R^2)^{\frac{1}{2}}L^D$$

式中 c_m——标准浓度限值，mg/m³；

L——工业企业所需卫生防护距离，m；

R——生产单元的等效半径，m；

A，B，C，D——卫生防护距离计算系数，参见表 5-10；

Q_c——无组织排放量可达到的控制水平，kg/h。

工业企业大气污染源构成类型有以下几类：

Ⅰ类：与无组织排放源共存的排放同种有害气体的排气筒的排放量，大于标准规定的允许排放量的三分之一；

Ⅱ类：与无组织排放源共存的排放同种有害气体的排气筒的排放量，小于标准规定的允许排放量的三分之一，或虽无排放同种大气污染物之排气筒共存，但无组织排放的有害物质的容许浓度指标是按急性反应指标确定的；

表 5-10 卫生防护距离计算系数

计算系数	工业企业所在地区近5年平均风速 /m·s^{-1}	卫生防护距离 L/m								
		$L\leqslant 1000$			$1000<L\leqslant 2000$			$L>2000$		
		工业企业大气污染源构成类型								
		Ⅰ	Ⅱ	Ⅲ	Ⅰ	Ⅱ	Ⅲ	Ⅰ	Ⅱ	Ⅲ
A	<2	400	400	400	400	400	400	80	80	80
	2~4	700	470	350	700	470	350	380	250	190
	>4	530	350	260	530	350	260	290	190	110
B	<2	0.01			0.015			0.015		
	>2	0.021			0.036			0.036		
C	<2	1.85			1.79			1.79		
	>2	1.85			1.77			1.77		
D	<2	0.78			0.78			0.57		
	>2	0.84			0.84			0.76		

Ⅲ类：无排放同种有害物质的排气筒与无组织排放源共存，无组织排放的有害物质的容许浓度指标是按慢性反应指标确定的。

级差规定：卫生防护距离在100m以内，级差为50m；卫生防护距离为100~1000m，级差为100m；卫生防护距离大于1000m，级差为200m。

有场界排放浓度标准的，大气环境影响预测结果应首先满足场界排放标准。如预测结果在场界监控点处（以标准规定为准）出现超标，应要求削减排放源强。计算大气环境防护距离的污染物排放源强应采用削减达标后的源强。

出于对敏感区的保护，在大气环境防护距离内不应有长期居住的人群。

5.5.3 评价结论

5.5.3.1 项目选址及总图布置的合理性和可行性

根据大气环境影响预测结果及大气环境防护距离计算结果，评价项目选址及总图布置的合理性和可行性，并给出优化调整的建议及方案。

5.5.3.2 污染源的排放强度与排放方式

根据大气环境影响预测结果，比较污染源的不同排放强度和排放方式（包括排气筒高度）对区域环境的影响，并给出优化调整的建议。

5.5.3.3 大气污染控制措施

大气污染控制措施必须保证污染源的排放符合排放标准的有关规定，同时最终环境影响也应符合环境功能区划要求。根据大气环境影响预测结果评价大气污染防治措施的可行性，并提出对项目实施环境监测的建议，给出大气污染控制措施优化调整的建议及方案。

5.5.3.4 大气环境防护距离设置

根据大气环境防护距离计算结果，结合厂区平面布置图，确定项目大气环境防护区域。若大气环境防护区域内存在长期居住的人群，应给出相应的搬迁建议或优化调整项目布局的建议。

5.5.3.5 污染物排放总量控制指标的落实情况

评价项目完成后污染物排放总量控制指标能否满足环境管理要求，并明确总量控制指标的来源。

5.5.3.6 大气环境影响评价结论

结合项目选址、污染源的排放强度与排放方式、大气污染控制措施以及总量控制等方面综合进行评价，明确给出大气环境影响可行性结论。

5.6 大气环境影响评价案例

常用的大气环境影响预测方法是通过建立数学模型来模拟各种气象条件、地形条件下的污染物在大气中输送、扩散、转化和清除等物理、化学机制。根据国家环保部有关文件以及《环境影响评价技术导则》（HJ 2.2—2008）中的相关规定，在进行大气环境影响预测与评价的过程中，预测模式采用 HJ 2.2—2008 附录 A 推荐模式清单中的模式进行预测。引用相关案例，对 AERMOD 模型在大气环境影响评价点源预测中的应用进行介绍。

5.6.1 AERMOD 模型介绍

作为新版大气导则推荐的稳态大气扩散模式，AERMOD 将最新的大气边界层和大气扩散理论应用到空气污染扩散模式中。

5.6.1.1 模型运行所需参数

AERMOD 模型运行的参数主要有污染源数据、气象数据、地形数据等。

（1）污染源数据点源排放率（g/s）、烟气温度（K）、烟囱高度（m）、烟囱出口烟气排放速度（m/s）、烟囱出口内径（m）。

（2）气象数据的地面气象数据包括：风速、风向、云量、气温等边界层参数；探空廓线数据包括：位势高度、温度、风向、风速、水平向及垂直向湍流脉动量等参数。

（3）地形数据包括评价区域网格点或任意点的地理坐标、评价区地形高程数据文件。其中，地形高程数据包含的地理范围不得小于评价区域的范围，以保证所有的计算点都能从地形数据文件中获取各自的地形高程值。

5.6.1.2 输出结果

输出结果包括典型小时气象条件下、典型日气象条件下、长期气象条件下，项目对环境空气敏感区和评价范围的最大环境影响，得出是否超标、超标程度、超标位置，分析小时（日平均）浓度超标概率和最大持续发生时间，并绘制评价范围内区域小时（日）平均浓度最大值时所对应的浓度等值线分布。

5.6.1.3 模式类型

AERMOD 是一个稳态烟羽扩散模式，可基于大气边界层数据特征模拟点源、面源、体源等排放出的污染物在短期（小时平均、日平均）、长期（年平均）的浓度分布，适用于农村或城市地区、简单或复杂地形。AERMOD 考虑了建筑物尾流的影响，即烟羽下洗。

模式使用每小时连续预处理气象数据模拟大于等于1小时平均时间的浓度分布。AERMOD包括两个预处理模式，即AERMET气象预处理和AERMAP地形预处理模式。

5.6.1.4 污染物种类

模型可处理各种基本气态污染物（SO_2、NO_2、NO_x、CO），可吸入悬浮颗粒物PM_{10}、TSP、SS等等。

5.6.2 结果与分析

将模型运行所需的所有参数输入系统后，通过模型运算以及对数据分析，得到某城市集中供热工程大气环境影响评价预测初步结论。

5.6.2.1 污染源排放装置状况

某城市热源厂安装3台QXL29/130/70—AⅡ型高温热水锅炉，均为高效燃煤锅炉，锅炉供热负荷应为64.80MW，供热面积为72万m^2，3台锅炉全部运行，运行时间为225天，全年运行5400h，年用煤量为76680t/a，废气中主要污染物为烟尘和SO_2，其产生量分别为2208.38t/a、536.15t/a，经采用旋风+麻石水浴脱硫除尘器除尘，除尘效率达96%以上，采用双碱法，用石灰做脱硫剂，可以脱除烟气中约80%的SO_2，治理后排放量为分别为88.34t/a和107.23t/a，排放浓度各为72mg/m^3和87.40mg/m^3。有组织排放的大气污染源详见表5-11。

表5-11 有组织排放污染源统计表

装置名称	污染源	烟气量/$m^3\cdot h^{-1}$	污染物排放量/$kg\cdot h^{-1}$		排放参数		
			SO_2	PM_{10}	烟囱高度/m	出口内径/m	烟气温度/℃
动力站	锅炉	170400	19.86	12.3	60	2.5	45

5.6.2.2 环境空气预测

A 典型小时气象条件对环境的影响

（1）小时最大落地浓度，有组织排放的SO_2小时最大地面浓度前4位及出现位置预测结果见表5-12。由表5-12可以看出，在全年5400小时中，拟建项目排放的SO_2的1小时平均预测浓度均达标，SO_2最大1小时平均浓度为0.09271mg/m^3，占标率为0.19。

表5-12 SO_2最大地面浓度及出现位置预测结果

序号	相对坐标/m	时刻 年月日时	小时最大浓度/$mg\cdot m^{-3}$	背景浓度/$mg\cdot m^{-3}$	小时最大浓度预测值/$mg\cdot m^{-3}$	浓度限值/$mg\cdot m^{-3}$	占标率
1	-500，3500	08040103	0.09271	0.00393	0.09663	0.50000	0.19
2	-4000，2000	08012903	0.08562	0.00393	0.08955	0.50000	0.17
3	0，5000	08112320	0.08405	0.00393	0.08797	0.50000	0.17
4	3000，4000	08030207	0.08238	0.00393	0.08631	0.50000	0.17

（2）关心点小时浓度预测有组织排放的SO_2敏感区地面最大小时浓度预测结果见表5-13。由表5-13可知，各关心点SO_2小时均浓度影响值在0.00402~0.04237mg/m^3之间，

叠加背景浓度后均可满足 GB 3095—1996 二级标准要求。

表 5-13 关心点的 SO_2 1 小时最大落地浓度

序号	敏感点	相对坐标 /m	出现时刻 年月日时	贡献值 /mg·m^{-3}	背景浓度 /mg·m^{-3}	预测浓度 /mg·m^{-3}	浓度限值 /mg·m^{-3}	占标率
1	学校（E）	1000，32	08020117	0.02445	0.00393	0.02835	0.50000	0.05
2	牧户（S）	0，-168	08041009	0.03847	0.00393	0.04237	0.50000	0.08
3	草场（W）	-30，32	08080910	0.0012	0.00393	0.00402	0.50000	0.00
4	牧户（NW）	-353，385	08122110	0.02419	0.00393	0.02819	0.50000	0.05

B 典型日气象条件对环境的影响

（1）日均最大落地浓度有组织排放的 SO_2、PM_{10} 日均最大地面浓度前 4 位及出现位置预测结果见表 5-14 和表 5-15。由表 5-14 和表 5-15 可以看出，在全年 225 天中，项目排放的 SO_2、PM_{10} 日均浓度均达标。SO_2 最大日平均浓度为 0.02480mg/m^3，占标率为 0.16；PM_{10} 最大日均浓度为 0.08768mg/m^3，占标率为 0.58。

表 5-14 SO_2 日均最大落地浓度及出现位置预测结果

序号	相对坐标 /m	时刻 年月日时	日均最大浓度 /mg·m^{-3}	背景浓度 /mg·m^{-3}	日均最大浓度 预测值/mg·m^{-3}	浓度限值 /mg·m^{-3}	占标率
1	-4500，2000	08012924	0.02128	0.00353	0.02480	0.15	0.16
2	-4000，2000	08012924	0.01819	0.00353	0.02171	0.15	0.14
3	-4000，1500	08012924	0.01814	0.00353	0.02167	0.15	0.14
4	500，0	08110624	0.01420	0.00353	0.01773	0.15	0.11

表 5-15 PM_{10} 日均最大落地浓度及出现位置预测结果

序号	相对坐标 /m	时刻 年月日时	日均最大浓度 /mg·m^{-3}	背景浓度 /mg·m^{-3}	日均最大浓度 预测值/mg·m^{-3}	浓度限值 /mg·m^{-3}	占标率
1	-4500，2000	08012924	0.01318	0.07450	0.08768	0.15	0.58
2	-4000，2000	08012924	0.01126	0.07450	0.08576	0.15	0.57
3	-4000，1500	08012924	0.01124	0.07450	0.08574	0.15	0.57
4	500，0	08110624	0.00880	0.07450	0.08330	0.15	0.55

（2）关心点日均浓度预测有组织排放的 SO_2、PM_{10} 在各关心点地面日均浓度预测结果见表 5-16 和表 5-17。由表 5-16 和表 5-17 可知，各关心点 SO_2 日平均浓度预测值在 0.00350~0.01187mg/m^3 之间，PM_{10} 日平均浓度叠加值在 0.07130~0.08219mg/m^3。之间，均可满足 GB 3095—1996 二级标准要求。

表 5-16 各关心点处 SO_2 日均最大落地浓度预测结果

敏感点	相对坐标/m	时刻 年月日时	日均最大浓度/mg·m^{-3}	背景浓度/mg·m^{-3}	日均最大浓度预测值/mg·m^{-3}	浓度限值/mg·m^{-3}	占标率
学校（E）	1000，32	08110624	0.00837	0.00350	0.01187	0.15	0.07
牧户（S）	0，-168	08031624	0.00808	0.00350	0.01158	0.15	0.07
草场（W）	-30，32	08032724	0.00000	0.00350	0.00350	0.15	0.02
牧户（NW）	-353，385	08041324	0.00694	0.00360	0.01054	0.15	0.07

表 5-17 各关心点处 PM_{10} 日均最大落地浓度预测结果

敏感点	相对坐标/m	时刻 年月日时	日均最大浓度/mg·m^{-3}	背景浓度/mg·m^{-3}	日均最大浓度预测值/mg·m^{-3}	浓度限值/mg·m^{-3}	占标率
学校（E）	1000，32	08110624	0.00519	0.07700	0.08219	0.15	0.54
牧户（S）	0，-168	08031624	0.00500	0.07700	0.08200	0.15	0.54
草场（W）	-30，32	08032724	0.00000	0.07700	0.07700	0.15	0.51
牧户（NW）	-353，385	08041324	0.00430	0.06700	0.07130	0.15	0.47

C 长期气象条件对环境的影响

关心点年均浓度预测有组织排放的 SO_2 和 PM_{10} 各关心点地面年均浓度预测结果见表 5-18。由表 5-18 可知，各关心点 SO_2 年平均浓度影响值在 0.00000～0.00129 mg/m^{3}之间，PM_{10} 年平均浓度影响值在 0.00000～0.00080 mg/m^{3}之间，均可满足 GB 3095—1996 二级标准要求。

表 5-18 各关心点处 SO_2、PM_{10} 年均最大落地浓度预测结果

序号	敏感点	贡献值/mg·m^{-3}		浓度限值/mg·m^{-3}		占标率	
		SO_2	PM_{10}	SO_2	PM_{10}	SO_2	PM_{10}
1	学校（E）	0.00074	0.00046	0.06	0.1	0.01	0.00
2	牧户（S）	0.00106	0.00066	0.06	0.1	0.01	0.00
3	草场（W）	0.00000	0.00000	0.06	0.1	0.00	0.00
4	牧户（NW）	0.00129	0.00080	0.06	0.1	0.02	0.00

《环境影响评价技术导则》推荐的 AERMOD 模式虽然以最新的大气边界层和大气扩散理论为基础，但是，AERMOD 扩散模式只是在地面与上部逆温层对污染物全反射、污染物质性质保守的前提下才能使用，在小风条件下不适用。基于 AERMOD 模式在某城市集中供热工程环境影响评价中的应用，在利用 AERMOD 模式进行大气环境影响评价预测中应在确定污染源，定量评估污染物排放率，全面、准确地理解污染物由污染源沿下风坡的运动规律及其在运动过程中发生的物理化学反应基础上，根据流体动力学理论，建立三

维非稳态空气动力学模型，确定定解条件与模型参数，利用三维有限元方法数值模拟风的速度向量场，在此基础上，耦合物质输运模型，来模拟空气质量的时空演化状况。并基于反演理论，以控制区域实测空气质量为先验信息，较真实、可靠地为控制区域空气质量提供监测和预报。

思考题

5-1 如何划分大气环境影响评价的等级和评价范围？

5-2 大气污染源的分类有哪些？

5-3 大气污染源的调查与评价内容有哪些？

5-4 某拟建项目设在平原地区，大气污染物 SO_2 的最大地面浓度为 0.04mg/m^3，根据环境影响评价导则，该项目的大气环境影响评价应定为几级？（SO_2 一级标准 0.15mg/m^3，二级标准 0.50mg/m^3，三级标准 0.7mg/m^3）

5-5 位于大城市市区内某工程，经初步工程分析，除尘脱硫后二氧化硫排放量为 40kg/h，二氧化氮排放量为 600kg/h，总悬浮物（TSP）排放量为 1000kg/h，试问该项目的大气评价工作等级为多少？其评价范围如何？

5-6 某电厂年运转 300 天，每天 20h，年用煤量 300t，煤含硫率为 1.2%，无脱硫设施，问该厂的 SO_2 排放量是多少 kg/h？

5-7 某地四个工厂的废气中含有 SO_2、NO_x、TSP 和 CO，监测其浓度（mg/m^3）数据如下表所示，试采用等标负荷法确定该地区的主要污染物和主要污染源。

污染源	SO_2	NO_x	TSP	CO	烟气量/m^3 · h^{-1}
1	35	5	230	100	4200
2	80	4	185	85	5600
3	180	2	980	120	480
4	50	8	170	100	7200
标准值	2.5	2.0	10.0	50	

5-8 某化工厂的烟囱排气筒高度为 50m，平均排气筒的有效高度为 60m，排放 SO_2 污染物的强度为 8×10^4mg/s，已知距地面 10m 处的风速为 4m/s，求大气稳定度为 D 级时正下风方向 500m 处的 SO_2 浓度？

5-9 某城市工业区一点源排放的主要污染物为 SO_2，排放量为 200g/s，烟囱几何高度为 100m。试求在不稳定类 10m 高度风速为 2.0m/s 烟囱有效高度为 200m 情况下，烟囱下风向距离 800m 处的 SO_2 地面轴线浓度（扩散参数不考虑取样时间变化）。

5-10 一城市某工厂锅炉耗煤量 6000kg/h，煤的硫分为 1%，水膜除尘脱硫效率为 15%，烟囱几何高度为 100m。求在大气稳定度为强不稳定类、10m 高度风速为 1.5m/s、烟囱抬升高度为 50m 情况下，SO_2 最大落地浓度（已知 $P_1=1.0$）。

5-11 某城市远郊区有一高架点源，烟囱几何高度为 100m，实际排烟率为 20m^3/s，烟囱出口温度为 200℃。求在有风不稳定条件下、环境温度为 10℃、大气压力为 1000hPa、10m 高度处风速为 2.0m/s 的情况下烟囱的有效高度。

5-12 位于平原城区的某化工厂总厂的二期电站工程，拟建120m高的排气筒，排气筒上出口内径为6m，排气筒出口处烟气排出速度为2.83m/s，排气筒出口处的烟气温度为130℃；当地气象台统计定时观测最近5年平均气温为9.2℃，平均风速为3.9m/s。假定气象台址与工厂地面海拔高度相同，试计算在D级稳定度时，排气筒烟气的抬升高度。

5-13 影响大气污染的主要因素有哪些？

5-14 影响大气环境预测准确度的因素有哪些？

6 土壤环境影响评价

[内容摘要] 水、气、土是人类生存的最基本、最重要、不可替代的三种环境要素。本章首先介绍土壤环境质量及其影响的基本知识，然后详细阐述土壤环境质量现状调查与评价的内容和方法，并以土壤环境污染和土壤退化作为重点，介绍土壤环境质量变化预测的原则和若干典型模型，较为全面地阐述了土壤环境影响评价的内容和方法；最后，以某焦化厂工程对周围土壤环境质量影响为例，为土壤环境影响评价进行简单的示范。

6.1 土壤环境影响评价等级划分和工作内容

6.1.1 土壤环境影响类型

土壤是人类生存环境中不可分割的组成部分，人类自身的一切活动无不对土壤产生各种不同的影响，按其影响结果可分为土壤污染、土壤退化和土壤资源破坏。

6.1.1.1 土壤污染

土壤污染是指建设项目在开发建设和投产使用过程，或服务期满后排出和残留有毒害物质，对土壤环境产生的化学性、物理性和生物性污染危害。典型的如土壤重金属污染、化学农药污染、化肥污染、土壤酸化等。这种污染一般是可逆的，如进入到土壤环境中的有机物，经过自然净化作用和适当的人工处理，可以使它们从土壤中消除，恢复到污染前的水平。但严重的重金属污染由于恢复费用昂贵、技术难度大，污染后土地被迫废弃，也可以认为是不可逆的。

6.1.1.2 土壤退化

土壤退化是指由建设项目导致的土壤中各组分之间，或土壤与其他环境要素之间的正常的自然物质、能量循环过程遭到破坏，而引起的土壤肥力和承载力等的下降的现象。这种污染一般是可逆的。

6.1.1.3 土壤资源破坏

土壤资源破坏是指由建设项目或由其诱发的自然活动（如泥石流、洪崩）导致土壤被占用、淹没和破坏，还包括由于土壤过度侵蚀、或重金属严重污染而使土壤完全丧失原有功能而被废弃的情况。这种污染具有土壤资源被彻底破坏和不可逆等特点。

6.1.2 土壤环境影响评价等级划分

我国土壤环境影响评价尚无推荐的行业导则，可从以下几方面来确定土壤环境影响评价的工作等级：

（1）项目占地面积、地形条件和土壤类型，可能被破坏的植被种类、面积以及对当地生态系统影响的程度；

（2）侵入土壤的污染物种类及数量，对土壤和植物的毒性及其在土壤环境中降解的难易程度，以及受影响的土壤面积；

（3）土壤环境容量，即土壤容纳拟建项目污染物的能力；

（4）项目所在地土壤环境功能区划要求。

6.1.3 土壤环境影响评价工作内容

土壤环境影响评价的基本工作内容包括以下几个方面：

（1）收集和分析拟建项目工程分析的成果以及与土壤侵蚀和污染有关的地表水、地下水、大气和生物等专题评价资料；

（2）调查、监测拟建项目所在地区土壤环境资料，包括土壤类型、性态，土壤中污染物的背景和基线值；植物的产量、生长状况及体内污染物的基线值；与土壤污染物相关的环境标准和卫生标准以及土壤利用现状；

（3）调查、监测评价区内现有土壤污染源的排污情况；

（4）描述土壤环境现状，包括现有的土壤侵蚀和污染状况，进行土壤环境现状评价；

（5）根据进入土壤环境中污染物的种类、数量及方式，区域环境特点，土壤理化特性以及污染物在土壤环境中的迁移、转化和累积规律，分析污染物累积趋势，预测土壤环境质量的变化和发展；

（6）预测项目建设可能造成的土壤退化及破坏和损失情况；

（7）评价拟建项目对土壤环境影响的重大性，并提出消除和减轻负面影响的对策措施及跟踪监测计划；

（8）如果由于时间限制或特殊原因，不能详细、准确地收集到评价区土壤的背景值和基线值以及植物体内污染物含量等资料，可采用类比调查方法；必要时应作盆栽、小区乃至田间试验，确定植物体内的污染物含量或者开展污染物在土壤中累积过程的模拟试验，以确定各种系数值。

一般，一级评价项目的内容应包括以上各个方面，三级评价项目可利用现有资料和参照类比项目从简，二级评价项目的工作内容类似于一级评价项目，但工作深度可视具体情况适当降低。

6.1.4 土壤环境影响评价范围与程序

6.1.4.1 土壤环境影响评价范围

土壤环境影响评价的范围包括拟建项目对土壤环境有影响的直接作用区域和间接作用区域，一般应包括项目的大气环境质量评价范围、地表水及其灌区的范围、固体废物堆放场及其附近区域。实际工作中应考虑如下因素：

（1）拟建项目施工期可能破坏原有的植被和地貌的范围。

（2）可能受拟建项目排放的废水污染的区域（例如废水排放渠道经过的土地）。

（3）因拟建项目排放到大气中的气态和颗粒态有毒污染物的干、湿沉降而导致的受污染较重的区域。

(4) 拟建项目排放的固体废物，尤其是危险废物堆放和填埋场及其影响区域。

6.1.4.2 土壤环境影响评价程序

土壤环境影响评价的技术工作程序，与其他要素评价程序类似，大致可划分为三个阶段：即土壤环境质量现状调查、监测及评价阶段，建设项目对土壤环境质量的影响预测、评价与减缓对策拟定阶段，报告书编写阶段。

6.2 土壤环境现状调查与评价

土壤及其环境现状调查与评价是土壤环境影响预测、分析、影响评价的主要依据和基础。

6.2.1 土壤环境现状调查

6.2.1.1 区域自然环境特征的调查

区域自然环境特征的调查主要应采用资料收集的方法，从有关管理、研究和行业信息中心以及图书馆和情报所收集所需的资料。对于没有资料可查的项目，则需进行一定的现场考察和监测。主要内容包括：

(1) 地质。地质主要包括区域地层概况、地壳构造的基本形式（岩层、断层及断裂等）以及与其相应的地貌表现、物理与化学风化情况、当地已探明或已开采的矿产资源情况。当评价对象为矿山以及其他与地质条件密切相关的建设项目时，应对与项目建设有直接关系的地质构造，如断层、断裂、坍塌、地面沉陷等，进行较为详细的叙述。一些有特别危害的地质现象，如地震，也应加以说明，必要时，应附图辅助说明。

(2) 地形地貌。主要包括建设项目所在地区的海拔高度、地形特征（如坡度、坡长等）、周围的地貌类型（山地、平原、沟谷、丘陵、海岸等）、岩溶地貌、冰川地貌、风成地貌等地貌的情况，以及崩塌、滑坡、泥石流、冻土等有危害的地貌现象及其发展情况。

(3) 气象与气候。主要包括评价区域内的风向和风速、气温、湿度、降水、蒸发等，以及气候类型（如干旱、湿润等）和天气特征（如梅雨、寒潮、冰雹和台风、飓风等）。

(4) 水文状况。主要包括地面水和地下水两个方面。其中地面水调查应涵盖该区域的水系分布情况、河流湖泊水文及其时空变化情况；地下水调查则应包括区域水文地质状况及其地下水类型、水化学状况等。

(5) 植被状况。主要包括区域植被类型、结构、分布及其特点，以及植被覆盖度和生长情况等。

当然，不同的评价项目侧重点不尽相同，在实际调查时，可根据具体要求增、减一些项目。

6.2.1.2 区域土壤类型特征的调查

在母质、生物、气候、地形和时间五个既相互独立有彼此联系的自然因素共同作用下，形成了自身特性各不相同的土壤类型，它们彼此在土体构型、内在性质和肥力水平上相差甚远。因此，对土壤类型特征的调查有助于较全面地掌握和了解土壤的特点。其调查内容如下：

（1）成土因素，包括成土母质、生物、气候、地形和时间等因素；

（2）土壤类型和分布，包括土类名称、各类型土壤的分布面积及其所占比例、分布规律等；

（3）土壤组成，包括土壤矿物质、土壤有机质，N、P、K 三要素和主要微量元素的含量；

（4）土壤理化特性，主要包括土壤结构和质地、pH 值、氧化还原电位、离子交换容量及盐基饱和度等。

对土壤类型特征的调查应采用资料收集与现场调查相结合的方法。

6.2.1.3 区域社会经济状况调查

区域社会经济状况能较好地反映出该区域内人类活动的特点，区域的社会经济结构不同，其污染类型和程度也可能不同。区域社会经济状况调查主要采用资料收集的方法进行，主要内容包括：

（1）人口状况，包括人口数量、密度、分布状况、职业和年龄结构等；

（2）经济状况，包括产业结构、各产业生产总值及人均产值、国民收入状况等；

（3）文教卫生状况，文教卫生主要设施、居民受教育程度、健康状况、有无地方病及发病率；

（4）交通状况，了解区域内部及与外界联系的主要交通方式、交通干线、流通量等。

6.2.2 土壤环境质量现状评价

6.2.2.1 土壤环境污染现状评价

A 评价分类

土壤环境质量评价按土地用途分为农用地土壤环境质量评价、建设用地土壤环境质量评价和其他用地（自然保护区、集中式饮用水源地、未利用地等）的土壤环境质量评价。建设用地土壤环境质量评价又细分为住宅类用地和工业类用地的土壤环境质量评价。不同用途的土壤，环境受体不同，环境受体暴露于土壤污染物的方式不同，有不同的土壤污染物含量阈值，因而环境质量评价采用不同的评价标准。

B 评价内容

评价工作内容一般包括：明确评价对象和范围、获取基础资料和数据、确定评价项目、土壤污染物超标评价、土壤污染物累积性评价、土壤环境质量等级划分、评价结论和建议。农用地和建设用地既可做土壤污染物超标评价，又可做土壤污染物累积性评价；其他用地仅做土壤污染物累积性评价。

C 评价因子

不同类型的土壤环境质量评价选择评价的项目不同。选择评价项目主要应考虑以下因素：

（1）选择有评价标准的项目；

（2）与区域污染源相关的特征污染物（污染发生的可能性大）；

（3）毒性强、危害大、难降解、受人类活动影响较大的污染物优先考虑。

a 农用地土壤环境质量评价项目

农用地土壤环境质量评价更多地关注农产品质量标准中有规定的指标，其次选择农作物容易富集、对农产品毒性大的、区域内存在可疑污染源的污染物。

(1)《农用地土壤环境质量标准》中的基本项目一般情况下是必须要评价的项目；

(2) 如果怀疑周边存在特定污染物排放源，并且该污染源排放的特定污染物对农作物有危害，则可根据实际情况选择评价与污染源有关的特定污染物指标，一般不考虑挥发性有机污染物的影响。可以是《农用地土壤环境质量标准》中的其他项目，也可能是之外的项目。

b 建设用地土壤环境质量评价项目

若评价范围内及周边无可疑点源污染源，仅评价土壤总镉、总汞、总砷、总铅、总铬、总铜、总镍、总锌和苯并［a］芘。若评价范围内及周边存在（或曾经存在）可疑点源污染源，根据 HJ25.1 筛选确定要评价的污染物项目。住宅类敏感用地土壤环境质量评价指标，优先选择与区域内存在的（或曾经存在的）可疑污染源有关的、对人体毒性大的污染物，重点关注重金属和挥发性有机污染物。工业类非敏感用地土壤环境质量评价，根据工业项目可能产生的特征污染物，优先选择对人体毒性较大的、具有环境风险的污染物作为评价指标。

D 评价标准

a 农用地土壤环境质量评价

土壤污染物超标评价：农用地土壤环境质量评价选用《农用地土壤环境质量标准》进行超标评价，若有地方农用地土壤环境质量标准，根据实际情况执行地方标准。对标准中未规定的项目，地方政府可按管理需要自己规定和提出对污染物种类的要求。对于明显砂性的土壤，由于其吸附能力较差（即阳离子交换量 CEC≤5cmol(+)=/kg），GB 15618 中无机元素的含量限值按规定值的半数计。

土壤污染物累积性评价：小尺度田块的土壤污染物累积性评价标准优先选用田块本底值，或者采用上一次调查获得土壤环境质量数据（均值+2 倍标准差）作为评价标准。大尺度的区域土壤污染物累积性评价优先选用本区域的背景值，其次可采用包括评价区域在内的较大范围的区域土壤环境背景值。

b 建设用地土壤环境质量评价

超标评价以《建设用地土壤污染风险筛选指导值》作为评价标准，有地方农用地土壤环境质量标准和地方场地筛选值标准的，根据实际情况执行地方标准。对于《建设用地土壤污染风险筛选指导值》或地方建设用地土壤污染风险筛选值中未规定的项目，地方环境保护主管部门可按管理需要规定和提出要求，也可根据 HJ 25.3 或地方土壤污染风险评估技术导则确定风险筛选值，并作为评价标准。

累积性评价优先采用场地投入使用时的土壤环境本底值作为评价标准。如果未确定土壤环境本底值，可根据土壤类型相同、未受污染影响的周边土壤污染物本底含量，或者调查区内无污染的下层土壤的污染物含量值，确定土壤环境本底值，作为评价依据。一般情况下，至少获取 5 个点的含量数据，取均值与两倍标准差之和作为累积性评价依据。

c 其他用地土壤环境质量评价

自然保护区、集中式生活饮用水源地一般认为较少受人为活动影响，应保持在自然状态，所以土壤环境质量评价以区域土壤环境背景值为评价标准，以累积性评价为主。未利用地如果有规划用途，可按规划用途选择适宜的评价标准进行土壤环境质量评价；如果没有规划用途的，也仅作土壤污染物累积性评价。

E 评价方法

a 土壤污染物超标评价

对某一点位，若仅存在一项污染物，采用单因子污染指数法。

$$P_i = \frac{C_i}{S_i}$$

式中 P_i——土壤中污染物 i 的单因子污染指数。

C_i——土壤中污染物 i 的含量，单位与 S_i 保持一致。农用地采用表层土壤污染物含量数据，建设用地应分层分别计算各层 P_i。

S_i——土壤污染物 i 的评价标准。

对某一点位，若存在多项污染物，分别采用单因子污染指数法计算后，取单因子污染指数中最大值。

$$P = \mathrm{MAX}(P_i)$$

式中 P——土壤中多项污染物的污染指数。

P_i——土壤中污染物 i 的单因子污染指数。

对于农用地土壤环境质量评价，根据 P_i 值的大小，将农用地土壤单项污染物超标程度分为5级，并按污染物项目统计不同超标程度的点位数和比例，如果点位能代表确切的面积，可同时统计面积比例。超标等级划分如下：

Ⅰ级（未超标）： $P_i \leqslant 1.0$

Ⅱ级（轻微超标）： $1.0 < P_i \leqslant 2.0$

Ⅲ级（轻度超标）： $2.0 < P_i \leqslant 3.0$

Ⅳ级（中度超标）： $3.0 < P_i \leqslant 5.0$

Ⅴ级（重度超标）： $P_i > 5.0$

对于建设用地土壤污染物超标评价，根据 P_i 值的大小，将建设用地土壤单项污染物超标情况分为超标（$P_i>1$）和未超标（$P_i \leqslant 1$），并按污染物项目统计不同超标情况的点位数和比例，如果点位能代表确切的面积，可同时统计面积比例。

b 土壤污染物累积性评价

单项污染物采用单因子累积指数法，计算公式为：

$$A_i = \frac{C_i}{B_i}$$

式中 A_i——土壤中污染物 i 的单因子累积指数；

C_i——土壤中污染物 i 的含量；单位与 B_i 保持一致；

B_i——土壤污染物 i 的累积性评价依据。

根据 A_i 值，将土壤点位单项污染物累积程度分为无明显累积和有明显累积。如果评价依据 B_i 采用区域土壤环境背景值，则以累积指数1为评判值；如果评价依据为土壤环境本底值，则以累积指数1.5为评判值。如果按两种评价依据评价结果不一致，以较严格的结果作为结论。按每个评价项目统计无明显累积和有明显累积的点位比例，如果点位能代表确切的面积，则统计面积比例。

多项污染物综合累积指数按单因子累积指数中最大值计。即：

$$A = \mathrm{MAX}(A_i)$$

式中 A——土壤中多项污染物的综合累积指数；

A_i——土壤中污染物 i 的单因子累积指数。

6.2.2.2 土壤退化现状评价

A 土壤沙化现状评价

土壤沙化是风蚀过程和风沙堆积过程共同作用的结果，一般发生在干旱荒漠及半干旱和半湿润地区（主要发生在河流沿岸地带）。建设项目虽然可能促进土壤沙化的发展，但必须有一定的外在条件，如气候气象、河流水文、植被等等。因此，在评价土壤沙化现状时，必须对这些相关的环境条件进行详细的调查。调查主要内容包括沙漠特征、气候、河流水文、植被以及农、牧业生产情况。

评价因子一般选取植被覆盖度、流沙占耕地面积比例、土壤质地以及能反映沙漠化的景观特征等。

评价标准可根据评价区的有关调查研究，或咨询有关专家、技术人员的意见拟定。

评价指数计算采用分级评分法。

B 土壤盐渍化现状评价

土壤盐渍化是指可溶性盐分在土壤表层积累的现象或过程。引起土壤盐渍化的环境条件和盐渍化的程度，是现状调查和评价的核心内容。

土壤盐渍化一般发生在干旱、半干旱和半湿润地区以及部分滨海地带。主要调查内容包括灌溉状况、地下水情况、土壤含盐量情况和农业生产情况等。

评价因子一般选取表层土壤全盐量或 CO_3^{2-}、HCO_3^-、SO_4^{2-}、Cl^-、Ca^{2+}、Mg^{2+}、K^+、Na^+等可溶性盐的主要离子含量。

评价标准一般根据土壤全盐量，或各离子组成的总量拟定标准，在以氯化物为主的滨海地区，也可以 Cl^-含量拟定标准。

评价指数计算采用分级评分法。

C 土壤沼泽化现状调查与评价

土壤沼泽化是指土壤长期处于地下水浸泡下，土壤剖面中下部某些层次发生 Mn、Fe 还原而成青灰色斑纹层或青泥层（也称潜育层）、或有基质层转化为腐泥层或泥潭层的现象或过程。

土壤沼泽化一般发生在地势低洼、排水不畅、地下水位较高地区，主要调查内容包括地形、地下水、排水系统和土壤利用等。

评价因子一般选取土壤剖面中潜育层出现的高度；评价标准根据土壤潜育化程度拟定；评价指数计算采用分级评分法。

D 土壤侵蚀现状评价

土壤侵蚀是指土壤中通过水力及重力作用而搬运移走土壤物质的过程，主要发生在我国黄河中上游黄土高原地区、长江中上游丘陵地区和东北平原微有起伏的地形。

主要调查内容包括地形地貌、气象气候条件、水文条件、植被条件和耕作栽培方式等。

评价因子一般选用土壤侵蚀量或以未侵蚀土壤为对照，选取已侵蚀土壤剖面的发生层厚度等。

评价指数计算采用分级评分法。

6.2.2.3　土壤破坏现状评价

土壤破坏是指土壤资源被非农、林、牧业长期占用，或土壤极端退化而失去肥力的现象。

（1）土壤破坏现状调查。土壤破坏除自然灾害因素外，还涉及土地利用问题。因此，在进行土壤破坏现状调查时，应重点注意土地利用类型现状、变化趋势及各类型面积的消长关系，以及人均占有量等。

（2）评价因子的选择可选取区域耕地、林地、园地、和草地在一定时段（1~5 年或多年平均）内被自然灾害破坏或被建设项目占用的土壤面积或平均破坏率。

（3）评价标准的确定按评价区内耕地、林地、园地和草地损失的土壤面积拟定。具体数据，应根据当地具体情况，咨询有关部门、专家确定。

（4）评价土壤损失面积指数计算采用分级评分表。

6.3　土壤环境影响预测与评价

6.3.1　土壤环境影响预测

6.3.1.1　土壤中污染物运动及其变化趋势预测

A　污染物在土壤中累积和污染趋势预测的一般方法和步骤

（1）计算土壤污染物的输入量。输入土壤的污染物由两部分构成：评价区内已有污染物和建设项目新增污染物。在计算污染物的输入量时，除必须进行污染物现状调查外，还应根据工程分析、大气及地面水等专题评价资料对输入土壤的污染物数量进行核算，并弄清形态和污染途径。

（2）计算土壤污染物的输出量。土壤中污染物可通过土壤侵蚀、作物收割、淋溶等物理途径和化学沉淀、光解等化学途径，以及微生物降解途径输出土壤，减轻污染物在土壤中的积累，降低其污染趋势。计算输出量时，应全面考虑各种输出途径的贡献，避免遗漏。

（3）计算土壤污染物的残留率。土壤污染物的输出途径十分复杂，直接计算输出量往往比较困难。通常的做法是找到与评价区在土壤侵蚀、作物吸收、淋溶和降解等方面条件相似的地区或地块，进行现场模拟试验，求取污染物通过上述各种途径输出后的残留率。

（4）预测土壤污染趋势。根据土壤中污染物输入输出量的比较，或者根据土壤中污染物输入量和残留率的乘积来说明土壤污染状况及污染程度。也可以通过比较污染物输入量和土壤环境容量来说明污染物累积状况和变化趋势。

B　土壤中农药残留量预测

农药输入土壤后，在各种因素作用下，会产生降解和转化，其最终残留量可按下式计算：

$$R = Ce^{-kt}$$

式中 R——农药残留量，mg/kg；

C——农药施用量，mg/kg；

k——农药降解速率常数，a^{-1}；

t——农药在土壤中的停留时间，a。

从上式可以看出，连续施用农药，如果农药能不断降解，土壤中农药的累积量不会随时间延长而无限增加，达到一定值后便会趋于平衡。

假如一次施用农药时，土壤中农药的浓度为 c_0，一年后的残留量为 c，则农药残留率 f 可以用下式表示：

$$f = \frac{c}{c_0}$$

如果以每年一次的频率连续施用农药时，则农药在土壤环境中数年后的残留总量可用下式计算：

$$R_n = (1 + f + f^2 + f^3 + \cdots + f^{n+1})c_0$$

式中 R_n——土壤中农药残留总量，mg/kg；

f——农药年残留率；

c_0——一次施用农药在土壤中的平均量，mg/kg；

n——连续施用年数。

当 $n \to \infty$ 时，则上式可简化为：

$$R_n = \left(\frac{1}{1 - f}\right)c_0$$

该式可用来计算农药在土壤中达到平衡时的残留量。

C 土壤中重金属污染物累积预测

经各种途径进入土壤的重金属，由于土壤吸附、分配和阻留等作用，总有部分会残留、累积在土壤中。根据重金属的这种输入、累积特点，一般可采用以下模式进行重金属累积量预测：

$$W = K(B + R)$$

式中 W——重金属在土壤中的年残留量，mg/kg；

B——区域土壤背景值；mg/kg；

R——土壤重金属的年输入量，mg/kg；

K——土壤重金属的年残留率，%。

若污染年限为 n，且假定每年的 K 和 R 不变，则重金属在土壤中 n 年内的累积量 W_n 可按下式计算：

$$W_n = BK^n + BK\frac{1 - K^n}{1 - K}$$

上式主要用于污水灌溉和污泥施用状况下土壤中污染物累积情况的预测。利用该式，我们既可以计算得出重金属、石油类等污染物在土壤环境中的长期积累量，也可以借助有关调查资料和土壤环境质量标准，计算土壤污染物达到土壤环境质量标准时所需的污染年限，还可以求出污水灌溉的安全污水浓度及施用污泥中污染物的最高容许浓度。

由上式可见，年残留率 K 对重金属在土壤中累积量的影响很大。在不同地区，由于土壤特性各异，K 值也不完全相同。因此，不同地区应根据盆栽和小区模拟试验，力求准确地求出年残留率。下面以盆栽试验法为例，简要说明 K 值的确定方法。

在盆中加入一定量某区域土壤，厚度约 20cm，并测定出土壤中模拟污染物的背景值，随后向盆内土壤中加入一定量的模拟污染物。种上作物，以淋灌模拟天然降雨，灌溉用水及施用的肥料均不应含有模拟污染物，倘若含有，需测定其含量并计入输入量中。经过一年时间，抽样测定试验土壤中模拟污染物的含量，扣除背景值后得到残留含量，然后按下式计算得到年残留率 K：

$$K = \frac{\text{残留含量}}{\text{年输入量}} \times 100\%$$

在土壤污染物输入量难以获得，又缺乏本地区盆栽试验的情况下，预测土壤中一定年限内污染物的累积量及土壤可污灌的年限，可采用以下各式计算：

$$W = N_w X + W_0$$

$$n = \frac{S_i - W_0}{X}$$

$$X = \frac{W_0 - B}{N_0}$$

式中 W——预计年限内土壤中污染物的累积量，mg/kg；
n——土壤可污灌（安全）年限，a；
X——土壤中污染物平均年增量，mg/(kg·a)；
B——土壤环境背景值，mg/kg；
S_i——土壤环境质量标准，mg/kg；
W_0——土壤污染物当年累积量，mg/kg；
N_0——已污灌的年限，a；
N_w——预计污灌的年限，a。

D 土壤环境容量计算

土壤环境容量，一般是指土壤受纳污染物而不会产生明显的不良生态效应的最大数量，计算公式为

$$Q = (C_R - B) \times 2250$$

式中 Q——土壤环境容量，g/hm^2；
C_R——土壤临界含量，mg/kg；
B——区域土壤背景值，mg/kg；
2250——每公顷土地耕作层土壤重量，t/hm^2。

上式中，在一定区域的土壤及其环境条件之下，B 值是一定的，土壤环境容量的大小和土壤临界含量（污染物容许含量）密切相关，因而，制定适宜的土壤临界含量极为重要。计算土壤环境容量，再结合土壤污染物输入量，可以反映土壤污染程度，说明土壤达到严重污染的时间，并可从总量控制方面找到有效防治对策。

6.3.1.2 土壤退化趋势预测

土壤退化预测主要预测建设项目开发引起土壤沙化、土壤盐渍化、土壤沼泽化、土壤

侵蚀等土壤退化现象的发生和程度、发展速率及其危害，预测方法一般采用类比分析或建立预测模型估算。

建设项目引起土壤侵蚀的途径是多方面的，如施工阶段，施工开挖会导致土壤裸露而引起侵蚀；项目建成后，因土壤植被条件变化，地表径流条件因此而改变，也会造成土壤侵蚀。目前，国内外提出的土壤侵蚀模式很多，应用最广泛的是由美国学者 Wischmeier 和 Smith 提出的通用土壤侵蚀方程（简称 USLE，Universal Soil Loss Equation）。此式适用于土壤侵蚀、面蚀（或片蚀）和细沟侵蚀量的推算，但不适用于切沟侵蚀、河岸侵蚀、耕地侵蚀和流域性侵蚀的预测。

通用土壤侵蚀方程基本形式为

$$A = 0.247R \cdot K \cdot L \cdot S \cdot C \cdot P$$

式中 A——土壤侵蚀量，kg/(m^2·a)；

R——降雨侵蚀潜力系数；

K——土壤可侵蚀性系数，kg/(m^2·a)；

L——坡长系数；

S——坡度系数；

C——耕种管理系数；

P——实际侵蚀控制系数。

A 土壤侵蚀量 A

土壤侵蚀量，也称土壤流失量，一般用侵蚀模数来表示，单位为 t/(km^2·a)。目前我国普遍采用的侵蚀模数分级标准见表 6-1。

表 6-1 我国水利部制定的通用的水土流失侵蚀模数分级标准

级 别	年平均侵蚀模数/t·(km^2·a)$^{-1}$
轻度侵蚀	< 2500
中度侵蚀	2500~5000
强度侵蚀	5000~8000
极强度侵蚀	8000~15000
剧烈侵蚀	> 15000

B 降雨侵蚀潜力系数 R

降雨侵蚀潜力系数等于在预测期内全部降雨侵蚀指数的总和。

（1）对于一次暴雨而言：

$$R = \sum [(2.29 + 1.15\lg x_i)/D_i] \cdot I$$

式中 i——降雨持续时间，h；

D_i——在时间 i 时的降雨量，mm；

I——连续 30min 内的最大降雨强度，mm/h；

x_i——在时间 i 时的降雨强度，mm/h。

（2）对于一年的降雨来说，可采用 Wischmeier 经验公式计算

$$R = \sum_{i=1}^{12} 1.735 \times 10^{1.5\lg\left(\frac{P_i^2}{P}\right) - 0.8188}$$

式中 P——年降雨量，mm；

P_i——各月平均降雨量，mm。

C 土壤可侵蚀性系数 K

土壤可侵蚀性系数也称土壤侵蚀度，其定义为一块长22.13m，坡度9%，经过多年连续种植过的休耕地上每单位降雨量的侵蚀率。该值可反映出土壤对侵蚀的敏感性及降水所产生的径流量与径流速率的大小。不同的土壤有不同的 K 值，通常可根据土壤类型和有机质含量查表6-2确定。

表6-2 土壤可侵蚀性系数 K

土壤类型	有机物含量		
	<0.5%	2%	4%
砂	0.05	0.03	0.02
细砂	0.16	0.14	0.10
特细砂土	0.42	0.36	0.28
壤性砂土	0.12	0.10	0.08
壤性细砂土	0.24	0.20	0.16
壤性特细的砂土	0.44	0.38	0.30
砂壤土	0.27	0.24	0.19
细砂壤土	0.35	0.30	0.24
很细砂壤土	0.47	0.41	0.33
壤土	0.38	0.34	0.29
粉砂壤土	0.48	0.42	0.33
粉砂	0.60	0.52	0.42
砂性黏壤土	0.27	0.25	0.21
粘壤土	0.28	0.25	0.21
粉砂黏壤土	0.37	0.32	0.26
砂性黏土	0.14	0.13	0.12
粉砂黏土	0.25	0.23	0.19
黏土		0.13~0.29	

D 坡长系数 L 和坡度系数 S

坡长系数 L 通常采用下式计算：

$$L = \left(\frac{\lambda}{22.1}\right)^m$$

式中 λ——斜坡长度，m；

m——坡长指数，一般取0.5。但当坡度大于10%，建议采用0.6；而对于坡度小于0.5%的缓坡，可降低到0.3。

坡度系数

$$S = \frac{0.43 + 0.30S_i + 0.043S_i^2}{6.613}$$

式中 S_i——坡度，%。

E 耕种管理系数 C

耕种管理系数也称植被覆盖因子或作物种植系数，反映地表覆盖情况，如植被类型、作物和种植类型等对土壤侵蚀的影响。表6-3为不同地面植被覆盖率的 C 值，表6-4列出了各种农作物和种植方式下的 C 值。

表6-3 地面不同植被覆盖率的 C 值

植 被	覆 盖 率/%					
	稀少	20	40	60	80	100
草地	0.45	0.24	0.15	0.09	0.043	0.011
灌木	0.40	0.22	0.14	0.085	0.040	0.011
乔灌混交	0.39	0.20	0.11	0.06	0.027	0.007
茂密森林	0.10	0.08	0.06	0.02	0.004	0.001
裸土	1.0					

表6-4 典型农作物田地的 C 值

作 物	种植方式	C 值
裸土	—	1.0
草和豆科植物	全年平均	0.004~0.01
苜蓿属植物	全年平均	0.01~0.02
胡枝子	全年平均	0.015~0.025
谷物连作	休耕期清除残根	0.60~0.85
	种子田，残根已清除	0.70~0.90
	残留生长作物已清除	0.60~0.85
	残根或残梗已清除	0.25~0.40
	种子田保留残根	0.45~0.75
	保留生长作物残留物	0.25~0.50
棉花连作	未翻耕的休耕地	0.30~0.45
	苗地	0.50~0.80
	生长作物	0.45~0.55
	残根、残梗	0.20~0.50
青草覆盖	—	0.01
土地被烧裸	—	1.00
种子和施肥	18~20个月的建设周期	0.60
种子、施肥和干草覆盖	18~20个月的建设周期	0.30

F 实际侵蚀控制系数 P

实际侵蚀控制系数也称为水土保持因子，反映不同的土地管理技术或措施，如构筑梯田、平整、夯实土地对侵蚀的影响。不同管理技术对 P 值的影响见表6-5。

土壤通用侵蚀方程既可用于土壤侵蚀量的预测，也可以用来推算项目建设前后侵蚀速率的差异，反映项目建设对土壤侵蚀的影响。例如，对于给定区域和土壤，R、K 为常数，L、S 通常也是恒定的。因此，一个项目的年侵蚀速率可下式进行估算。

表 6-5 实际侵蚀控制系数

实际情况	土地坡度/%	P
无措施	—	1.00
等高耕作	1.1~2.0	0.60
	2.1~7.0	0.50
	7.1~12.0	0.60
	12.1~18.0	0.80
	18.1~24.0	0.90
等高耕作，带状播种	1.1~2.0	0.45
	2.1~7.0	0.40
	7.1~12.0	0.45
	12.1~18.0	0.60
	18.1~24.0	0.70
隔坡梯田	1.1~2.0	0.45
	2.1~7.0	0.40
	7.1~12.0	0.45
	12.1~18.0	0.60
	18.1~24.0	0.70
顺坡直行耕作	—	1.00

$$A_1 = A_0 \frac{C_1 P_1}{C_0 P_0}$$

式中 A_0，A_1——项目建设前、后的侵蚀速率，kg/(m^2 · a)；

C_0，C_1——项目建设前、后的耕种管理系数；

P_0，P_1——项目建设前、后的实际侵蚀控制系数。

6.3.1.3 土壤资源破坏和损失预测

开发建设项目的实施，不可避免地要占用、破坏和淹没部分土壤；在一些生态脆弱的地区，建设项目引起的极度土壤侵蚀造成土地功能丧失而被放弃；极为严重的土壤污染也会使土壤丧失生产功能而转作它用，这些都会导致土壤资源的破坏和损失。

土壤资源的破坏和损失往往是和土地利用类型的变化联系在一起的，因此，在土壤环境影响评价中，常将土地利用类型变化作为预测的重要内容，并以此来推算土壤资源的损失和破坏。

土壤资源破坏和损失的预测，一般采用类比调查方法进行，分两步进行。

（1）土地利用类型现状调查。依照全国土地利用类型划分规定，通过资料收集与现场踏勘、实测相结合的方式，调查评价区内的耕地、园地、林地、草地、城镇用地、交通用地、水域及未利用土地等各种利用类型及其面积分布，并将调查结果绘制成土地利用类型图。

（2）对建设项目造成的土地利用类型变化以及由此引起的土壤损失和破坏进行预测。重点说明因项目建设而占用、淹没和破坏的土地资源的面积，如项目基建和配套设施占地、水库淹没占地、移民搬迁占地等；因表层土壤过度侵蚀造成的土地废弃面积；地貌改变如地表塌陷、沟谷堆填、坡度改变等而损失和破坏的面积；因严重污染而废弃或改作他用的耕地面积等。

以大型水利工程项目为例，水库、库区周围及其下游地带土地利用类型改变以及由此引起的土壤资源损失是该类项目环境影响预测的重点，主要内容包括：水库淹没、浸渍的土地面积；水库四周塌岸的土地面积；修建大坝工程建筑、交通设施占用的土地面积；新兴或搬迁城镇、居民点建设占用的土地面积。

6.3.2　土壤环境影响评价

6.3.2.1　评价拟建项目对土壤环境影响的重大性和可接受性

A　将影响预测的结果与法规和标准进行比较

(1) 拟建项目造成的土壤侵蚀或水土流失是否明显违反了国家的有关法规。例如，某矿山建设项目造成的水土流失十分严重，而水土保持方案不足以显著防治土壤流失，则可判定该项目的负面影响重大，在环境保护，至少是土壤环境保护方面是不可行的。

(2) 影响预测值与背景值叠加后是否超过土壤环境质量标准。例如，某拟建化工厂排放有毒废水使土壤中的重金属含量超过土壤环境质量标准，则可判断该项目废水排放对土壤环境的污染影响是重大的。

(3) 利用分级型土壤指数，计算对应土壤基线值和叠加拟建项目影响后的指数值，土壤级别是否降低。如果土质级别降低（例如基线值为轻度污染，受拟建项目影响后为中度污染），则表明该项目的影响重大；如果仍维持原级别，则表示影响不十分显著。

B　与当地历史上已有污染源和（或）土壤侵蚀源进行比较

请专家判断拟建项目所造成新的污染和增加侵蚀程度的影响的重大性。例如，土壤专家一般认为在现有的土壤侵蚀条件下，如果一个大型工程的兴建将使土壤侵蚀率提高的值不超过 1100t/($km^2 \cdot a$)，则是允许的。在做这类判断时，必须考虑区域内多个项目的累积效应。

C　拟建项目环境可行性的确定

根据土壤环境影响预测与影响重大性的分析，指出工程在建设过程和投产后可能遭受到污染或破坏的土壤面积和经济损失状况。通过费用-效益分析和环境整体性考虑，判断土壤环境影响的可接受性，由此确定该拟建项目的环境可行性。

6.3.2.2　避免、消除和减轻负面影响的对策和措施

A　提出拟建工程应采用的控制土壤污染的措施

(1) 工程建设项目应首先通过清洁生产或废物减量化措施减少或消除废水、废气和固体废物的产生量和排放量，同时在生产中不用或少用在土壤中容易积累的化学原料；其次是采取末端治理控制手段，控制废水和废气中污染物的浓度，保证不造成土壤中重金属、持久性污染物（如多环芳烃、多氯联苯、有机氯等）及其他高毒性化学品（如酚类、石油类等）的累积。

（2）危险废物堆放场和城市垃圾等固体废物填埋场应有严格的隔水层设计和施工，确保工程质量，使渗滤液影响减至最小；同时作好渗滤液收集和处理工程，防止土壤和地下水受到污染。

（3）提出针对可能受污染土壤的监测方案。

B　提出防止和控制土壤侵蚀的对策和措施

针对拟建项目的特征及当地条件，可从以下几个方面提出防止与控制土壤侵蚀的对策和措施。

（1）对于一般建设项目，在施工期，应对施工破坏植被、造成的裸露地块及时覆盖砂、石和种植速生草种并进行经常性管理，以减少土壤侵蚀；在建设期及运行期，应适时采取水土保持措施。如在建设期，施工弃土应堆置在安全的场地上，防止侵蚀和流失；如果弃土中含有污染物，应防止流失、污染下层土壤和附近河流；在工程竣工后，这些弃土应尽可能迅速回填。

（2）对于农副业建设项目，应通过休耕、轮作以减少土壤侵蚀。

（3）对于牧区建设项目，应合理设计放牧强度，降低过度放牧，保持草场的可持续利用。

（4）对水土保持有较大影响的项目，需要请有资质单位制订水土保持方案，并在项目建设和运行期间，严格依照水土保持方案实施。

（5）加强土壤与作物或植物的监测和管理。在建设项目周围地区采取措施加快森林和植被的生长。

C　方案选址

任何开发行动或拟建项目通常都有多个选址方案，应从整体布局上进行比较，从中选择出对土壤环境负面影响最小，占用农、牧、林业土地最少的方案。

6.4　土壤环境影响评价案例

以某焦化厂扩建工程土壤环境影响评价为例。

6.4.1　工程概况

某焦化厂为了进一步扩大焦炭和煤制气生产，决定在原有两座炼焦炉的基础上，新建第三号炼焦炉和处理能力为60×10^4t/a焦炭规模的回收车间，扩建备煤、筛焦部分和锅炉房、给水排水等公用设施，并对原有废水处理站进行扩建改造，以增加其处理能力。

该厂位于城市东北工业区内，距市区13km，属暖温带落叶阔叶林褐色土地带，为山前平原区，地表水为河流，北靠黄河侧渗补给水源。河流经过城市时，接纳市区大量工矿企业废水和生活污水，成为该地区主要的纳污排污河道，水体环境质量很差。

本工程建成投产后的废水经处理后，一部分通过暗沟和明沟排入河流，另一部分用来进行农业灌溉。废水基本情况见表6-6。

表 6-6 工程外排废水基本情况

工程投产前后废水排放情况		排放量/kg·h^{-1}				
		COD	酚	氰	油	合计
现状	酚、氰废水站排水 3t/h	0.450	0.0015	0.0015	0.030	0.483
	直接外排废水 73t/h	109.5	25.55	2.19	2.19	139.43
新废水处理站投产后外排废水 72.4t/h		14.48	0.036	0.036	0.724	15.276
工程投产后废水污染物外排减少量		95.47	25.516	2.156	1.496	124.64
污染物排放量减少率/%		86.83	99.86	98.38	67.39	89.08

6.4.2 焦化厂周围土壤环境现状评价

焦化厂外排废水中酚、氰、油等污染物含量均达到行业排放标准和农田灌溉水质标准，在严防事故排放的情况下，用于农业灌溉，既可解决部分农业用水，也可缓解废水外排对纳污水体的压力，是一个双赢的选择。尽管如此，因污灌导致土壤中有毒、有害污染物积累的问题不容忽视，将成为本工程环境影响评价的重点内容之一。

土壤污染现状评价结果见表 6-7。

表 6-7 焦化厂周围土壤环境污染现状

污染物	表土/底土污染系数	土壤背景值/mg·kg^{-1}	污染起始值/mg·kg^{-1}	污染指数
Hg	14.38	0.018	0.052	4.42
Cd	1.07	0.042	0.66	1.55
Cu	1.49	17.34	30.28	0.84
Pb	0.78	24.81	42.79	0.39
As	0.94	9.90	15.96	0.40
Cr	0.78	63.06	82.86	0.57
Zn	1.57	55.70	91.70	0.69
酚	1.13			
氰化物	0.98			
氟	0.89			
油	无			
BaP	41.14			

从表中可以看出，土壤表层土中 BaP 污染系数很高，超过底土 40 倍，一般含量在 0.01~0.03μg/kg 之间，说明焦化厂附近农田已受到 BaP 的污染。土壤酚和重金属 Hg、Cd、Cu、Zn 污染系数均已超过 1，说明已受到污染。此外，从分级污染指数来看，Hg 和 Cd 的污染指数较高，污染程度较重，应引起重视；土壤表层 Pb、As、Cr 含量尚未超过背景值，属正常范围。

从污染范围来看，以厂址以北和以西土壤中污染物含量高，污染重，说明土壤除受污水灌溉影响外，大气降尘对土壤来讲也是一个不可忽视的污染源。厂以南地区，远离厂址，灌溉地下水，土壤基本未受污染。

土壤中氟含量较高，在224.5~292mg/kg之间，且上下土层含量无统计差异，对照点土壤氟含量也并不低，说明高氟含量非人为污染造成，而是高氟背景之故。

6.4.3 污水灌溉对周围土壤质量的影响

本工程项目中，污水灌溉的直接后果是导致酚、氰和油等有毒有害物质在土壤中的积累。因此，可采用前述污染物累积预测模式对它们在周围土壤中的累积情况及其影响进行预测和评价，结果见表6-8。

表6-8 土壤中有机污染物累积量的预测 (mg/kg)

污染物	土壤中有机污染物浓度与土壤标准浓度之比值							
灌溉年限	1	5	10	20	28	30	42	50
酚	0.4628	0.5140	0.5780	0.7060		0.8340	0.9876	1.004
氰化物	0.4984	0.6720	0.6640	0.8480	0.9952	1.032		
油	7.00	19.41	22.67	23.31		23.33	23.33	23.33

表6-8说明，在土壤酚、氰化物现状含量基础上，扩建后的焦化废水若用于农田灌溉，28年后土壤中氰化物含量接近标准限值；42年后土壤中酚接近标准限值。灌溉30年后矿物油类污染物在土壤中残留量达到稳定状态。此外，土壤中重金属从目前情况分析，Hg和Cd含量已经超过污染起始值，因此，扩建后焦化废水经处理外排时不能有重金属Hg和Cd检出。在降低外排废水氰化物含量的情况下，可以将其用来灌溉农田，但时间不能超过30年。

思 考 题

6-1 土壤环境影响包括哪几种类型？对土壤环境有重大影响的人类行为有哪些？

6-2 土壤环境质量如何分级？

6-3 如何筛选土壤污染、土壤退化和破坏的评价因子？

6-4 一项大型工程施工破坏了两块地的植被，使土地裸露。设两块地的R均为45，地块（1）面积为$3\times10^4m^2$，砂壤土，坡长150m，坡度为5%，土壤中有机质含量2%，草皮覆盖率10%，无侵蚀控制措施；地块（2）面积$2\times10^4m^2$，壤土，坡长70m，坡度10%，土壤中有机质含量3.5%，裸土且无侵蚀控制措施。求每块地的年平均土壤侵蚀量，以及两块地的土壤总侵蚀量。

6-5 一个拟建项目占地$5\times10^2m^2$，现状为等高耕作的棉花地；在项目建设中将成为裸土，且无侵蚀控制措施，设现状的侵蚀率估计为$0.80kg/(m^2\cdot a)$，试预测项目建设中的土壤侵蚀率。

6-6 一块土地用含酚废水灌溉，灌溉前土壤中酚的背景值为0.5mg/kg，污灌用水量为$10t/km^2$，灌溉水中酚浓度10mg/L，土壤中酚年残留率为0.85，耕作层土壤重$2000t/km^2$，设计灌溉年限15年，试求土壤中酚的累积残留量。

6-7 如何减轻建设项目对土壤环境的负面影响？

6-8 土壤环境质量预测一般采用哪些方法？

7 噪声环境影响评价

[内容摘要] 不同于水、气、土等人类生存不可缺少的环境要素，声音在日常生活中虽与人类形影不离，但由人类活动产生的环境噪声已给人类自己的健康带来了不可低估的影响。本章主要介绍了噪声的物理性质、常用的噪声评价量、噪声的传播衰减及其相关计算，并详细介绍噪声评价的一般性原则、方法、内容及要求，最后给出一磷肥厂改建工程噪声影响评价案例。

7.1 噪声和噪声评价量

7.1.1 环境噪声和噪声源

声音是由物质振动产生的。一定振动频率的空气作用于人耳鼓膜而产生的感觉称为声音。声源可以是固体、液体或气体振动。人类生活在一个声音环境中，人们通过声音进行交谈、表达思想、交流感情和开展各种活动。有的声音会给人类带来危害或厌烦，如轰隆隆的机器声会危害人耳，这种噪声是人们生活和工作不需要的声音。环境噪声是指在工业生产、建筑施工、交通运输和社会生活中所产生的、干扰周围生活、环境的声音。环境噪声污染是指所产生的环境噪声超过国家规定的环境噪声排放标准，并干扰他人正常生活、工作和学习的现象。

环境噪声源一般分为以下四类：

(1) 工厂噪声，如鼓风机、汽轮机、纺织机、冲床等发出的声音；

(2) 建筑施工噪声，如打桩机、混凝土搅拌机、起重机和推土机等发出的声音；

(3) 交通噪声，如飞机、火车、汽车、轮船等所产生的噪声；

(4) 社会生活噪声，如人群大声喧嚣、高音喇叭和收放机等发出的过强的声音。

7.1.2 声音的频率、波长和声速

“声”是从物体振动表面发出的机械能通过材料分子的周期性密-疏运动传播的。声可通过气体、液体和固体运动。一个产生声的振动源发出声压波，这种波交替地达到最大水平（压缩）和降至最低水平（稀疏）。噪声水平是与振动源的总输出功相关的。单位时间内空气分子发生的密-疏变化周期称频率，每秒钟密-疏变化一次称 1 赫兹（Hz）。人耳能觉察的频率范围为 16~20000Hz。声波中两个相邻压缩区或膨胀区之间的距离称波长，即波长是振动经过一个周期声波传播的距离，以希腊字母 λ 表示。声波通过一个波长的距离所用的时间称为周期，一般用 T 表示。

声波在介质中传播的速度叫声速。在任何一种介质中，声速取决于介质的弹性和密度，而与声源无关。比如常温下，在空气中的声速 345m/s；在钢板中的声速为 5000m/s。在空气中声速 c(m/s) 与温度 t(℃) 间的关系为

$$c = 331.4\sqrt{1 + \frac{t}{273}} \approx 331.4 + 0.607t$$

声波的波长 λ(m)、频率 f (Hz) 或周期 T(s) 与声速 c(m/s) 三者之间的关系为

$$c = \lambda f \quad 或 \quad c = \frac{\lambda}{T}$$

7.1.3 噪声的基本评价量

7.1.3.1 声压、声强、声功率

A 声压（P）

当有声波存在时，媒质中的压强超过静止的压强值。声波通过媒质时引起的媒质压强的变化（即瞬时压强减去静止压强），变化的压强称为声压。单位为 Pa。

描述声压可以用瞬时声压和有效声压等。瞬时声压是指某瞬时媒质中内部压强收到声波作用后的改变量，即单位面积的压力变化。瞬时声压的均方根值称为有效声压，通常所说的声压即指有效声压，用 P 表示。

人耳能听到的最小声压，称为人耳的听阈，声压值为 2×10^{-5}Pa，如蚊子飞过的声音。使人耳产生疼痛感觉的声压，称为人耳的痛阈，声压为 20Pa，如飞机发动机的噪声。

B 声强（I）

单位时间内，声波通过垂直于声波传播方向单位面积的声能量为声强，单位为 W/m²。声压与声强有密切关系。在自由声场中，平面波和球面波某处的声强与该处声压的平方成正比，即

$$I = \frac{P^2}{\rho c}$$

式中 P——有效声压，Pa；

ρ——介质密度，kg/m²；

c——声速，m/s。

C 声功率（W）

声源在单位时间内向外发出的总声能为声功率，单位为 W。

声功率与声强之间的关系为

$$I = \frac{W}{S}$$

式中 S——声波垂直通过的面积，m²。

7.1.3.2 声压级、声强级、声功率级

A 分贝

分贝是一个相对单位，两个相同的物理量（如 A_1 和 A_0）之比取以 10 为底的对数并乘以 10（或 20）即得分贝数。

$$N = 10\lg \frac{A_1}{A_0}$$

分贝的符号为“dB”，无量纲。式中，A_0为基准量（或参考量），A_1为被量度的量，N为被量度量的“级”。如A_1为声压、声强、声功率，A_0分别为2×10^{-5}Pa、10^{-12}W/m^2、10^{-12}W，则对应的N分别为声压级、声强级、声功率级。

B 声压级

声压从听阈到痛阈，即2×10^{-5}~20Pa，声压的绝对值相差100万倍。因此，用声压的绝对值表示声音的强弱很不方便。再者，人对声音响度感觉是与声音的强度的对数成比例的。为了方便起见，引进了声压比或者能量比的对数来表示声音的大小，这就是声压级。声压级的单位是分贝（dB），将有效声压P与基准声压P_0的比，取以10为底的对数，再乘以20，即为声压级的分贝数。

$$L_{\mathrm{p}} = 20\lg \frac{P}{P_0}$$

式中 L_{P}——声压级，dB；

P——有效声压，Pa；

P_0——基准声压，即1000Hz的听阈声音，等于2×10^{-5}Pa。

C 声强级

$$L_{\mathrm{I}} = 10\lg \frac{I}{I_0}$$

式中 L_{I}——声强级，dB；

I——声强，W/m^2；

I_0——基准声强，等于10^{-12} W/m^2。

自由声场中，声强级与声压级的数值近似相等。

D 声功率级

$$L_{\mathrm{W}} = 10\lg \frac{W}{W_0}$$

式中 L_{W}——声功率级，dB；

W——声功率，W；

W_0——基准声功率，$W_0 = 10^{-12}$W。

7.1.3.3 噪声的频率与响度

人耳对声音的感受不仅与声压有关，而且也和频率有关。不同频率的声音，即使声压级相同，人耳听到的响亮程度很可能不一样。例如，空压机与电锯，同是100dB声压级的噪声，电锯声听起来要响得多。

实际声源所发出的声音几乎都包含了很广的频率范围，将噪声的强度（声压级）按频率顺序展开，可得到噪声的频谱图。对噪声进行频谱分析，考察其波形，有助于了解声源特性，寻找主要的噪声污染源，为噪声控制提供依据。频谱分析是使噪声信号通过一定带宽的滤波器。噪声监测常用倍频程滤波器，若将滤波器的上、下截止频率（f_{u}，f_{l}）之比取以2为底的对数所得常数为n，则为n倍频程。根据人耳对声音频率的反应，将可听频率范围分成10段频带或频程，且均以中心频率命名，中心频率（f_m）与上、下截止频率（f_u，f_l）的关系为

$$f_m = \sqrt{f_u \cdot f_l}$$

在实际应用中，噪声现场测试仅用63~8000Hz共8个倍频程即可满足。

响度是人耳判别声音由轻到响的强度等级概念，它不仅取决于声音的强度（如声压级），还与它的频率及波形有关。响度的单位为“宋”（sone），1宋定义为声压级为40dB，频率为1000Hz，且来自听者正前方的平面波形的强度。如果另一个声音听起来比这个声音大 n 倍，则其响度为 n。利用与基准声音比较的方法，可以得到人耳听觉频率范围内一系列响度相等的声压级与频率的关系曲线，即等响曲线（图7-1）。

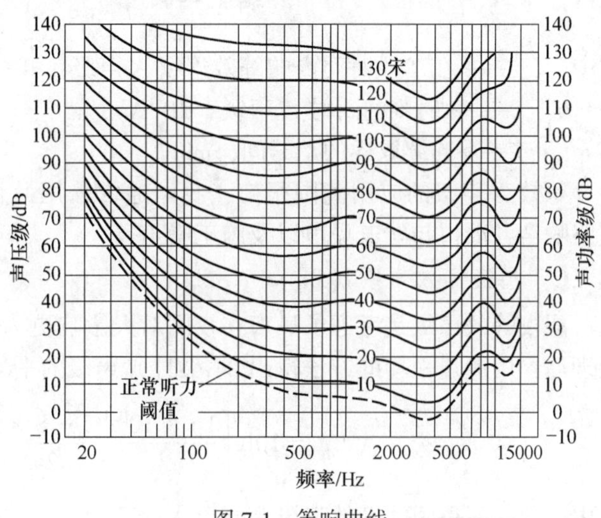

图7-1　等响曲线

图7-1中同一条曲线上不同频率的声音，听起来感觉一样响，而声压级是不同的。

7.1.3.4　A声级、等效A声级、昼夜等效声级

A　A声级（L_A）

环境噪声的度量，不仅与噪声的物理量（如声压级）有关，还与人对声音的主观听觉有关。人耳对声音的感觉不仅和声压级大小有关，而且也和频率的高低有关。声压级相同而频率不同的声音，听起来不一样响，高频声音比低频声音响，这是人耳听觉特性所决定的。为了能用仪器直接测量出人的主观响度感觉，研究人员为测量噪声的仪器——声级计设计了一种特殊的滤波器，叫计权网络。当用声压级测量噪声时，含有各种频率的声波通过此滤波器，不同频率的声压级会发生不同的衰减或增强，声级计读数相当于全部可听声范围内按规定的频率计权的积分按时间平均而测得的声压级。通过计权网络测得的声压级称计权声压级或计权声级，计权声级不同于客观物理量的声压级。

通用的计权声级有A、B、C、D四种。其中，A计权声级是模拟人耳对55dB以下低强度噪声的频率特性，B计权声级是模拟55dB到85dB的中等强度噪声的频率特性，C计权声级是模拟高强度噪声的频率特性，D计权声级是对噪声参量的模拟，专用于飞机噪声的测量。实践证明，A计权声级表征人耳主观听觉较好，所以通常以A计权声级来评价噪声对人群的影响，A计权声级以 L_{PA} 或 L_A 表示，其单位用dB（A）表示。

B　等效连续A声级（L_{eq}）

A声级用来评价稳态噪声具有明显的优点，但是在评价非稳态噪声时又有明显的不

足。因此，人们提出了等效连续A声级（简称“等效声级”），即将某一段时间内连续暴露的不同A声级变化，用能量按时间平均的方法表示该段时间内的噪声大小。等效连续A声级的表达式为

$$L_{eq} = 10\lg\left(\frac{1}{T}\int_0^T 10^{0.1L_A(t)}\,dt\right)$$

式中 L_{eq}——在T段时间内的等效连续A声级，dB(A)；

$L_{A(t)}$——t时刻的瞬时A声级，dB(A)；

T——连续取样的总时间，min。

等效A声级的应用范围很广，我国通常采用此评价量来评价工业噪声、公路噪声、铁路噪声、港口与航道噪声以及施工噪声等。

C 昼夜等效声级（L_{dn}）

昼夜等效声级是考虑了噪声在夜间对人影响更为严重，将夜间噪声作增加10dB加权处理后，用能量平均的方法得出24小时A声级的平均值。昼夜等效声级表达式为

$$L_{dn} = 10\lg\left[\frac{16\times 10^{0.1L_d} + 8\times 10^{0.1(L_n+10)}}{24}\right]$$

式中 L_d——昼间的等效声级，dB（A）；

L_n——夜间的等效声级，dB（A）。

昼间和夜间的起止时间，可依地区和季节不同而稍有变化。

7.1.3.5 统计噪声级

统计噪声级是指在某点噪声级有较大波动时，用于描述该点噪声随时间变化状况的统计物理量，一般用L_{10}、L_{50}、L_{90}表示。

L_{10}表示在取样时间内10%的时间超过的噪声级，相当于噪声平均峰值。

L_{50}表示在取样时间内50%的时间超过的噪声级，相当于噪声平均中值。

L_{90}表示在取样时间内90%的时间超过的噪声级，相当于噪声平均底值。

以100个测量数据为例，具体计算方法是：将测得的100个数据按大小顺序排列，第10个数据即为L_{10}，第50个数据为L_{50}，同理，第90个数据即为L_{90}。

7.1.3.6 计权有效连续感觉噪声级（L_{WECPN}）

计权有效等效连续感觉噪声级是专门用于评价航空噪声的，其特点在于既考虑了在24h的时间内飞机通过某一固定点所产生的总噪声级，同时也考虑了不同时间内的飞机对周围环境所造成的影响。

一日计权有效连续感觉噪声级的计算公式为

$$L_{WECPN} = \overline{EPNL} + 10\lg(N_1 + 3N_2 + 10N_3) - 40$$

式中 $\overline{EPNL}$——N次飞行的有效感觉噪声级的能量平均值，dB；

N_1——7~19时的飞行次数；

N_2——19~22时的飞行次数；

N_3——22~7时的飞行次数。

7.2 噪声计算与衰减

7.2.1 噪声级（分贝）的计算

7.2.1.1 噪声级（分贝）的相加

如果已知两个声源在某一预测点单独产生的声压级（L_1，L_2），这两个声源合成的声压级（L_{1+2}）就要进行级（分贝）的相加。

A 公式法

根据声压级的定义，分贝相加一定要按能量（声功率或声压平方）相加，求合成的声压级 L_{1+2}。

计算步骤如下：

（1）将 $L_1=20\lg(P_1/P_0)$ 和 $L_2=20\lg(P_2/P_0)$ 进行对数换算，得

$$P_1 = P_0\, 10^{\frac{L_1}{20}} \text{ 和 } P_2 = P_0\, 10^{\frac{L_2}{20}}$$

（2）合成声压 P_{1+2}，将 P_1 和 P 按能量相加，即

$$P_{1+2}^2 = P_1^2 + P_2^2 = P_0^2\left(10^{\frac{L_1}{10}} + 10^{\frac{L_2}{10}}\right)$$

（3）按声压级定义合成得

$$L_{1+2} = 20\lg\frac{P_{1+2}}{P_0} = 10\lg\left(\frac{P_{1+2}}{P_0}\right)^2$$

即

$$L_{1+2} = 10\lg\left(10^{\frac{L_1}{10}} + 10^{\frac{L_2}{10}}\right)$$

几个声压级相加的通用式为

$$L_{总} = 10\lg\left(\sum_{i=1}^{n} 10^{\frac{L_i}{10}}\right)$$

式中 $L_{总}$——几个声压级相加后的总声压级，dB；

L_i——某一个声压级，dB。

若上式的几个声压级均相同，即可简化为：

$$L_{总} = L_P + 10\lg N$$

式中 L_P——单个声压级，dB；

N——相同声压级的个数。

B 查表法

例如 $L_1=56$dB，$L_2=50$dB，求 $L_{1+2}=$？

先算出两个声音的分贝差，$L_1-L_2=6$dB，再查表 7-1 找出 6dB 相对应的增值 $\Delta L=1.0$dB，然后加在分贝数大的 L_1 上，得出 L_1 与 L_2 的和 $L_{1+2}=56+1=57$dB。

表 7-1 分贝和的增值表 (dB)

声压级差（L_1-L_2）	0	1	2	3	4	5	6	7	8	9	10
增值 ΔL	3.0	2.5	2.1	1.8	1.5	1.2	1.0	0.8	0.6	0.5	0.4

7.2.1.2　噪声级（分贝）的相减

如果已知两个声源在某一预测点产生的合成声压级（$L_{合}$）和其中一个声源在预测点单独产生的声压级 L_2，则另一个声源在此点单独产生的声压级 L_1 可用下式计算。

$$L_1 = 10\lg(10^{\frac{L_{合}}{10}} - 10^{\frac{L_2}{10}})$$

噪声测量中经常碰到的如何扣除背景噪声问题，就是噪声相减的问题。

7.2.2　户外声传播衰减计算

7.2.2.1　基本公式

户外声传播衰减包括几何发散（A_{div}）、大气吸收（A_{atm}）、地面效应（A_{gr}）、屏障屏蔽（A_{bar}）、其他多方面效应（A_{misc}）引起的衰减。

在环境影响评价中，应根据声源声功率级或靠近声源某一参考位置处的已知声级（如实测得到的）、户外声传播衰减，计算距离声源较远处的预测点的声级。在已知距离无指向性点声源参考点 r_0 处的倍频带（用 63Hz 到 8kHz 的 8 个标称倍频带中心频率）声压级和计算出参考点（r_0）和预测点（r）处之间的户外声传播衰减后，分别用下式计算预测点 8 个倍频带声压级。

$$L_p(r) = L_p(r_0) - (A_{div} + A_{atm} + A_{bar} + A_{gr} + A_{misc})$$

然后将 8 个倍频带声压级合成，计算出预测点的 A 声级 $[L_A(r)]$

$$L_A(r) = 10\lg(10^{0.1[L_{pi}(r) - \Delta L_i]})$$

式中　$L_A(r)$ ——预测点 r 处，第 i 个倍频带声压级，dB；

ΔL_i ——第 i 个倍频带的 A 计权网络修正值（见表 7-2），dB。

表 7-2　A 计权网络修正值

频率/Hz	63	125	250	500	1000	2000	4000	8000	16000
ΔL_i/dB	−26.2	−16.1	−8.6	−3.2	0	1.2	1.0	−1.1	−6.6

7.2.2.2　几何发散衰减

A　点声源的几何发散衰减

无指向性点声源几何发散衰减的基本公式为

$$L(r) = L(r_0) - 20\lg\left(\frac{r}{r_0}\right)$$

式中，$L(r)$、$L(r_0)$ 分别是 r、r_0 处的声压级，$L(r)$ 与 $L(r_0)$ 必须是在同一方向上的声级。

点声源的几何发散衰减为

$$A_{div} = 20\lg\left(\frac{r}{r_0}\right)$$

距离点声源 r_1 处至 r_2 处的衰减值为

$$A_{div} = 20\lg\left(\frac{r_1}{r_2}\right)$$

当点声源与预测点处在放射体同侧附近（图 7-2）时，达到预测点的声级是直达声与反射声叠加的结果，从而使预测点声级增高（增高量用 ΔL_r 表示）。

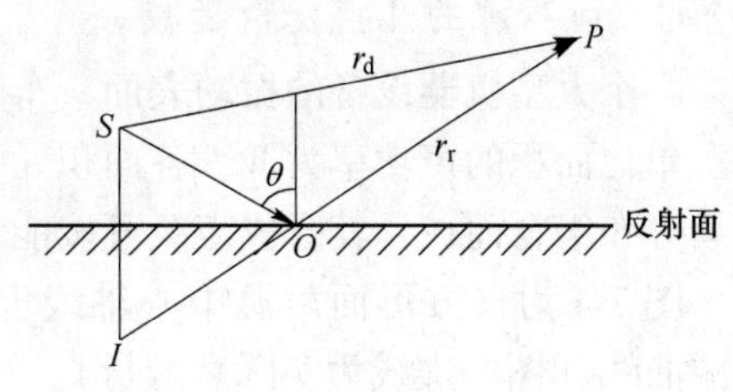

图 7-2 反射体的影响

当满足下列条件时需考虑放射体引起的声级增高：

（1）放射体表面是平整、光滑、坚硬的；

（2）反射体尺寸远远大于所有声波的波长；

（3）入射角 θ 小于 85°。

在图 7-2 中，被 O 点反射到达 P 点的声波相当于从虚点源 I 辐射的声波，记 $SP=r_d$，$IP=r_r$。在实际情况下，声源辐射的声波是宽频带的且满足条件 $r_d-r_r \gg \lambda$，反射引起的声级增高量 ΔL_r 与 r_d/r_r 有关；当 $r_d/r_r \approx 1$ 时，$\Delta L_r=3$dB(A)；当 $r_d/r_r \approx 1.4$ 时，$\Delta L_r=2$dB(A)；当 $r_d/r_r \approx 2$ 时，$\Delta L_r=1$dB(A)；当 $r_d/r_r > 2.5$ 时，$\Delta L_r=0$dB(A)。

B 线声源的几何发散衰减

a 无限长线声源

无限长线声源几何发散衰减的基本公式为

$$L(r)=L(r_0)-10\lg\left(\frac{r}{r_0}\right)$$

无限长线声源的几何发散衰减为

$$A_{div}=10\lg\left(\frac{r}{r_0}\right)$$

距离无限长线声源 r_1 处至 r_2 处的衰减值为

$$A_{div}=10\lg\left(\frac{r_1}{r_2}\right)$$

式中，r、r_0 为垂直于线声源的距离。

b 有限长线声源

如图 7-3 所示，设线声源长度为 l_0，单位长度线声源辐射的声功率级为 L_W。在线声源垂直平分线上距声源 r 处的声级为 $L_P(r)$。

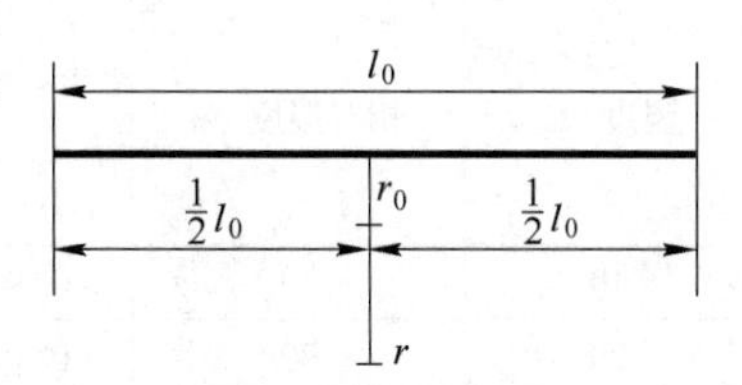

图 7-3 有限长线声源

当 $r>l_0$ 且 $r_0>l_0$ 时，
$$L_P(r)=L_P(r_0)-20\lg\left(\frac{r}{r_0}\right)$$

即在有限长线声源的远场，有限长线声源可当做点声源处理。

当 $r<l_0/3$ 且 $r_0<l_0/3$ 时，
$$L_P(r)=L_P(r_0)-10\lg\left(\frac{r}{r_0}\right)$$

即在近场区，有限长线声源可当做无限长线声源处理，如在近场条件下的铁路列车、公路上的汽车流。

当 $l_0/3<r<l_0$ 且 $l_0/3<r_0<l_0$ 时，可按下式近似计算

$$L_P(r)=L_P(r_0)-15\lg\left(\frac{r}{r_0}\right)$$

C 面声源的几何发散衰减

一个大型机器设备的振动表面，车间透声的墙壁，均可以认为是面声源。如果已知面声源单位面积的声功率为 W，各面积元噪声的位相是随机的，面声源可看作由无数点声源连续分布组合而成，其合成声级可按能量叠加法求出。

图 7-4 为长方形面声源中心轴线上的声衰减曲线（图中虚线为实际衰减量）。

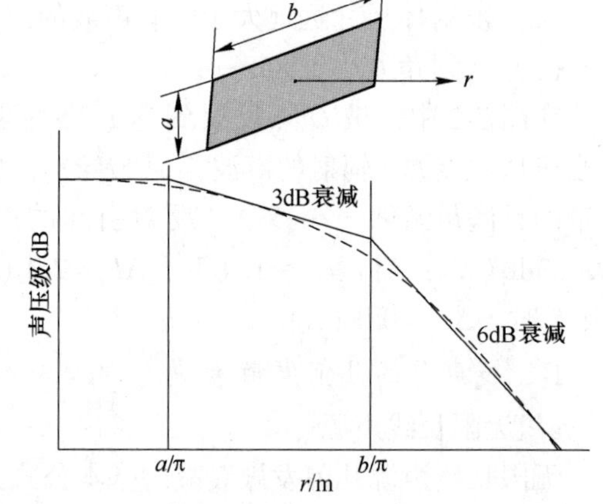

图 7-4 长方形面声源中心轴上的噪声衰减特性

其衰减值与距离 r 的关系为：

当 $r < \frac{a}{\pi}$ 时，几乎不衰减，$A_{div} \approx 0$；

当 $\frac{b}{\pi} > r > \frac{a}{\pi}$ 时，在 r 处，$A_{div} = -(0\sim3)$ dB，距离 r 每增加 1 倍，声压级衰减 3dB 左右，与线声源的衰减特性类似；

当 $b > r > \frac{b}{\pi}$ 时，在 r 处，$A_{div} = -(3\sim6)$ dB，距离 r 每增加 1 倍，声压级衰减趋近于 6dB，类似点声源衰减特性；

当 $r > b$ 时，距离每增加 1 倍，$A_{div} = -6$dB，按点声源的衰减规律衰减。

7.2.2.3 空气吸收引起的衰减 A_{atm}

空气吸收引起的衰减按下式计算：

$$A_{atm} = \frac{\alpha(r - r_0)}{1000}$$

式中，α 为温度、湿度和声波频率的函数，预测计算中一般根据建设项目所处区域常年平均气温和湿度选择相应的空气吸收系数（见表 7-3）。

表 7-3 倍频带噪声的大气吸收衰减系数 α

温度/℃	相对湿度/%	大气吸收衰减系数 α/dB · km^{-1}							
		倍频带中心频率/Hz							
		63	125	250	500	1000	2000	4000	8000
10	70	0.1	0.4	1.0	1.9	3.7	9.7	32.8	117.0
20	70	0.1	0.3	1.1	2.8	5.0	9.0	22.9	76.6
30	70	0.1	0.3	1.0	3.1	7.4	12.7	23.1	59.3
15	20	0.3	0.6	1.2	2.7	8.2	28.2	28.8	202.0
15	50	0.1	0.5	1.2	2.2	4.2	10.8	36.2	129.0
15	80	0.1	0.3	1.1	2.4	4.1	8.3	23.7	82.8

7.2.2.4 地面效应衰减 A_{gr}

地面类型可分为：

（1）坚实地面，包括铺筑过的路面、水面、冰面以及夯实地面；

（2）疏松地面，包括被草或其他植物覆盖的地面，以及农田等适合于植物生长的地面；

（3）混合地面，由坚实地面和疏松地面组成。

声波越过疏松地面传播时，或大部分为疏松地面的混合地面，如果仅计算A声级，则地面效应引起的倍频带衰减为

$$A_{gr} = 4.8 - \frac{2h_m}{r}\left(17 + \frac{300}{r}\right)$$

式中 r——声源到预测点的距离，m；

h_m——传播路径的平均离地高度，m。

h_m可根据图7-5按公式 $h_m = \frac{F}{r}$ 计算，其中，F为面积，m^2；r为声源至接收点的直线距离，m。若A_{gr}计算结果为负值，则可取“0”。

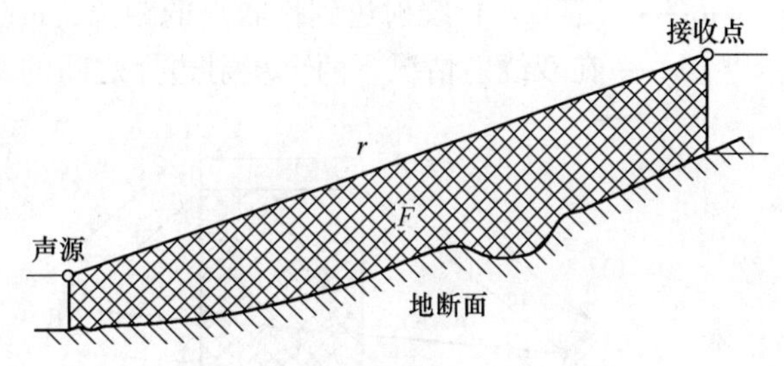

图7-5 估计平均高度h_m的方法

7.2.2.5 屏障引起的衰减A_{bar}

位于声源和预测点之间的实体障碍物，如围墙、建筑物、土坡或地堑等起声屏障作用，从而引起声能量的较大衰减。在环境影响评价中，可将各种形式的屏障简化为具有一定高度的薄屏障。

如图7-6所示，S、O、P三点在同一平面内且垂直于地面，定义$\delta = SO + OP - SP$为声程差，$N = \frac{2\delta}{\lambda}$为菲涅尔数，其中$\lambda$为声波波长。

在噪声预测中，声屏障插入损失的计算方法应需要根据实际情况作简化处理。

A 有限长薄屏障在点声源声场中引起的衰减计算

先根据图7-7计算三个传播途径的声程差δ_1，δ_2，δ_3和相应的菲涅尔数N_1、N_2、N_3。然后根据下式计算声屏障引起的衰减

$$A_{bar} = -10\lg\left(\frac{1}{3 + 20N_1} + \frac{1}{3 + 20N_2} + \frac{1}{3 + 20N_3}\right)$$

当预测点与声屏障的距离远小于屏障长度时，屏障可当无限长处理，则

$$A_{bar} = -10\lg\left(\frac{1}{3 + 20N_1}\right)$$

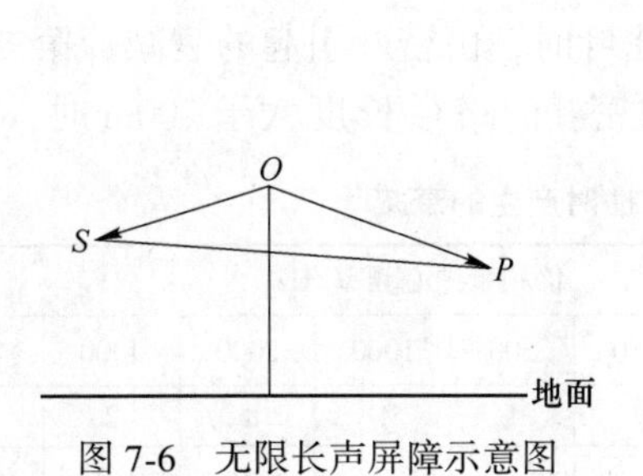

图7-6 无限长声屏障示意图

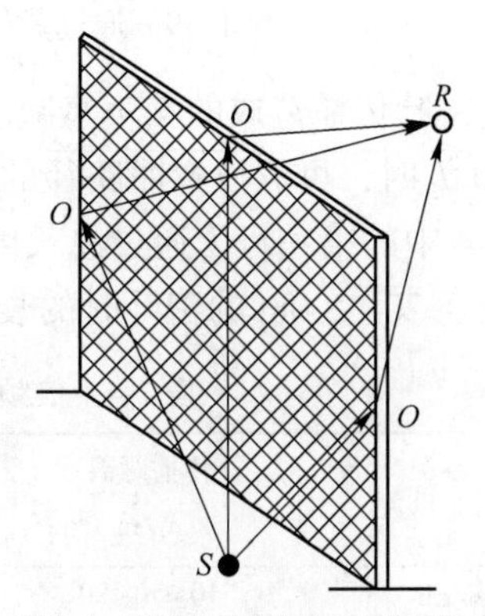

图7-7 声波在有限长声屏障上不同的传播路径

B　厚屏障在点声源声场中引起的衰减计算

厚屏障在点声源声场中引起的衰减属于双绕射问题，对于图 7-8 所示的双绕射情景，可由下式计算绕射声与直达声之间的声程差 δ

$$\delta = [(d_{ss} + d_{sr} + e)^2 + a^2] - d$$

式中　a——声源和接收点之间的距离在平行于屏障上边界的投影长度，m；

d_{ss}——声源到第一绕射边的距离，m；

d_{sr}——（第二）绕射边到接收点的距离，m；

e——在双绕射情况下两个绕射边界之间的距离，m。

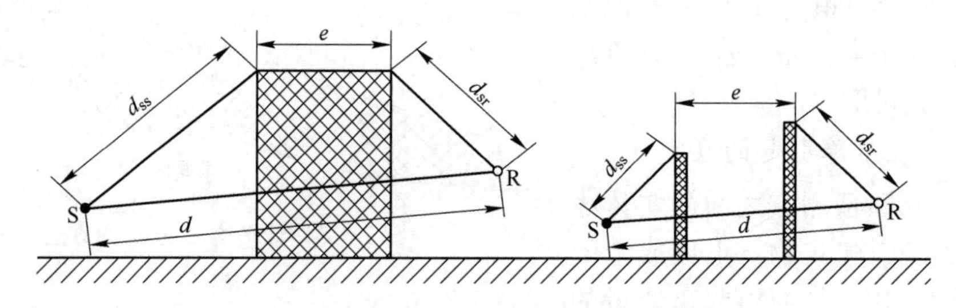

图 7-8　利用建筑物、土堤作为厚屏障的双绕射情景

厚屏障引起的衰减 A_{bar} 的计算参照《声学　户外声传播的衰减（第 2 部分）：一般计算方法》（GB/T 17247.2—1998）进行。

在任何频带上，对于薄屏障，衰减最大值取 20dB；对于厚屏障，衰减最大值取 25dB。无论是薄屏障还是厚屏障，如果计算了屏障衰减，则不再考虑地面效应衰减。

C　绿化林带噪声衰减计算

绿化林带的附加衰减与树种、林带结构和密度等因素有关。在声源附近的绿化林带，或在预测点附近的绿化林带，或声源与预测点两者附近均有绿化林带的情况，都可以使声波衰减，如图 7-9 所示。

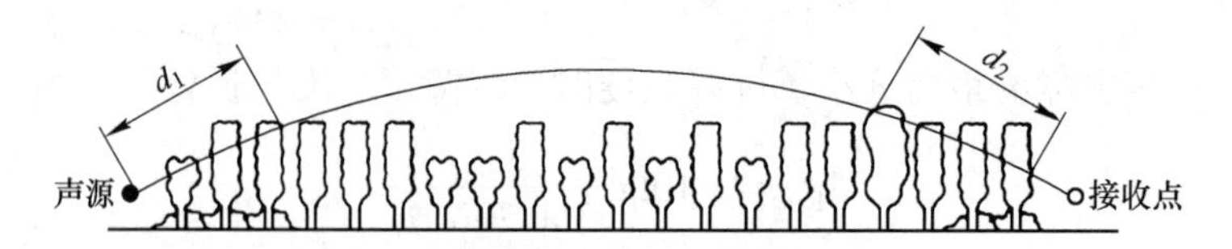

图 7-9　通过绿化林带（树和灌木）时噪声衰减示意图

通过树叶传播造成的噪声衰减随通过树叶传播距离 d_f 的增长而增加，其中 $d_f = d_1 + d_2$，计算 d_1 和 d_2 时，可假设弯曲路径的半径为 5km。

表 7-4 中的第一行为通过总长度为 10～20m 的密叶时，由密叶引起的衰减；第二行为通过总长度 20～200m 的密叶时的衰减系数；当通过密叶的路径长度大于 200m 时，可使

表 7-4　倍频带噪声通过密叶传播时产生的衰减

项　目	传播距离 d_f/m	倍频带中心频率/Hz							
		63	125	250	500	1000	2000	4000	8000
衰减/dB	$10 \leq d_f < 20$	0	0	1	1	1	1	2	3
衰减系数/dB·m^{-1}	$20 \leq d_f < 200$	0.02	0.03	0.04	0.05	0.06	0.08	0.09	0.12

用200m的衰减值。

密集的林带对宽带噪声典型的附加衰减量是每10m衰减1~2dB（A）；取值的大小与树种、林带结构和密度等因素有关。密集的绿化林带对噪声的最大附加衰减量一般不超过10dB（A）。

7.2.2.6 其他多方面原因引起的衰减 A_{misc}

其他衰减包括通过工业场所的衰减、通过房屋群的衰减等。在声环境影响评价中，一般情况下，不考虑自然条件（如风、温度梯度、雾）变化引起的附加修正。

这里仅介绍工业场所的衰减 A_{site}，房屋群的衰减的计算参照GB/T 17247.2—1998进行。

在工业场所，设备（或其他物体）对声波的散射可能产生传播衰减 A_{site}，这里设备包括各种管道、阀门、箱体和结构单元等。衰减值随通过设备的弯曲路径的长度 d_r 而线性增加（如图7-10所示），且其最大值为10dB，具体取值可以根据表7-5来估计。

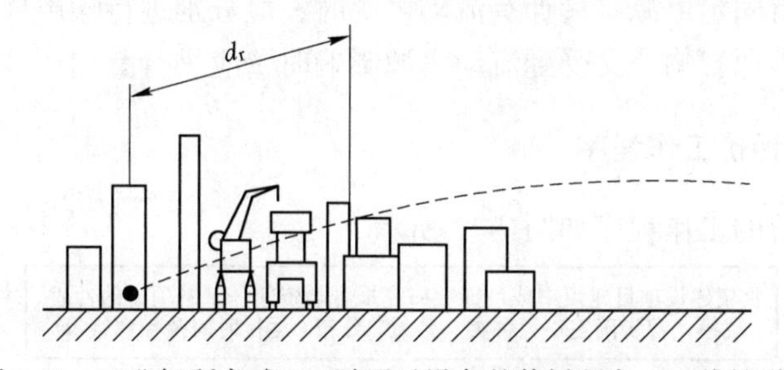

图7-10 工业场所衰减 A_{site} 随通过设备的传播距离 d_r 而线性增加

表7-5 倍频带噪声通过工厂设备传播的衰减系数

倍频中心频率/Hz	63	125	250	500	1000	2000	4000	8000
A_{site}/dB·m^{-1}	0	0.015	0.025	0.025	0.02	0.02	0.015	0.015

7.2.3 噪声从室内向室外传播的声级差计算

如图7-11所示，声源位于室内。设靠近开口处（或窗户）室内、室外的声级分别为 L_{p1} 和 L_{p2}。如声源所在室内声场近似扩散声场，则

$$L_{p2} - L_{p1} = T_L + 6$$

式中，T_L 为隔墙（或窗户）的传输损失。

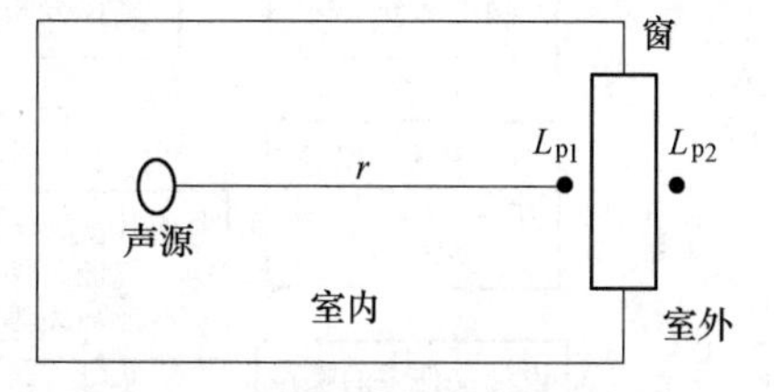

图7-11 噪声从室内向室外传播

7.3 声环境影响评价

7.3.1 声环境影响评价的基本任务

评价建设项目引起的声环境质量的变化和外界噪声对需要安静建设项目的影响程度；提出合理可行的防治措施，将噪声污染降低到允许水平；从声环境影响角度评价建设项目实施的可行性；为建设项目优化选址、选线、合理布局以及城市规划提供科学依据。

7.3.2　评价类别

按评价对象划分，可分为建设项目声源对外环境的环境影响评价和外环境声源对需要安静建设项目的环境影响评价。

按声源种类划分，可分为固定声源和流动声源的环境影响评价。固定声源是指在声源发声时间内，声源位置不发生移动的声源；流动声源是指在声源发声时间内，声源位置按一定轨迹移动的声源。固定声源的环境影响评价主要指工业（工矿企业和事业单位）和交通运输（包括航空、铁路、城市轨道交通、公路、水运等）固定声源的环境影响评价；流动声源的环境影响评价主要指在城市道路、公路、铁路、城市轨道交通上行驶的车辆以及从事航空和水运等运输工具，在行驶过程中产生的噪声环境影响评价。

停车场、调车场、施工期施工设备、运行期物料运输、装卸设备等，可分别划分为固定声源或流动声源。

建设项目既拥有固定声源，又拥有流动声源时，应分别进行噪声环境影响评价；同一敏感点既受到固定声源影响，又受到流动声源影响时，应进行叠加环境影响评价。

7.3.3　声环境影响评价工作程序

声环境影响评价的工作程序如图 7-12 所示。

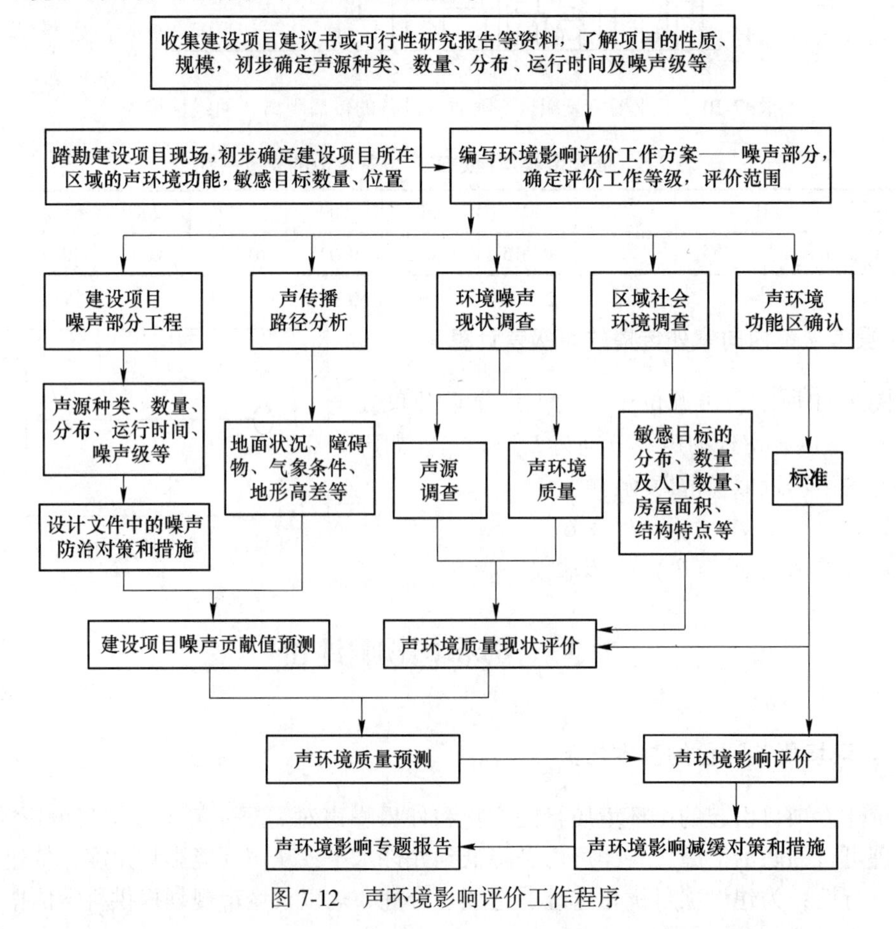

图 7-12　声环境影响评价工作程序

7.3.4 评价时段

根据建设项目实施过程中噪声的影响特点，按施工期和运行期分别开展声环境影响评价。运行期声源为固定声源时，应将固定声源投产运行后作为环境影响评价时段；运行期声源为流动声源时，应将工程预测的代表性时段（一般分为运行近期、中期、远期）分别作为环境影响评价时段。

7.3.5 声环境影响工作等级

7.3.5.1 声环境影响评价工作等级的划分依据

声环境影响评价工作等级划分依据包括：

(1) 建设项目所在区域的声环境功能区类别；

(2) 建设项目建设前后所在区域的声环境质量变化程度；

(3) 受建设项目影响的人口数量。

7.3.5.2 声环境影响评价工作等级划分的基本原则

评价工作等级一般分为三级，如建设项目符合两个以上级别的划分原则，则按较高级别的评价等级评价。

A 一级评价

评价范围内有适用于 GB 3096 规定的 0 类声环境功能区域，以及对噪声有特别限制要求的保护区等敏感目标，或建设项目建设前后评价范围内敏感目标噪声级增高量超过 5dB (A)〔不含 5dB (A)〕，或受影响人口数量显著增多。

B 二级评价

建设项目所处的声环境功能区为 GB 3096 规定的 1 类、2 类地区，或建设项目建设前后评价范围内敏感目标噪声级增高量达 3~5dB (A) 〔含 5dB (A)〕，或受噪声影响人口数量增加较多。

C 三级评价

建设项目所处的声环境功能区为 GB 3096 规定的 3 类、4 类地区，或建设项目建设前后评价范围内敏感目标噪声级增高量低于 3dB(A) 〔不含 3dB(A)〕，且受影响人口数量变化不大。

7.3.6 评价范围

声环境影响的评价范围与声源的类型和评价工作等级有关。

7.3.6.1 以固定源为主的建设项目

对于以固定源为主的建设项目，如工厂、港口、施工工地、铁路站场等，应根据以下原则确定评价范围：

(1) 对于一级评价，一般以建设项目边界往外 200m 为评价范围；

(2) 二级、三级评价评价范围，可根据项目所在区域和相邻区域的声环境功能区类别及敏感目标等实际情况适当缩小，若依据建设项目声源计算得到的 200m 处的贡献值，仍不能满足相应功能区标准值时，应将评价范围扩大至满足标准值的距离。

7.3.6.2 以线状声源为主的建设项目

对于以线状声源为主的建设项目，如城市道路、公路、铁路、城市轨道交通地上线路和水运线路等，应根据以下原则确定评价范围：

（1）对于一级评价，一般以道路中心线外两侧200m以内为评价范围；

（2）二级、三级评价评价范围，可根据项目所在区域和相邻区域的声环境功能区类别及敏感目标等实际情况适当缩小，若依据建设项目声源计算得到的200m处的贡献值，仍不能满足相应功能区标准值时，应将评价范围扩大至满足标准值的距离。

7.3.6.3 机场建设项目

机场周围飞机噪声评价范围应为根据飞行量计算到L_{WECPN}为70dB的区域，具体可根据以下原则确定：

（1）对于一级评价，一般以主要航迹离跑道两端各6~12km、侧向各1~2km的范围为评价范围；

（2）二级、三级评价范围可根据建设项目所处区域的声环境功能区类别及敏感目标等实际情况适当缩小。

7.3.7 评价基本要求

7.3.7.1 一级评价工作基本要求

（1）在工程分析中，给出建设项目对环境有影响的主要声源的数量、位置和声源源强，并在标有比例尺的图中标识固定声源的具体位置或流动声源的路线、跑道等位置。在缺少声源源强的相关资料时，应通过类比测量取得，并给出类比测量的条件。

（2）评价范围内具有代表性的敏感目标的声环境质量现状需要实测，对实测结果进行评价，并分析现状声源的构成及其对敏感目标的影响。

（3）噪声预测应覆盖全部敏感目标，给出各敏感目标的预测值及厂界（或场界、边界）噪声值。对于固定声源评价、机场周围飞机噪声评价、流动声源经过城镇建成区和规划区路段的评价，应绘制等声级线图；当敏感目标高于（含）三层建筑时，还应绘制垂直方向的等声级线图。给出建设项目建成后不同类别的声环境功能区内受影响的人口分布、噪声超标的范围和程度。

（4）当建设项目噪声级在不同代表性时段内可能发生变化时，应分别预测其不同时段的噪声级。

（5）对评价中提出的不同选址（选线）和建设方案，应根据不同方案噪声影响人口的数量和噪声影响的程度进行比选，并从声环境保护角度提出最终的推荐方案。

（6）必须针对建设项目的工程特点和所在区域的环境特征提出噪声防治措施，并进行经济、技术可行性论证，明确防治措施的最终降噪效果和达标分析结论。

7.3.7.2 二级评价工作基本要求

（1）在工程分析中，给出建设项目对环境有影响的主要声源的数量、位置和声源源强，并在标有比例尺的图中标识固定声源的具体位置或流动声源的路线、跑道等位置。在缺少声源源强的相关资料时，应通过类比测量取得，并给出类比测量的条件。

（2）评价范围内具有代表性的敏感目标的声环境质量现状以实测为主，可适当利用评价范围内已有的声环境质量监测资料，并对声环境质量现状进行评价。

(3) 噪声预测应覆盖全部敏感目标，给出各敏感目标的预测值及厂界（或场界、边界）噪声值，根据评价需要绘制等声级线图。给出建设项目建成后不同类别的声环境功能区内受影响的人口分布、噪声超标的范围和程度。

(4) 当建设项目噪声级在不同代表性时段内可能发生变化时，应分别预测其不同时段的噪声级。

(5) 从声环境保护角度对评价中提出的不同选址（选线）和建设布局方案的环境合理性进行分析。

(6) 针对建设项目的工程特点和所在区域的环境特征提出噪声防治措施，并进行经济、技术可行性论证，给出防治措施的最终降噪效果和达标分析结论。

7.3.7.3 三级评价工作基本要求

(1) 在工程分析中，给出建设项目对环境有影响的主要声源的数量、位置和声源源强，并在标有比例尺的图中标识固定声源的具体位置或流动声源的路线、跑道等位置。在缺少声源源强的相关资料时，应通过类比测量取得，并给出类比测量的条件。

(2) 重点调查评价范围内主要敏感目标的声环境质量现状，可利用评价范围内已有的声环境质量监测资料；若无现状监测资料时，应进行实测，并对声环境质量现状进行评价。

(3) 噪声预测应给出建设项目建成后各敏感目标的预测值及厂界（或场界、边界）噪声值，分析敏感目标受影响的范围和程度。

(4) 针对建设项目的工程特点和所在区域的环境特征提出噪声防治措施，并进行达标分析。

7.3.8 环境噪声现状调查与评价

7.3.8.1 主要调查内容

A 影响声波传播的环境要素

调查建设项目所在区域的主要气象特征：年平均风速和主导风向、年平均气温、年平均相对湿度等。收集评价范围内 1∶(2000~50000) 地理地形图，说明评价范围内声源和敏感目标之间的地貌特征、地形高差及影响声波传播的环境要素。

B 声环境功能区划

调查评价范围内不同区域的声环境功能区划情况，调查各声环境功能区的声环境质量现状。

C 敏感目标

调查评价范围内的敏感目标的名称、规模、人口的分布等情况，并以图、表相结合的方式说明敏感目标与建设项目的关系（如方位、距离、高差等）。

D 现状声源

建设项目所在区域的声环境功能区的声环境质量现状超过相应标准要求或噪声值相对较高时，需对区域内的主要声源的名称、数量、位置、影响的噪声级等相关情况进行调查。有厂界（或场界、边界）噪声的改、扩建项目，应说明现有建设项目厂界（或场界、边界）噪声的超标、达标情况及超标原因。

7.3.8.2 环境噪声现状评价内容

（1）以图、表结合的方式给出评价范围内的声环境功能区及其划分情况，以及现有敏感目标的分布情况。

（2）分析评价范围内现有主要声源种类、数量及相应的噪声级、噪声特性等，明确主要声源分布。

（3）分别评价不同类别的声环境功能区内各敏感目标的超、达标情况，说明其受到现有主要声源的影响状况。

（4）给出不同类别的声环境功能区噪声超标范围内的人口数及分布情况。

7.3.9 声环境影响预测

7.3.9.1 预测范围和预测点布设原则

噪声预测范围应与评价范围相同，预测点应包括建设项目厂界（或场界、边界）和评价范围内的敏感目标。

7.3.9.2 预测步骤

（1）建立坐标系，确定各声源坐标和预测点坐标，并根据声源性质以及预测点与声源之间的距离等情况，将声源简化成点声源，或线声源，或面声源。

（2）根据已获得的噪声源噪声级数据和声波从各声源到预测点的传播条件，计算出噪声从各声源传播到预测点的声衰减量，由此计算出各声源单独作用于预测点时产生的A声级（L_{Ai}）。

（3）预测点声级的计算。首先根据下式计算声源作用于预测点时的等效声级贡献值

$$L_{eqg} = 10\lg\left(\frac{1}{T}\sum_{i} t_i \, 10^{0.1L_{Ai}}\right)$$

式中，T为预测计算的时间段，单位为s；t_i为i声源在T时段内的运行时间，单位为s。

然后将计算结果与预测点的背景值L_{eqb}按下式叠加，即得到预测点的预测等效声级L_{eq}。

$$L_{eq} = 10\lg(10^{0.1L_{eqg}} + 10^{0.1L_{eqb}})$$

7.3.9.3 等声级图绘制

按工作等级要求绘制等声级线图。等声级线的间隔应不大于5dB（一般选5dB）。对于L_{eq}，其等声级线最低值应与相应功能区夜间标准值一致，最高值可为75dB；对于L_{WECPN}，一般应有70dB、75dB、80dB、85dB、90dB的等声级线。

7.3.10 声环境影响评价

7.3.10.1 影响范围、影响程度分析

给出评价范围内不同声级范围覆盖下的面积，主要建筑物类型、名称、数量及位置，影响的户数、人口数。

7.3.10.2 噪声超标原因分析

分析建设项目边界（厂界、场界）及敏感目标噪声超标的原因，明确引起超标的主

要声源。对于通过城镇建成区和规划区的路段，还应分析建设项目与敏感目标间的距离是否符合城市规划部门提出的噪声防护距离。

7.3.10.3 声环境影响重大性判断

环境噪声指数表示现状和预测的噪声水平，比较项目建成前后环境噪声指数值，可以直观地判断影响的重大性。

环境噪声影响指数（NII）可用下式表示

$$\mathrm{NII} = \frac{\mathrm{LWP}}{P_t}$$

式中 P_t——受影响的总人口；

LWP——人口计权声级。

人口计权声级 LWP 为计权声级与处于一定声级下的人数的乘积，即

$$\mathrm{LWP} = \int P(L_{dn}) \cdot W(L_{dn}) \mathrm{d}L_{dn}$$

式中 $P(L_{dn})$——人口分布函数；

$W(L_{dn})$——昼夜平均声级计权函数；

$\mathrm{d}L_{dn}$——昼夜平均声级的微分变化。

由于 LWP 常常为非连续函数，上式常常转换为

$$\mathrm{LWP} = \sum P(L_{dn}) \cdot W(L_{dn}) \Delta L_{dn}$$

式中，设 ΔL_{dn} = 5dB(A)，取此区间内 $P(L_{dn})$ 和 $W(L_{dn})$ 的平均值相乘并累加，即可得到满足准确度要求的人口计权声级 LWP。

$W(L_{dn})$ 是基于噪声影响下人口的反应及社会调查数据确定的（见表 7-6），社会调查数据反映对不同的声级 L_{dn} 值表示高度烦恼的人口百分数。

表 7-6 声级计权函数 $W(L_{dn})$

L_{dn}/dB	$W(L_{dn})$	$W(L_{dn}) + W(L_{dn}+5)$	L_{dn}/dB	$W(L_{dn})$	$W(L_{dn}) + W(L_{dn}+5)$
35	0.006	0.01	65	0.412	0.538
40	0.013	0.021	70	0.664	0.832
45	0.029	0.045	75	1.000	1.214
50	0.061	0.093	80	1.428	1.697
55	0.124	0.180	85	1.966	2.307
60	0.235	0.324	90	2.647	—

表 7-7 为一人口计权声级 LWP 和环境噪声影响指数 NII 的计算实例。

表 7-7 人口计权声级 LWP 和环境噪声影响指数 NII 计算实例

L_{dn}/dB	累积人口数/千人	人口增量/千人	计权函数（按表 7-6）	人口计权声级 LWP
80	0.1	0.1	1.697	0.17
75	1.3	1.2	1.214	1.46
70	6.9	5.6	0.832	4.66
65	24.3	17.4	0.538	9.36

续表 7-7

L_{dn}/dB	累积人口数/千人	人口增量/千人	计权函数（按表 7-6）	人口计权声级 LWP
60	59.6	35.3	0.324	11.44
55	97.5	37.9	0.180	6.82
	总计：97.5	$NII = \frac{LWP}{P_t} = \frac{33.91}{97.5} 0.35$		总计：33.91

7.3.10.4　对策建议

分析建设项目的选址（选线）、规划布局和设备选型等的合理性，评价噪声防治对策的适用性和防治效果，提出需要增加的噪声防治对策、噪声污染管理、噪声监测及跟踪评价等方面的建议，并进行技术、经济可行性论证。

7.4　噪声环境影响评价案例

以某磷肥厂改建工程噪声影响评价为例。

某化工企业主要生产磷肥，改建工程欲将其磷铵产量从年产 3 万吨改为年产 4 万吨，每年增加产量 1 万吨，配套硫酸产品由原来年产 10 万吨改为年产 12 万吨，每年增加产量 2 万吨。因新增加大型设备，而产生噪声，所以欲对其进行噪声影响评价。

7.4.1　工程分析和环境影响识别

7.4.1.1　主要生产工艺简述

A　磷铵生产工艺

原 3 万吨磷铵生产工艺由两个主要生产工艺组成。第一个工序是磷酸的制备，用磷矿和硫酸为原料，湿法萃取制备磷酸；第二个工序是由磷酸和气态氮的中和反应生成磷酸铵产品，简称为磷铵。

B　硫酸生产工艺

生产磷酸所需要的原料之一硫酸由该厂所属硫酸分厂提供。硫酸分厂采用硫铁矿沸腾焙烧制取二氧化硫；所得二氧化硫气体经过一系列净化-洗涤-干燥等处理后进入转化炉，在转化炉中二氧化硫经催化转化成为三氧化硫；再经硫酸吸收后得到浓硫酸。

7.4.1.2　技改方案要点简述

本技改工程实质上包括两项技术改造，即磷铵生产系统本身的改造和配套硫酸生产系统的改造。本环境影响评价即针对这两项技改工程而进行。噪声的主要声源及其车间岗位强度情况见表 7-8。

表 7-8　噪声的主要声源及其车间岗位强度情况表

单　位	主要声源及其声级/dB（A）	车间岗位声级/dB（A）	治理措施
硫酸分厂	SO_2风机，96	79	隔音操作室
	叶式风机，84	75	地下式消声室
	酸泵，89	71	隔音操作室
	水泵，92	78	隔音操作室

续表 7-8

单　位	主要声源及其声级/dB（A）	车间岗位声级/dB（A）	治理措施
普钙分厂	球磨机，89.5 抽风机，93 离心机，89 浆泵，81.5	81.5 68 75 75.5	隔音室 隔音室 隔音室 隔音室
磷酸分厂	萃取槽，88 绝干风机，92.5 酸泵，90 球磨机，94	78 80 73.5 82	隔音室 隔音室 隔音室 隔音室
炼钢分厂	透平风机，87.5 罗茨风机，106	77.5 82	半地下式消声室 半地下式消声室
机修分厂	金工房，77.5	77.5	无措施
动力分厂	发电机组，94 锅炉给水泵，92	72 72.5	半地下式消声室 半地下式消声室

工厂设备噪声主要来自硫酸分厂的鼓风机、普钙分厂的球磨机、炼钢分厂的罗茨鼓风机等。工程运行时的噪声影响是设备设置隔、消声措施后对居民区的影响。

7.4.2 声环境现状监测及评价

该厂厂区位于山区谷地，周围工厂较少，外来噪声较少。厂区西南面700~1000m处是铁路，火车站有间隙性的噪声偶尔影响厂环境本底值。工厂环境噪声主要来自厂内设备，监测站监测（布点图略）结果见表7-9，评价标准为城市区域环境噪声标准（GB 11339—89）3类标准（表7-10）。

表 7-9　噪声现状监测值

位　　置	噪声值 ($L_{昼间}$ ~ $L_{夜间}$)/dB(A)	位　　置	噪声值 ($L_{昼间}$ ~ $L_{夜间}$)/dB(A)
1. 厂子弟学校	65~43	4. 硫酸、炼铁车间相交处	75~55
2. 商店附近	57~44	5. 磷铵厂	83~64
3. 3kW 热电站	65~51	6. 厂区主要公路	70~53

表 7-10　噪声评价标准

适 用 区 域	昼间/dB(A)	夜间/dB(A)
工业区	65	55
每个工作日接触噪声时间 8h	允许噪声：85dB（A）	

由表 7-9 和表 7-10 可见，厂区环境符合工业集中区规定值。操作岗位噪声值均小于标准规定值 85dB（A）。

7.4.3 噪声影响预测及评价

7.4.3.1 新增声源情况

此次改建工程因工艺线路有所改动，产量和原材料相应增加，需更换一些设备、其中噪声值大者见表 7-11。

表 7-11 工程新增改建设备表

项　目	设备名称	噪声值/dB（A）
新增设备	鼓风机	95
更换设备	料浆泵	85
	滤液泵	92
	洗液泵	75
改造设备	SO_2风机	85

7.4.3.2 工程噪声环境影响预测与评价

根据其生产规模属三级评价，由表 7-12 可见工程的主要噪声源来自于磷铵分厂和硫酸分厂改造的设备。根据厂区及周围的实际情况、主要的敏感点在厂区北方距磷铵分厂 100m 处的居民区，和距硫酸分厂 100m 外的厂区职工宿舍区。厂内主要噪声设备都采用了厂房内隔声等有关消声措施。预计到达厂界的噪声不会大于 85dB（A）（见表 7-12 实测值）。

噪声的衰减可通过以下几个方面：（1）厂房隔声；（2）距离衰减；（3）空气吸收衰减；（4）绿化降噪等。预测仅考虑距离衰减而将其余量作为安全系数，根据无指向性点声源几何发散衰减模式得

$$\Delta L_1 = L_{P_1} - L_{P_2} = 20\lg(r_2/r_1)$$

式中 L_{P_2}，L_{P_1}——声源 2、1 处的声压级，dB(A)；

r_2，r_1——点 2、点 1 分别距声源的距离，m。

表 7-12 设备厂房外噪声实测值

项　目		设备噪声 /dB（A）	厂房外噪声 /dB（A）	倍频程声压级/dB					
				125m	250m	500m	1km	2km	4km
硫酸分厂	SO_2风机	89	79	75	79.5	81	84	89	75
	炉底风机	79	66	71	84	71	73	69	63
磷铵分厂	球磨机	94	82	92	97	92	85	76	70
	干燥风机	85	80	88	82	84	77.5	71	61.5

预测的结果如图 7-13 所示。由图可见，在两处敏感点（即距离厂界 100m 处）其噪声的值为 45dB(A)，对原本底值的贡献已很小，改建工程不会对环境造成噪声危害。

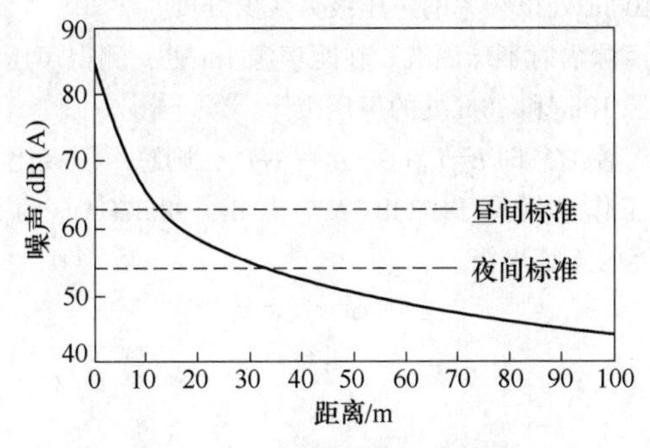

图 7-13 噪声随距离衰减关系

思 考 题

7-1 噪声源声学性能参数包括哪些？

7-2 简述噪声影响评价的基本内容。

7-3 消除和减轻拟建项目噪声的重要对策有哪些？

7-4 噪声的声压分别为 2.97Pa、0.332Pa、0.072.7×10^{-5}Pa，问它们的声压级各为多少分贝？

7-5 某车间 3 个声源，在测试点产生的声压级分别为 96dB、95dB、85dB，求测试点的总声压级。

7-6 室内吊扇工作时，测得噪声声压为 0.002Pa；电冰箱单独开动时声压级是 46dB，两者同时开动时的合成声压级是多少？

7-7 为测定某车间中一台机器的噪声大小，从声级计上测得声级为 104dB，当机器停止工作，测得背景噪声为 100 dB，求该机器噪声的实际大小。

7-8 某机修车间共有 13 台机器设备，其中 1 台冲床在车间中央点的噪声贡献值为 78dB，2 台钻床各自单独产生 75dB，10 台车床单独产生 71dB，试求机器全部运行时，车间中央点的总噪声级。

7-9 工厂锅炉房排气口外 2m 处的噪声级为 85dB(A)，厂界值要求标准为 60dB(A)，问厂围墙与锅炉房的最短距离应是多少米？

7-10 在城市 1 类声功能区内，某卡拉 OK 厅的排风机在 19：00~02：00 间工作，在距直径 0.1m 的排气口 1m 处，测得噪声级为 68dB，在不考虑背景噪声和声源指向性条件下，试问距排气口 10m 处的居民楼前，排气噪声是否超标？如果超标，排气口至少应距居民楼前多少米？

7-11 在铁路旁某处测得，当货车经过时，在 2.5min 内的平均声压级为 72dB(A)，客车通过时在 1.5min 内的平均声压级为 68 dB (A)，无车通过时的环境噪声约为 60dB(A)，该处白天 12h 内共有 65 列火车通过，其中货车 45 列，客车 20 列，计算该地点白天的等效连续声级？

7-12 一测点距平直公路中心线 20m，测得等效声级 68dB，试求距中心线 200m 处的等效声级。若在路旁建一医院，医院位于声环境质量 1 类功能区内，在不考虑背景噪声情况下，问至少应距公路中心线多远处方能噪声达标？

7-13 某厂鼓风机产生噪声，距离鼓风机 3m 处测得噪声为 85dB，鼓风机距居民楼 30m，该鼓风机在居民楼处产生的声压级是多少 dB？如果居民楼执行 55dB 的标准，能否达标？如果不达标，则鼓风机离居民楼的距离应为多少米？

7-14 一居民楼附近有一锅炉房和一冷却塔两噪声源，锅炉房 2m 处声压级为 80dB(A)，锅炉房距居民楼 16m。冷却塔 5m 处声压级为 80dB(A)，冷却塔距居民楼 20m。该居民楼的声压级为多少？

7-15 一声源在半自由场中辐射半球面波，气温 20℃、相对度 20%。在距声源 10m 处，测得 1000Hz 的声压级为 100dB(A)。问 100m 处该频率的声压级为多少分贝？

7-16 在半自由声场中，一点声源辐射半球面波。在距声源 1m 处，测得声压级为 90dB(A)。若空气吸收的衰减可不计，求距声源 10m 和 20m 处的声压级。

7-17 若声压级相同的 n 各声音叠加，即 $L=L_1+\cdots+L_i+\cdots+L_n$，则总声压级比 L_1 增加了多少？

7-18 某鼓风机房，工人一个工作日暴露于 92dB(A) 共 4h，98dB(A) 为 30min，其余时间均为 75dB(A)。试计算该机房的等效连续声级。

8 输变电工程电磁环境影响评价

[内容摘要] 随着社会经济和电网建设急速发展，大型变电所和高压线路已深入到各地，高压变电所及输电线路的运行，在带来现代文明的同时，也会产生电磁污染。电磁污染已被公认为排在大气污染、水质污染、噪声污染之后的第四大公害。本章主要介绍输变电工程电磁环境影响评价的工作程序、评价等级及评价范围、评价工作的基本要求，现状及评价内容、电磁环境影响预测与评价方法。

8.1 输变电工程电磁环境影响评价工作程序

输变电工程电磁环境影响评价工作一般分为三个阶段，即前期准备、调研和工作方案制订阶段、分析论证和预测评价阶段、环境影响评价文件编制阶段。编制环境影响报告书的输变电工程环境影响评价工作程序及各阶段主要工作内容如图 8-1 所示，编制环境影响

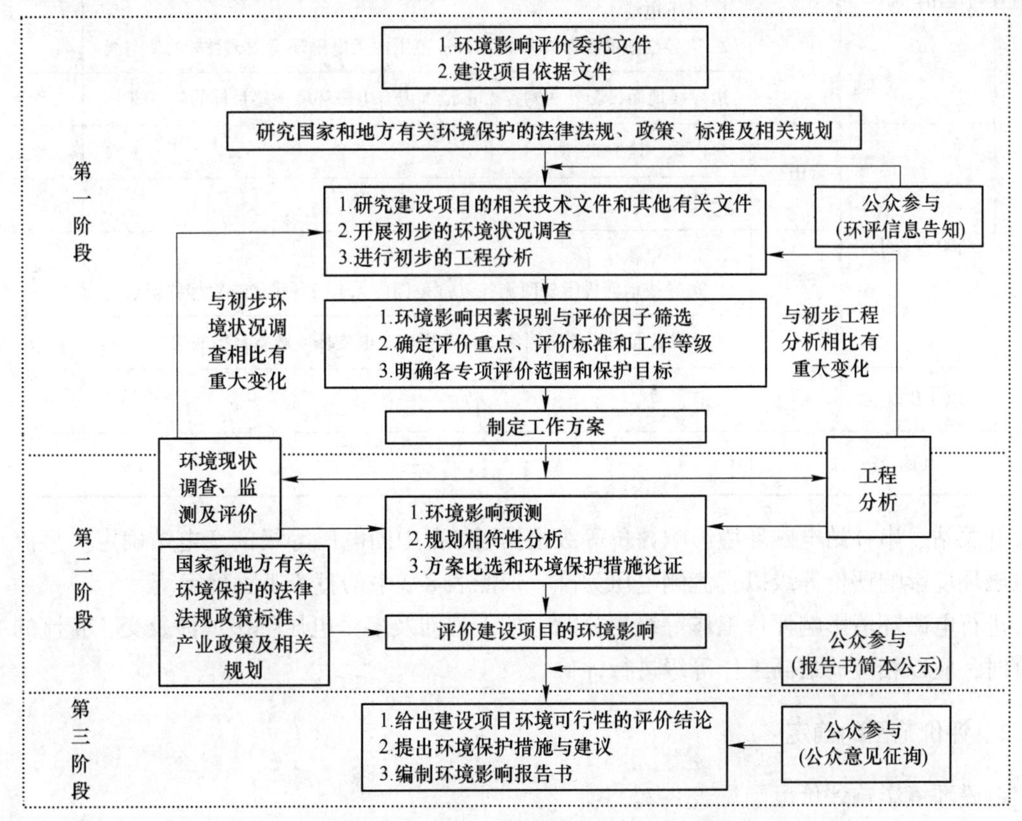

图 8-1 输变电工程环境影响评价的工作程序及内容

报告表的输变电工程电磁环境影响评价各阶段工作内容较编制报告书工作内容可适当简化。

8.1.1 评价等级的确定

电磁环境影响评价工作等级可划分为三级，一级评价要求对电磁环境影响进行全面、详细、深入评价；二级评价是对电磁环境影响进行较为详细、深入评价；三级评价可只进行电磁环境影响分析。工作等级的划分见表 8-1。

表 8-1 输变电工程电磁环境影响评价工作等级

分类	电压等级/kV	工程	条件	评价工作等级
交流	110	变电站	户内式、地下式	三级
			户外式	二级
		输电线路	1. 地下电缆 2. 边导线地面投影外两侧各 10m 范围内无电磁环境敏感目标的架空线	三级
			边导线地面投影外两侧各 10m 范围内有电磁环境敏感目标的架空线	二级
	220~330	变电站	户内式、地下式	三级
			户外式	二级
		输电线路	1. 地下电缆 2. 边导线地面投影外两侧各 15m 范围内无电磁环境敏感目标的架空线	三级
			边导线地面投影外两侧各 15m 范围内有电磁环境敏感目标的架空线	二级
	500 及以上	变电站	户内式、地下式	二级
			户外式	一级
		输电线路	1. 地下电缆 2. 边导线地面投影外两侧各 20m 范围内无电磁环境敏感目标的架空线	二级
			边导线地面投影外两侧各 20m 范围内有电磁环境敏感目标的架空线	一级
直流	±400 及以上	—	—	一级
	其他	—	—	二级

开关站、串补站电磁环境影响评价等级根据表 8-2 中同电压等级的变电站确定。换流站电磁环境影响评价等级以直流侧电压为准，依照表 8-2 中的直流工程确定。

进行电磁环境影响评价工作等级划分时，如工程涉及多个电压等级或涉及交、直流的组合时，应以相应的最高工作等级进行评价。

8.1.2 评价范围的确定

电磁环境影响评价范围见表 8-2。

表 8-2 输变电工程电磁环境影响评价范围

<table>
<tr><th rowspan="3">分类</th><th rowspan="3">电压等级/kV</th><th colspan="3">评 价 范 围</th></tr>
<tr><th rowspan="2">变电站、换流站、开关站、串补站</th><th colspan="2">线 路</th></tr>
<tr><th>架空线路</th><th>地下电缆</th></tr>
<tr><td rowspan="3">交流</td><td>110</td><td>站界外 30m</td><td>边导线地面投影外两侧各 30m</td><td rowspan="4">电缆管廊两侧边缘各外延 5m（水平距离）</td></tr>
<tr><td>220~330</td><td>站界外 40m</td><td>边导线地面投影外两侧各 40m</td></tr>
<tr><td>500 及以上</td><td>站界外 50m</td><td>边导线地面投影外两侧各 50m</td></tr>
<tr><td>直流</td><td>±100 及以上</td><td>站界外 50m</td><td>边导线地面投影外两侧各 50m</td></tr>
</table>

8.2 电磁环境影响评价的基本要求

8.2.1 一级评价的基本要求

对于在输电线路评价范围内具有代表性的敏感目标和典型线位的电磁环境现状应实测，对实测结果进行评价，并分析现有电磁源的构成及其对敏感目标的影响。电磁环境影响预测应采用类比监测和模式预测相结合的方式。

对于在变电站、换流站、开关站、串补站评价范围内临近各侧站界的敏感目标和站界的电磁环境现状应实测，并对实测结果进行评价，分析现有电磁源的构成及其对敏感目标的影响。电磁环境影响预测应采用类比监测的方式。

8.2.2 二级评价的基本要求

对于在输电线路评价范围内具有代表性的敏感目标的电磁环境现状应实测，非敏感目标处的典型线位电磁环境现状可实测，也可利用评价范围内已有的最近 3 年内的监测资料，并对电磁环境现状进行评价。电磁环境影响预测应采用类比监测和模式预测相结合的方式。

对于在变电站、换流站、开关站、串补站评价范围内临近各侧站界的敏感目标的电磁环境现状应实测，站界电磁环境现状可实测，也可利用已有的最近 3 年内的电磁环境现状监测资料，并对电磁环境现状进行评价。电磁环境影响预测应采用类比监测的方式。

8.2.3 三级评价的基本要求

对于输电线路，重点调查评价范围内主要敏感目标和典型线位的电磁环境现状，可利用评价范围内已有的最近 3 年内的监测资料，若无现状监测资料时应进行实测，并对电磁环境现状进行评价。电磁环境影响预测一般采用模式预测的方式。输电线路为地下电缆时，可采用类比监测的方式。

对于变电站、换流站、开关站、串补站，重点调查评价范围内主要敏感目标和站界的电磁环境现状，可利用评价范围内已有的最近 3 年内的电磁环境现状监测资料，若无现状监测资料时应进行实测，并对电磁环境现状进行评价。电磁环境影响预测可采用定性分析的方式。

8.3 电磁环境现状评价

交流工程的监测因子包括工频电场和工频磁场，直流工程的监测因子为合成电场，换流站工程的监测因子包括工频电场、工频磁场和合成电场。

敏感目标的布点方法以定点监测为主。对于无电磁环境敏感目标的输电线路，需对沿线电磁环境现状进行监测，尽量沿线路路径均匀布点，兼顾行政区及环境特征的代表性。站址的布点方法以围墙四周均匀布点监测为主，如新建站址附近无其他电磁设施，则布点可简化，视情况在围墙四周布点或仅在站址中心布点监测。

监测点位附近如有影响监测结果的其他源项存在时，应说明其存在情况并分析其对监测结果的影响。

有竣工环境保护验收资料的变电站、换流站、开关站、串补站改扩建工程，可仅在扩建端补充测点。如竣工验收中扩建端已进行监测，则可不再设测点。若运行后尚未进行竣工环境保护验收，则应以围墙四周均匀布点监测为主，并在高压侧或距带电构架较近的围墙外侧以及间隔改扩建工程出线端适当增加监测点位，并给出已有工程的运行工况。

对于线路沿线无电磁环境敏感目标时，线路电磁环境现状监测的点位数量要求见表 8-3。

表 8-3 输电线路沿线电磁环境现状监测点位数量要求

线路路径长度 L/km	L<100	100≤L<500	L≥500
最少测点数量	2 个	4 个	6 个

8.4 电磁环境影响预测与评价

8.4.1 类比评价

类比对象的建设规模、电压等级、容量、总平面布置、占地面积、架线型式、架线高度、电气形式、母线形式、环境条件及运行工况应与拟建工程相类似，并列表论述其可比性。

类比评价时，如国内没有同类型工程，可通过搜集国外资料、模拟试验等手段取得数据、资料进行评价。

类比监测因子与监测因子相同。

类比结果应以表格、趋势图线等方式表达。

分析类比结果的规律性、类比对象与拟建工程的差异，分析并预测输变电工程电磁环境的影响范围、满足对应标准或要求的范围、最大值出现的区域范围，并对其正确性及合理性进行论述。

对于架空输电线路的类比监测结果，必要时进行模式复核并分析。

8.4.2 架空线路工程模式预测及评价

8.4.2.1 预测因子

交流线路工程的预测因子包括工频电场和工频磁场，直流线路工程的预测因子为合成电场。

8.4.2.2 预测模式

A 交流架空输电线路工频电场强度预测模式

根据交流架空输电线路的架线型式、架线高度、相序、线间距、导线结构、额定工况等参数，计算周围工频磁场的分布及对敏感目标的贡献。

a 单位长度导线上等效电荷的计算

高压输电线上的等效电荷是线电荷，由于高压输电线半径远远小于架设高度 h，等效电荷的位置可以认为是在输电导线的几何中心。

设输电线路为无限长并且平行于地面，地面可视为良导体，利用镜像法计算输电线上的等效电荷。

为了计算多导线线路中导线上的等效电荷，可写出下列矩阵方程：

$$\begin{bmatrix} U_1 \\ U_2 \\ \vdots \\ U_m \end{bmatrix} = \begin{bmatrix} \lambda_{11} & \lambda_{12} & \cdots & \lambda_{1m} \\ \lambda_{21} & \lambda_{22} & \cdots & \lambda_{2m} \\ \vdots & \vdots & & \vdots \\ \lambda_{m1} & \lambda_{m2} & \cdots & \lambda_{mm} \end{bmatrix} \begin{bmatrix} Q_1 \\ Q_2 \\ \vdots \\ Q_m \end{bmatrix} \tag{8-1}$$

即
$$\boldsymbol{U} = \boldsymbol{\lambda Q}$$

式中 $\boldsymbol{U}$——各导线对地电压的单列矩阵；

$\boldsymbol{Q}$——各导线上等效电荷的单列矩阵；

$\boldsymbol{\lambda}$——各导线的电位系数组成的 m 阶方阵（m 为导线数目）。

矩阵 $\boldsymbol{U}$ 可由输电线的电压和相位确定，从环境保护考虑以额定电压的 1.05 倍作为计算电压。由三相 500kV（线间电压）回路（图 8-2 所示）各相的相位和分量，可计算各导线对地电压为：

$$|\boldsymbol{U}_A| = |\boldsymbol{U}_B| = |\boldsymbol{U}_C| = \frac{500 \times 1.05}{\sqrt{3}} = 303.1\text{kV}$$

各导线对地电压分量为：

$$\boldsymbol{U}_A = (303.1 + \text{j}0)\ \text{kV}$$

$$\boldsymbol{U}_B = (-151.6 + \text{j}262.5)\ \text{kV}$$

$$\boldsymbol{U}_C = (-151.6 - \text{j}262.5)\ \text{kV}$$

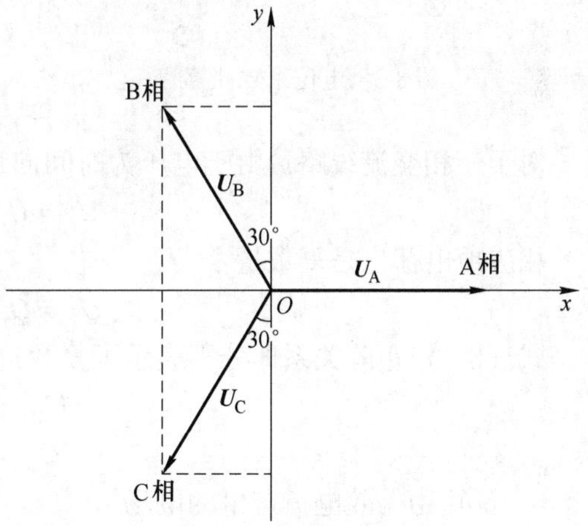

图 8-2 对地电压计算

矩阵 $\boldsymbol{\lambda}$ 由镜像原理求得。地面为零电位的平面，地面的感应电荷可由对应地面导线的镜像电荷代替，用 i，j，…表示相互平行的实际导线，用 i'，j'，…表示它们的镜像，如图 8-3 所示，电位系数可写为：

$$\lambda_{ii} = \frac{1}{2\pi\varepsilon_0}\ln\frac{2h_i}{R_i}$$

$$\lambda_{ij} = \frac{1}{2\pi\varepsilon_0}\ln\frac{2L'_{ij}}{L_{ij}}$$

$$\lambda_{ij} = \lambda_{ji}$$

式中 ε_0——真空介电常数，$\varepsilon_0 = \frac{1}{36\pi} \times 10^{-9} \frac{\text{F}}{\text{m}}$；

L_{ij}——实际导线 i 与实际导线 j 的距离；

L'_{ij}——实际导线 i 与实际导线 j 的地面镜像距离；

R_i——输电导线半径，对于分裂导线可用等效单根导线半径代入，R_i 的计算式为：

$$R_i = R\sqrt[n]{\frac{nr}{R}}$$

R——分裂导线半径，m（如图 8-4）；

n——次导线根数；

r——次导线半径，m。

由矩阵 $\boldsymbol{U}$ 和矩阵 $\boldsymbol{\lambda}$，利用式（8-1）即可解出矩阵 $\boldsymbol{Q}$。

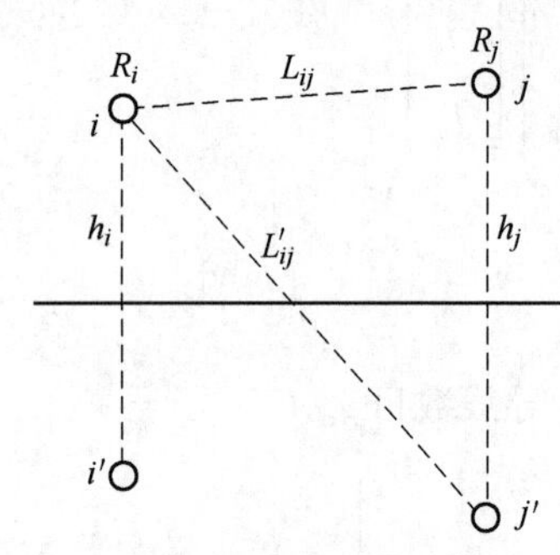

图 8-3 电位系数计算

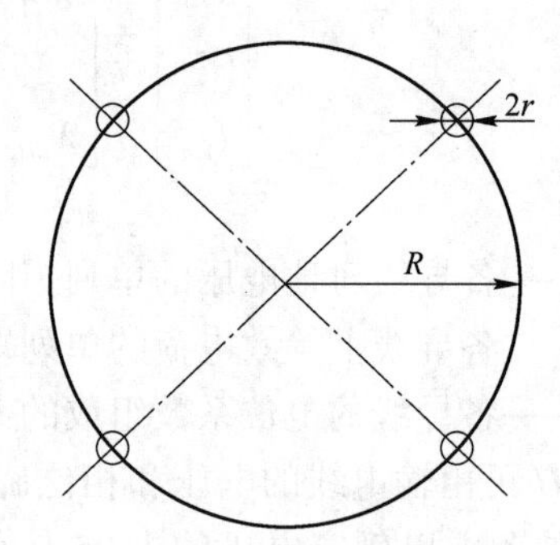

图 8-4 等效半径计算

对于三相交流线路，由于电压为时间向量，计算各相导线的电压时要用复数表示：

$$\boldsymbol{U}_i = U_{i\text{R}} + \text{j}U_{i\text{I}}$$

相应地电荷也是复数量：

$$\boldsymbol{Q}_i = \boldsymbol{Q}_{i\text{R}} + \text{j}\boldsymbol{Q}_{i\text{I}}$$

式（8-1）矩阵关系即分别表示了复数量的实部和虚部两部分：

$$\boldsymbol{U}_\text{R} = \boldsymbol{\lambda}\boldsymbol{Q}_\text{R}$$

$$\boldsymbol{U}_\text{I} = \boldsymbol{\lambda}\boldsymbol{Q}_\text{I}$$

b 计算由等效电荷产生的电场

为了计算地面电场强度的最大值，通常取设计最大弧垂时导线的最小对地高度。

当各导线单位长度的等效电荷量求出后，空间任意一点的电场强度可根据叠加原理计算得出，在（x，y）点的电场强度分量 E_x 和 E_y 可表示为：

$$E_x = \frac{1}{2\pi\varepsilon_0}\sum_{i=1}^{m} Q_i\left(\frac{x - x_i}{L_i^2} - \frac{x - x_i}{L_i'^2}\right)$$

$$E_y = \frac{1}{2\pi\varepsilon_0}\sum_{i=1}^{m} Q_i\left(\frac{y - y_i}{L_i^2} - \frac{y + y_i}{L_i'^2}\right)$$

式中 x_i，y_i——导线 i 的坐标（i=1，2，…，m）；

m——导线数目；

L_i，L_i' ——分别为导线 i 及其镜像至计算点的距离，m。

对于三相交流线路，可根据式 $\boldsymbol{U}_R=\boldsymbol{\lambda}\boldsymbol{Q}_R$ 和 $\boldsymbol{U}_I=\boldsymbol{\lambda}\boldsymbol{Q}_I$ 求得的电荷，计算空间任一点电场强度的水平和垂直分量为：

$$\boldsymbol{E}_x=\sum_{i=1}^{m}E_{ixR}+\mathrm{j}\sum_{i=1}^{m}E_{ixI}$$
$$=E_{xR}+\mathrm{j}E_{xI}$$
$$\boldsymbol{E}_y=\sum_{i=1}^{m}E_{iyR}+\mathrm{j}\sum_{i=1}^{m}E_{iyL}$$
$$=E_{yR}+\mathrm{j}E_{yI}$$

式中 E_{xR} ——由各导线的实部电荷在该点产生场强的水平分量；

E_{xI} ——由各导线的虚部电荷在该点产生场强的水平分量；

E_{yR} ——由各导线的实部电荷在该点产生场强的垂直分量；

E_{yI} ——由各导线的虚部电荷在该点产生场强的垂直分量。

该点的合成的电场强度

$$\boldsymbol{E}=(E_{xR}+\mathrm{j}E_{xI})\boldsymbol{x}+(E_{yR}+\mathrm{j}E_{yI})\boldsymbol{y}$$
$$=\boldsymbol{E}_x+\boldsymbol{E}_y$$

其中

$$E_x=\sqrt{E_{xR}^2+E_{xI}^2}$$
$$E_y=\sqrt{E_{yR}^2+E_{yI}^2}$$

在地面处（$y=0$）电场强度的水平分量：

$$E_x=0$$

B　交流架空输电线路工频磁场强度预测模式

根据交流架空输电线路的架线型式、架线高度、相序、线间距、导线结构、额定工况等参数，计算周围工频磁场的分布及对敏感目标的贡献。

由于工频情况下电磁性能具有准静态特性，线路的磁场仅由电流产生。应用安培定律，将计算结果按矢量叠加，可得出导线周围的磁场强度。

和电场强度计算不同的是关于镜像导线的考虑，与导线所处高度相比这些镜像导线位于地下很深的距离 d(m)：

$$d=660\sqrt{\frac{\rho}{f}}$$

式中 ρ ——大地电阻率，Ω · m；

f ——频率，Hz。

在很多情况下，只考虑处于空间的实际导线，忽略它的镜像进行计算，其结果已足够符合实际。如图 8-5 所示，不考虑导线 i 的镜像时，可计算在 A 点其产生的磁场强度 H(A/m)：

$$H=\frac{I}{2\pi\sqrt{h^2+L^2}}$$

式中 I——导线 i 中的电流值，A；

h——导线与预测点的高差，m；

L——导线与预测点水平距离，m。

对于三相线路，由相位不同形成的磁场强度水平和垂直分量都应分别考虑电流间的相角，按相位矢量来合成。合成的旋转矢量在空间的轨迹是一个椭圆。

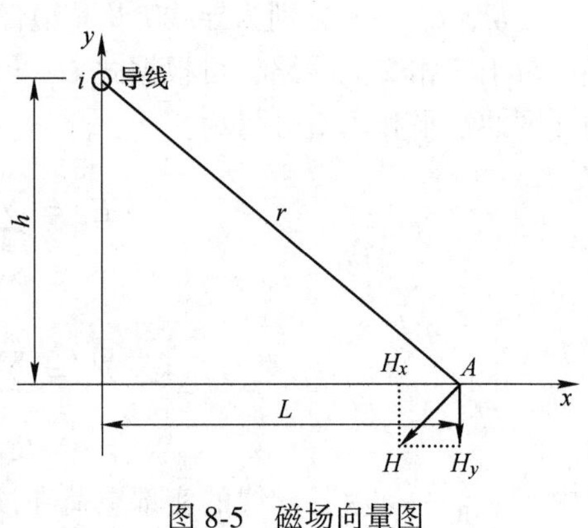

图 8-5　磁场向量图

C　双相直流架空输电线路合成电场强度预测模式

根据直流架空输电线路的架线型式、架线高度、相序、线间距、导线结构、额定工况等参数，计算周围合成电场的分布及对敏感目标的贡献。

电晕后导线表面电位保持在起晕电压值 V_0，当导线对地电位为 V 时，导线表面的 A 值为 A_e：

$$A_e = V_0/V$$

采用逐步镜像法或模拟电荷法，沿无空间电荷场强的电力线计算无空间电荷下场强 E_0。

标量函数 A 的计算

$$A^2 = A_e^2 + \frac{2\rho_e A_e}{\varepsilon_0}\int_{\varphi}^{V}\frac{\mathrm{d}\varphi}{E^2}$$

$$\rho_m = \varepsilon_0(V - V_0)\Big/\int_0^V\int_{\varphi}^{V}\frac{\mathrm{d}\eta}{E^2}\mathrm{d}\varphi$$

式中　ρ_e——导线表面电荷密度，nC/m^3，可用弦截迭代法求出；

ε_0——真空介电常数，pF/m；

φ——无空间电荷时空间某点的电位，kV；

ρ_m——导线表面平均电荷密度，nC/m^3，为弦截迭代法求出 ρ_e 的初值；

η——积分变量。

合成电场强度 E_s 的计算

$$E_s = AE$$

式中　E_s——空间电荷存在时合成电场强度，kV/m；

A——合成电场强度与标称电场强度的比值，标量函数；

E——标称电场强度，kV/m。

8.4.2.3　预测工况及环境条件的选择

模式预测应给出预测工况及环境条件，应针对电磁环境敏感目标和特定的工程条件及环境条件，合理选择典型情况进行预测。塔型选择时，可主要考虑线路经过居民区时的塔型，也可按保守原则选择电磁环境影响最大的塔型。

8.4.2.4　预测结果及评价

预测结果应以表格和等值线图、趋势线图的方式表述。预测结果应给出最大值，给出最大值、符合 GB 8702 限值的对应位置，给出典型线路段的电磁环境预测达标等值线图。

对于电磁环境敏感目标，应根据建筑物高度，给出不同楼层的预测结果。

通过对照评价标准，评价预测结果，提出治理、减缓电磁环境影响的工程措施，必要时提出避让敏感目标的措施。

8.4.3 交叉跨越和并行线路环境影响分析

330kV 及以上电压等级的输电线路工程出现交叉跨越或并行时，可采用模式预测或类比监测的方法，从跨越净空距离、跨越方式、并行线路间距、环境敏感特性等方面，对电磁环境影响评价因子进行分析。并行线路中心线间距小于 100m 时，应重点分析其对环境敏感目标的综合影响，并给出对应的环境保护措施。

8.4.4 电磁环境影响评价结论

根据现状评价、类比评价、模式预测及评价结果，综合评价输变电工程的电磁环境影响。

思 考 题

8-1 如何确定输变电工程电磁环境影响评价等级及评价范围？

8-2 输变电工程电磁场环境影响评价的方法及主要内容有哪些？

固体废物环境影响评价

[内容摘要] 固体废物引起的环境污染日益受到公众的关注。本章介绍固体废物和危险废物的概念及其环境影响，详细阐述一般工程项目产生固体废物和固体废物集中处置设施建设项目环境影响评价的主要内容和要求。

9.1 概 述

9.1.1 固体废物的定义

根据《中华人民共和国固体废物污染环境防治法》的规定，固体废物即指在生产、生活和其他活动中产生的丧失原有价值或者虽未丧失利用价值但被抛弃或者放弃的固态、半固态和置于容器中的气态的物品、物质以及法律、行政法规规定纳入固体废物管理的物品、物质。

9.1.2 固体废物分类

9.1.2.1 按来源分类

按来源，固体废物可分为工业固体废物、农业固体废物和生活垃圾三类。

A 工业固体废物

指在工业生产活动中产生的固体废物，主要包括以下几类。

(1) 冶金工业固体废物。主要包括各种金属冶炼或加工过程中所产生的各种废渣，如高炉炼铁产生的高炉渣、平炉转炉电炉炼钢产生的钢渣、铜镍铅锌等有色金属冶炼过程产生的有色金属渣、铁合金渣及提炼氧化铝时产生的赤泥。

(2) 能源工业固体废物。主要包括燃煤电厂产生的粉煤灰、炉渣、烟道灰，采煤及洗煤过程中产生的煤矸石等。

(3) 石油化学工业废物。主要包括石油及加工工业产生的油泥、焦油页岩渣、废催化剂、废有机溶液等。化学工业生产过程中产生的硫铁矿渣、酸渣、碱渣、盐泥、釜底泥、精（蒸）馏残渣以及医药和农药生产过程中产生的医药废物、废药品、废农药等。

(4) 矿业固体废物。主要包括采矿废石和尾矿，废石是指各种金属、非金属矿山开采过程中从主矿上剥离下来的各种围岩；尾矿是指在选矿过程中提取精矿以后剩下的尾渣。

(5) 轻工业固体废物。主要包括食品工业、造纸印刷工业、纺织印染工业、皮革工业等加工过程中产生的污泥、动物残物、废酸、废碱以及其他废物。

(6) 其他工业固体废物。主要包括机加工过程产生的金属碎屑、电镀污泥、建筑废料以及其他工业加工过程产生的废渣等。

B 农业固体废物

农业固体废物来自农业生产、畜禽饲养、农副产品加工所产生的废物，如农作物秸秆、农用薄膜、畜禽排泄物等。

C 生活垃圾

生活垃圾指在日常生活中或者为日常生活提供服务的活动中产生的固体废物以及法律、行政法规规定视为生活垃圾的固体废物，包括城市生活垃圾、建设生活垃圾、农村生活垃圾。

9.1.2.2 按危害特性分类

按危害特性，固体废物可分为危险废物和一般废物。危险废物包括医院垃圾、废树脂、药渣、含重金属污泥、医疗废物、酸和碱废物等；一般废物指粉煤灰、生活垃圾等。

A 危险废物的定义

《中华人民共和国固体废物污染环境防治法》中危险废物的含义是列入国家危险废物名录或者根据国家规定的危险废物鉴别标准和鉴别方法认定的具有危险特性的固体废物。所谓危险特性是指具有腐蚀性、急性毒性、浸出毒性、反应性、传染性、放射性。医疗废物属于危险废物。医疗废物是指医疗卫生机构在医疗、预防、保健以及其他相关活动中产生的具有直接或者间接感染性、毒性以及其他危害性的废物。

B 国家危险废物名录

2016年3月30日国家环境保护部部务会议修订通过《国家危险废物名录》（[2016] 部令第39号），名录中共列出了50类危险废物的编号、废物类别、废物来源、废物代码、常见危险废物组分和危险特性，共479种。

C 危险废物鉴别

目前的鉴别标准有《危险废物鉴别标准 通则》（GB 5085.7—2007）、《危险废物鉴别标准 腐蚀性鉴别》（GB 5085.1—2007）、《危险废物鉴别标准 急性毒性初筛》（GB 5085.2—2007）、《危险废物鉴别标准 浸出毒性鉴别》（GB 5085.3—2007）、《危险废物鉴别标准 易燃性鉴别》（GB 5085.4—2007）、《危险废物鉴别标准 反应性鉴别》（GB 5085.5—2007）和《危险废物鉴别标准 毒性物质含量鉴别》（GB 5085.6—2007）。

GB 5085.7—2007 规定了危险废物的鉴别程序和鉴别规则。

GB 5085.1—2007 规定了腐蚀性危险废物的鉴别标准，符合下列条件之一的固体废物属于危险废物：(1) 按照 GB/T 15555.12—1995 的规定制备的浸出液，pH≥12.5 或者 pH≤2.0； (2) 在 55℃ 条件下，对 GB/T 699 中规定的 20 号钢材的腐蚀速率≥6.35mm/a。

GB 5085.2—2007 规定了急性毒性危险废物的初筛标准，根据规定根据规定符合下列条件之一的固体废物属于危险废物：(1) 经口摄入，固体 LD_{50}≤ 200mg/kg，液体 LD_{50}≤500mg/kg；(2) 经皮肤接触，LD_{50}≤ 1000mg/kg； (3) 蒸汽、烟雾或粉尘吸入，LC_{50}≤10mg/L。

GB 5085.3—2007 规定了以浸出毒性为特征的危险废物鉴别标准，根据规定按照 HJ/T 299 制备的固体废物浸出液中任何一种危害成分含量超过标准中表格所列的浓度限值，则该废物就是具有浸出毒性特征的危险废物。

GB 5085.4—2007 规定了易燃性危险废物的鉴别标准，根据规定符合下列任何条件之一的固体废物属于易燃性危险废物：（1）闭杯试验闪点温度低于 60℃的液体、液体混合物或含有固体物质的液体；（2）在标准温度和压力（25℃，101.3kPa）下，因摩擦或自发性燃烧而起火，经点燃后能剧烈而持续地燃烧并产生危害的固态废物；（3）在 20℃和 101.3kPa 下，在与空气的混合物中体积分数≤13%时可点燃的气体，或者在该状态下，不管易燃下限如何，与空气混合，易燃范围的易燃上限与易燃下限之差大于或等于 12 个百分点的气体。

GB 5085.5—2007 规定了反应性危险废物的鉴别标准，根据规定，下列三类物质均属于易燃性危险废物：（1）具有爆炸性质的物质；（2）与水或酸接触产生易燃气体或有毒气体的物质；（3）废弃氧化剂或有机过氧化物。

GB 5085.6—2007 规定了作为危险废物的固体废物中剧毒物质、有毒物质、致癌性物质、致突变性物质、生殖毒性物质和持久性有机污染物的含量限值。

9.1.2.3 危险废物对人体及环境的危害

在固体废物污染的危害中，最为严重的是危险废物的污染。危险废物中含有的有毒有害物质对生态和人体健康的危害具有长期性和潜伏性，一旦其危害性质爆发出来，不仅可以使人畜中毒，还可以引起燃烧和爆炸事故。此外，还可通过雨雪渗透污染土壤、地下水，由地表径流冲刷污染江河湖海，从而造成长久的、难以恢复的隐患及后果。受到污染的环境治理和生态破坏的恢复不仅需要较长时间，而且要耗费巨资，有的甚至无法恢复。国内外不乏因危险废物处置不当而祸及居民的公害事件。如含镉固体废弃物排入土壤引起日本富山县痛痛病事件，美国纽约拉夫运河河谷土壤污染事件，以及我国发生在 1950 年代的锦州镉渣露天堆积污染井水事件等。

大部分化学工业固体废物属于危险废物，这些废物中有毒有害物质浓度高，如果得不到有效处理处置，不仅会危害人体健康，还会对环境造成很大影响。

9.1.3 固体废物的污染控制标准

污染控制标准是固体废物管理标准中最重要的标准，是环境影响评价、“三同时”、限期治理、排污收费等一系列管理制度的基础。固体废物的环境保护控制标准与废水、废气的标准是截然不同的，无法采用末端浓度控制的方法。我国固体废物控制标准采用处置控制的原则，在现有成熟处置技术的基础上，制定废物处置的最低技术要求，再辅以释放物控制，以达到防治固体废物污染环境的目的。

固体废物的污染控制标准分为两大类：一类是废物处置控制标准；另一类是设施控制标准。

9.1.3.1 废物处置控制标准

废物处置控制标准，即对某种特定废物的处置标准和要求。目前，这类标准有《含多氯联苯废物污染控制标准》（GB 13015—91），这一标准规定了不同水平的含多氯联苯废物的允许采用的处置方法。另外，《城市垃圾产生源分类及垃圾排放》（CJ/T 3033—

1996）中有关城市垃圾排放的内容也属于这一类，这个标准规定了对城市垃圾收集、处置过程的管理要求。

9.1.3.2　设施控制标准

设备控制标准规定了各种处置设施的选址、设置与施工、入场、运行、封场的技术要求和释放物的排放标准以及检测要求。如《生活垃圾填埋污染控制标准》（GB 16889—2008）、《生活垃圾焚烧污染控制标准》（GB 18485—2014）、《危险废物焚烧污染控制标准》（GB 18484—2001）、《危险废物贮存污染控制标准》（GB 18597—2001）、《危险废物填埋污染控制标准》（GB 18598—2001）、《一般工业固体废物贮存、处置场污染控制标准》（GB 18599—2001）。这些标准在颁布后即成为固体废物管理最基本的强制性标准。在这之后建成的处置设施如果达不到这些要求将不能运行，或被视为非法排放；在这之前建成的处置设施如果达不到这些要求将被要求限期整改，并收取排污费。

9.2　固体废物环境影响评价

固体废物的环境影响评价分为两类，即评价一般工程项目产生固体废物对环境的影响和固体废物集中处置设施建设项目对环境的影响。

9.2.1　一般工程项目产生的固体废物的环境影响评价

对工程项目产生的固体废物的环境影响评价可按以下几点进行。

9.2.1.1　污染源调查

通过所建项目的"工程分析"，依据整个工艺过程，统计出各个环节产生危险废物的种类、组分、排放物、排放规律。对于尚未确定的固体废物，根据《国家危险废物名录》中的编号，进行识别。必须通过危险废物的鉴别，明确是属于一般固体废物还是危险废物，并将污染源调查结果列表说明。

9.2.1.2　防治措施的论证

根据工艺过程的各个环节产生的危险废物的危害性及排放方式、排放速率，分析在生产、收集、运输、贮存等过程中对环境的影响，并有针对性地提出污染的防治措施，同时对措施的可行性加以论证。

9.2.1.3　提出最终处置措施

A　综合利用

给出综合利用的危险废物名称、数量、性质、用途、利用价值、防止污染转移及二次污染措施、综合利用单位情况、供应双方的书面协议。

B　焚烧处置

给出危险物名称、组分、热值、性状及在《国家危险废物名录》中的分类编号，并说明处置设施的名称、隶属关系、地址、运距、路由、运输方式及管理。如处置设施属于工程范围内的项目，则需要对处置设施建设项目单独进行环境影响评价。如将危险废物送至危险废物集中处置厂则应提供焚烧处置协议。

C 安全填埋处置

给出危险物名称、组分、产生量、性态、容量、浸出液组分及浓度以及在《国家危险废物名录》中的分类编号、是否需要固化处理。

对填埋场应说明名称、隶属关系、地址、运距、路由、运输方式及管理。如填埋场属于工程范围内项目，则需要对安全填埋场单独进行环境影响评价。如将危险废物送至危险废物集中处置中心，则应提供处置协议。

D 其他处置方法

使用其他物理、化学方法处理危险废物，必须注意对处置过程产生的环境影响进行评价。

9.2.2 处理、处置固体废物设施建设项目的环境影响评价

9.2.2.1 生活垃圾填埋场的环境影响评价

根据垃圾埋填场建设及其排污特点，环境评价工作主要工作内容如下。

A 场址选择评价

场址评价是填埋场环境影响评价的重要内容，主要是评价拟选场地是否符合选址标准。其方法是根据场地自然条件，采用选址标准逐项进行评判。评价的重点是场地的水文地质条件、工程地质条件、土壤自净能力等。

B 自然环境质量现状评价

主要评价拟选场地及其周围的空气、地表水、地下水、噪声等自然环境质量状况。其方法一般是根据监测值与各种标准，采用单因子和多因子综合评判法。

C 工程污染因素分析

主要是分析填埋场建设过程中和建成投产后可能产生的主要污染源及其污染物，以及它们产生的数量、种类、排放方式等。其方法一般采用计算、类比、经验统计等。污染源一般有渗滤液、释放气、恶臭、噪声等。

D 施工期影响评价

主要评价施工期场地内排放生活污水，各类施工机械产生的机械噪声、振动以及二次扬尘对周围地区产生的环境影响。

E 水环境影响预测与评价

主要是评价填埋场衬里结构的安全性以及渗滤液的排出对周围水环境的影响，包括正常排放对地表水的影响以及非正常渗漏对地下水的影响。

（1）正常排放对地表水的影响。主要评价渗滤液经处理达到排放标准后排出，经预测并利用相应标准评价是否会对受纳水体产生影响及影响程度如何。

（2）非正常渗漏对地下水的影响。主要评价衬里破裂后渗滤水下渗对地下水的影响。

F 空气环境影响预测及评价

主要评价填埋场释放气体及恶臭对环境的影响。

（1）释放气体。主要是根据排气系统的结构，预测和评价排气系统的可靠性、排气利用的可能性以及排气对环境的影响。预测模式可采用地面源模式。

(2) 恶臭。主要评价运输、填埋过程中及封场后可能对环境的影响。评价时要根据垃圾的种类，预测各阶段臭气产生的位置、种类、浓度及其影响范围。

9.2.2.2 危险废物和医疗废物集中处置设施的环境影响评价

A 对危险废物和医疗废物处置设施建设项目环境评价的要求

由于危险废物和医疗废物都具有危险性、危害性和对环境影响的滞后性，所有危险废物和医疗废物集中处置建设项目的环境影响评价都应符合国家环保局于2004年4月15日发布的《危险废物和医疗废物处置设施建设项目环境影响评价技术原则》(试行) 要求。

B 技术原则的内容

技术原则主要包括厂 (场) 址选择、工程分析、环境现状调查、大气环境影响评价、水环境影响评价、生态影响评价、污染防治措施、环境风险评价、环境监测与管理、结论与建议等内容。

C 技术原则的要点

从总体上看，危险废物和医疗废物处置设施建设项目与一般工程环境影响评价的技术原则主要有以下五个方面的区别。

(1) 厂 (场) 址选择。由于危险废物及医疗废物的处置具有危险性和危害性，在环境影响评价中，首要关注的是厂 (场) 址的选择。处置设施选址除要符合国家法律法规要求外，还要就社会环境、自然环境、场地环境、工程地质、水文地质、气候条件、应急救援等因素进行综合分析。结合《危险废物焚烧污染控制标准》、《危险废物填埋污染控制标准》、《医疗废物集中焚烧处置工程建设技术要求》中规定的对厂址的选择的要求，详细论证选定厂 (场) 址的合理性。厂 (场) 址选择合理将为环境影响评价带来诸多有利因素。

(2) 全时段的环境影响评价。处置的对象是危险废物或医疗废物，处置的方法包括焚烧法、安全填埋法、其他物理化学方法。无论使用何种技术处置何种对象，其设施建设项目都经历建设期、营运期和服务期满后。但是根据此类环境影响评价的特殊性，对于使用焚烧及其他物化技术的处置厂，主要关注的是营运期，而对于填埋场则关注的是建设期、营运期和服务期满后对环境的影响。特别是填埋场，在建设期势必要发生永久占地和临时占地，植被将受到影响，可能造成生物资源或农业资源损失，甚至对生态敏感目标产生影响。而在服务期满后，要求提出填埋场封场、植被恢复层和植被建设的具体措施，并要求提出封场后30年内的管理、监测方案。这对保护生态环境至关重要。

(3) 全过程的环境影响评价。危险废物和医疗废物的处置环境影响评价应包括收集、运输、贮存、预处理、处置全过程的环境影响评价。分类收集、专业运输、安全贮存和防止不相容废物的混配都直接影响焚烧工况和填埋工艺，同时，各环节所产生的污染物及其对环境的影响又有所不同，由此制定的防治措施是保证在处理过程不产生二次污染的重要环境影响评价内容。

(4) 必须有环境风险评价。危险废物种类多、成分复杂，具有传染性、毒性、腐蚀性、易燃易爆性。环境风险评价的目的是分析和预测建设项目存在的潜在危险，预测项目营运期可能发生的突发事件，以及由其引起有毒有害和易燃易爆物质的泄露，造成对人身的损害和对环境的污染，从而提出合理可行的防范与减缓措施及应急预案，以使建设项目的事故率达到最低，使事故带来的损失及对环境的影响达到可接受的水平。所以环境风险评价是该类项目中必须有的内容。

（5）充分重视环境管理与环境监测。为保证危险废物和医疗废物的处置安全、有效的运行，必须有健全的管理机构和完善的规章制度。环境影响评价报告书必须提出风险管理及应急救援体系、转移联单管理制度、处置过程安全操作规程、人员培训考核制度、档案管理制度、处置全过程管理制度以及职业健康、安全、环保管理体系等。

在环境监测方面，对焚烧处置场重点是大气环境监测，而对安全填埋场重点则是地下水的监测。

思 考 题

9-1 固体废物和危险废物的概念是什么？如何鉴定危险废物？

9-2 对一般工程项目产生的固体废物进行环境影响评价，其主要工作内容是什么？

9-3 简述生活垃圾填埋场的环境影响评价的主要工作内容。

9-4 危险废物和医疗废物处置设施建设项目与一般工程的环境影响评价技术原则主要区别有哪些？

10 生态影响评价

[内容摘要] 本章从生态学的观点简述自然生态系统的基本知识，结合我国《环境影响评价技术导则 生态影响》，介绍生态环境影响评价内容、程序和方法。最后以太仓市应急水源地工程项目生态环境影响评价为例，详细说明如何进行建设项目的生态环境影响评价。

10.1 生态影响评价概论

10.1.1 生态学

生物圈或生命世界是十分复杂的，研究生物生存与其环境关系的学科称作生态学。

从人类角度考察生物与人类的关系或考虑对生物进行保护时，总是把生物与其生存的环境作为一个整体看待，因而生态影响评价要依赖生态学的知识和方法。

生态学在研究生物与其生存环境关系时，将其分为不同的层次，分别为个体生态学、种群生态学、群落生态学和生态系统生态学。进行影响评价时，主要涉及后三个层次的问题。

10.1.2 种群

种群是指某一地区中同种个体的集合群体，种群密度（单位体积或单位空间内的个体数目）和生物量是描述种群动态的常用参数。生态影响评价较少涉及个体生态学问题，但对种群的数量动态和空间分布特征十分关注。种群中生物的迁入迁出、繁殖率和死亡率、栖息地条件和人类干扰等因素，都影响种群的动态。

10.1.3 群落

群落是生活在某一地区中所有种群的集合体，可分为植物群落、动物群落和微生物群落三大类。群落不是生物物种的简单加和，而是一个由各种关系联系在一起的整体。群落的外部形态特征常被作为划分类型的依据。群落的结构特征已被用作判别其完整性的指标。陆地植物群落中主导和控制作用的物种称作优势种，可用重要值和优势度表征。群落的生物量和物种多样性常作为评价其优劣或重要性的指标。

10.1.4 生态系统

10.1.4.1 生态系统基本概念

生态系统是由生存系统及其生存环境在特定空间组成的具有一定结构与功能的系统。

在生态系统中，生物与生物、生物与环境、各个环境因子之间相互联系、相互影响、相互制约，通过能量流动、物质流动和信息流动与循环等联结成一个完整的、动态平衡的、开放的综合体系。生态系统的层次见表 10-1。

表 10-1 生态系统的层次

层次	名　称	定　义
1	生物体（organism）	单个生物，包括动物、植物或微生物个体
2	物种（species）	具有一定形态和生理特征以及一定自然分布区的生物种群
3	种群（population）	由任何一个生物物种的个体组成的群体
4	群落（community）	一定区域内不同物种种群的总和
5	生态系统（ecosystem）	一定区域内的群落及其生存环境的总和
6	生物圈（ecosphere）	地球上所有生态系统的总和

生态系统是个广义的名词，它小可指一段朽木内的微生物和周围的生物，大可指一个湖泊、森林乃至生物圈。生态系统不是永久的和一成不变的。在一个成熟的生态系统中，生物的数量及其生长速率和“生长方式”取决于能量和关键化学元素的可获取性和利用性，例如氮、磷是农业生态系统的限制因素。生态系统不是一下子迸发出来的，而是分阶段发展（生态演替），这些阶段随纬度、气候、地势、动植物混杂情况，构成非常广泛的多样性。

10.1.4.2 生态系统的结构

生态系统的结构是指系统内的生物群落和非生物（环境）成分的组成及其相互作用关系。生态系统的组成如图 10-1 所示。

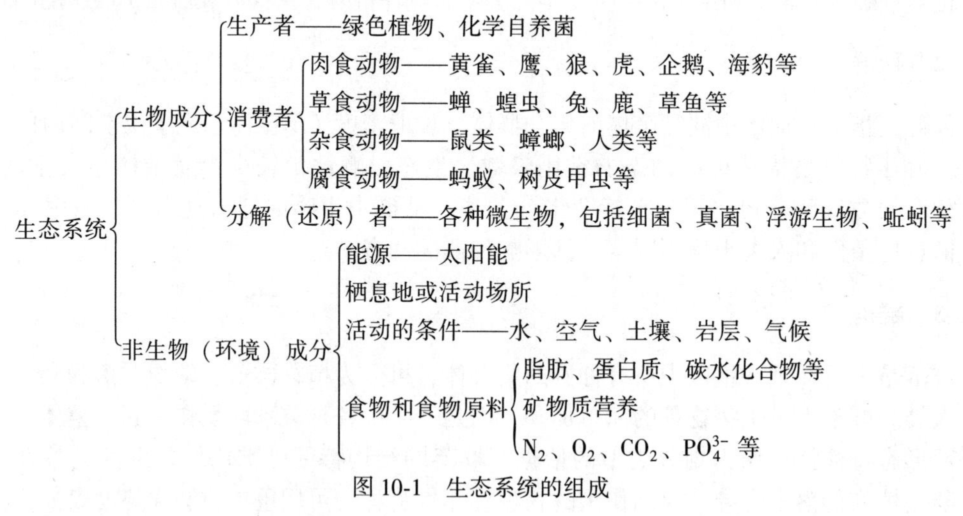

图 10-1 生态系统的组成

10.1.4.3 生态系统的功能

生态系统推动地球上能量的流动、物质的循环和保存丰富的物种及其基因，是人类可持续发展的基础。

A 生态系统的能量流动

能量流动是生态系统的基本功能之一。绿色植物的叶部在太阳光照射下，将从环境中吸收的水、二氧化碳和矿物质通过光合作用转变为有机质贮存并用于生长繁殖，由此，太阳光能转变为化学能贮存起来。这种化学能以食物的形式沿着生态系统的食物链的各个环节，也即在各营养级中依次流动。在流动过程中有一部分能量会被生物的呼吸作用消耗掉，这种消耗通常以热能形式散失；还有一部分能量则作为不能被利用的废物消费掉。生态系统中的能量是单方向流动的，不能全部被反复循环利用，因为各个营养级中的生物所能利用的能量是逐级减少的。绿色植物将光能转变为化学能贮存于体内的效率一般为0.2%左右，捕食动物能保存摄取能量的5%~20%。

食物链是生态系统中生产者、消费者和分解者之间存在的、把取自绿色植物的食物能量经过一连串的摄食和被食的关系传递和转化。食物链的各个环节叫营养级，例如，绿色植物为第一营养级，草食动物为第二营养级，肉食动物为第三营养级。食物链之间互相交叉和联系构成“食物网”。

B　生态系统的物质循环

构成生物的元素至少有40余种，其中最主要的是碳、氮、氧、氢、磷、硫。它们都来自环境，构成生态系统中的个体和生物群落，并经由生产者、消费者和分解者所组成的营养级依次转化；从环境中吸收的H_2O、CO_2和其他无机物合成为植物机体，通过食物链变为动物机体；动、植物死亡后又由微生物等分解者将动植物机体的有机物转化为无机物，回归环境，由此构成物质循环。可见，生态系统中的物质流动与能量流动不同，是循环的。生态系统的物质循环是地球化学大循环的重要组成部分，也是人类赖以生存的基础。

C　生态演替

生态演替是指生物随着时间发生的变化导致群落内物种结构的变更。通过若干演替阶段，生态系统达到一个成熟、相对不变化的稳定阶段，称为“顶级阶段”。大多数生态演替过程具有以下趋势：

（1）形成一个深厚的、有机质含量不断增加、有不同成熟程度的土层，能培育出“顶级阶段”的群落。

（2）植物的高度增加，植物种类的层次变得明显。

（3）生物质量和生产率提高。

（4）物种多样性增加，从早期演替的简单群落发展到后期演替的丰富群落。

（5）由于地上植被高度和密度的增长，在群落内的“微气候”日益由群落自身的特征所决定。

（6）不同种群的盛衰和互相更替以及这种更替的速率由于小和短寿命的物种为大而长寿命物种所替代而趋于变慢。

（7）最后的群落通常比早期群落更稳定，而且形成非常紧密的营养循环。

D　生物多样性

几十亿年来环境条件的不断变化，许多物种消失了，又出现许多新的物种。这种自然演化的结果造成了地球上生物的多样性。它是由现有的、能最好地适应不同环境条件的各式各样物种组成的，包括基因多样性、物种多样性和生态系统多样性。在一个单一物种内部的个体之间组合是具有变动性的。生态的多样性反映在森林、草原、沙漠、河流、湖泊、海洋和其他的生物群落的多样性，也反映在群落内部的生物互相作用并且与其所处的非生物环境互相作用。

生物多样性包含以下四个层次。

（1）地区性生态系统多样性，是指跨越地形和景观限制的各种地方生态系统的式样，有时指“地形景观多样性”或“大生态系统多样性”。

（2）地方的生态系统多样性，是指在一个给定区域内全体有生命和无生命组分及其相互联系的多样性。生态系统是自然界重要的生物-生态运作单元，与其相关的名词是“群落多样性”，它指各种各样植物和动物种群的独特的集合。各个物种和植物种群是作为地方性生态系统的组成要素存在的，通过演替和捕食等过程联结在一起。

（3）物种多样性，是指单个物种的多样性，包括各种动物、植物、真菌和微生物等。

（4）基因多样性，是指物种内的变化性。基因多样性使物种能在各种各样不同环境中存活，并使其能对环境条件的改变作出反应。

这四个层次的关系是：地区性生态系统式样构成基本的母体，因此对地方的生态系统有重要影响；反之，地方性生态系统构成了物种和基因多样性的机体，它也能反过来影响生态系统和地区的生态系统式样。

生物多样性使地球上的物质能够循环，人类排放的废物能得以清理和净化；各种使人和生物致病的因素能得到自然控制。

可以这样说，今天，每一个物种所贮存的基因信息，代表其在几千年到几百万年时间过程中适应地球环境条件而进行的创造，而且是人类及这些物种适应未来条件的原料。因此，生物多样性是大自然赋予生物抵御灾变的“保险政策”。生物多样性也应包含人类文化的多样性。人类丰富的文化多样性代表我们今后将如何解决“生存问题”，它会帮助人类去适应未来生存条件的变化。

生物多样性保护是全世界环境保护的核心问题，被列为全球重大环境问题之一。

10.1.4.4 生态系统类型

按生态形成和性质将生态系统分为自然生态系统、人工生态系统和半自然生态系统。

A 自然生态系统

指未受人类干扰或人工扶持，在一定空间和时间范围内依靠生物及其环境本身的自我调节来维持相对稳定的生态系统，典型的自然生态系统是森林、草原、荒漠和陆地水域（淡水）以及海洋生态系统，还有介于水陆之间的湿地生态系统。

B 人工生态系统

指按照人类需求建立起来的，或受人类活动强烈干扰的生态系统，典型的人工生态系统是城市生态系统。

C 半自然生态系统

它介于人工和自然生态系统之间，农业生态系统可视为半自然生态系统，人类从事的林业、畜牧业和各种养殖业也属这类系统。

10.1.5 生态影响

生态影响是指外力（一般指人为作用）作用于生态系统，导致其发生结构和功能变化的过程。在环境保护管理中，将生态影响按作用源区分为污染影响和非污染影响两大类型。

10.1.5.1　污染影响

污染物对生态系统的损害作用主要是从负面改变自然生态系统的整体性、多样性及生产力。决定污染物对生态系统损害的主要因素是其在环境中的浓度或强度、进入环境的途径、在环境中的持久性、污染物的生态效应和生态系统消除该污染物所需的时间这五个互相联系的方面。环境污染到一定严重程度就导致生态破坏。

10.1.5.2　非污染影响

A　生态群落的快速变化

生态群落的快速变化表现为物种组成的改变，主要与下列因素有关：(1) 使用高残留农药；(2) 在一个区域内引入新的物种；(3) 人类的开发行动如建水坝、公路以及对资源的过度开发和利用等，这往往也是一种累积效应的后果。

当一个群落的物种消失或种群发生剧烈改变时，其他物种乃至整个生态系统，一般来说都会受到影响。因此，生态系统的任何破坏和物种多样性的减少都会形成恶性循环。

B　人工系统代替自然生态系统

这是一个毁灭自然生态系统的过程，主要有城市化、交通运输建设（公路、铁路等交通线征用土地，在土壤上覆盖混凝土和人工材料）和农业行动等。这些行动，从本质上说是人类将其他生物的栖息地改变为人类的生活和生产场所。栖息地缩小是物种消失的根本原因。

C　沙漠化和荒漠化

沙漠化的重要原因是：过度放牧牛、羊，不恰当的农业耕作制度和农田灌溉及毁林。

草原上适度放牧是必要的和无害的，但过度放牧将毁掉草原，特别是在靠近沙漠边缘的草原，过度放牧极易造成沙漠化。

不合理的农业耕作制度和农田灌溉方式会使土壤肥分丧失、盐碱化和荒漠化。

D　毁林

毁林基本原因是：

(1) 将林地变为可耕地和草原来生产供人食用的粮食和畜产品；

(2) 作为燃料及造纸等工业和工程建设的原料；

(3) 作为商品（木材）出口换取本国需要的工业品；

(4) 污染和病害。

毁林的生态后果是严重的和长远的，森林是无数生物物种的栖息地，毁林导致许多珍稀物种的灭绝。

我国在自然资源开发和工业建设过程中，同样也对各种生态系统造成不利影响，生态系统破坏造成的社会经济损失常常会抵消甚至超过工业建设项目带来的效益。

10.1.6　生态影响评价

生态影响评价是指通过定量揭示和预测人类活动对生态影响及其对人类健康和经济发展作用的分析，确定一个地区的生态负荷或环境容量，包括对生态现状进行调查与评价、对生态影响进行预测与评价、对生态保护措施进行经济技术论证的过程。

10.2 生态影响评价的等级和范围

10.2.1 评价工作分级

依据影响区域的生态敏感性和评价项目的工程占地（含水域）范围，包括永久占地和临时占地，将生态影响评价工作等级划分为一级、二级和三级，如表 10-2 所示。位于原厂界（或永久用地）范围内的工业类改扩建项目，可做生态影响分析。

表 10-2 生态影响评价工作等级划分表

影响区域生态敏感性	工程占地（含水域）范围		
	面积≥20km² 或长度≥100km	面积 2~20km² 或长度 50~100km	面积≤2km² 或长度≤50km
特殊生态敏感区	一级	一级	一级
重要生态敏感区	一级	二级	三级
一般区域	二级	三级	三级

当工程（含水域）范围的面积或长度分别属于两个不同评价工作等级时，原则上应按其中较高的评价工作等级进行评价。改扩建工程的工程占地范围以新增占地（含水域）面积或长度计算。

在矿山开采可能导致矿区土地利用类型明显改变，或拦河闸坝建设可能明显改变水文情势等情况下，评价工作等级应上调一级。

10.2.2 评价工作范围

生态影响评价应能够充分体现生态完整性，涵盖评价项目全部活动的直接影响区域和间接影响区域。评价工作范围应依据评价项目对生态因子的影响方式、影响程度和生态因子之间的相互影响和相互依存关系确定。可综合考虑评价项目与项目区的气候过程、水文过程、生物过程等生物地球化学循环过程的相互作用关系，以评价项目影响区域所涉及的完整气候单元、水文单元、生态单元、地理单元界限为参照边界。

10.3 生态影响识别与评价因子筛选

10.3.1 生态影响识别

生态影响识别是一种定性与定量相结合的生态影响分析，主要包括影响因素的识别、影响对象的识别和影响性质与程度的识别。其目的是根据对拟建项目的环境问题以及项目性质和区域生态系统基本特征的分析，明确主要的影响因素、主要受影响的生态系统和生态因子，从而筛选出评价工作的重点内容。各类工程活动对生态的典型影响见表 10-3。

表 10-3 各类活动对生态的典型影响

活动	影响方式	有害	有利
清理场地	造成新的环境	√	√
	产生适于啮齿类动物大量生长的条件	√	
	破坏栖息地	√	
	丧失食物和掩蔽物	√	
	丧失本地动植物	√	
	降低物种多样性	√	
伐木	增加“边际效应”		√
	破坏栖息地	√	
	丧失演替顶级物种	√	
农业	促进几种物种的繁衍	√	√
	破坏栖息地	√	
	丧失本地动植物	√	
	增加杂草种类	√	
放牧家畜	破坏栖息地	√	
	丧失本地动植物	√	
	杂草增加	√	
水坝和水库	建立岸线生态系统		√
	可能增加物种	√	√
	破坏栖息地	√	
	丧失本地动植物	√	
河流改道	破坏栖息地	√	
	改变回游方式	√	√
疏浚港口	破坏水底栖息地	√	
排灌	破坏栖息地	√	
	丧失本地动植物	√	
	降低物种多样性	√	
电厂的建造和使用	噪声污染改变了动物的繁殖和觅食活动	√	
	水体热污染改变水生生物的生活方式	√	√
	辐射作用可能丧失某些野生生物	√	
污染物排入水体	扰乱湿地栖息地	√	
	丧失本地动植物	√	
	降低物种多样性	√	
	有物种灭绝的可能	√	
	丧失渔业资源	√	
大气污染	损害潜在性农作物	√	
	损害枝叶	√	

续表 10-3

活　　动	影　响　方　式	有　害	有　利
抽取地下水	促进植物生长提高生产力	√	
	丧失深根系的树木和灌木	√	
捕鱼、打猎和诱捕	使种群数量保持在该地负载能力之下		√
	淘汰老弱个体		√
	造成自然平衡	√	
野生生物管理	有利于被选物种	√	√
	改善栖息条件		√
	抑制非管理物种	√	
资源勘探和开发	破坏栖息地	√	
	破坏野生生物	√	
道路、公路	增加“边际效应”		√
	妨碍动物的迁徙	√	
铁路和机场	破坏栖息地	√	
	干扰迁徙路线	√	
	丧失本地动植物	√	
	栽种树篱、防风林、护路林和护堤林		√
通讯和多用途塔台	为鸟类创造新的营巢点		√
	妨碍候鸟活动	√	
输气和输油管线	妨碍动物的日迁徙和季节性迁徙	√	
工业、商业和住宅开发	有利于低劣的动植物种繁殖	√	
	破坏栖息地	√	
	丧失本地动植物	√	
	路边和堤坝栽种成排的灌木、防风林，以提高边际效应		√
近海钻井	扰乱栖息地	√	
	油的溢漏可能损害潮间带生物和鸟类	√	
垃圾卫生填埋	有利于腐生物种	√	√
	扰乱和破坏栖息地	√	
	丧失本地动植物	√	
生物保护和修复措施	增加本地动植物数量		√
	提高物种多样性		√
	使生态平衡恢复平衡		√

10.3.1.1　影响因素识别

影响因素识别是对拟建项目的识别，目的是明确主要作用因素，包括如下的几个方面。

（1）作用主体。包括主要工程（或主设施、主装置）和全部辅助工程在内，如施工道路、作业场地、重要原材料的生产、储运设施建设、拆迁居民安置地等。

(2) 项目实施的时间序列。项目实施的全时间序列包括设计期（如选址和决定施工布局）、施工建设期、运营期和服务期满后（如矿山闭矿、渣场封闭与复垦），至少应识别其施工建设期和运营期。

(3) 项目实施地点。包括集中开发建设地和分散影响点、永久占地与临时占地等。

(4) 其他影响因素。包括影响发生方式、作用时间长短、物理性作用、化学性作用还是生物性作用、直接还是间接作用等。人类活动对生态环境的影响可分为物理性作用、化学性作用和生物性作用三类。物理性作用是指因土地用途改变、清除植被、收获生物资源、引入外来物种、分割生境、改变河流水系、以人工生态系统代替自然生态系统，使组成生态系统的成分、结构形态或支持生态系统的外部条件发生变化，从而导致其结构和功能发生变化；化学性作用是指环境污染的生态效应；生物性作用是指人为引入外来物种或严重破坏生态平衡导致的生态影响，但这种作用在开发建设项目中发生的几率不高。很多情况下，生态系统都是同时处在人类作用和自然力的双重作用之下，两种作用常常相互叠加，加剧危害。

10.3.1.2 影响对象识别

影响对象识别是指对主要受影响的生态系统和生态因子的识别，识别的内容包括以下的几个方面。

(1) 识别受影响的生态系统的类型及生态系统构成要素。如生态系统的类型、组成生态系统的生物因子（动物与植物）、组成生态系统的非生物因子（如水分和土壤）、生态系统的区域性特点及其区域性作用与主要环境功能。

(2) 识别受影响的重要生境。生物多样性受到的影响往往是由于其所在的重要生境受到占据、破坏或威胁等造成的，故在识别影响对象时对此类生境应予以足够重视并采取有效措施加以保护。

(3) 识别区域自然资源及主要生态问题。区域自然资源对拟建项目及区域生态系统均有较大的影响或限制作用。在我国，诸如耕地资源和水资源等都是在影响识别及保护时首先要加以考虑的。同时，由于自然资源的不合理利用以及生境的破坏等原因，一些区域性的生态环境问题如水土流失、沙漠化、各种自然灾害等也需要在影响识别中予以注意。

(4) 识别敏感生态保护目标或地方要求的特别生态保护目标。这些目标往往是人们的关注点，在影响评价中应予以足够重视。一般包括如下目标：具有生态学意义的保护目标，如珍稀濒危野生生物、自然保护区、重要生境等；具有美学意义的保护目标，如风景名胜区、文物古迹等；具有科学文化意义的保护目标，如著名溶洞、自然遗迹等；具有经济价值的保护目标，如水源地、基本农田保护区等；具有社会安全意义的保护目标，如排洪泄洪通道等；生态脆弱区和生态环境严重恶化区，如脆弱生态系统、严重缺水区、生态过渡带、沙尘暴源区等；人类社会特别关注的保护对象，如学校、医院、科研文教区和集中居民区等；其他一些有特别纪念意义或科学价值的地方，如特产地、特殊保护地、繁育基地等，均应加以考虑。

(5) 识别受影响的途径与方式。指直接影响、间接影响或通过相关性分析明确的潜在影响。

10.3.1.3 影响性质与程度的识别

影响效应的识别主要是识别影响作用产生的生态效应，即影响后果与程度的识别，具体包括如下三个方面的内容：

（1）影响的性质。应考虑是正影响还是负影响、可逆影响还是不可逆影响、可补偿还是不可补偿影响、短期影响还是长期影响、累积性影响还是一次性影响；渐进的、累积性的或是有临界值的影响。凡不可逆变化应给予更多关注，在确定影响可否接受时应给予更大权重。

（2）影响的程度。包括影响范围的大小、持续时间的长短、作用剧烈程度、受影响的生态因子多少、生态环境功能的损失程度、是否影响到敏感目标或影响生态系统主导因子及重要自然资源。在判别生态受影响的程度时，受到影响的空间范围越大、强度越高、时间越长、受影响因子越多或影响到主导性生态因子，则影响就越大。

（3）影响发生的可能性分析。即分析影响发生的可能性和几率，影响可能性可按极小、可能、很可能来识别。

影响识别及其表达可用列表清单法。该法就是将人类活动的各期各种活动和可能受影响的生态因子和问题分别列为同一表格中的行与列，再用不同的符号标示每项活动对应环境因子影响的性质与程度，例如：用正负符号表示正面影响与负面影响，用单向箭头（如→）和双向箭头（↔）表示影响性质是不可逆和可逆，用1~3的数字表示影响程度的轻重等，再辅之以文字说明其他问题，一般就能比较清楚地表达出影响识别的结果。

10.3.2 评价因子筛选

生态影响评价因子筛选是在影响识别的基础上进行，目的是建立可操作的评价工作方案。生态影响因子筛选技术工作要点：

（1）明确拟评价的生态系统的类型，不同类型的生态系统可能有完全不同的评价因子，例如，森林生态系统可能选覆盖率、生物量、物种组成和重要的保护性动植物；农业生态系统可能选耕地、基本农田、土壤肥力因子等；城市生态系统则可能是绿化指标、城市景观等。

（2）分辨不同的生态层次，例如依据景观生态学的层次划分，可有区域、景观、斑块（生态系统或群落）；按传统生态学的层次划分，可有生态系统、群落、种群，有时直到生物个体。

（3）所选择的评价因子应具有代表性，能够反映生态的特点、性状、动态和功能优势，并且可以测量或操作。

（4）从生态影响评价与保护角度考虑，评价内容还应包括诸如敏感保护目标、区域生态问题、资源的量与质的问题，相应的评价因子亦应包含在内。

（5）必须包含法规要求的评价因子。

10.4 生态现状调查与评价

10.4.1 生态现状调查

10.4.1.1 生态现状调查要求

生态现状调查是生态现状评价、影响预测的基础和依据，调查的内容和指标应能反映评价工作范围内的生态背景特征和现存的主要生态问题。在有敏感生态保护目标（包括特殊生态敏感区和重要生态敏感区）或其他特别保护要求对象时，应做专题调查。

生态现状调查应在收集资料基础上开展现场工作，生态现状调查的范围应不小于评价工作的范围。

一级评价应给出采样地样方实测、遥感等方法测定的生物量、物种多样性等数据，给出主要生物物种名录、受保护的野生动植物物种等调查资料；二级评价的生物量和物种多样性调查可依据已有资料推断，或实测一定数量的、具有代表性的样方予以验证；三级评价可充分借鉴已有资料进行说明。

10.4.1.2 调查内容

A 生态背景调查

根据生态影响的空间和时间尺度特点，调查影响区域内涉及的生态系统类型、结构、功能和过程，以及相关的非生物因子特征（如气候、土壤、地形地貌、水文及水文地质等），重点调查受保护的珍稀濒危物种、关键种、土著种、建群种和特有种，天然的重要经济物种等。如涉及国家级和省级保护物种、珍稀濒危物种和地方特有物种时，应逐个或逐类说明其类型、分布、保护级别、保护状况等；如涉及特殊生态敏感区和重要生态敏感区时，应逐个说明其类型、等级、分布、保护对象、功能区划、保护要求等。

B 主要生态问题调查

调查影响区域内已经存在的制约本区域可持续发展的主要生态问题，如水土流失、沙漠化、石漠化、盐渍化、自然灾害、生物入侵和污染危害等，指出其类型、成因、空间分布、发生特点等。

10.4.1.3 调查方法

A 资料收集法

即收集现有的能反映生态现状或生态背景的资料，从表现形式上分为文字资料和图形资料；从时间上可分为历史资料和现状资料；从收集行业类别上可分为农、林、牧、渔和环境保护部门；从资料性质上可分为环境影响报告书、有关污染源调查、生态保护规划、规定、生态功能区划、生态敏感目标的基本情况以及其他生态调查材料等。使用资料收集法时，应保证资料的现时性，引用资料必须建立在现场校验的基础上。

B 现场勘察法

现场勘察应遵循整体与重点相结合的原则，在综合考虑主导生态因子结构与功能的完整性的同时，突出重点区域和关键时段的调查，并通过对影响区域的实际踏勘，核实收集资料的准确性，以获取实际资料和数据。

C 专家和公众咨询法

专家和公众咨询法是对现场勘察的有益补充。通过咨询有关专家，收集评价工作范围内的公众、社会团体和相关管理部门对项目影响的意见，发现现场踏勘中遗漏的生态问题。专家和公众咨询应与资料收集和现场勘察同步开展。

D 生态检测法

当资料收集、现场勘察、专家和公众咨询提供的数据无法满足评价的定量需要，或项目可能产生潜在的或长期累积效应时，可考虑选用生态监测法。生态监测应根据监测因子的生态学特点和干扰活动的特点确定监测位置和频次，有代表性地布点。生态监测方法与技术要求须符合国家现行的有关生态监测规范和监测标准分析方法；对于生态系统生产力的调查，必要时需现场采样、实验室测定。

E 遥感调查法

当涉及区域范围较大或主导生态因子的空间等级、尺度较大，通过人力踏勘较为困难或难以完成评价时，可采用遥感调查法。遥感调查过程中必须辅助必要的现场勘察工作。

F 海鲜生态调查方法

海鲜生态调查方法参见 GB/T 12763.9—2007。

10.4.2 生态现状评价

生态现状评价是将生态状况调查得到的重要信息进行量化，定量或比较仔细地描述生态环境的质量状况和存在问题。

生态现状评价一般可按两个层次进行：一是生态系统层次上的整体质量评价；二是生态因子状况评价。

生态现状评价的基本要求：阐明生物多样性及其生态系统的类型、基本结构和特点，评价区内具优势的生态系统及其环境功能，域内自然资源赋存和优势资源及其利用情况；阐明域内不同的生态系统间的相互关系，各生态因子间的相互关系；明确区域生态系统的主要约束条件以及所研究的生态系统的特殊性。

10.4.2.1 评价内容

在人类活动的生态环评中，一般对可控因子要做较详细的评价，以便采取保护或恢复性措施；对人力难以控制的因子，如气候因子，一般只作为生态系统存在的条件和影响因素看待，不作为评价的对象。

A 生态因子现状评价

大多数人类活动的生态现状评价是在生态因子的层次上进行，评价的内容包括以下几点：

(1) 植被。应阐明植被的类型、分布、面积和覆盖率、历史变迁及原因、植物群系及优势植物种、植被的主要环境功能、植物的种类、分布及其存在的问题等。

(2) 动物。应阐明野生动物生境现状、破坏与干扰，野生动物的种类、数量、分布特点，珍稀动物种类与分布等。动物的有关信息可从动物地理区划资料、动物资源收获(如皮毛收购)、实地考察与走访、调查、从生境与动物习性相关性等获得。

(3) 土壤。应阐明土壤的成土母质、形成过程、理化性质、土壤类型、性状与质量(有机质含量，全氮、有效磷、钾含量)、物质循环速度、土壤厚度与容量、受环境影响(淋溶、侵蚀) 程度以及土壤生物丰度、保水蓄水性能和土壤保肥能力 (碳氮比) 等以及污染水平，并与选定的标准比较而评定其优劣。

(4) 水资源。包括水资源与地下水评价两大领域，评价内容主要有两个方面：一是评价水的资源量，如供需平衡、用水竞争状况和生态用水需求等；二是与水质和水量都有紧密联系的水生生态评价。在有养殖和捕捞渔业的水环境的影响评价中，水生生态状况的评价是必要的。

B 生态系统结构与功能现状评价

可借助于生态制图并辅之以文字描述、阐明不同类型的生态系统的空间结构和运行情况，亦可借助景观生态学的评价方法进行结构的描述，还可通过类比分析，定性地认识生态系统的结构是否受到影响等。

生态系统的功能是可以定量或半定量地评价的。例如，植被生物量、生产力和种群量都可定量地表达；生物多样性亦可量化比较。运用综合评价方法可以综合地评价生态系统的整体结构和功能。许多研究还揭示了诸如森林覆盖率（或城市绿化率）与气候的相关关系，利用这些信息亦可评价生态系统的功能。

C 区域生态环境问题评价

一般区域生态环境问题是指水土流失、沙漠化、自然灾害和污染灾害等几大类，这类问题可采用定性与定量相结合的方法进行评价。如采用通用土壤流失方程，计算工程进度导致的水土流失量；采用侵蚀模数、水土流失面积和土壤流失量指标，定量评价区域的水土流失状况；测算流动沙丘、半固定和固定沙丘的相对比例，辅之以荒漠化指示生物的出现和覆盖度，半定量地评价土地沙漠化程度；通过类比，半定量地评价生态系统防灾减灾（削减洪水，防止海岸侵蚀，防止泥石流，滑坡等地质灾害）功能。

D 生态资源评价

无论是水土资源还是动植物资源，都存在巨大的经济学意义，都有相应的经济学评价指标，一些经济学评价方法可以引入到生态评价中来。例如：土地资源分类，阐明其适宜性与限制性、现状利用情况（须附图表达）以及开发利用潜力；耕地分等级，用历年的粮食产量来衡量其质量，评价中应阐明其肥力、通透性、利用情况、水利设施、抗洪涝能力、主要受到的灾害威胁等；草原根据其产量和可利用性，定量地分为 5 等 8 级。木材、药材、建材等动植物资源，亦有相应的经济计量方法。

10.4.2.2 评价方法

生态现状评价要有大量数据支持评价结果，可以用定性与定量相结合的方法进行。常用的方法有：列表清单法、图形叠置法、景观生态法、生态机理分析法、指数法与综合指数法、类比分析法、系统分析法、生态多样性评价方法、海洋及水生生物资源影响评价方法、土壤侵蚀预测法。

A 列表清单法

列表清单法是一种定性分析方法，主要应用于开发建设活动对生态因子的影响分析，生态保护措施的筛选，物种或栖息地重要性或优先度必选。其基本做法是将实施的开发活动和可能受影响的环境因子分别列于同一张表格行与列，在表格中用不同的符号来表示和判定每项开发活动与对应的环境因子的相对影响大小。该方法使用方便，但不能对影响程度进行定量评价。

B 图形叠置法

图形叠置法（叠图法）是将一套表示环境要素一定特征的透明图片叠置起来，表示区域环境的综合特征。该叠置图能反映出建设项目的影响范围以及环境影响的性质和特征。

此法应用比较简单，但对环境影响不能做出精确的定量评价。它的作用在于说明、评价或预测某一地区的受影响状态及适合开发的程度，识别供选择的地点或路线。

该方法目前已用于公路及铁路选线、滩涂开发、水库建设、土地利用等方面的评价，也可将污染影响程度和植被或动物分布重叠制成污染物对生物的影响分布图。

C 景观生态法

景观生态学方法既可以用于生态环境现状评价也可以用于生境变化预测，目前是国内外生态影响评价学术领域中较先进的方法。

景观生态学认为，景观的结构与功能是相当匹配的，且增加景观异质性和共生性也是生态学和社会学整体论的基本原则。

预测拟开发行动或建设项目的生态影响，就是预测其对模地的影响，即比较各拼块的优势度值 D_0 的变化。景观生态学方法对生态环境质量状况的评价包括两方面：一是空间结构解析；二是功能与稳定性解析。

空间结构分析基于景观是高于生态系统的自然系统，是一个清晰的、可度量的单位。景观由拼块、模地和廊道组成，其中模地是景观的背景地块，是景观中一种可以控制环境质量的组分。因此，模地的判定是空间结构分析的重要内容。判定模地有三个标准，即相对面积大、连通程度高、有动态控制功能。模地的判定多借用传统生态学中计算植被重要值的方法。决定某一拼块类型在景观中的优势，也称优势度值 D_0。优势度值由密度 R_d 、频率 R_f 和景观比例 L_p 三个参数计算得出。其数学表达式如下：

$$R_d = \frac{\text{拼块 } i \text{ 的数目}}{\text{拼块总数}} \times 100\%$$

$$R_f = \frac{\text{拼块 } i \text{ 出现的样方数}}{\text{总样方数}} \times 100\%$$

$$L_p = \frac{\text{拼块 } i \text{ 的面积}}{\text{样地总面积}} \times 100\%$$

$$D_0 = 0.5 \times [0.5 \times (R_d + R_f) + L_p] \times 100\%$$

上述分析同时反映自然组分在区域生态环境中的数量和分布，因此能准确地表示生态环境的整体性。

景观的功能和稳定性分析包括四方面的内容：（1）生物恢复力分析；（2）异质性分析；（3）种群源的持久性和可达性分析；（4）景观组织的开放性分析。

D 生态机理分析法

动物或植物与其生长环境构成有机整体，当开发项目影响生物生长环境时，对动物或植物的个体、种群和群落也产生影响。生态机理分析法就是按照生态学原理进行生态现状评价和生态影响预测的方法。

评价过程中有时要根据实际情况进行相应的生物模拟试验，如环境条件-生物习性模拟试验、生物毒理试验、实地种植或放养试验等；或进行数学模拟，如种群增长模型的应用，该方法需要较翔实的生态学知识，有时需要与生物学、地理学、水文学、数学及其他多学科合作评价，才能得出较为客观的结果。

E 指数法与综合指数法

指数法是利用同度量因素的相对值来表明因素变化状况的方法，可分为单因子指数法和综合指数法；可应用于生态单因子质量评价、生态多因子综合质量评价和生态系统功能评价。指数法简明扼要且符合人们所熟悉的环境污染-影响评价思路，但需明确建立表征生态质量的标准体系，且难以赋权和准确定量。综合指数法是从确定同度量因素出发，把不能直接对比的事物变成能够同度量的方法。

a 单因子指数法

选定合适的评价标准，采集拟评价项目区的现状资料，可进行生态因子现状评价。例如以同类型立地条件的森林植被覆盖率为标准，可评价项目建设区的植被覆盖现状情况，也可进行生态因子的预测评价；如以评价区现状植被盖度为评价标准，可评价建设项目建成后植被盖度的变化率。

b 综合指数法

综合指数法的工作步骤如下：

(1) 分析研究评价的生态因子的性质及变化规律；

(2) 建立表征各生态因子特征的指标体系；

(3) 确定评价标准；

(4) 建立评价函数曲线，将评价的环境因子的现状值（开发建设活动前）与预测值（开发建设活动后）转换为统一的无量纲的环境质量指标。用 1～0 表示优劣（“1”表示最佳的、顶级的、原始的或人类干预甚少的生态状况，“0”表示最差的、极度破坏的、几乎无生物性的生态状况），由此计算出开发建设活动前后环境因子质量的变化值；

(5) 根据各评价因子的相对重要性赋予权重；

(6) 将各因子的变化值综合，提出综合影响评价值。

即

$$\Delta E = \sum (E_{hi} - E_{qi}) W_i$$

式中 ΔE——开发建设活动日前后生态质量变化值；

E_{hi}——开发建设活动后 i 因子的质量指标；

E_{qi}——开发建设活动前 i 因子的质量指标；

W_i——i 因子的权值。

F 类比分析法

类比分析法是一种比较常用的定性和半定量评价方法，一般有生态整体类比、生态因子类比和生态问题类比等。

类比分析法是根据已有的开发建设活动（项目、工程）对生态系统产生的影响来分析或预测拟进行的开发建设活动（项目、工程）可能产生的影响。选择好类比对象（类比项目）是进行类比分析或预测评价的基础，也是该法成败的关键。

类比对象的选择条件是：工程性质、工艺和规模与拟建项目基本相当，生态因子（地理、地质、气候、生物因素等）相似，项目建成已有一定时间，所产生的影响已基本全部显现。

类比对象确定后，则需选择和确定类比因子及指标，并对类比对象开展调查与评价，再分析拟建项目与类比对象的差异。根据类比对象与拟建项目的比较，做出类比分析结论。类比分析法可应用于以下几方面：

(1) 进行生态影响识别和评价因子筛选；

(2) 以原始生态系统作为参照，可评价目标生态系统的质量；

(3) 进行生态影响的定性分析与评价；

(4) 进行某一个或几个生态因子的影响评价；

(5) 预测生态问题的发生与发展趋势及其危害；

(6) 确定环保目标和寻求最有效、可行的生态保护措施。

G 系统分析法

系统分析法因其能妥善地解决一些多目标动态问题，目前已广泛使用。在生态系统质量评价中应用系统分析法的要点是以可持续发展为指导原则，将生物多样性、生态系统及其服务功能同其相关的区域景观生态、人文生态、产业生态、人居生态、经济水平与动态、社会生活质量与动态、环境质量与动态、经济发展实力、社会发展实力、生态建设实力等进行全方位的综合系统分析，具体方法有专家咨询法、层次分析法、模糊综合评判法、综合排序法、系统动力学法、灰色关联法等。

H 生物多样性评价方法

生物多样性评价是指通过实地调查，分析生态系统和生物种的历史变迁、现状和存在的主要问题的方法，评价目的是有效保护生物多样性。

生物多样性通常用香农-威纳指数（Shannon-Wiener Index）表征：

$$H = -\sum_{i=1}^{S} P_i \ln(P_i)$$

式中 H——样品的信息含量（彼得/个体）= 群落的多样性指数；

S——种数；

P_i——样品中属于第 i 种的个体比例，如样品总个体数为 N，第 i 种个体数为 n_i，则 $P_i = n_i/N$。

I 海洋及水生生物资源影响评价方法

海洋生物资源影响评价技术方法参见 SC/T 9110—2007，以及其他推荐的生态影响评价和预测适用方法；水生生物资源影响评价技术方法，可适当参照该技术规程及其他推荐的适用方法进行。

J 土壤侵蚀预测方法

土壤侵蚀预测方法可参见 GB 50433—2008。

10.5 生态影响预测与评价

10.5.1 生态影响预测与评价内容

生态影响预测与评价内容应与现状评价内容相对应，依据区域生态保护的需要和受影响生态系统的主导生态功能选择评价预测指标。

(1) 评价工作范围内涉及的生态系统及其主要生态因子的影响评价。通过分析影响作用的方式、范围、强度和持续时间来判别生态系统受影响的范围、强度和持续时间，预测生态系统组成和服务功能的变化趋势，重点关注其中的不利影响、不可逆影响和累积生态影响。

(2) 敏感生态保护目标的影响评价应在明确保护目标的性质、特点、法律地位和保护要求的情况下，分析评价项目的影响途径、影响方式和影响程度，预测潜在的后果。

(3) 预测评价项目对区域现存主要生态问题的影响趋势。

10.5.2　生态影响预测与评价方法

生态影响预测与评价方法应根据评价对象的生态学特性，在调查、判定该区主要的、辅助的生态功能以及完成功能必需的生态过程的基础上，分别采用定量分析与定性分析相结合的方法进行评价。常用的方法包括列清单法、图形叠置法、生态机理分析法、景观生态学法、指数法与综合指数法、类比分析法、系统分析法和生物多样性评价等。

10.5.3　生态影响重大性判断

对建设项目对生态的影响的描述包括各个单独的物种、受影响的栖息地和生态系统的一般特征，应根据有关的法律、规定、基准和导则，结合生物和生态科学理论、生态影响评价人员和有关专家的专业经验判断，来判定影响的重大性。

(1) 承认生物环境是一个系统，从个别物种在食物链网中联系的规则对重大性进行解释和判断。例如，一个物种在食物网中减少会导致另一个或几个物种的消失，则影响是重大的。

(2) 分析评价区域内与关键物种有关系的环境因子的承载能力。

(3) 评估植物和动物物种的自然恢复能力，然后联系由项目引起的预期改变会对动植物物种恢复能力产生何等重大影响。

(4) 对在研究区域内的陆地和水生栖息地内的物种多样性可能由建设项目引起的变化作出评估。一般说，当物种多样性较少而且抵御变化能力较差时，开展这类评估可作为解释生物环境条件脆弱性的基础。

(5) 考虑项目对自然演替方面的影响，推断项目是否会破坏正常的演替过程。

(6) 评述那些在自然环境过程中具有富集特定化学物质能力的物种，并说明建设项目排污可能造成的生物富集作用。

(7) 评估建设项目对研究区域内有重要经济价值的物种（包括对狩猎和渔业活动有价值的物种）的作用有哪些。

(8) 在研究领域内，是否可能对受威胁或濒危物种以及关键性的栖息地造成任何预期的改变。解释各种指数法评价结果的含义，是否表示影响重大。

10.6　生态影响的防护、恢复、补偿及替代方案

10.6.1　生态影响的防护，恢复与补偿原则

应按照避让、减缓、补偿和重建的次序提出生态影响防护与恢复的措施，所采取措施的效果应有利于修复和增强区域生态功能。

凡涉及不可替代、极具价值、极敏感、被破坏后很难恢复的敏感生态保护目标（如特殊生态敏感区、珍稀濒危物种）时，必须提出可靠的避让措施或生境替代方案。

涉及采取措施后可恢复或修复的生态目标时，也应尽可能提出避让措施；否则，应制定恢复、修复和补偿措施。各项生态保护措施应按项目实施阶段分别提出，并提出实施时限和估算经费。

10.6.2 替代方案

替代方案主要指项目中的选线、选址替代方案，项目的组成和内容替代方案，工艺和生产技术的替代方案，施工和运营方案的替代方案，生态保护措施的替代方案。

评价应对替代方案进行生态可行性论证，优先选择生态影响最小的替代方案，最终选定的方案至少应该是生态保护可行的方案。

10.6.3 生态保护措施

生态保护措施应包括保护对象和目标，内容、规模及工艺，实施空间和时序，保障措施和预期效果分析，绘制生态保护措施平面布置示意图和典型措施设施工艺图，估算或概算环境保护投资。

对可能具有重大、敏感生态影响的建设项目，区域、流域开发项目，应提出长期的生态监测计划、科技支撑方案，明确监测因子、方法、频次等。

明确施工期和运营期管理原则与技术要求。可提出环境保护工程分标与招投标原则，施工期工程环境监理，环境保护阶段验收和总体验收、环境影响后评价等环保管理技术方案。

10.7 生态影响评价案例

下面以江苏省太仓市应急水源地工程项目为案例，阐述如何进行工程项目的生态影响评价。

10.7.1 工程概况

10.7.1.1 项目背景

太仓市应急水源地工程为新建工程，处于太仓港港口开发区沿江岸线的东南部。项目主体工程位于江苏省太仓市浏河镇浏河口上游长江边滩，东临浏河，北靠长江。辅助工程位于主体工程附近，靠近长江堤防的浏河镇原东海村一组。

10.7.1.2 工程组成与工程规模

本项目主体工程包括水库工程、取输水泵站工程和浏河口下游岸线整治工程（以下简称“圈围工程”）。辅助工程包括管理房、便道和临时建设用房（施工营地、施工机械和材料仓库等）。水库工程主要包括新建围堤、原有长江大堤加高培厚、水库开挖等；取水泵站工程主要包括取水头部、进水管、取水泵房、出水管、消力池、水泵安装、电气安装等；输水泵站工程主要包括引水头部、引水管、输水泵房、出水管、水泵安装、电气安装等；圈围工程包括新建围堤和围区吹填等，主要建筑物为取输水泵房、管理房、水库新建围堤和圈围工程围堤。

太仓市应急水源地工程为中型水库，工程等级为Ⅱ等，围堤及主要建筑物级别为2级水库总库容为$1751\times10^4m^3$，水库有效库容为$1420\times10^4m^3$，死库容为$331\times10^4m^3$，取水泵站设计流量$40m^3/s$，输水泵站设计流量$8.0\ m^3/s$。

10.7.1.3 施工总布置

工程区位于浏河口上游，紧临陆地岸线，对外水、陆运交通均较为方便。施工场地布置在原长江大堤的内侧，除筑堤土料以外的大部分建筑材料均可通过水运至码头转陆运至现场。场外公路运输可从公路经原海塘堤顶，到达工地。施工期场内交通的临时道路由本工程的新建围堤和原长江大堤组成。施工总工期为18个月。

10.7.1.4 工程分析

太仓市应急水源地工程是一个饮用水取供水工程，运行期间只排放少量管理人员生活污水，生活污水进入污水管道，经浏河镇污水处理厂处理后达标排放，所排放的污水对水环境影响较小。其建成运行对浏河闸外出口段及水库上下一定范围内的长江口水域的水文情势有所影响，而水文情势的变化间接引起水环境和水生生态环境的变化，但影响范围和影响程度都较小。

10.7.1.5 评价等级

根据对苏州市重要生态功能保护区的调查，长江（太仓市）重要湿地是苏州市重要生态功能保护区59块之一，以湿地生态系统维护为主导生态功能。该湿地位于长江太仓市行政区辖水域，从上游白茆口至上游宝山交界处，水域面积$173.9km^2$，长江第二水厂取水口水源保护区$0.785km^2$、浏河三井段长江备用水源地$3km^2$为禁止开发区。本项目所占用水域在长江（太仓）重要湿地范围内的禁止开发区。

根据对本项目可能影响区域的现场调查和分析，水库及圈围工程永久占用长江边滩滩涂面积共4699亩，取输水泵站工程永久占用耕地21亩，临时占地35亩，工程直接影响范围4720亩。工程不涉及居民房屋拆迁和移民安置。

综合以上工程影响范围和项目所在水域的生态功能要求，依据《环境影响评价技术导则　生态影响》（HJ 19—2011）的有关规定，确定本项目生态影响评价等级为2级。

10.7.1.6 评价范围

陆域生态评价范围：包括取输水泵房永久占地，圈围工程永久占地，施工临时占地。

水域生态评价范围：根据水库及其配套设施的分布，以水库上游侧围堤向上3km、下游侧围堤向下5km（考虑下游侧有陈行和宝钢水库取水口），宽度为距江堤约3km的矩形水域，水域面积约$30km^2$。

10.7.1.7 评价时段

评价时段包括项目的施工期和运行期。

10.7.1.8 生态环境保护目标

长江南支珍稀鱼类洄游通道。

10.7.2 生态环境背景

本项目生态环境质量评价采用资料收集与现场调查相结合的手段。

本项目所占用水域在长江（太仓）重要湿地范围内的禁止开发区，但是作为水源地开发项目，符合其指定用途。

10.7.2.1 陆域植被

工程陆域影响区陆生植物以水杉、棕榈、枸骨、香樟居多，还有一些葎草、红叶李、女贞、油菜、海桐、石楠以及少量的芦苇。

10.7.2.2 水域湿生植被及底栖动物

该区域底栖动物组成主要以软体动物和环节动物为主，其次为节肢动物。圈围工程区底栖动物以软体动物门的河蚬和环节动物门的圆锯齿吻沙蚕为主，水库工程区底栖动物以环节动物门的背蚓虫为优势种。湿地植被以芦苇和藨草为主要优势种。底栖动物和湿地植被均为长江口南支水域的常见物种，未发现保护物种。

10.7.2.3 浮游生物

浮游植物：项目所在江段浮游植物群落约 62 属（种），主要类群有鱼腥藻、硅藻、蓝藻、小环藻，优势种为鱼腥藻和小环藻。

浮游动物：项目所在江段，浮游动物主要为淡水生态类型，主要有筒壳虫、刺胞虫、枝角类、糠虾类和端足类等，另外还有汤匙华哲水蚤、英勇剑水蚤、近邻剑水蚤、多刺秀体蚤，脆弱象鼻蚤等。以上浮游动物在每年的丰水期落潮时数量较多。根据近年来本项目上游附近浮游动物监测结果，浮游动物共有 30 种，其中原生动物 6 种，轮虫 9 种，枝角类 3 种，桡足类 12 种。浮游动物群落结构无明显差异，优势种群不很明显。

10.7.2.4 鱼类

本工程所在区鱼类分布主要为淡水鱼类、河口鱼类和洄游性鱼类，其中，白鲟、中华鲟、松江鲈鱼为珍稀鱼类；重要的苗种资源有鲥鱼、梭鱼、鲻鱼、鳗鲡、松江鲈鱼和鲈鱼鱼苗等；主要经济鱼类有凤鲚、刀鲚、前颌间银鱼、鳓鱼、长吻鮠、鳗鲡等。

10.7.3 环境影响识别与评价因子筛选

根据太仓市应急水源地工程建设和运行的特点及环境影响识别原则，将本工程作用因素按工程建设期和运行期进行划分，环境影响性质分为有利影响和不利影响、直接影响和间接影响、暂时影响和积累影响、可逆影响和不可逆影响；环境影响程度分影响大、影响中等、影响小和无影响。太仓市应急水源地工程环境影响识别和评价因子筛选矩阵见表 10-4。

表 10-4 应急水源地工程环境影响识别与评价因子筛选

作用因素 / 影响因子	工程建设期					工程运行期				评价因子筛选结果
	工程占地	水上工程施工	陆上配套工程施工	施工料场	交通运输	工程阻隔	水库取水	管理房	水库维护	
水文情势						+-2ZYB	+-1ZY			Ⅰ
水　质		-3ZD		-2ZD		+-2JY	-1JY	-1ZY	-2ZD	Ⅰ
土地资源	-1Z									Ⅲ
水土流失	-1Z	-1ZD	-2ZD							Ⅱ

续表 10-4

作用因素 / 影响因子	工程建设期					工程运行期				评价因子筛选结果
	工程占地	水上工程施工	陆上配套工程施工	施工料场	交通运输	工程阻隔	水库取水	管理房	水库维护	
陆生生物	-2Z		-2ZD							Ⅱ
水生生物	-2Z	-2ZD				-2ZY	-1ZY			Ⅰ
生态环境	-2Z	-2ZD	-2ZD			-2ZY	-1ZY			Ⅱ
大气环境		-2ZD	-2ZD	-2ZD	-1ZD					Ⅱ
声环境		-2ZD	-2ZD	-2ZD	-1ZD			-1ZY	-2ZY	Ⅱ
固体废物		-2ZD	-2ZD	-2ZD				-1ZY	-2ZY	Ⅱ
人群健康		-1ZD	-1ZD							Ⅱ
景观与文物	-1Z	-1ZD	-1ZD	-1ZD					-1ZY	Ⅲ
社会经济		+1JD	+1JD		-1ZD		+1ZY			Ⅲ

注：+、-表示有利、不利影响；1、2、3 表示影响程度小、中、大；Z、J 分别表示直接、间接影响；D、Y 分别表示暂时和永久影响；B 表示不可逆；Ⅰ、Ⅱ、Ⅲ分别表示各环境因子在本工程环评的重要性，分别为重要、一般、可忽略。

根据表 10-4 的筛选结果，确定本工程环境影响的重要评价因子为水文情势、水质和生态环境，一般评价因子为空气环境、声环境、固体废物、水土流失、人群健康和社会经济。

根据经验确定生态环境现状评价的评价因子为生物量和生物多样性；生态环境影响评价的评价因子为生物量、生物多样性、生态完整性、生态连通性。

10.7.4　生态环境影响分析

10.7.4.1　施工期环境影响分析

A　对湿地面积的影响

本项目共损失湿地面积 $81.24\times10^4 m^2$。其中，浏河下游岸线整治工程占用长江滩涂 $47.1\times10^4 m^2$，水库新建围堤占用长江滩涂约 $34.14\times10^4 m^2$。

B　对湿生植被的影响

圈围工程所占用长江滩涂的湿生植被优势种目前主要为藨草群落和芦苇群落。围堤建成之后，原来生存在此的湿生植被逐渐被一些一年生或者多年生的陆生植被所替代，生物量会在一到两年内有所恢复。恢复后的植物种类可能为当地常见种柳、樟等。

在大堤外侧靠近水域的水陆交错带分布着狭长的湿生植被带，主要的植物种类是藨草群落、水葱群落、茭笋群落。水库新建围堤、库内清淤及老堤加固将使施工占用区域的湿生植被全部丧失。其中由堤防占用而导致的湿生植被生物量损失为永久损失，库内清淤导致的湿生植被生物量损失则可在水库建成后，通过水库内的生态恢复重建而得到一定的生物量补偿。

C 对陆生植被和动物的影响

对于陆生植被的影响主要是由于陆域工程占地引起的。取输水泵房工程永久占用耕地面积1.4hm^2，所占耕地一般种植油菜、麦子和水稻等农作物。该区域不存在珍稀物种，均为本地常见种，所以对于植被生物多样性的影响不明显。此外由于永久占地造成植被丧失，一些原来栖息于此的小型昆虫、两栖类、爬行类的生活环境遭到了破坏，而迁移至他处，从而间接引起此地动物种类、数量减少。

施工临时设施占地为临时占地，共占面积2.35hm^2。占地的土地利用类型主要是耕地，对于生物多样性的影响甚微。随着工程的结束，植被逐渐恢复，造成的生物量的损失会逐渐恢复。

D 对水生生态环境及浮游生物的影响

采砂、取水管道、取水头部和围堤等水上施工活动，扰动河床，导致河床质再次悬浮，引起施工附近局部水域悬浮物含量增加。同时堤芯吹填作业的尾水排放，也相应引起施工附近水域悬浮物含量的增加，导致水体浮游生物生物量下降。水下打桩的噪声以及施工搅动使鱼类原来的栖息场所和觅食地受到干扰，受到惊扰的鱼类迁移至别处栖息和觅食。

因水上施工作业导致的水体悬浮物含量增加，其影响范围仅局限在施工作业点附近，影响范围小，并且这种不良影响将随着施工的结束而逐渐消失，水生生态环境逐步恢复，浮游生物的数量将逐渐得以恢复。

E 对底栖动物的影响

对底栖动物的影响主要来自两个方面：（1）由于库底清理造成的水库底部底栖动物的生物种类和生物量变化，该影响是可逆的；（2）由于圈围工程和水库新建围堤造成原湿地内底栖动物种类数量丧失及生物量减少，该影响是不可逆的。

水库工程围堤和圈围工程建造将会使该水域的底栖动物的种类和数量发生较大的减少。由于损失的种类都为当地的常见种，不会对当地生物多样性造成不利影响。由于工程建设而造成的底栖生物量的损失，可在工程建成后，通过生态补偿措施，逐步得到补偿和恢复。

F 对鱼类等珍稀动物的影响

水上施工活动导致施工水域附近悬浮物含量增加，进而导致浮游生物、底栖动物等饵料生物量的减少，改变原有鱼类的生存、生长和繁衍条件，鱼类将择水而迁移到其他地方，施工区域鱼类密度将有所降低；工程建设人员的人为破坏如捕鱼也会对鱼类资源造成不利影响，鱼类迁移到其他地方。

珍稀保护动物中华鲟一般不在此地产卵，水上施工活动引起的悬浮物升高对中华鲟产卵造成的影响不大。

随着工程的完工、水质的恢复，鱼类的密度会有所回升。水库运行后库内还可适当放养鱼类。工程完成后，如能保证流域内水量充沛，水质清洁，并结合采取鱼类保护措施，原有的鱼类资源及其生息环境不会有太大的变化，对该流域鱼类种类、数量的影响不大。

G 对鸟类的影响

施工期对鸟类的直接影响主要表现在施工人员集中活动和工程施工将驱赶鸟类远离施

工现场，向四周扩散，可能改变一些鸟类的栖息环境。另外，在水库建设中，需要在当地砍伐部分木材，以及施工等人员对鸟类的生活环境干扰，甚至捕捉猎杀鸟类，会使它们数量减少。工程及辅助设施尤其是圈围工程直接侵占了区域中鸟类适宜的潮间带浅滩、裸地与植被生境，影响区域鸟类的种类、数量及相应的分布格局。

10.7.4.2 运行期生态环境影响分析

A 对生态系统完整性的影响

水库建成并运行之后，工程对于生态系统完整性的影响主要是对生态系统组成完整性的影响和对景观完整性的影响。

工程运行之后对该区域自然体系造成破坏。工程围堤、老堤加固、圈围工程将使区域湿生植被丧失或者演替为陆生植被，水库运行之后高等湿生植被已难觅其踪，植被连续性遭到破坏，生物量和生产力水平有所降低，区域生态完整性会受到一定影响。

工程建设对于景观完整性的影响，表现在水库围堤使项目区生境破碎化，斑块面积减小、片段化。围堤导致物种不易扩散，间接使生物多样性减少。水库的修建和临时工程等破坏了生态廊道，降低景观连接度，对于景观的完整性有一定的影响。

B 对生态连通性的影响

围堤将原来完整的水域生态系统割裂开来，形成水库内和水库外两个分开的岛屿生态系统，水库内的水体水质、水文状况、底栖动物、浮游生物种类与水库外的长江江段有明显不同，水库内容易受到富营养化的影响。

C 对生态稳定性的影响

取输水泵房永久占地使评价区内陆生植被面积有所减少，浏河口下游圈围工程使得评价区内湿生植被面积减少，生物量相应随之减少。工程建设和运行后，区域内自然体系的生产能力基本能维持现状水平，工程对自然体系生产力的影响是评价区内自然体系可以承受的，对区域自然体系恢复稳定性的影响甚微。

D 对洄游鱼类的影响

工程建成后过鱼断面相对缩短，对亲鱼和幼鱼的洄游将产生一定程度的不利影响。水库深入江中约1.0km左右，而长江在该段的江面宽约为14km，占到整个江面的十四分之一左右，工程所占水域有限，大部分洄游鱼类能够绕过圈围的水库而继续上溯，因过水断面的相对减少而对经济鱼类、珍稀、保护物种动物的影响较小，是可以接受的。

E 对生态基流的影响

太仓市应急水源地取水泵站最大抽水流量为40m^3/s，按底线的极限值10000m^3/s计算，抽水流量仅占生态基流的0.4%。本项目对长江口生态基流影响不大。

F 取水对附近水域水生物的影响

取水头部安装有格栅。格栅能预防大体积生物进入取水管道，但仍会在取水过程中有一些仔稚幼鱼和鱼卵随水流通过管道吸到输水泵站，会造成一部分死亡。主要受影响的种类有刀鲚、凤鲚的幼体，鳗苗、中华鲟的幼体等。

10.7.5 生态保护措施

10.7.5.1 施工期生态保护措施

（1）优化施工工艺，减轻水生生态破坏。

（2）加强同渔政部门的协作，加强对珍稀动物的渔业资源保护。

（3）合理安排施工时间。

10.7.5.2 运行期环境保护措施

（1）陆生植被恢复与重建。在管理房可进行适当的绿化，在工程占地的周边地区可利用闲置的空地尽量恢复植被的覆盖度和生物量。选择覆盖性能强的速生草本植物，迅速覆盖地表，发展多层次多种结构的人工混交植被类型。

（2）库区生态恢复和库外生态放流。根据本水库特点，主要采取投放一些食藻虫和滤食性生物：

1）鱼类，放养滤食性鱼类和腐食性鱼类，如鲢、鳙、翘嘴鲌鱼、梭鱼等，充分利用鱼类摄食藻类的特性，控制藻类的数量；

2）贝类，放养一些刮食性的种类，如双壳贝类、螺类等，食性和鱼类能相互配合，效果更好；

3）虾类，虾类是重要的藻类摄食者，可投放一定数量的日本沼虾等；

4）腐食性甲壳动物，投放一定数量的中华绒螯蟹等，可以有效摄食水草死亡后产生的有机碎屑；在水库外开展对底栖生物及鱼类补偿性放流，每年投放一定数量的贝类、甲壳动物以及中华鲟幼鱼等。

（3）取水口设计防止鱼类误进入设备，防止因取水对水生生物造成机械操作和被吸入取水口而造成伤害，取水口应设有细密过滤滤网；并在循环泵房集水池设置平板滤网和旋转滤网两层细拦污栅，以减少因取水对水生生物造成伤害。

（4）加强对野生动物保护宣教力度。

10.7.6 结论

本应急水源地工程的建设符合国家的产业政策和《江苏省沿江地区“十一五”产业空间布局规划》，项目生产满足清洁生产的要求。项目建成后将为太仓市提供水源，缓解用水矛盾，有利于城市供水系统的抗风险能力，促进区域经济的发展。项目施工期对生态环境造成的不利影响是局部的，且影响程度是可接受的。这种不利影响可通过生态放流和生态恢复措施而得以减缓。施工期产生的污水进行统一处理或收集，不在施工水域排放；产生的各种大气污染物、噪声和固体废物，将随着施工活动的结束而消失。工程运行期，对区域生态系统完整性、连通性及稳定性、洄游鱼类、生态基流有一定的影响；但工程对植被生物多样性的影响不明显，对经济鱼类、珍稀、保护物种动物的影响较小，对长江口生态基流影响不大，是可以接受的。因此，从经济、社会效应及环保角度出发，兴建本工程是可行的。

思 考 题

10-1 生态环境影响评价的概念是什么？
10-2 简述生态环境影响评价的指导思想与基本原则。
10-3 如何进行生态环境影响识别？
10-4 有哪些生态评价方法？都是如何进行的？
10-5 影响预测有什么样的方法和技术要点？
10-6 简述生态影响评价中替代方案的内容和要求。
10-7 人类活动影响生态环境的减缓措施有哪些？

11 规划环境影响评价

[内容摘要] 《中华人民共和国环境影响评价法》明确要求对规划必须进行环境影响评价。本章介绍规划环境影响评价的分类及其工作程序，详细阐述规划现状调查、规划环境影响识别、规划环境影响预测与评价的基本内容和方法。最后以上海市远期交通规划的噪声影响评价为案例，说明如何进行规划环境影响评价。

《中华人民共和国环境影响评价法》总则明确规定为了实施可持续发展战略，预防因规划和建设项目实施后对环境造成不良影响，促进经济、社会和环境的协调发展，要求对规划和建设项目必须进行环境影响评价。

11.1 规划环境影响评价的概念、目的、原则和分类

11.1.1 规划环境影响评价的概念

规划的环境影响评价，是指对规划实施后可能造成的环境影响进行分析、预测和评价，提出预防或者减轻不良环境影响的对策和措施，综合考虑所拟议的规划可能涉及的环境问题，预防规划实施后对各种环境要素及其所构成的生态系统可能造成的影响，协调经济增长、社会进步与环境保护的关系，为科学决策提供依据。

11.1.2 规划环境影响评价的目的

通过评价，识别制约规划实施的主要资源和环境因素，分析、预测与评价规划实施可能对相关区域、流域、海域生态系统产生的整体影响、对环境和人群健康产生的长远影响，评价规划实施后环境目标和指标的可达性，评价规划要素的环境合理性，形成规划优化调整建议，提出环境保护对策建议和跟踪评价计划，协调规划实施的经济效益、社会效益与环境效益之间以及当前利益与长远利益之间的关系，为规划编制和环境管理提供决策依据。

11.1.3 规划环境影响评价的原则

规划环境影响评价的原则包括：

（1）全程互动。评价应在规划纲要编制阶段（或规划启动阶段）介入，并与规划方案的研究和规划的编制、修改、完善全过程互动。

（2）一致性。评价的重点内容和专题设置应与规划对环境影响的性质、程度和范围相一致，应与规划涉及领域和区域的环境管理要求相适应。

（3）整体性。评价应统筹考虑各种资源与环境要素及其相互关系，重点分析规划实施对生态系统产生的整体影响和综合效应。

（4）层次性。评价的内容与深度应充分考虑规划的属性和层级，并依据不同属性、不同层级规划的决策需求，提出相应的宏观决策建议以及具体的环境管理要求。

（5）科学性。评价选择的基础资料和数据应真实、有代表性，选择的评价方法应简单、适用，评价的结论应科学、可信。

11.1.4　规划环境影响评价的分类

规划环境影响评价分为综合性指导性规划和专项规划两类。综合性指导性规划包括国务院有关部门、设区的市级以上地方人民政府及其有关部门，对其组织编制的土地利用的有关规划，区域、流域、海域的建设、开发利用的规划。专项规划包括国务院有关部门、设区的市级以上地方人民政府及其有关部门，对其组织编制的工业、农业、畜牧业、林业、能源、水利、交通、城市建设、旅游、自然资源开发的有关专项规划。以上所列专项规划中，一些宏观的、长远的综合性规划以及主要是提出预测性、参考性指标的专项规划按综合性指导性规划进行环境影响评价。

11.2　规划环境影响评价的工作程序、工作内容、评价范围和评价文件

11.2.1　规划环境影响评价的工作程序

规划环境影响评价的工作程序见图 11-1。

11.2.2　规划环境影响评价的工作内容

规划环境影响评价的工作内容包括以下 8 方面：

（1）规划分析，包括分析拟议的规划目标、指标、规划方案和相关的其他发展规划、环境保护规划的关系。

（2）环境现状调查与分析，包括调查、分析环境现状和历史演变，识别敏感的环境问题以及制约拟议规划的主要因素。

（3）环境影响识别与评价指标体系构建，包括识别规划目标、指标、方案（包括替代方案）的主要环境问题和环境影响，按照有关的环境保护政策、法规和标准拟定或确认环境目标，选择量化和非量化的评价标准。

（4）环境影响分析与评价，包括预测和评价不同规划方案对环境保护目标、环境质量和可持续性的影响。

（5）针对各规划方案，拟定环境保护对策和措施，确定环境可行的推荐规划方案。

（6）开展公众参与。

（7）拟定监测、跟踪评价计划。

（8）编写规划环境影响报告书、篇章或说明。

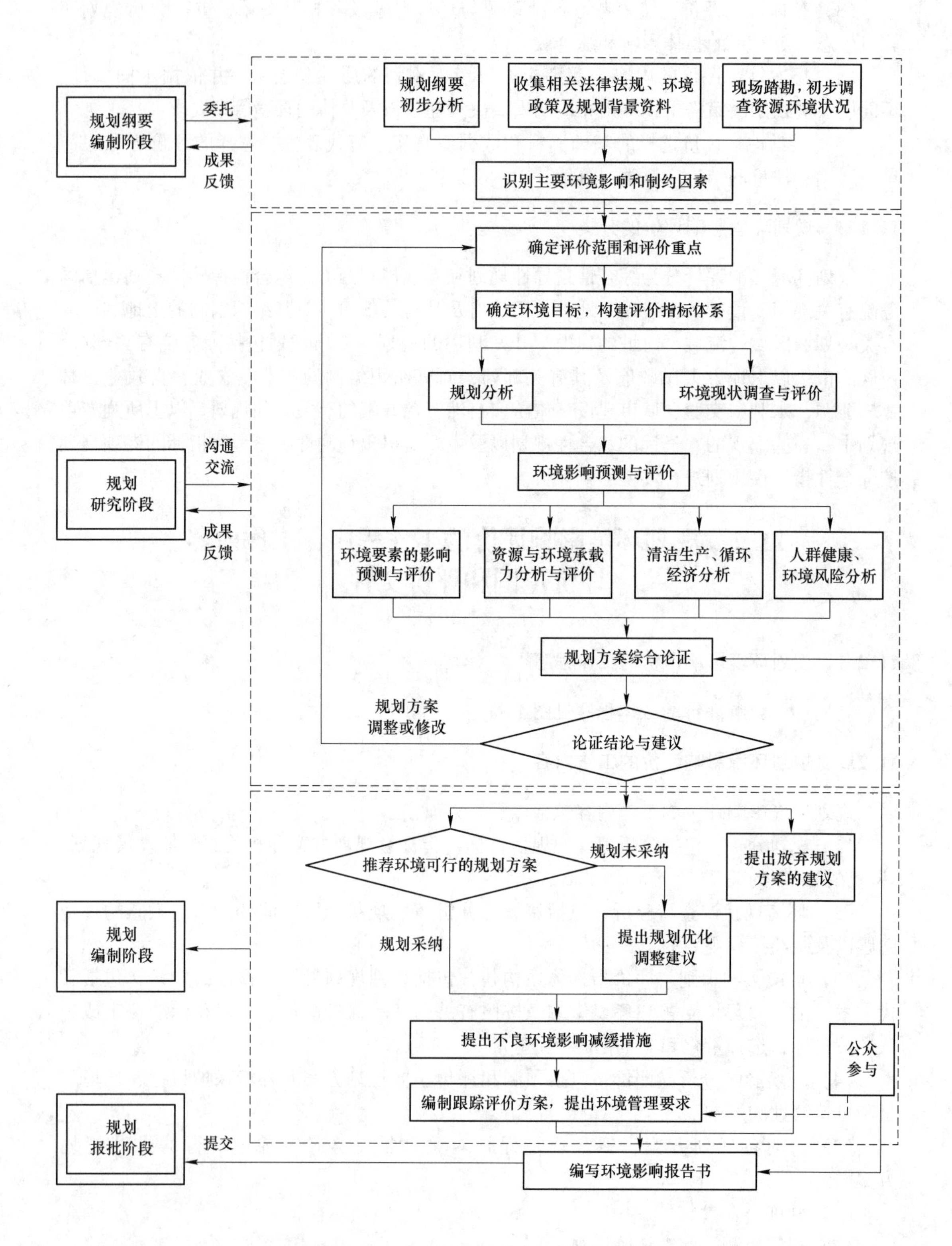

图 11-1　规划环境影响评价工作流程

11.2.3 规划环境影响评价的评价范围

规划环境影响评价的评价范围应按照规划实施的时间跨度和可能影响的空间尺度确定。

评价范围一般应包括规划区域、规划实施直接影响的周边地域，特别是规划实施可能影响的环境敏感区、重要生态功能保护区、生态脆弱区等其他重要区域应纳入评价范围。

确定规划环境影响评价的空间范围通常可考虑以下三个方面：

(1) 自然地理单元、气候单元、水文单元、生态单元的完整性；

(2) 已有的管理区界如自然保护区界、饮用水水源保护区界等或行政边界；

(3) 规划的环境影响可能达到的地域范围。

11.2.4 规划环境影响评价文件

规划环境影响评价文件包括规划环境影响评价实施方案和环境影响报告书、环境影响篇章（或说明）。

11.2.4.1 规划环境影响评价实施方案

规划环境影响评价实施方案应包括以下主要内容。

(1) 总则。概述任务由来，明确评价依据，评价目的与原则，评价工作程序等内容。

(2) 规划方案的初步分析。概述规划编制的背景，明确规划的层次和属性，从环境影响评价角度梳理并说明规划的主要内容，分析规划与法律法规、环境经济与技术政策和产业政策的符合性。

(3) 环境概况。简述区域主要资源利用状况和社会、经济概况，说明区域生态功能区划、环境功能区划，说明主要环境保护目标和重要环境敏感区的分布情况及其保护要求。

(4) 环境影响识别与评价指标体系的构建。识别规划实施对资源环境要素造成的影响，初步判断影响的范围和程度，确定评价范围和评价重点。根据评价区域环境质量、生态功能和其他与环境保护相关的目标和要求，确定不同规划期的环境目标，筛选并建立评价指标体系，给出具体的评价指标值及其来源。

(5) 环境现状调查。给出环境现状调查的内容和方法，拟监测的具体参数，监测的方法、监测点位分布、监测时段及监测频次等。

(6) 环境影响预测与评价。给出资源、环境影响的预测内容、预测方法（包括预测模型及有关参数的估值方法等）及评价方法。

(7) 公众参与。明确公众参与的方式、内容等。

(8) 专题设置。给出评价的专题设置与重点内容的描述，环境影响报告书（篇章或说明）的编写提纲。

(9) 工作计划。评价工作的组织、计划安排和经费概算。

(10) 附必要的图、表和文件。

11.2.4.2 规划环境影响报告书

专项规划应当在规划草案上报审批前，组织进行环境影响评价，编制环境影响评价报告书，对规划实施后可能造成的环境影响作出分析、预测和评价，提出预防或减轻不良环境影响的对策、措施以及环境影响评价的结论。

规划环境影响评价报告书应包括以下主要内容：

(1) 总则。概述任务由来，明确评价依据，评价目的与原则，评价范围（附图），评价重点，附图、列表，明确评价区域生态功能区划、环境功能区划及其执行的环境标准、主要环境保护目标和重要环境敏感区等。

(2) 规划分析。概述规划编制的背景，明确规划的层次和属性，解析并说明规划的发展目标、定位、规模、布局、结构、时序，以及所包含具体建设项目的建设计划等规划内容；进行规划与政策法规、上层位规划、同层位规划的协调性分析，然后给出分析结论，重点明确规划之间的冲突与矛盾；进行规划的不确定性分析，给出规划环境影响预测的不同情景。

(3) 环境状况调查与评价。概述环境现状调查情况，阐明评价区自然地理状况、社会经济概况、资源赋存与利用状况、环境质量和生态状况等，评价区域资源利用和保护中存在的问题，分析规划布局与主体功能区规划生态功能区划、环境功能区划和环境敏感区重点生态功能区之间的关系，评价区域环境质量状况，分析区域生态系统组成、结构与功能状况、变化趋势和存在的主要问题，评价区域环境风险防范和人群健康状况，分析评价区主要行业经济和污染贡献率。对已开发区域进行环境影响回顾性评价，明确现有开发状况与区域主要环境问题间的关系。明确提出规划实施的资源与环境制约因素。

(4) 环境影响识别与评价指标体系构建。识别规划实施可能影响的资源与环境要素及其范围和程度，建立规划要素与资源、环境要素之间的动态响应关系。论述评价区域环境质量、生态功能和其他与环境保护相关的目标和要求，明确不同规划期的环境目标，建立评价指标体系，给出具体的评价指标值。

(5) 环境影响预测与评价。说明资源、环境影响预测的方法，包括预测模式和参数选取等。估算不同发展情景对关键性资源的需求和污染物的排放量，给出生态影响范围和持续时间、主要生态因子的变化量。预测与评价不同发展情景下区域环境质量能否满足相应功能区的要求，对区域生态系统完整性所造成的影响，对主要环境敏感区和重点生态功能区等环境保护目标的影响性质与程度。根据不同类型规划及其环境影响特点，开展人群健康影响状况评价、事故性环境风险和生态风险分析、清洁生产水平和循环经济分析。预测和分析规划实施与其他相关规划在时间和空间上的累积环境影响。评价区域资源与环境承载能力对规划实施的支撑状况。

(6) 规划方案综合论证和优化调整建议。综合各种资源与环境要素的影响预测和分析、评价结果，分别论述规划的目标、规模、布局、结构等规划要素的环境合理性以及环境目标的可达性和规划对区域可持续发展的影响。明确规划方案的优化调整建议，并给出评价推荐的规划方案。

(7) 环境影响减缓措施。详细给出针对不良环境影响的预防、最小化及对造成的影响进行全面修复补救的对策和措施，论述对策和措施的实施效果。如规划方案中包含有具体的建设项目，还应给出重大建设项目环境影响评价的重点内容和基本要求（包括简化建议)、环境准入条件和管理要求等。

(8) 环境影响跟踪评价。详细说明拟定的跟踪评价方案，论述跟踪评价的具体内容要求。

(9) 公众参与。说明公众参与的方式、内容及公众参与意见和建议的处理情况，重点说明不采纳的理由。

(10) 评价结论。归纳总结评价工作成果，明确规划方案的合理性和可行性。

(11) 附必要的图、表和文件。

11.2.4.3 规划环境影响篇章（或说明）

综合性指导性规划和专项规划中的指导性规划应当在编制过程中组织进行环境影响评价，编写该规划有关环境影响的篇章或者说明，对规划实施后可能造成的环境影响作出分析、预测和评估，提出预防或者减轻不良环境影响的对策和措施。

规划环境影响篇章（或说明）应包括以下主要内容：

(1) 环境影响分析依据。重点明确与规划相关的法律法规、环境经济与技术政策、产业政策和环境标准。

(2) 环境现状评价。明确主体功能区规划、生态功能区划、环境功能区划对评价区域的要求，说明环境敏感区和重点生态功能区等环境保护目标的分布情况及其保护要求；评述资源利用和保护中存在的问题，评述区域环境质量状况，评述生态系统的组成、结构与功能状况、变化趋势和存在的主要问题，评价区域环境风险防范和人群健康状况，明确提出规划实施的资源与环境制约因素。

(3) 环境影响分析、预测与评价。根据规划的层级和属性，分析规划与相关政策、法规、上层位规划在资源利用、环境保护要求等方面的符合性。评价不同发展情景下区域环境质量能否满足相应功能区的要求，对区域生态系统完整性所造成的影响，对主要环境敏感区和重点生态功能区等环境保护目标的影响性质与程度。根据不同类型规划及其环境影响特点，开展人群健康影响状况分析、事故性环境风险和生态风险分析、清洁生产水平和循环经济分析。评价区域资源与环境承载能力对规划实施的支撑状况以及环境目标的可达性。给出规划方案的环境合理性和可持续发展综合论证结果。

(4) 环境影响减缓措施。详细说明针对不良环境影响的预防、减缓（最小化）及对造成的影响进行全面修复补救的对策和措施。如规划方案中包含有具体的建设项目，还应给出重大建设项目环境影响评价要求、环境准入条件和管理要求等。给出跟踪评价方案，明确跟踪评价的具体内容和要求。

(5) 附必要的图和表。

11.3 规划分析

规划分析应包括规划概述、规划的协调性分析和不确定性分析等。通过规划分析，从规划与资源节约、环境保护等各项要求相协调的角度对规划内容进行解析和初步评估，从多个规划方案中初步筛选出备选的规划方案，并结合规划的不确定性分析结果，给出可能导致预测结果和评价结论发生变化的不同情景，为后续的环境影响分析、预测和评价提供基础。

11.3.1 规划概述

(1) 简要介绍规划编制的背景和定位，详细说明规划的空间范围和空间布局，并给出相应的图和表以及规划的目标、发展规模、结构（产业结构、能源结构、资源利用结构等）、建设时序、配套设施安排、生态保护等主要规划内容。对于规划中包含的具体建设项目，应明确其建设性质、内容、规模、地点等。

（2）分析给出规划实施所依托的资源与环境条件。

11.3.2　规划分析内容

11.3.2.1　规划的协调性分析

分析规划在规划体系中的层级和时间属性，筛选出与本规划相关的法律法规、环境经济与技术政策、资源利用和产业政策，分析本规划与其相关要求的符合性。筛选时应充分考虑相关政策、法规的法律效力和时效性。

逐项分析规划目标、布局、规模等各规划要素与上层规划的符合性，重点分析规划之间的冲突和矛盾。分析规划与国家级、省级主体功能区规划在功能定位、开发原则和环境政策要求方面的符合性。通过叠图等方法详细对比规划布局与区域主体功能区规划、生态功能区划、环境功能区划和环境敏感区之间的关系，分析规划在空间准入方面的符合性。

在考虑累积环境影响的基础上，逐项分析规划要素与所在区域（或行业）同层位其他规划在环境目标、资源利用、环境容量与承载力等方面的一致性和协调性，重点分析规划与同层位的环境保护、生态建设、资源保护与利用等规划之间的冲突和矛盾。分析规划方案的规模、布局、结构、建设时序等与规划发展目标、定位的协调性。

通过上述协调性分析，从多个规划方案中筛选出与各项要求较为协调的规划方案作为备选方案，或综合规划协调性分析结果，提出与环保法规、各项要求相符合的规划调整方案作为备选方案。

11.3.2.2　规划的不确定性分析

规划的不确定性分析主要包括规划基础条件的不确定性分析、规划具体方案的不确定性分析及规划不确定性的应对措施三个方面。

A　规划基础条件的不确定性分析

重点分析规划实施所依托的资源、环境条件可能发生的变化情况，如水资源分配方案、土地资源使用方案、污染物总量分配方案等，论证规划各项内容顺利实施的可能性与必要条件，预测规划方案可能发生的变化或调整情况。

B　规划方案的不确定性分析

从能够预测、评价规划实施的环境影响的角度，分析规划方案中需要具备但没有具备、应该明确但没有明确的内容，分析规划产业结构、规模、布局及建设时序等方面可能存在的变化情况。

C　规划不确定性的应对措施

针对规划基础条件、具体方案两方面不确定性的分析结果，筛选可能出现的各种情况，设置针对规划环境影响预测的不同情景，分析和预测不同情景下的环境影响程度和环境目标的可达性，为推荐环境可行的规划方案提供依据。

11.3.3　规划分析方法

规划分析的方式和方法主要有：核查表、叠图分析、矩阵分析、专家咨询（如智暴法、德尔斐法等）、情景分析、博弈论、类比分析、系统分析等。

11.4　现状调查、分析与评价

现状调查、分析与评价主要目的是通过调查与评价，掌握评价范围内主要资源的利用状况，评价生态、环境质量的总体水平和变化趋势，辨析制约规划实施的主要资源和环境要素。

现状调查与评价一般包括自然环境状况、社会经济概况、资源赋存与利用状况、环境质量和生态状况等内容。

现状调查可充分搜集和利用近期已有的有效资料。当已有资料不能满足评价要求，特别是需要评价规划方案中重大规划建设项目的环境影响时，需进行补充调查和现场监测。

11.4.1　现状调查

11.4.1.1　现状调查内容

A　自然地理状况

主要包括评价范围内的地形、地貌情况，河流、湖泊（水库）、海湾的水文情况，环境水文地质状况，气候与气象情况等。

B　社会经济概况

应重点调查评价范围内的人口规模、分布、结构和增长状况，人群健康状况，农业与耕地，经济规模与增长率、人均收入，交通运输结构、空间布局及运量情况。特别是评价范围内的产业结构、主导产业及其布局、重大基础设施布局及建设情况等，并附相应图件。

C　环保基础设施建设及运行情况

应明确评价范围内的污水治理设施规模、分布、处理能力及处理工艺以及服务范围和服务年限；清洁能源利用及大气污染综合治理情况；区域噪声污染控制情况；固体废物处理与处置方式及危险废物安全处置情况（包括规模、分布、处理能力及处理工艺等）；现有生态保护工程建设及实施效果；已发生的环境风险事故情况；环保投资情况等。

D　资源分布与利用状况

应明确评价范围内以下内容：

（1）主要用地类型、面积及其分布状况，区域水土流失现状，并附土地利用现状图。

（2）水资源（地表水和地下水）总量、时空分布及开发利用强度，饮用水水源保护区分布、保护范围，其他水资源（如海水、雨水、污水及中水）利用状况等，并附水系图及水文地质相关图件。

（3）能源生产和消费总量、结构与弹性系数，能源利用效率等情况。

（4）矿产资源类型与储量、生产和消费总量、资源利用效率等，并附矿产资源分布图。

（5）旅游资源和景观资源的地理位置、范围及主要保护对象、保护要求，开发利用状况等，并附相关图件。

E 环境质量与生态状况

应明确评价范围内以下内容：

(1) 水环境功能区划、保护目标及各功能区水质达标情况，主要水污染因子和特征污染因子、主要污染物排放总量及其控制目标、地表水控制断面位置及达标情况、主要污染源分布和污染贡献率、单位 GDP 废水及主要水污染物排放量，并附水环境功能区划图、控制断面位置图及主要污染源排放口分布图和现状监测点位。

(2) 大气环境功能区划、保护目标及各功能区环境空气达标情况、主要污染因子和特征污染因子、主要污染物排放总量及其控制目标、主要污染源分布和污染贡献率（包括工业、农业和生活污染源)、单位 GDP 主要大气污染物排放量，并附大气环境功能区划图及重点污染源分布图和现状监测点位图。

(3) 声环境功能区划、保护目标及各声功能区达标情况，并附声环境功能区划图和现状监测点位图。

(4) 主要土壤类型及其分布，土壤的肥力与使用情况，土壤污染的主要来源及其质量现状，并附土壤类型分布图。

(5) 生态系统的类型及其结构、功能和过程，植物区系与主要植被类型，特有、狭域、珍稀、濒危野生生物的种类、分布和生境状况，生态功能区划与保护目标要求，生态管控红线，主要生态问题的类型、成因、空间分布、发生特点等，附生态功能区划图、生态功能保护区划图及野生动、植物分布图。

(6) 各类固体废物（一般工业固体废物、一般农业固体废物、危险废物、生活垃圾）产生量及单位 GDP 固体废物产生量，危险废物的产生量、产生源分布等。

(7) 调查环境敏感区的类型、分布、范围、敏感性（或保护级别）及相关环境保护要求，并附相关图件。

11.4.1.2 现状调查方法

现状调查的方法主要有：资料收集、现场踏勘、环境监测、生态调查、问卷调查、访谈、座谈会等。

11.4.2 现状分析与评价

11.4.2.1 现状分析与评价内容

A 资源利用现状

根据评价范围内土地资源和水资源总量，能源及主要矿产资源的储量，资源供需状况和利用效率等，分析区域资源利用和保护中存在的问题。

B 环境现状

(1) 根据环境功能区划的要求，评价区域水环境质量、大气环境质量、土壤环境质量、声环境质量状况和变化趋势，分析影响其质量的主要污染因子和特征污染因子的来源；评价区域现有环保设施的建设与运营情况，分析区域水环境保护、主要环境敏感区保护、固体废物处置等方面存在的问题及原因，以及目前需解决的主要环境问题。

(2) 根据生态功能区划的要求，评价区域生态系统的组成、结构与功能状况，分析生态系统面临的压力和存在的问题，分析生态系统的变化趋势和变化的主要原因，评价生态系统的完整性和敏感性。当评价区面积较大且生态系统状况差异也较大时，应进行生态环境敏感性分级、分区，并附相应的图表。当评价区域涉及受保护的敏感物种时，应分析该敏感物种的生态学特征；当评价区域涉及生态敏感区时，应分析其生态现状、保护现状和存在的问题等。明确目前区域生态保护和建设方面存在的主要问题。

(3) 分析评价区已发生的环境风险事故的类型、原因及造成的环境危害和损失，分析目前区域环境风险防范方面存在的问题。

(4) 分性别、年龄段分析评价区域的人群健康状况和存在的问题。

C 主要行业经济和污染贡献率

分析评价区主要行业的经济贡献率、资源消耗率和污染贡献率，并与国内先进水平、国际先进水平进行对比分析，评价区域主要污染行业的资源环境效益水平。

D 环境影响回顾性评价

结合区域发展的历史或上一轮规划的实施情况，对区域生态系统的演变和环境质量的变化情况进行分析与评价，重点分析评价区域存在的主要生态环境问题和人群健康状况与现有的开发模式、规划布局、产业结构、产业规模和资源利用效率等方面的关系。提出本次规划应注意的资源、环境生态问题以及解决问题的参考途径，并为本次规划的环境影响预测提供类比资料和数据。

10.4.2.2 现状分析与评价方法

现状分析与评价的方式和方法主要有：专家咨询、指数法、类比分析、叠图分析、灰色系统分析、生态学分析法。

11.4.3 制约因素分析

基于现状评价结果，结合环境影响回顾与环境变化趋势分析结论，重点分析评价区环境现状与环境质量、生态功能和其他环境保护目标间的差距，明确提出规划实施的生态、环境、资源制约因素。

11.5 规划环境影响识别与评价指标体系构建

11.5.1 规划环境影响识别

环境影响识别应在规划分析和环境现状评价的基础上进行，重点从规划的目标、结构、布局、规模、时序及规划包含的具体建设项目等方面，全面识别各规划要素造成的资源消耗和对环境造成影响的途径与方式以及环境影响的性质、范围和程度。如规划分为近期、中期、远期，还应按规划时段分别识别其影响。

进行环境影响识别时，应从规划实施导致的区域环境功能变化、资源与环境利用严重冲突、人群健康状况发生显著变化三方面，重点分析规划实施对资源、环境要素造成的不良环境影响，包括直接影响、间接影响、短期影响、长期影响，各种可能发生的区域性、综合性、累积性的环境影响或环境风险。

通过环境影响识别，以图、表的形式，建立规划要素与资源、环境要素之间的动态响应关系，从中筛选出受规划影响大、范围广的资源、环境要素，作为分析、预测与评价的重点内容。

环境影响识别与评价指标确定的方式和方法主要有：核查表、矩阵分析、网络分析、系统流图、叠图分析、灰色系统分析、层次分析、情景分析、专家咨询、类比分析、压力-状态-响应分析等。

11.5.2　规划环境目标与评价指标的确定

11.5.2.1　规划环境目标的确定

环境目标是开展规划环境影响评价的依据，可根据规划区域、规划实施直接影响的周边地域的生态功能和环境保护、生态建设规划确定的目标，遵照有关环境保护政策、法规和标准，以及区域、行业的其他环境保护要求，确定规划应满足的环境目标。

11.5.2.2　评价指标的确定

评价指标是量化了的环境目标，一般可将环境目标分解成环境质量、生态保护、资源利用、社会与经济环境等评价主题，筛选出表征评价主题的具体评价指标。筛选的重点是现状调查与评价中确定的制约规划实施的环境与资源因素。

评价指标应选取能体现国家发展战略和国家环境保护的战略、政策、法规的要求，体现规划的行业特点及其主要环境影响特征，同时符合评价区域生态环境特征的易于统计、比较、量化的指标。

评价指标值的确定应符合相关产业政策，环境保护政策、法规和标准中规定的限值要求，如国内政策、法规和标准中没有的指标值也可参考国际标准限值；对于不易量化的指标应经过专家论证，给出半定量的指标值或定性说明。

11.5.2.3　规划环境影响评价的指标体系示例

不同类型规划的环境影响评价指标体系，可根据规划的特点，参考相关建设项目环境影响评价的内容制定。表11-1为土地利用规划的规划环境影响评价的指标体系。

表11-1　土地利用规划的规划环境影响评价的指标体系

主题	目　标	指　标
土地资源的规划与管理	确保土地资源的有效规划与管理，平衡有限可利用土地的竞争性需求，保护重要城镇中心	城市化地区面积占区域总面积的比例（%）； 城市化地区绿化覆盖率（%）； 城市化地区绿地率（%）； 人均绿地、公共绿地面积（m^2/人）； 林地面积占区域总面积的比例（%）； 土地利用结构变化
土地覆盖与景观	保护具有环境价值的自然景观及动植物栖息地	自然保护区及其他具有特殊科学与环境价值的受保护区面积占区域面积的比例（%）； 特色风景线长度（m）； 水域面积占区域面积的比例（%）

续表 11-1

主题	目　标	指　标
水环境质量	维护与改善地表水与地下水水质及水生环境，确保可获得充足的符合环境标准的水资源	单位工业用地面积工业废水年排放量 [t/(km^2·a)]； 集中式饮用水源地水质达标率（%）； 城市水功能区水质达标率（%）； 单位土地面积 COD_{Cr}、BOD_5、石油类、挥发酚、NH_3-N 年排放量 [t/(km^2·a)]； 区域水环境 COD_{Cr}、BOD_5、石油类、挥发酚、NH_3-N 平均浓度（mg/L）；区域水环境 DO 年平均浓度（mg/L）
空气质量	控制空气污染，减少对自然生态系统、人类健康和生活质量产生的负面效应；限制可能导致全球变暖的温室气体的排放	单位工业用地面积工业废气年排放量 [t/(km^2·a)]； 烟尘控制区覆盖率（%）； 单位土地面积的 SO_2、NO_2、CO_2、O_3层损耗物质排放量 [t/(km^2·a)]； 空气质量指数（API）； 区域 SO_2、NO_2、PM_{10}年日平均浓度（mg/m^3）及 O_3小时平均浓度（mg/m^3）
土壤	将土壤作为一种有限的资源及生态系统的重要组成部分加以保护，维持高质量的食品和其他产品的有效供应	由侵蚀造成的农业用地中土壤的年损失量（t/a）； 土壤表层土中重金属含量（镉、汞、砷、铜、铅、铬、锌、镍）、六六六、DDT 及其他有毒物质的含量（mg/kg）； 单位农田面积农药的使用量（kg/hm^2）； 单位农田面积化肥的使用量（kg/hm^2）

11.6 规划环境影响预测与评价

11.6.1 规划环境影响预测与评价的目的

规划环境影响预测与评价主要有以下三个目的：

（1）系统分析规划实施对资源、环境要素的影响程度和范围，量化预测规划方案对确定的评价重点内容（受规划影响大、范围广的资源、环境要素）和对各项具体评价指标的影响，给出规划实施对评价区域的整体影响及其影响叠加后的综合环境效应，重点评价规划实施对区域环境质量达标与生态功能维系的综合性影响；

（2）综合分析规划实施前区域的资源、环境承载能力，结合影响预测结果，评价规划实施给区域资源、环境带来的压力；

（3）针对规划基础条件、具体方案两方面不确定性分析给出的不同发展情景，进行同等深度的影响预测与评价，为提出评价推荐的规划方案和优化调整建议提供支撑。

11.6.2 规划环境影响预测与评价的内容

11.6.2.1 规划开发强度分析

对规划要素进行深入分析，选择与规划方案性质、发展目标等相近的国内外同类型已实施规划进行类比分析（对于已开发区域，可采用环境影响回顾性分析的资料），依据现状调查与评价的结果，同时考虑科技进步和能源替代等因素，结合不确定性分析设置的不同发展情景，估算不同发展情景下的开发强度，即对关键性资源的需求量和污染物的排放量，以及对生态的影响方式和影响强度。

选择与规划方案和规划所在区域生态系统（组成、结构、功能等）相近的已实施规划进行类比分析，依据生态现状调查与评价的结果，同时考虑生态系统自我调节和生态修复等因素，结合不确定性分析设置的不同发展情景，采用专家咨询、趋势分析等方法，估算规划实施的生态影响范围和持续时间，以及主要生态因子的变化量（如生物量、植被覆盖率、珍稀濒危和特有物种生境损失量、水土流失量、斑块优势度等）。

11.6.2.2 规划环境影响预测与评价

预测不同发展情景下对水环境、大气环境、土壤环境、声环境的影响，明确影响的程度与范围，评价规划实施后评价区域环境质量能否满足相应功能区的要求。对环境质量影响较大、与节能减排关系密切的工业、能源、城市建设及区域建设和开发利用等专项规划，应进行定量或半定量环境影响预测与评价。

预测不同发展情景对区域生物多样性（主要是物种多样性和生境多样性）、生态系统连通性、破碎度及功能等的影响性质与程度，评价规划实施对生态系统完整性及景观生态格局的影响，明确评价区域主要生态问题（如生态功能退化、生物多样性丧失等）的变化趋势，分析规划是否符合有关生态红线的管控要求。对规划区域进行了生态敏感性分区的，还应评价规划实施对不同区域的影响后果，以及规划布局的生态适宜性。

预测不同发展情景下对自然保护区、饮用水水源保护区、风景名胜区等环境敏感区和重点保护目标的影响，评价其是否符合相应的保护要求。

对于规划实施可能产生重大环境风险源的，应开展环境风险评价；对于生态较为脆弱或具有重要生态功能价值的区域，应分析规划实施的生态风险。

对于工业、能源及自然资源开发等专项规划，应进行清洁生产分析，重点评价产业发展的物耗、能耗和单位 GDP 污染物排放强度等的清洁生产水平；对于区域建设和开发利用规划，以及工业、农业、畜牧业、林业、能源、自然资源开发的专项规划，需要进行循环经济分析，重点评价污染物综合利用途径与方式的有效性和合理性。

对于某些有可能产生具有难降解、易生物蓄积、长期接触对人体和生物产生危害作用的重金属污染物、无机和有机污染物、放射性污染物、微生物等的规划，根据这些特定污染物的环境影响预测结果及其可能与人体接触的途径与方式，分析可能受影响的人群范围、数量和敏感人群所占的比例，开展人群健康影响状况分析。鼓励通过剂量-反应关系模型和暴露评价模型，定量预测规划实施对区域人群健康的影响。

11.6.2.3 累积环境影响预测与分析

识别和判定规划实施可能发生累积环境影响的条件、方式和途径，预测和分析规划实施与其他相关规划在时间和空间上累积的资源环境、生态影响。

11.6.2.4 资源环境承载力评估

评估资源环境承载能力的现状及利用水平，在充分考虑累积环境影响的情况下，动态分析不同规划时段可供规划实施利用的资源量、环境容量以及总量控制指标，重点判定区域资源与环境对规划实施的支撑能力，重点判定规划实施是否导致生态系统主导功能发生显著不良变化或丧失。

11.6.3 规划环境影响评价方法

规划开发强度估算的方式和方法主要有：情景分析、负荷分析（单位GDP物耗、能耗和污染物排放量等）、趋势分析、弹性系数法、类比分析、对比分析、投入产出分析、供需平衡分析、专家咨询等。

环境要素影响预测与评价的方式和方法可参照各环境要素的环境影响评价技术导则执行。

累积影响评价的方式和方法主要有矩阵分析、网络分析、系统流图、叠图分析、情景分析、数值模拟、生态学分析法、灰色系统分析法、类比分析等。

环境风险评价的方式和方法主要有灰色系统分析法、模糊数学法、数值模拟、风险概率统计、事件树分析、生态学分析法、类比分析等。

资源环境承载力评估的方式和方法主要有情景分析、类比分析、供需平衡分析、系统动力学法、生态学分析法等。

11.6.4 规划方案的环境合理性综合论证及环境影响减缓措施

11.6.4.1 规划方案的环境合理性综合论证

依据环境影响识别后建立的规划要素与资源、环境要素之间的动态响应关系，综合各种资源与环境要素的影响预测和分析、评价的结果，分别论述规划的目标、规模、布局、结构等规划要素的环境合理性以及环境目标的可达性，动态判定不同规划时段、不同发展情景规划实施有无重大资源或环境制约因素，详细说明制约的程度、范围、方式等，进而提出规划方案的优化调整建议和评价推荐的规划方案。

A 环境合理性论证

根据区域发展与环境保护的综合要求，结合规划协调性分析结论，论证规划目标与发展定位的环境合理性。

根据资源与环境承载力评估结果，结合区域节能减排和总量控制等要求，论证规划规模的环境合理性。

根据环境风险评价的结论，主要结合生态、环境功能区划以及环境敏感目标的空间分布，论证规划布局的环境合理性。

根据区域环境管理和循环经济发展要求，以及清洁生产水平的评价结果，重点结合规划重点产业的环境准入条件，论证规划结构、产业结构的环境合理性。

根据规划实施环境影响评价结果，重点结合环境保护措施的经济技术可行性，论证环境保护目标与评价指标的可达性。

B 可持续发展论证

可持续发展论证主要包括两方面：

(1) 从保障区域、流域可持续发展的角度，论证规划实施能否使其消耗（或占用）资源的市场供求状况有所改善，能否解决区域、流域经济发展的资源瓶颈；论证规划实施能否使其所依赖的生态系统保持稳定，能否使生态服务功能逐步提高；论证规划实施能否使其所依赖的环境状况整体改善。

（2）综合分析规划方案的先进性和科学性，论证规划方案与国家全面协调可持续发展战略的符合性，可能带来的直接和间接的社会、经济、生态环境效益，对区域经济结构的调整与优化的贡献程度，以及对区域社会发展和社会公平的促进性等。

C 不同类型规划综合论证重点

（1）对资源、能源消耗量大、污染物排放量高的行业规划，重点从区域资源、环境对规划的支撑能力、规划实施对敏感环境保护目标与节能减排目标的影响程度、清洁生产水平、人群健康影响状况等方面，论述规划确定的发展规模、布局（及选址）和产业结构的合理性。

（2）对土地利用的有关规划和区域、流域、海域的建设、开发利用规划，以及农业、畜牧业、林业、能源、水利、旅游、自然资源开发专项规划，重点从规划实施对生态系统及环境敏感区组成、结构、功能所造成的影响，以及潜在的生态风险，论述规划方案的合理性。

（3）对公路、铁路、航运等交通类规划，重点从规划实施对生态系统组成、结构、功能所造成的影响、规划布局与评价区域生态功能区划、景观生态格局之间的协调性，以及规划的能源利用和资源占用效率等方面，论述交通设施结构、布局等的合理性。

（4）对于开发区及产业园区等规划，重点从区域资源、环境对规划实施的支撑能力、规划的清洁生产与循环经济水平、规划实施可能造成的事故性环境风险与人群健康影响状况等方面，综合论述规划选址及各规划要素的合理性。

（5）城市规划、国民经济与社会发展规划等综合类规划，重点从区域资源、环境及城市基础设施对规划实施的支撑能力能否满足可持续发展要求、改善人居环境质量、优化城市景观生态格局、促进两型社会建设和生态文明建设等方面，综合论述规划方案的合理性。

D 规划方案的优化调整建议

规划的优化调整建议应全面、具体、可操作，如对规划规模提出的调整建议，应明确调整后的规划规模，并保证实施后资源、环境承载力可以支撑。最后应明确调整后的规划方案，作为评价推荐的规划方案。

当出现以下情景时，应对规划要素提出明确的优化调整建议：

（1）规划的目标、发展定位与国家级、省级主体功能区规划要求不符。

（2）规划的布局和规划包含的具体建设项目选址、选线与主体功能区规划、生态功能区划、环境敏感区的保护要求发生严重冲突。

（3）规划本身或规划内的项目属于国家明令禁止的产业类型或不符合国家产业政策、环境保护政策。

（4）采取规划方案中配套建设的生态环境保护和污染防治措施后，区域的资源、环境承载力仍无法支撑规划的实施，或仍可能造成严重的生态破坏和环境污染。

（5）规划方案中有依据现有知识水平和技术条件无法或难以对其产生的不良环境影响的程度或者范围作出科学判断的内容。

11.6.4.2 规划环境影响减缓措施

规划的环境影响减缓措施是对规划方案中配套建设的环境污染防治生态保护和提高资源能源利用效率措施进行评估后，针对环境影响评价推荐的规划方案实施后所产生的不良环境影响，而提出的政策、管理或技术等方面的减缓对策和措施。

减缓对策和措施包括影响预防、影响最小化及对造成的影响进行全面修复补救等三方面的内容：

（1）预防对策和措施可包括建立健全环境管理体系、划定禁止和限制开发区域、设定环境准入条件、建立环境风险防范与应急预案等方面。

（2）影响最小化对策和措施可涵盖环境保护基础设施和污染控制设施建设方案、清洁生产和循环经济实施方案等方面。

（3）修复补救措施主要包括生态修复与建设、生态补偿、环境治理清洁能源与资源替代等措施。

减缓对策和措施应具有可操作性，能够解决规划所在区域已存在的主要环境问题，保证在相应的规划期限内实现环境目标。

如规划方案中含有具体的建设项目，还应针对建设项目所属行业特点及其环境影响特征，提出建设项目环境影响评价的重点内容和基本要求，根据本规划环境影响的主要评价结论提出相应的环境准入（选址或选线要求、清洁生产水平、节能减排要求等）、污染防治措施建设和环境管理等要求。同时，在充分考虑规划编制时设定的某些资源、环境基础条件在考虑区域发展发生变化的基础上，提出建设项目环境影响评价的具体简化建议。

11.6.5 规划环境影响跟踪评价

规划跟踪评价是指规划实施后及时组织力量，对该规划实施后的环境影响及预防或减轻不良环境影响对策和措施的有效性进行调查、分析、评估，发现有明显的环境不良影响的，及时提出并采取新的相应改进措施。

跟踪评价的具体内容应包括以下四方面：

（1）对规划实施全过程中已经或正在造成的环境影响提出监控要求，明确需要进行监控的资源、环境要素及其具体的评价指标，提出实际产生的环境影响与环境影响评价文件预测结果之间的比较分析和评估的主要内容。

（2）对规划实施中所采取的预防或减轻不良环境影响对策和措施进行分析和评价的具体要求，明确评价对策和措施有效性的方式、方法和技术路线。

（3）公众对规划实施区域生态环境的意见和对策建议的调查方案。

（4）跟踪评价结论应包含的具体内容，明确结论中应有环境目标的落实情况、减缓重大不良环境影响对策和措施的改进意见以及调整、修改规划方案直至终止规划实施的建议。

11.6.6 公众参与

对可能造成不良环境影响并直接涉及公众环境权益的专项规划（依法需要保密的除外），应公开征集有关单位、专家和公众对规划环境影响报告书的意见。

公众参与可采取调查问卷、座谈会、论证会、听证会等形式进行，同时向公众公开包括规划概况、规划的主要环境影响、规划的优化调整建议、预防或者减轻不良环境影响的对策和措施、评价结论的环境影响评价文件。对于政策性、宏观性较强的规划，参与的人员应以规划涉及的部门代表和专家为主；对于内容较为具体的开发建设规划，参与的人员应包括直接环境利益相关群体的代表。

处理公众参与的意见和建议时，对于已采纳的，应在环境影响评价文件中明确说明修改的具体内容；对于不采纳的，应说明理由。

11.6.7　评价结论

评价结论是对整个评价工作成果的归纳总结，评价结论应清晰准确给出：

(1) 评价区域的生态系统完整性和敏感性，环境质量现状和变化趋势，资源、环境承载力现状，明确对规划实施具有重大制约的资源和环境要素。

(2) 规划实施可能造成的主要生态、环境影响预测结果和风险评价结论；对水、土地、生物资源和能源等的需求情况。

(3) 规划方案的综合论证结论，主要包括规划的协调性分析结论，规划方案的环境合理性和可持续发展论证结论，环境保护目标与评价指标的可达性评价结论，规划要素的优化调整建议等。

(4) 规划的环境影响减缓对策和措施，主要包括环境管理体系构建方案、环境准入条件、环境风险防范与应急预案的构建方案、生态建设和补偿方案、规划包含的具体建设项目环境影响评价的重点内容和要求等。

(5) 跟踪评价方案，跟踪评价的具体内容和要求。

(6) 公众参与意见和建议处理情况，不采纳意见的理由说明。

11.7　案例：上海市远期交通规划的噪声影响评价

11.7.1　一般规定及工作程序

评价范围、评价量、评价要求及引用标准略。

评价工作程序包括背景调查、幕景设置、影响预测与评价、专题报告编写等主要步骤，具体见图 11-2。

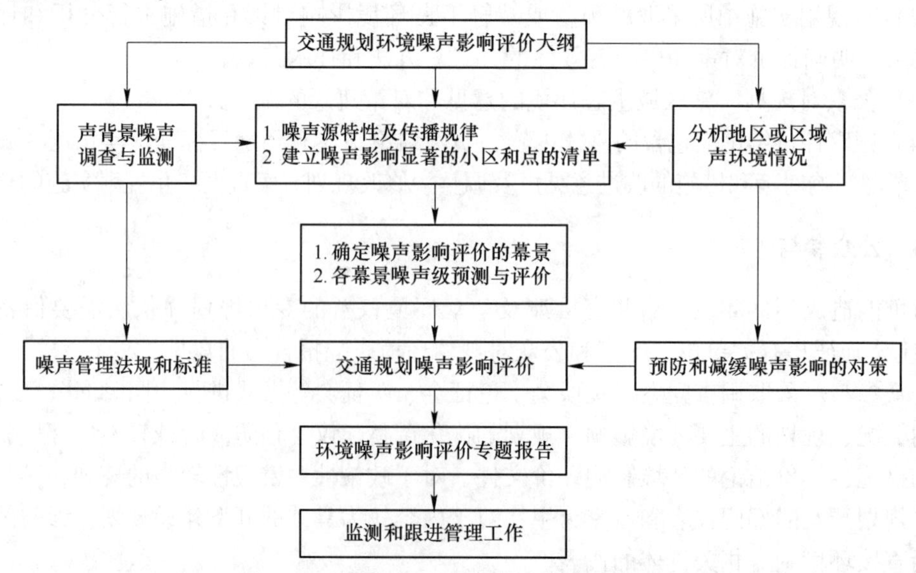

图 11-2　交通规划的噪声影响评价工作程序

11.7.2 噪声源分析和影响识别

交通规划的噪声源主要是地上交通源。地上交通源分为地面交通源与地上轨道路段、车辆段、停车场与换乘枢纽等固定源两部分。

11.7.2.1 地面道路交通源

地面道路交通源，是由交通规划中不同规划方案及设定的条件下，各主干道和对外高速公路的布局及各条道路预测的车流量及不同车型的组成结构决定的。

其影响识别内容主要有：

(1) 分析各分区主干道交通流量、车辆结构和运行条件下各分区可能增高的噪声源强；

(2) 分析规划范围内可能受影响的小区和敏感点，并列出源强和受影响的清单。

11.7.2.2 地上轨道路段和配套设施源

地上轨道路段营运期噪声源主要有：

(1) 列车运行噪声。一般整车综合运行噪声约为83.2dB(A)，以连续的中、低频为主，穿透力强，传播距离远；

(2) 列车鸣笛噪声。突发性噪声，距轨道5m处为100dB(A)；

(3) 高架桥梁噪声。不采取措施时，列车行经高架桥梁噪声较地面线高3~5dB(A)。

来自地下轨道交通配套设施的噪声主要有三种：

(1) 车站噪声。主要是进出地铁车站人流噪声和车站机动车辆启动噪声，车站入口处平均为75dB(A)，会影响周围环境；

(2) 车站站台噪声。包括列车进、出车站时制动、启动和鸣笛噪声，站台上、下人流噪声，车站内辅助设施的运行噪声等。一般站台背景噪声约为65dB(A)，平均为70~75dB(A)，列车进、出站台时可达82~84dB(A)，主要影响车站工作人员、乘客情绪和健康；

(3) 车站通风亭噪声。通风亭附近5m以内噪声在62dB(A) 左右。

11.7.2.3 噪声影响识别

地上轨道路段分布在各个分区，影响各个小区和敏感点，可与地面道路交通污染源一起考虑，预测和评估分区的噪声增量。

邻近地上轨道路段和配套设施的小区和敏感点，应逐个识别其影响的显著性，对可能有重大影响的小区和敏感点按地点、源强等列出清单。

11.7.3 现状调查与测量

略。

11.7.4 现状监测

略。

11.7.5 影响预测与评价

11.7.5.1 评价方法与预测模型的选取

采用Cadna/A软件的环境噪声预测模型，此模型和我国声传播衰减的计算方法原则上是一致的，该软件已获国家环境保护部环境评价中心认可。

11.7.5.2 影响预测与评价

A 道路交通噪声幕景分析

根据交通规划白皮书，依据历史上观测值和各种模式出行需求与规划中将投入的基础设施，预测2020年的地面交通速度见表11-2。

表11-2 各区域道路平均车速的观测与预测值

<table>
<tr><th rowspan="3">区 域</th><th colspan="4">道路平均车速/$km \cdot h^{-1}$</th></tr>
<tr><th colspan="2">2000年观测值</th><th colspan="2">2020年预测值</th></tr>
<tr><th>最 低</th><th>最 高</th><th>最 低</th><th>最 高</th></tr>
<tr><td>1</td><td>13</td><td>18</td><td>9</td><td>12</td></tr>
<tr><td>2</td><td>25</td><td>30</td><td>12</td><td>15</td></tr>
<tr><td>3</td><td>25</td><td>30</td><td>18</td><td>21</td></tr>
<tr><td>4</td><td>33</td><td>38</td><td>27</td><td>30</td></tr>
<tr><td>5</td><td>30</td><td>35</td><td>39</td><td>42</td></tr>
<tr><td>全市平均</td><td>22</td><td>25</td><td>22</td><td>25</td></tr>
</table>

采用Cadna/A的交通噪声预测模型，结合白皮书所预测的2020年交通网络情况，进行交通噪声模拟预测的幕景分析，结果如表11-3~表11-5所示。

表11-3 基础幕景下的环境噪声情况

<table>
<tr><th>幕景</th><th>情 况</th><th>区 域</th><th>与1999年相比，交通噪声变化L_{eq}/dB</th></tr>
<tr><td rowspan="6">基础幕景1</td><td rowspan="6">1999年；小型车53.4万辆；大型车17.8万辆；沪C牌照车25万辆；合计94.1万辆</td><td>1</td><td rowspan="6">0.00</td></tr>
<tr><td>2</td></tr>
<tr><td>3</td></tr>
<tr><td>4</td></tr>
<tr><td>5</td></tr>
<tr><td>全市平均</td></tr>
<tr><td rowspan="6">基础幕景2</td><td rowspan="6">远期（2020年）；小型车180万辆；大型车35万辆；沪C牌照车30万辆；合计245万辆</td><td>1</td><td>3.20</td></tr>
<tr><td>2</td><td>1.60</td></tr>
<tr><td>3</td><td>2.50</td></tr>
<tr><td>4</td><td>2.75</td></tr>
<tr><td>5</td><td>2.50</td></tr>
<tr><td>全市平均</td><td>2.51</td></tr>
</table>

表 11-4 客运机动车（小轿车）数量小幅度需求变化对各区域环境和车速的影响

幕景	区域	2020 年不同幕景下道路平均车速预测值/km · h^{-1}		与 2020 年预测值相比，幕景变化引起的交通噪声 L_{eq}/dB
		最低	最高	
幕景 1	1	8	10	−0.20
	2	11	14	−0.05
	3	15	18	−0.55
	4	25	27	−0.42
	5	37	40	−0.30
	全市平均	19	22	−0.30
幕景 2	1	12	16	0.67
	2	16	20	0.92
	3	22	26	0.92
	4	30	34	0.67
	5	40	43	0.05
	全市平均	26	30	0.65
幕景 3	1	12	15	0.50
	2	18	23	1.50
	3	22	25	0.85
	4	31	34	0.85
	5	40	43	0.10
	全市平均	27	30	0.76

表 11-5 客运机动车（小轿车）大幅度需求变化对各区域环境和车速的影响

幕景	区域	2020 年不同幕景下道路平均车速预测值/km · h^{-1}		与 2020 年预测值相比，幕景变化引起的交通噪声 L_{eq}/dB
		最低	最高	
幕景 4	1	5	6	−0.15
	2	6	7	−0.65
	3	8	10	−1.40
	4	16	18	−1.50
	5	31	33	−0.90
	全市平均	12	14	−0.92

续表 11-5

幕景	区域	2020 年不同幕景下道路平均车速预测值/km·h^{-1}		与 2020 年预测值相比，幕景变化引起的交通噪声 L_{eq}/dB
		最低	最高	
幕景 5	1	5	6	1.50
	2	5	7	1.00
	3	7	9	0.05
	4	15	17	-0.05
	5	27	29	-0.25
	全市平均	12	13	0.45
幕景 6	1	10	13	0.20
	2	15	18	0.50
	3	17	20	0.10
	4	26	29	0.40
	5	35	37	1.55
	全市平均	24	27	0.47

B 轨道交通噪声预测与评价

表 11-6 为已建成的地上轨道（高架）明珠线一期工程交通噪声和地下轨道交通上海地铁 2 号线的噪声源监测结果。

表 11-6 已建成地上轨道交通噪声和地下轨道交通噪声源监测结果

轨道类型	噪声类型	测点位置及测定条件	声级测定值/dB
地上轨道（高架）		距轨道中心 7.5m，列车运行速度 50~60km/h	88.1
		距轨道中心 15m，列车运行速度 50~60km/h	83.2
		距轨道中心 30m，列车运行速度 50~60km/h	77.8
地下轨道	风亭噪声	百叶窗外 1m：新风机，片式消声器长度 2m	53
	冷却塔噪声	距离塔体 2m：3 台同时工作，置于地面，四周有 2~4 层车站用房围护	78.5
	变电站噪声	距离变压器 1m：Simens TSSN7551 型，室内 2 台，叠加了通风噪声	68
	车辆段噪声	厂界以外 1m	55~60

根据上海市交通规划白皮书，2020 年城市轨道交通网络线路为 15 条，线路总长 500km，车站数量 332 个。分为 L 线（轻轨）、M 线（大容量高速交通系统）和 R 线（地铁）三类，本次对轨道交通噪声的预测和评价采用类比分析法。

11.7.6 减缓噪声影响的措施

11.7.6.1 道路交通

从噪声预测来看，如果不采取措施，远期（2020年），上海市整体区域环境噪声将增加2.51dB（见表11-5）。为了保证未来人们的生活环境更好，必须对其进行治理。可采取的措施包括：（1）发展电动汽车；（2）控制大型车比例；（3）改善路面条件；（4）设置声屏障；（5）控制车速。

11.7.6.2 轨道交通

可采取表11-7所列措施。

表11-7 轨道交通噪声控制建议措施

措施	处理方法	适用范围
机车声源的控制	用隔声罩降低发电机电磁噪声辐射，低噪声隔振支座降低运动机构撞击噪声	所有轨道交通列车
轮轨噪声的控制	对车轮采取减振或阻尼措施；采用防振长轨减少轮轨的撞击次数，减少振动；采用弹性紧固件和在道床下放置人造橡胶弹性层减振；在车轮上附黏弹性阻尼材料，以减少车辆转弯时发出的尖叫声	所有轨道交通线路
增加桥的质量	尽量使用自重较大的混凝土桥，其受列车振动引起的激励较钢桥小得多；采用混凝土轨枕和道床减振	高架轨道交通线路
隔声	安装声屏障	所有轨道交通线路
通道和站台吸声处理	在靠近声源处敷设吸声材料，使车站内混响时间尽可能短	所有轨道交通车站
采用声学性能优良的风机	在满足工程通风要求的前提下，尽量采用小风量、低风压、声学性能优良的风机	地下轨道交通线路
冷却塔辐射噪声控制	优先选用声学性能较优的产品，并严把质量关	地下轨道交通线路
车辆段噪声的控制	加强车辆段的运营管理，提高司乘人员的环保意识，减少或取消车场到、发列车的鸣笛，保证厂界噪声达标	所有轨道交通线路

11.7.6.3 交通网络（道路、轨道）的优化组合

从地上轨道交通污染值（表11-6）来看，为了避免地上轨道交通噪声的影响，地上轨道线路需尽量与主要人口居住区的距离保持400m以上，与疗养区、高级别墅区距离保持1000m以上。对于无法避开的地区，要采取声屏障等降噪措施，同时要求轨道交通沿线禁止修建住宅或其他对声环境要求较高的建筑。

考虑本地区总的出行量，对道路交通和轨道交通进行规划、协调控制，保证沿线具有良好的声环境。对于地上轨道交通路段，交通主干道尽量沿轨道交通路线走线，可大大降低声污染，且对超标路段容易进行集中控制。

在公共交通方面，从声环境的角度考虑，地下轨道交通对外环境的影响仅仅限于风亭、变电站、冷却塔等，而且其影响面小，容易治理。而发展公共汽车，其环境噪声排放量较大，且提高了整个道路大型车比例，不利于环境噪声的治理。因而建议上海市未来的交通以地下轨道交通为主，在保证居民出行的前提下，适当控制地面公共交通的发展。

11.7.6.4 发展公共交通和私家车（小轿车）的对比论证

道路交通除受到路段交通量的影响外，还受到车辆行驶速度和大型车辆比例等的影

响。从幕景 1 和幕景 4 的交通噪声预测可看出，随着客运机动车（小轿车）数量的增加，其环境噪声并无提高，相反还略有降低，特别是幕景 4，降低更明显。其主要原因是尽管路段上小轿车的交通量增加，但与此同时，大型车比例和车辆的行驶速度大大降低了，使得交通噪声的综合污染程度略有降低。

从轨道交通噪声污染情况看，轨道交通具有容量大，污染面小，特别是地下轨道交通，产生的噪声对地面的影响较小。

总而言之，从声环境的角度，在大力发展地下轨道交通的前提下，控制大型车总量，适量增加私家车（小轿车）的拥有量，是可以接受的。

11.7.7 评价结论

综合以上分析与研究，从声环境影响的角度，针对白皮书所完成的上海市交通整体规划，可得出以下结论：

（1）大力发展以地下轨道为主的公共交通方式，建议将外环线以内规划的地上交通线路全部改为地下轨道交通线路；

（2）在保证上海市交通畅达性要求的同时，可考虑适量增加（与 2020 年预测值比）私家车的拥有量；

（3）在 2020 年整体规划的基础上，应适当控制地面公共汽车的发展，重点控制外环线以内大型货车的进入；

（4）根据交通规划白皮书对机动车和道路数量的预测，从整个交通网络规划来看，如果按照目前的道路情况和车辆的声学性能，预计到远期（2020 年）上海市的整个环境噪声将增加 2.51dB，相当于同路段道路在路面情况和大型车比例等其他条件不变的情况下交通量增长 78.2%所产生的交通噪声等效声级增长量。为了上海市整个城市的可持续发展，必须对环境交通噪声污染进行防治。

思 考 题

11-1 规划环境影响评价的原则是什么？

11-2 规划环境影响评价如何分类？每种类型所对应的管理模式和评价文件及其内容如何？

11-3 如何进行规划方案的环境合理性论证？

11-4 规划环境影响的减缓措施主要从哪些方面考虑？

12 生命周期评价

[内容摘要] 生命周期评价，就是定量评价一项产品（或服务）体系从原材料采掘或获取、制造加工、使用到废弃处理乃至再生循环利用整个生命过程的投入产出与环境影响。本章首先从生命周期评价的概念与发展等角度分析生命周期评价的涵义，然后进一步介绍一些生命周期评价的方法，最后以某合成革企业生产为案例，详细介绍生命周期评价的方法和应用。

12.1 生命周期评价概述

随着人类文明的飞速发展，全球性生态环境的迅速恶化将是21世纪人类发展面临的重大危机。人们需要重新认识环境问题的来源与人类活动方式及消费模式之间的关系。通过新的制度创新、技术进步以及管理变革来协调人与自然之间的关系。控制污染、保护环境、走可持续发展的道路是人类共同追求的目标。然而目前的污染防治体系，集中于传统的借助于环境工程对污染进行治理方面，这种过分偏重于污染末端治理的方法，忽视了污染产生的全过程，增加了环境和人类的风险。

12.1.1 生命周期评价的概念

生命周期评价，Life Cycle Assessment（LCA），即定量评价一项产品（或服务）体系从原材料采掘或获取、制造加工、使用直到废弃处理乃至再生循环利用整个生命过程的投入产出与环境影响（如图12-1所示）。它源自1969年美国可口可乐公司对其饮料容器开展比较研究，现已发展成为一种标准化的产品环境影响评价和环境管理工具。与其他环境影响评价方法（Enviromental Impact Assessment）显著不同的是：LCA针对产品、工艺技术或服务系统“从摇篮到坟墓”整个生命周期内所产生的综合环境影响进行系统评估，从而克服了传统评价方法仅从产品、工艺技术或服务系统整个生命周期内某个环境或某个阶段的“末端影响”评估的片面性和局限性。

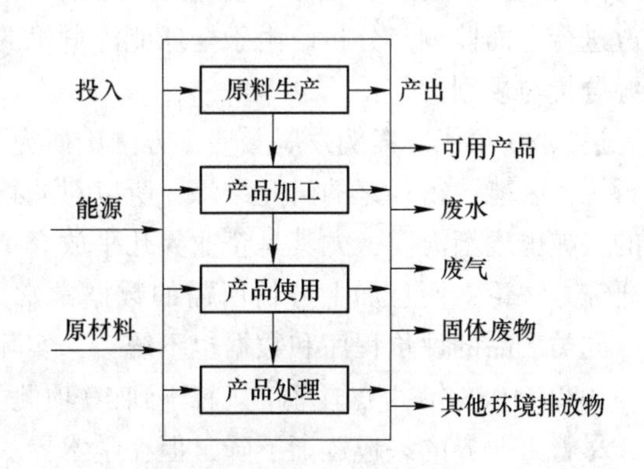

图12-1 生命周期评价及其体系边界示意图

产品生命周期评价的定义强调整个生命过程的所有环境影响，这就从性质上和其他各种类型的环境影响评价区别开来。产品生命周期评价以“产品”为主线，追踪产品的设计、制造、生产、使用和废弃，将社会生产的技术、经济、消费心理等要素联系在一起，涉及的内容恰恰是社会、技术和环境三大系统的交叉部。因此产品生命周期评价不仅将生产中的各种环境污染问题纳入评价的内容，还将产品的自然资源和能源消耗水平纳入其中，并将各种污染问题与全球环境问题相联系，使人们充分认识到日常生活方式、生产方式与人类生存环境的关系所在。

12.1.2 生命周期评价的发展

生命周期评价可分为以下几个发展阶段。

12.1.2.1 思想萌芽阶段（20世纪60年代末，70年代初）

生命周期评价研究的标志，是1969年由美国中西部资源研究所（MRI）针对可口可乐公司饮料容器，开展的从生产到消费整个过程的环境影响评价研究。此后，美国环境保护局以能源消费为重点，针对包装品进行了全面的环境影响评价，提交了名为REPA（Resource and Environmental Profile Analysis）的研究报告；随后英国Bousted咨询公司等一系列国家研究机构和私人咨询公司相继开展了类似研究，取得了一定成果。

1970~1974年，大多数研究焦点是包装品及其废弃物问题，在20世纪70年代初全球90多项研究中，大约有50%针对包装品，10%针对化学品和塑料制品，另有20%针对建筑材料和能源生产。

12.1.2.2 学术探讨阶段（20世纪70年代中期到80年代末期）

20世纪70年代，一些政府开始积极支持并参与生命周期评价的研究。1975年，美国国家环保局开始兴起对单个产品的分析评价，继而转向如何制定能源保护和固体废弃物减量目标。同时，欧洲经济合作委员会也开始关注生命周期评价的应用，于1985年公布了《液体食品容器指南》，要求工业企业对其产品生产过程中的能源、资源以及固体废弃物排放进行全面监测与分析。由于全球能源危机的出现，很多研究工作又从污染物排放转向能源分析与规划。

进入80年代，案例发展缓慢，方法论研究兴起。后来由于一系列的资源与环境状况，分析工作未能取得很好的研究结果，所以对此感兴趣的研究人员和研究项目逐渐减少，公众的兴趣也逐渐淡漠，尤其是企业界几乎放弃了这方面的研究。因为该研究方法缺乏统一的研究方法论，而且加上分析所需的数据常常无法得到，对不同产品采取不同的分析步骤，同类产品的评价程序和数据也不统一，实际上利用它根本无法解决许多面临的现实问题。1980~1988年，美国每年只有不到10项此类研究。

尽管工业界的兴趣逐渐下降，但在学术界一些关于资源与环境状况的研究方法论研究仍在缓慢进行，欧洲和美国的一些研究和咨询机构依据该研究方法的思想相应发展了有关废弃物管理的一系列方法论，更深入地研究环境排放和资源消耗的潜在影响。

12.1.2.3 迅速发展阶段（20世纪90年代以后）

随着全球性环境污染问题的日益严重，以及人类环境保护意识的加强和可持续发展行动计划的兴起，大量的资源与环境状况研究重新开始，公众和社会也开始日益关注这种研究的结果。研究涉及研究机构、管理部门、工业部门、产品消费者等，但其使用的目的和侧重点各不相同，而且所分析的产品和系统也变得越来越复杂，急需对方法进行研究和统一。

1989年荷兰“国家居住、规划与环境部”针对传统的“末端控制”环境政策，首次提出了制定面向产品的环境政策，这种面向产品的环境政策涉及产品的生产，消费到最终废弃物处理的所有环节，即所谓的产品生命周期。

1990年由“国际环境毒理学与化学会（SETAC）”首次主持召开了有关生命周期评价的研讨会，会上首次提出了“生命周期评价”的概念。在以后的几年里，SETAC又主持和召开了多次学术研讨会，对生命周期评价从理论与方法上进行了广泛地研究。

1993年SETAC根据在葡萄牙的一次学术会议上的主要结论，出版了一本纲领性报告：《生命周期评价纲要：实用指南》。以后SETAC和ISO合作积极推进生命周期评价方法论的国际标准化研究。ISO 14040标准《环境管理—生命周期评价—原则与框架》已于1997年颁布，相应的标准ISO 14041《环境管理—生命周期评价—目的与范围的确定和清单分析》，ISO 14042《环境管理—生命周期评价—生命周期影响评价》，ISO 14043《环境管理—生命周期评价—生命周期影响解释》也已分别在1998年和2000年予以颁布。该标准体系对生命周期评价的概念和技术框架及实施步骤进行了标准化，成为生命周期评价方法走向成熟的重要里程碑。值得注意的是ISO标准将评价对象从产品系统扩大为“产品和服务系统”。

在我国，国家环保局和国家质量技术监督局已于1997年开始将ISO 14040~ISO 14043标准引入中国，并以GB/T 14040~GB/T 14043标准在国内推荐应用。

12.2 生命周期评价原则

12.2.1 生命周期评价的应用领域

传统的建设项目环境影响评价方法（EIA）是用于一定地理位置上工程项目的环境影响评价，它不适用于评估不同产品对环境的影响，即使勉强使用，也是将焦点聚于末端污染评价上，把产品使用后废弃阶段产生的环境负荷，作为衡量该产品对环境影响大小的标准，对于产品生产工艺的环境管理也仅集中于生产过程末端所产生的污染物。随着环境保护意识的提高及全球环境可持续发展共识的达成，废弃物污染评价已发展为全面性的综合思考模式，即利用产品生命周期的观念，整合原料开采、产品生产制造、使用及废弃等各阶段对环境产生的影响来综合评估该产品对环境产生的影响程度。这种评估观念的转变使得过去在弃置阶段中环境影响较小的产品，极可能因为在其他生命阶段中的影响较大而导致截然不同的评估结果。LCA应用主要在三个层面上：工业企业部门、政府环境管理部门和国际组织、消费者。

12.2.2 生命周期评价方法

12.2.2.1 柏林工业大学的半定量法

柏林工业大学的Fleisher教授等在2000年研究的LCIA方法，通过综合污染物对环境的影响程度和污染物的排放量，对产品的生命周期进行半定量的评价方法。该方法首先要确定排放特性的ABC评价等级和排放量的XYZ评价等级，其影响程度中，A为严重，如致畸、致癌、致突的“三致”物质及毒性强的各类物质；B为中等，如碳氧化物、硫氧化物等污染物；C为影响较小，可忽略的污染物。排放量的XYZ分级根据是排放量低于总排放量的25%，定义为Z；位于25%~75%之间，定义为Y；大于75%，则定义为X。

每种排放物质都赋予其对大气、水体及土壤三种环境介质的ABC/XYZ值。如果无法获得某种环境介质的排放数据，则其ABC/XYZ值由专家确定。对每种环境介质分别确定最严重的ABC/XYZ值（潜在环境影响最大的排放物质），其程度呈递减：AX>AY=BX>AZ=BY>BZ>CX=CY=CZ。根据生命周期的每个过程排放到大气、水体及土壤中ABC/XYZ值最高的物质进行分类，所有类别的值都通过表12-1的加权矩阵集中，得到最后的结论——名为$AX_{气}$当量的单值指标。在此矩阵中，大气污染物的权重值较高，由于污染物经常沉积到水体和土壤中，可能对其产生影响。

表12-1　ABC/XYZ值的加权矩阵

等级	排放到大气中的物质			排放到水体和土壤中的物质		
	$X_{气}$	$Y_{气}$	$Z_{气}$	X	Y	Z
A	3	1	1/3	1	1/3	1/9
B	1	1/3	1/9	1/3	1/9	0
C	0	0	0	0	0	0

12.2.2.2　贝尔实验室的定性法

该法将产品生命周期分为5个阶段：原材料加工、产品生产制作、包装运销、产品使用以及再生处置。相关环境问题归成5类：原材料选择、能源消耗、固体废料、废液排放和废气排放，由此构成一个5×5的矩阵。其中的元素评分为0~4，0表示影响极为严重，4表示影响微弱，全部元素之和在0~100之间。评分由专家进行，最终指标称为产品的环境责任率R，则有

$$R = \left(\sum_{i=0}^{5} \sum_{j=0}^{5} m_{ij} \right) / 100$$

式中　m_{ij}——矩阵元素值，其中，i为产品的生命周期阶段数，j为产品的环境问题数。

R以百分数表示，其值越大表明产品的环境性能越好。

12.2.2.3　荷兰的“环境效应”法

这种方法将影响分析分为“分类”和“评价”两步，分类指归纳出产品生命周期涉及的所有环境问题，已确认了3类18种环境问题明细表。这三类环境问题是：消耗型，包括从环境中摄取某种物质资源的所有问题；污染型，包括向环境排放污染物的所有问题；破坏型，包括所有引起环境结构变化的问题。在定量评价3类18种环境效应时，引用了分类系数的概念，分类系数是指假设环境效应与环境干预之间存在线性关系的系数。目前，对这18种环境效应大部分都有了计算分类系数的方法。

通过分类，产品的生命周期对环境的影响可用10~20个效应评分来表示，并进一步进行综合性的评价。目前有两类评价方法：定性多准则评价和定量多准则评价。定性评价通常由专家进行，并对产品进行排序，确定对环境的相对影响。定量评价通过专家评分对

各项效应加权，得到环境评价指数 M，即

$$M = \sum_{i=1}^{m} u_i r_i$$

式中　u_i——各效应评分；

r_i——相应的加权系数。

由于至今尚无公认的加权系数值，致使定量评价达不到彻底定量化的要求。

12.2.2.4　日本的生态管理 NETS 法

瑞典环境研究所于 1992 年在环境优先战略 EPS 法（Environment Priority Strategy）中提出了环境负荷值（ELV, Environment Load Value）的概念。日本的 Seizo Kato 等人在瑞典 EPS 法的基础上发展了 NETS 法，主要用于自然资源消耗和全球变暖的影响评价，可给出环境负荷的精确数值公式（NETS）为

$$E_{\mathrm{cL}} = \sum_{i=1}^{n} (L_{\mathrm{f}_i} \times W_i)$$

$$L_{\mathrm{f}_i} = \frac{A_{\mathrm{L}_i} \times X_i}{P_i}$$

式中　E_{cL}——环境负荷值，或任意工业过程的全生命周期造成的环境总负荷值；

L_{f_i}——基本的环境负荷因子；

X_i——整个过程的第 i 个子过程中输入原料或输出污染物的数量；

P_i——考虑了地球承载力的与输入、输出有关的测定量，如化石燃料储备及 CO_2 排放等；

A_{L_i}——地球可承受的绝对负荷值；

W_i——第 i 种过程的权重因子。

E_{cL}用量化的环境负荷标准 NETS 表示，其值规定为一个人生存时所能承受的最大负荷，即为 100NETS。根据这些 NETS 值，就可从全球角度来量化评估任何工业活动造成的负荷，总生态负荷值为生命周期中所有过程的基本负荷值的总和。

以上四种影响评价的方法中，贝尔实验室的方法较为简单，但结果完全根据专家评价的结论得出，主观性太强，不具有广泛的适用性。柏林工业大学的 ABC/XYZ 方法对数据的精度和一致性要求不高，适应面较广，且最后可得出一个单值评价指标，在综合考虑各方面的影响时，使用此方法较为方便。荷兰的“环境效应法”较为系统、完整，但对清单数据要求较高，需要大量全面、准确的排放数据。日本的 NETS 法较为简便，评价效果也很直观，但适用面较窄，一般来说只适用于化石燃料消耗较高，温室气体排放较多的生产过程或产品，如果用于其他类型产品，还需进一步完善。

12.2.3　生命周期评价目的

从已有的研究看，进行生命周期评价的目的主要有以下三类：

（1）市场营销。利用自己产品具有的环境优势进行市场宣传，增强产品的竞争力；

（2）产品生态设计。通过分析研究，找出产品对环境影响最大的环节，有针对性地进行产品重新设计；

（3）制定公共政策。政府部门可对某类产品进行研究，为制定该类产品的生态标志标准或有关的环境政策、法规提供依据。

12.2.4 生命周期评价的特点

LCA 面对的是产品系统，是对产品从“摇篮到坟墓”的全过程的评价，是一种系统性的、定量化的、充分重视资源与环境影响的评价方法。作为一种环境管理工具，生命周期评价更有资格推动循环经济的实施与发展。

尽管生命周期评价只是一种方法，但它甚至比循环经济的很多理念更加超前，对人类更加负责。循环经济遵循 3R 原则，减量化原则是循环经济的基础与前提，“无论是削减污染有毒物质的生产与排放，还是降低原材料的使用，或者是减小产品的尺寸（在工业界被称为‘集约化’），都属于减量化的原则。但是这些行为并没有停止耗竭资源和破坏环境，只是放慢了破坏速度，使其以更小的增量在更长的时间内进行破坏”。开发废物再生市场虽然使生产者与消费者觉得使环境有了很大的改善，但是在很多情况下，这些废弃物及其含有的有毒物质只不过是被转移到了另一个地方。对于降级循环的回收也因为添加剂的问题，使得商家的成本增加，而且回收利用的材料并不等于对生态无害的材料。这些被理论界和实务界捧至头顶的原则，实际上无法实现真正的循环经济和生态效率，也无法真正保证人类的安全，要是没有生命周期评价之类的重视产品设计的环境管理工具的辅佐的话，环境问题将更加严重。因此，生命周期评价虽说在目前看来还不是一种完善的理论与方法，但它已经受到了广泛的关注与应用。

12.3 生命周期评价内容

1993 年 SETAC 在《生命周期评价纲要　实用指南》中将生命周期评价的基本结构归纳为四个有机连续的部分：（1）定义目的与确定范围；（2）清单分析；（3）影响评估；（4）改善评估。如图 12-2 所示。

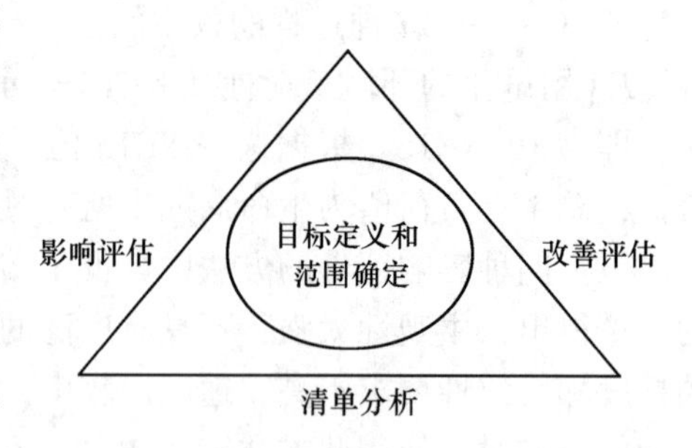

图 12-2　LCA 的技术框架

1997 年，国际标准组织在《环境管理—生命周期评价—原则与框架》（ISO 14040）中规定，生命周期评价需包括：目的和范围的确定、清单分析、影响评估、结果解释四个相关步骤，如图 12-3 所示。

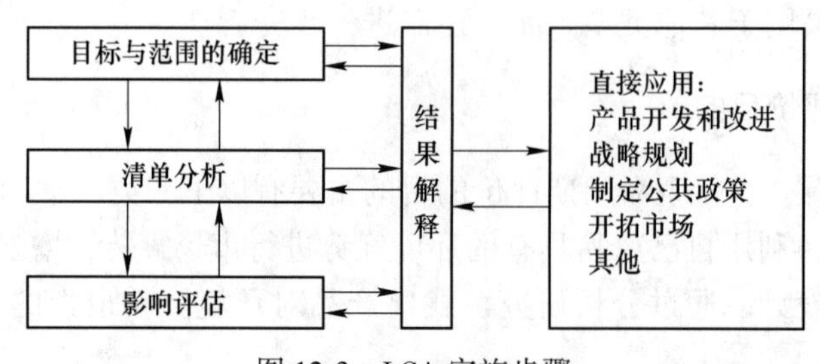

图 12-3　LCA 实施步骤

12.3.1 生命周期评价目标

LCA 是建立在物质平衡、能量平衡的热力学和系统分析之上，这种分析也常见于生产工程技术。因此，首先必须对研究系统进行定义，这就是目标和范围定义阶段。从物质平衡的角度出发，为了得到产品，就必须有材料和能源的输入。在某一具体的环境分析中，如 EIA 或 EA 其评价系统是一个工厂或制作场所，输入只与该厂的材料和能源输入有关。在 LCA 中，系统边界描述为“从摇篮到坟墓”，包括一个产品或工艺的生命周期所有的负荷和影响。因此，输入到系统内的是初级资源。为了完成对一种产品或工艺的 LCA 评价，首先必须清楚地定义研究的目标，至少应包括以下内容：

(1) 引入研究的原因；

(2) 研究的对象是产品还是工艺；

(3) 评价分析的因素和忽略的因素；

(4) 评价结果如何应用。

系统的功能在目标和范围定义中应具体化，并表达为功能单元，作为系列递推的功能度量。必须明确研究目标的详细程度，有时应用目标较为明确，而在另一些情况下选择的目标可能较模糊。研究的范围有从一般性研究到具体的一种产品或工艺，大多数情况介乎于这两者之间，甚至对于具体产品的研究，也要确定以下的研究路径：

(1) 全生命周期；

(2) 部分生命周期；

(3) 单独的一个阶段或工艺。

部分生命周期可由多个阶段所构成，也可仅局限于某一具体的阶段过程或工艺。

12.3.2 生命周期评价清单分析

LCA 清单分析是对一特定产品、生产程序或活动等研究系统的整个生命周期阶段，资源和能源的使用及向环境排放废物进行定量的技术过程。清单分析开始于原材料的采掘生产直到产品的最终消费和处置，系统与包围它的系统边界分离，边界外的所有区域称为系统环境。系统环境既是系统所有输入源，同时也是系统所有输出汇。

清单分析的步骤如图 12-4 所示。

生命周期过程清单流程图是对所研究系统生命周期中涉及的所有相关过程的定性描述。在流程图编制过程中，可基本掌握该产品整个生命周期内可能出现的污染物种类和资源消耗种类，有助于清单分析准确、顺利、全面地完成。

清单分析中，要收集系统边界内每一个单元过程中的输入输出数据，如果有多产品系统还需要对系统的输入输出进行分配。数据的来源有正式出版的文献或其他研究论文，各类统计年鉴、报表，环境数据手册等公共信息。在收集数据过程中，要考虑到以下两点：

(1) 对不同的燃料类型及能源要进行转换，且还要收集与该种能源的生产和使用相关的输入输出数据；

(2) 在得到各单元清单数据后，还必须按照预先定义的功能单位对各单元过程的数据进行换算；

清单分析一般产生下列清单：输入的能源-资源清单、产出的产品及副产品清单、排放到环境中的污染物清单。

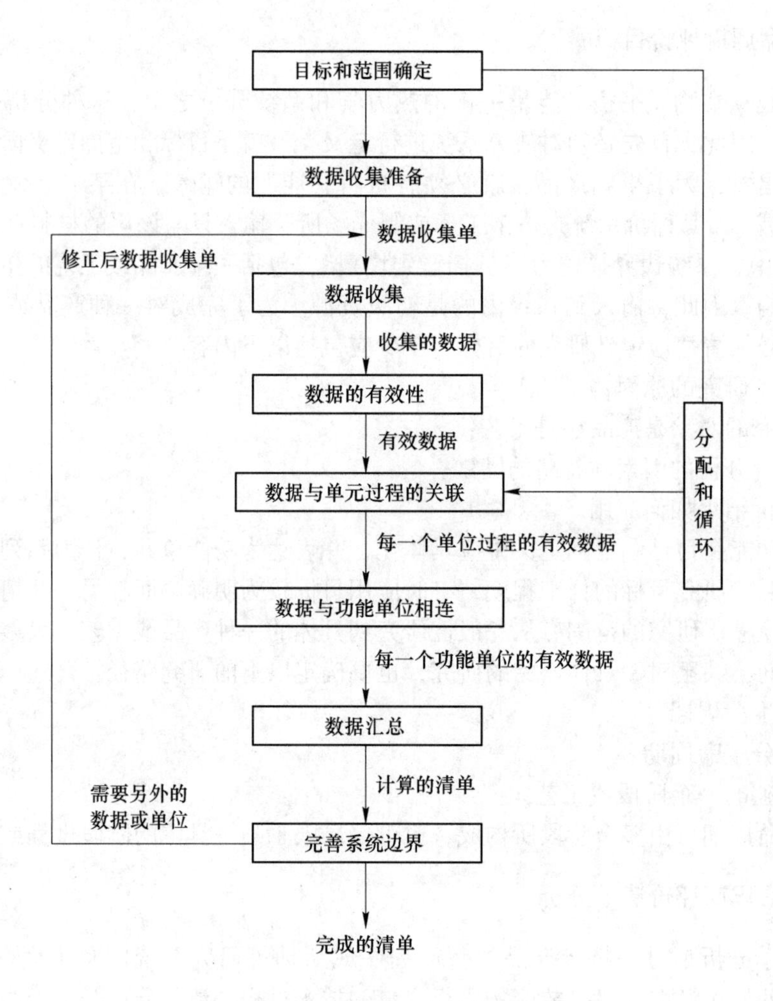

图 12-4 清单分析的简化程序

12.3.3 生命周期影响评价

产品生命周期评价的影响评估是将上一阶段清单分析所得到的结果，以技术性定量或定性的方式评估其显著与潜在性环境影响。评估的详细程度与种类的选择以及使用的方法都取决于所设定的研究目的与范围。生命周期影响评估的方法目前仍处于发展阶段，但评估步骤通常包括：影响评估类型的确定、影响评估的分类、影响评估特征化和影响评估结果的加权量化。

12.3.3.1 影响类型的确定

通常采用将清单分析的结果与环境问题相关联的思想，即采用分析每种环境影响类型的压力-响应模型或因果链来进行确定。在实践中，一般根据美国 EPA 方案或 SETAC 方案，而且目前大多数 LCA 研究都仅仅考虑全球尺度上的问题，即全球变暖和臭氧层破坏问题，而对其他影响类型则考虑较少。

12.3.3.2 影响评估的分类

是一个将清单分析的结果划分到影响类型的过程，即将清单分析所得到的数据，归纳成数个影响类别。生命周期各阶段所使用的能源、资源及所排放的污染物，经分类及整理后，可作为影响因子。

12.3.3.3 影响评估的特征化

即针对所确定的环境影响类型对数据进行分析和定量化，对不同影响类别的影响因子造成的影响予以定量评价及综合，最终计算出某种排放在此次评估中对某一种环境问题的危害程度。具体方法有将清单分析所得数据与环境标准关联起来的“临界目标距离法”，以及对污染接触程度和污染效应进行模拟的“环境问题”当量因子法。

12.3.3.4 影响评估的量化

即确定不同影响类型的贡献大小，即确定权重，得到一个数字化的可供比较的单一指标。在该阶段主要给不同的影响类型予以权值，计算各自的贡献率。通常各种影响因子间仍然存在许多不可转换的特性，例如，固体废弃物就是很难与噪声互相转换。在比较两个产品时，除非可以衡量各种影响类别的相对重要性，否则很难绝对地说两种产品中，哪一种对环境造成的影响较小。因此在影响评估的最后尚需有一个评价程序得出结论。目前国际上对生命周期影响评价及权值方面尚未达成共识，因为地区性的社会价值观和个人喜好的差异，同一量化的结果在不同的评价场合会有不同的结论。

12.3.4 生命周期评价结果解释

LCA结果解释主要是通过对清单分析和影响评价结果所提供的信息进行识别、量化、检验和评价，寻求在产品、工艺或活动的整个生命周期内减少能源消耗、原材料使用以及污染排放的机会，提出改进的措施，这些措施包括：改变产品结构、重新选择原材料、改变制造工艺和消费方式，以及废弃物管理等；或者将评估的结果以结论和建议方式提出，供决策者参考。在进行分析时，必须包括敏感度分析和不确定性分析等内容，另外也需包括生命周期分析范围的审查、分析过程以及所收集到的数据的性质和品质。

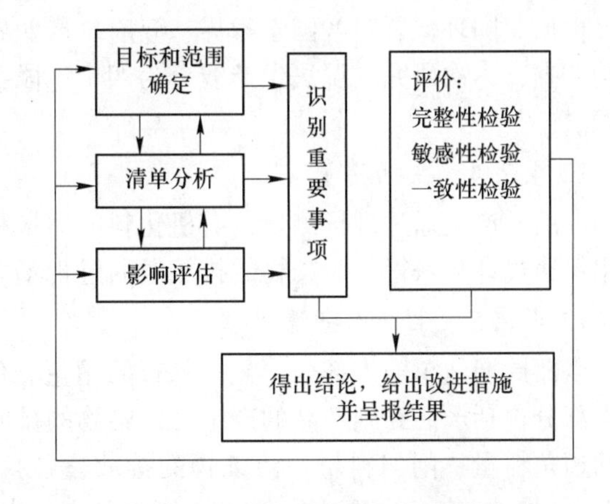

图12-5 结果解释的步骤

LCA结果解释主要由三个步骤组成如图12-5所示：

(1) 根据清单分析和影响评价的结果识别重要事项；

(2) 对数据进行完整性、敏感性和一致性检验；

(3) 得出结论，给出改善环境影响的意见和建议，呈报LCA研究结果。

12.4 生命周期评价案例

以某合成革企业湿法生产线的生命周期评价为例。

12.4.1 合成革污染现状

合成革是有一定污染的行业，在产品的生产过程、配套装置以及产品深度处理过程中都会产生环境污染物。我国合成革行业整体生产技术和生产工艺较为落后、生产效率较低、污染较为严重，原材料和能源使用率不高。据粗略估计，未实施治理时，全国仅 PU 合成革每年排放到大气中的有毒有机物达 10 万吨以上。合成革工业是有机废气排放的主要行业之一，如温州等合成革工业集中的部分地区，每年挥发到大气中的二甲基甲酰胺（DMF）约有 28000t，甲苯、丁酮近 6000t，已经造成了局部污染，严重影响了当地人群的身体健康。

12.4.2 评价方法

12.4.2.1 目标与范围的确定

主要目标是，通过分析合成革湿法生产线中各工序的输入和输出，建立一个量化的合成革生产工艺框架并提出工序优化方案。

12.4.2.2 功能单元

参考相关文献圈及国内合成革湿法线生产的实际情况，选取 $1m^2$无纺布作为基准。

12.4.2.3 系统边界

根据美国环保署对各国学术界、政府、产业界及企业所进行过的简化生命周期评价进行的调查，本次研究的湿法生产线分为四个工段：浸布准备、涂布凝固、背涂水洗和烘干收卷。

12.4.2.4 数据质量

产品的产量通过现场测量，有机化料的用量和水的用量来自于企业的工艺数据，能耗的用量通过计算获得，污染物的排放量通过现场取水监测，并参考工艺用水量计算获得。

12.4.2.5 生命周期清单项目

生命周期清单输入部分，包括基布的用量、化学品的用量、水的用量、能耗的用量。输出部分包括产品和副产品的产量、污染物的排放量。其中产品包括半成品革量；副产品包括边角料量、削匀料量；污染物的排放量包括废水量、废水中的 NH_4^+—N、废水中的 COD_{Cr}、废水 pH 值、废水中 PVA、废水和空气中的 DMF、废水中的总磷。其中废水、废气方面均参考的是《合成革行业清洁生产评价指标体系》。

12.4.3 结果与清单分析

12.4.3.1 工序水质监测结果

监测的水质数据 COD_{Cr}、DMF、PVA、pH、NH_4^+-N、总磷是水经过滤后测量的数据，空气中的 DMF 是在现场采集监测的。如表 12-2 所示，在凝固和水洗这两个工序中 COD_{Cr}

浓度远高于其他工序，分别达到2311mg/L和2072mg/L，这是由于合成革废水中的COD_{Cr}主要来源于各种有机化料组成的刮涂液，在后续的凝固或水洗时将有大量的有机物进入水中，造成高浓度的有机物污染。其次是预凝固工序达到874mg/L，因为在含浸液中同样添加了相当一部分的化料；复洗工序中因为使用大量水冲洗，COD_{Cr}浓度降低到了109mg/L。

表 12-2 各工段污染物浓度排放

指标/$mg \cdot L^{-1}$	预凝固	凝固	水洗	复洗一	复洗二
COD_{Cr}	874	2311	2071	494	109
氨氮	193	413	408	101	36
总磷	2	22	28	22	8
PVA	23	243	256	210	77
DMF 含量/%	12	22	6	4	1

湿法生产线废水中的氨氮主要来自于凝固和水洗工序，因为针织布的涂覆液中含有大量的色浆和助剂，在水中水解释放大量的氨。凝固、水洗废水NH_4^+—N分别为413mg/L和408mg/L；其次是预凝固工序，达到193mg/L，源于含浸液中的含氮助剂的分解。

合成革废水中的磷主要来自于凝固和水洗工序，因为在涂布凝固和水洗过程中加入了大量的表面活性剂。涂布、背涂废水总磷分别为22mg/L和28mg/L，并在后续工序中逐渐降低。

PVA具有一定毒性，吸入、摄入或经皮肤吸收后对身体有害，对眼睛和皮肤有刺激作用。合成革废水中的聚乙烯醇主要来自水洗和凝固工序，分别达255mg/L和243mg/L，主要源于涂覆液中添加的助剂和针织布中所含的浆料，并在后续工序中逐渐降低；而在预凝固工序中由于含浸液黏度要求的不同，所含PVA相对较少，浓度为23mg/L，主要源于布中的浆料。

DMF是合成革行业广泛使用的有机溶剂，具有毒性，对人体和生物的危害很大。合成革废水中含有大量的DMF，主要来自预凝固和凝固工序，分别达到22%和12%，因为含浸液和涂覆液中用以溶解有机化料的DMF在这两个工序中被水置换出来；而在后续水洗工序中DMF量逐渐降低，在最后水洗槽中质量分数降到1%，保证产品中DMF脱除干净。

12.4.3.2 工段清单分析

根据制革工序中的点数称量，将工序分为4个工段：放卷浸布工段、涂布凝固工段、背涂水洗工段和烘干收卷工段，分别进行统计，数据列于表12-3~表12-6。其中表12-3所示为放卷浸布工段I/O分析，包括放布、含浸、预凝固、烫平。表12-4所示为涂布凝固工段I/O分析，包括涂布和凝固工序。表12-5所示为背涂水洗工段I/O分析，包括水洗、背涂、复洗、预烫。表12-6所示为烘干收卷工段I/O分析，包括挂针、烘干、冷却、收卷。

表 12-3 放卷浸布工段 I/O 分析

输入原料及能耗		输出产品和副产品				
针织布	$1m^2$	浸渍后的针织布			$1m^2$	
有机化学原料	438g	废物排放/g				
水	218.24g	工序	放布	含浸	预凝固	烫平
电力	0.02kW·h	蒸发废水	0	0	0	130
		总废水量	0	0	677	0
		pH	0	0	6.41	0
		COD_{cr}	0	0	0.59	0
		氨氮	0	0	0.13	0
煤炭消耗	59.50g	总磷	0	0	0.0017	0
		PVA	0	0	0.02	0
		水中 DMP	0	0	81.24	0
		空气中 DMP	0	0	0	1.53

表 12-4 涂布凝固工段 I/O 分析

输入原料及能耗		输出产品和副产品		
针织布	$1m^2$	浸渍后的针织布		$1m^2$
有机化学原料	997.60g	废物排放/g		
水	4250g	工序	涂布	凝固
电力	0.02kW·h	总废水量	0	4091
		pH	0	6.57
		COD_{Cr}	0	12.35
		氨氮	0	1.94
煤炭消耗	4.69g	总磷	0	0.13
		PVA	0	1.1
		水中 DMP	0	494.87
		空气中 DMP	0	0.003

表 12-5 背涂水洗工段 I/O 分析

输入原料及能耗		输出产品和副产品				
针织布	$1m^2$	浸渍后的针织布		$1m^2$		
有机化学原料	503.67g	废物排放/g				
		工序	水洗	背涂	复洗	预烫
		蒸发废水	0	0	0	96
水	6572g	总废水量	6451	0	0	0
		pH	6.9	0	0	0
		COD_{Cr}	13.36	0	0	0
电力	0.075kW·h	氨氮	2.63	0	0	0
		总磷	0.18	0	0	0
煤炭消耗	1.56g	PVA	1.6	0	0	0
		水中 DMP	398.58	0	0	0
		空气中 DMP	0.02	0.76	0	0.81

表 12-6 烘干水洗工段 I/O 分析

输入原料及能耗		输出产品和副产品				
水洗针织布	$1m^2$	烘干后的水洗布：$1.04m^2$				
		废物排放/g				
		工序	挂针	烘干	冷却	收卷
电力	0.36kW·h	蒸发废水	0	345	0	0
煤炭消耗	246.86g	空气中 DMP	0	9.53	0	0

12.4.4 总物料衡算

每投入$1m^2$无纺布，需要输入水 117.90kg，化工原料 1.93927kg，电 0.475kW·h，煤 0.312kg；得到贝斯 $1.04m^2$，产生废水 112.19kg，COD_{Cr}26.3g，氨氮 4.7g，DMF 989g，PVA2.8g，总磷 0.30g。COD_{Cr}的排放主要来源于水洗和凝固工序，排放量达到 50.7%和 47.0%；氨氮的排放主要来源于水洗工序，排放量达到 55.9%；DMF 的排放主要来源于凝固和水洗工序，排放量达到 50.2%和 40.4%；PVA 的排放主要来源于水洗工序，排放量达到 58.8%；总磷的排放主要来源于水洗工序，排放量达到 59.5%。

12.4.5 结论

从清单分析可以看出：减少 COD_{Cr} 和废水中的 DMF 的排放，在于优化凝固工序，比如使用活性炭吸附法、优化加入的有机化料的配比；减少空气中的 DMF 排放，在于优化烘干水洗工序，比如采用全封闭式设备、采用废气回收塔吸收；减少废水中 DMF、PVA 的排放，在于后处理和基布加工工序，比如实现对 PVA 的生物降解；从根本上减少水、电、煤的用量，在于改造设备、工艺。所以，合成革清洁生产的难题在于，能否在不显著增加制造成本，不破坏合成革品质的前提下，达到环境友好的目的。

合成革系统化的 LCA 有许多的用途，它有助于不同地域、不同合成革工艺的分析比较，从而取长补短；同时可以使合成革加工过程的排污细节量化，为相关工作提供一个可以借鉴的方法。另外，合成革系统化的 LCA 可以帮助分析清洁生产工艺对于环境的友好程度。然而，合成革的生命周期清单还有待发展。此处只是量化了湿法制革的整个过程，而后期的制品废弃这些阶段并没有包括进来，因为其相关数据的取得比较困难。

思 考 题

12-1 简述生命周期评价的产生过程和意义？

12-2 生命周期评价的主要内容有哪些？其相互关系如何？

12-3 生命周期评价的目的有哪些？

12-4 生命周期评价方法有哪些？其各自优缺点如何？

13 区域环境影响评价

[内容摘要] 将区域环境与开发建设项目看作一个整体，强调社会、生态环境影响评价，开展区域环境影响评价是本章研究的主要内容。重点介绍了区域环境影响评价经常使用的一些基本概念和方法。其中，区域环境污染物总量控制是我国目前环境管理的重要措施之一，区域环境容量是区域环境影响评价的一个重要概念，可作为环境目标管理的依据，也是污染物总量控制的关键参数。最后，提供了陕西省某市区域环境影响评价中的区域环境承载力分析案例。

13.1 区域环境影响评价概论

13.1.1 区域环境影响评价的概念

区域开发活动是指在特定的区域、特定的时间内有计划进行的一系列的重大开发活动。这些开发活动区域一般称为开发区。开发区具有以下特征：

(1) 规模大，占地面积广，一个区域开发往往有几十、几百亿元的工程投资，一般占地面积都在 1 km^2以上；

(2) 性质复杂，区域开发常为多功能综合开发，一般一个开发区涉及多种行业；

(3) 管理层次较多，除具有专门的开发区管理机构外，每个开发项目一般都有其独立的法人；

(4) 不确定因素多，许多开发区初期仅仅确定其开发性质，但具体的开发项目往往不确定；

(5) 环境影响范围大，程度深；

(6) 有条件实施污染物集中控制和治理。

所谓区域环境影响评价即在一定区域内，以可持续发展的观点，从整体上综合考虑区域内拟开展的各种社会经济活动对环境产生的影响。并据此制订和选择维护区域良性循环、实现可持续发展的最佳行动规划或方案，同时也为区域开发规划和管理提供决策依据。

区域开发活动具有规模大、开发强度高及经济密集度高的特点，其环境影响评价涉及因素多，层次复杂，相对于建设项目环境影响评价有很大的区别。

区域环境影响评价适用于经济技术开发区、高新技术产业开发区、保税区、边境经济合作区、旅游度假区等区域开发以及工业园区等类似区域开发。

13.1.2 区域环境影响评价的特点

区域环境影响评价涉及的因素多，层次复杂，相对于单个建设项目的环境影响评价，具有以下的特点：

（1）广泛性和复杂性。区域环境影响评价是系统工程，具有范围广、内容复杂的特点。区域环境影响评价的对象包括区域内所有的开发行为和开发项目，其影响范围在地域上、空间上和时间上都远远超过单个建设项目，一般小至几十平方公里，大至一个地区或一个流域；其影响涉及区域内所有建设行为对自然、社会经济和生态的全面影响。

（2）战略性。区域环境影响评价其实质是区域性战略环境影响评价，是从区域发展规模、性质、产业布局、产业结构及功能布局、土地利用规划、污染物总量控制和污染综合治理等方面论述区域环境保护和经济发展的战略规划。

（3）不确定性。区域开发一般都是逐步、滚动发展的，在开发初期只能确定开发活动的基本规模、性质，而具体准入项目、污染源种类、污染物排放量等不确定因素较多。区域发展规划随着时间的推移都会有适当的调整，甚至发生较大的改变，所以区域环境影响评价具有一定的不确定性。

（4）评价时间的超前性。区域环境影响评价应在制定区域环境规划、区域开发活动详细规划之前进行，以作为区域开发活动决策不可缺少的参考依据。只有在超前的区域环境影响评价的基础上才能提出对区域环境影响最小的整体优化方案和综合防治对策，真正实现区域未来项目的合理布局，以最小的环境损失获得最大的社会、经济和生态效益。

（5）评价的方法多样性（定量与定性相结合）。区域环境影响评价评价内容较多，预测的内容也较多，可能涉及社会经济影响评价、生态环境影响评价和景观影响评价等。同一预测项目又常采用几种预测方法，且某些评价指标是难量化的，必须是定性分析与定量预测相结合。因此，评价方法也需随区域开发的性质和评价内容的不同而有所区别，呈现出多样性。

（6）更强调社会、生态环境影响评价。区域开发活动涉及的地域范围较广、人口较多，对区域社会、经济发展影响较大，同时区域开发活动是破坏一个旧的生态系统，建立一个新的生态系统的过程，因此，区域影响评价应对社会和生态环境影响作重点评价。

区域环境影响评价与项目环境影响评价的区别和联系详见表13-1。

表13-1 区域与项目环境影响评价对比

比较内容	区域环境影响评价	建设项目环境影响评价
评价对象	包括区域社会经济发展规划中所有拟开发行为和开发项目	单一建设项目或几个建设项目联合，呈单一性
评价范围	地域广，空间大，属区域型	地域小，空间小，属局地性
评价方法	多样性，全方位性，长远总体战略性	专一性
评价人员知识结构	注重具有较强识别环境问题、解决环境问题能力的评价单位牵头，涉及学术领域广，需多学科结合，跨学科综合	除一般评价专业人员外，强调与建设项目有关的工程技术人员参与

续表 13-1

比较内容	区域环境影响评价	建设项目环境影响评价
评价精度	采用系统分析方法对整体进行宏观分析，反映全局合理性，宜粗不宜细，粗中有细，关键是区域长远总体战略	精度要求高，强调计算结果的准确性和代表性
评价所处时段	在区域规划期间进行，对于开发活动来讲，具有超前性、时空广泛性	一般在项目可行性研究阶段完成，与开发项目同步
评价任务	不仅分析区域经济发展规划中拟开发活动对环境影响程度，而且重点论证区域内未来建设项目的布局、结构，资源的合理配置，提出对区域环境影响最小的整体优化方案和综合防治对策，为制定环境规划提供依据（微观与宏观相结合管理）	根据建设项目的性质、规模和所在地区的自然环境、社会环境状况，通过调查分析和影响预测，找出对环境的影响程度，在此基础上作出项目是否可行的结论，提出环保对策建议（微观管理）
评价指标	反映区域环境与经济协调发展的各项环境、经济、生活质量等指标（体现核心：可持续发展）	注意环境质量指标（水、气、噪声等）

13.1.3 区域环境影响评价的主要类型

区域环境影响评价是在按自然地理单元或社会政治经济单元划定的地域内，从资源、环境质量、社会发展诸方面，分析论证该地域经济发展规划和拟开发建设活动的合理性和可行性。提出功能区划和污染物总量控制及其集中治理方案，使区域开发建设活动与资源合理利用、环境质量的保护和改善相适应，做到可持续发展。

区域环境影响评价的对象，按其开发程度或环境的自然性可以分为：未开发区、已开发区和部分开发部分未开发区；按其功能可分为：各种开发区（如经济技术开发区、高新技术产业开发区、仓储保税区及边贸开发区等）、旅游度假区、工业区、港口码头与交通枢纽区、新居民区、农业开发区、特大型工业能源基地、直至一个流域或城市等。

区域环境影响评价由于评价对象的开发程度、环境状况、功能要求不同而千差万别，评价的类别、内容要求和最终提交的成果也不尽相同。目前，区域环境影响评价主要有如下几类：

（1）重点工业区的区域环境影响评价，主要包括控制区域污染、改善区域工业结构与布局、实行总量控制管理。

（2）总体发展规划类的区域环境影响评价，主要为区域社会经济可持续发展服务，实质上为规划的重要组成部分。

（3）资源开发规划类的区域环境影响评价，主要包括合理开发自然资源，将某种资源优势转化为经济优势，同时避免因资源开发而导致环境恶化进行的事前影响评价，如黄河三角洲农业资源综合开发规划的环评。

（4）大型建设项目环评中的区域环境影响评价，包括评价区域内多家大型企业建设导致的区域环境总体影响，结合大型建设项目环境评价进行区域性环境影响评价。如上海金山石化、南京金陵化工区等；或者因建设项目本身规模宏大，影响地域大或间接影响深远，需要结合建设项目环评进行区域性环境影响评价，如大型水利枢纽工程等。

（5）各类开发区的区域环境影响评价，一般包括未建成区或部分已开发部分未开发区，区域环评兼具评价开发区经济社会发展规划和项目环评的双重目的。

（6）有些开发建设活动或因对区域环境的依赖程度特别高，或因影响达到可能改变区域功能的程度；或者由若干小型开发建设活动产生一种区域性整体效应；或者开发建设活动发生于特别敏感的环境区域等，可能需要进行的区域性（或流域性）环境影响评价。

13.2 区域环境影响评价程序、内容和指标体系

13.2.1 区域环境影响评价的工作程序

区域环境影响评价与建设项目环境影响评价的工作程序基本相同，大体分为三个阶段，即准备阶段、正式工作阶段和报告书编写阶段。区域环境影响评价工作程序如图 13-1 所示。

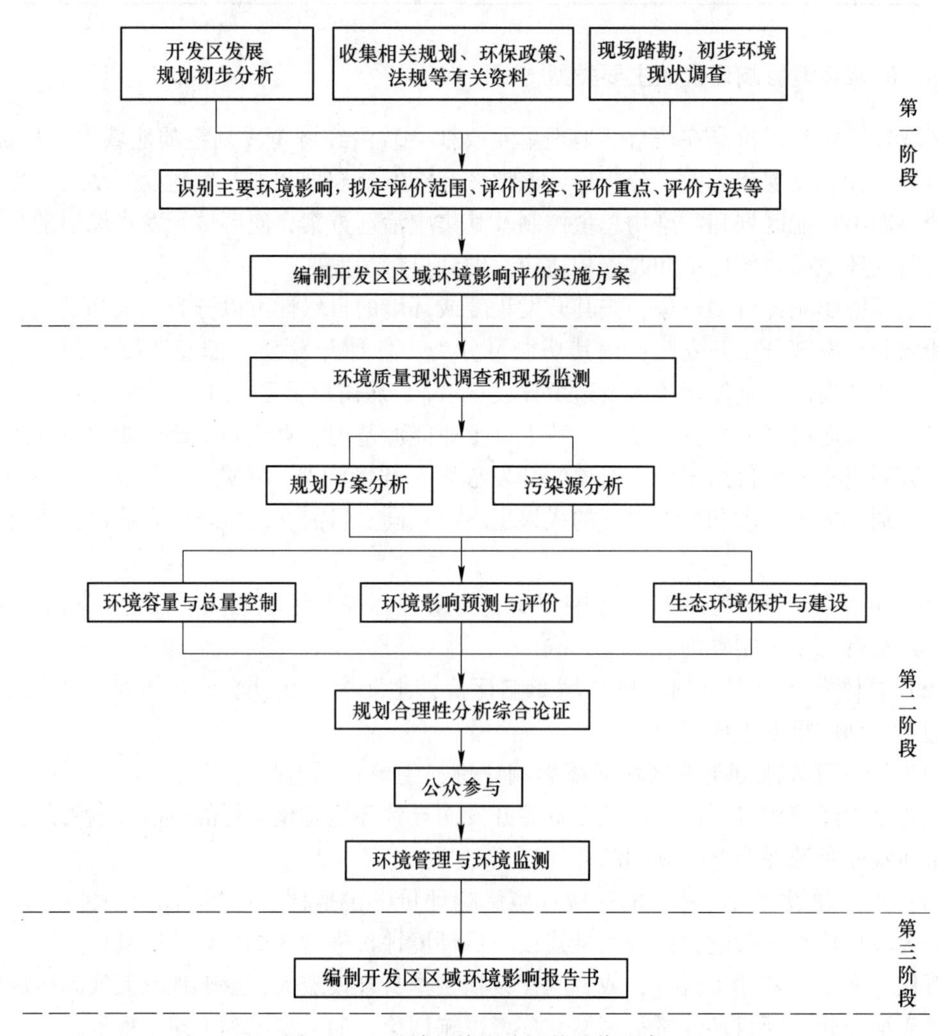

图 13-1　区域环境影响评价工作程序

13.2.2 区域环境影响评价的基本内容

13.2.2.1 区域开发建设规划和项目分析

(1) 区域开发建设规划的分析。收集和分析拟开发建设区的各种社会、经济和建设规划的有关资料，包括区域总体建设规划、土地利用规划、机场、港口、公路、铁路规划、风景旅游资源开发规划、自然保护和绿化规划、废物处理规划等基础设施规划。通过综合研究，说明开发建设对环境资源的需求，包括土地、矿产、环境和人力资源等条件；并估算区域环境保护的经济、技术和管理能力。

(2) 区域内各个开发项目的分析。对区域内拟开发建设的各类、各项目做尽可能详细的分析。例如，工业建设项目的工程分析就有产品结构、原料消耗、工艺流程分析、清洁生产潜力分析、污染物排放量估算、项目潜在的环境影响等。

13.2.2.2 调查评价区域资源态势

包括区域土地资源（特别是耕地)、水资源、矿产资源、海洋海岸带资源、生态资源和社会文化资源等。进行资源优势和供需态势分析，评价资源的可持续利用能力和对区域社会经济可持续发展的支撑程度，分析资源特点、消长规律并制定发挥资源优势的开发战略，分析资源开发利用与区域社会经济发展的相互关系，提出解决短缺资源的途径。

13.2.2.3 划定区域环境功能区

通过调查区域的地理、地质、气象、水文、动植物等环境因子状况，认识区域环境的基本特点、生态系统组成与运行规律、生态环境功能、环境与资源的关系、主要环境问题等。从保障区域可持续发展出发，提出区域环境保护的总体目标，再根据总体目标要求，划定区域环境功能区和确定功能区保护目标。对于已划定的区域环境功能区，分析环境功能区划的合理性、目标可达性等，分析论证拟开发建设活动与已有的环境功能区划的符合情况，并寻求相互协调的途径。

13.2.2.4 识别区域主要环境问题

区域主要环境问题是指区域开发建设活动的限制性条件、社会公众关注的问题以及影响区域可持续发展的重大问题，主要有：影响区域可持续发展的重大生态环境问题，如水土流失、沙漠化；影响区域社会经济稳定发展的自然灾害问题，如地质灾害；限制区域社会经济发展的制约性资源问题，如水资源；影响区域环境质量的重要污染源或历史遗留的污染问题；限制区域开发的特别敏感环境保护目标，如自然保护区等。

13.2.2.5 进行环境影响预测与风险分析

区域内大型开发建设项目对区域环境的影响和开发项目相互间的影响，主要有：竞争性利用环境容量和竞争性利用资源的影响；分析区域与周边环境的相关关系及相互影响；区域社会经济与环境的总体走向或发展趋势，区域环境目标的可达性；区域主要受影响人群以及由此导致的社会经济问题；区域开发建设活动的生态风险，长期累积性影响分析等。

13.2.2.6 论证开发建设活动的可持续发展能力

根据当地环境结构特点、现状条件、存在问题和资源态势，及保护和改善生态环境的要求，论证区域开发建设规划（或活动)、产业结构与布局、经济规模与发展速度、人口规模等是否与当地环境功能区和环保目标相协调，拟定的土地开发利用强度、资源能源消耗密度是否与资源环境承载力相适应等，并提出协调二者的途径。

13.2.2.7　确定区域环境容量与污染物排放总量控制目标

根据区域环境特征，研究区域水和大气环境的污染物最大可能容纳量，并根据当地环保政策、功能区划和法规要求，确定区域的污染物最大允许排放量，进而确定各功能区和各项目建设的允许排污量和区域环保投资分担率。根据环境容量研究结果，在科学论证的基础上，提出总量控制目标建议。

13.2.2.8　提出区域环境保护和生态环境建设方案

区域开发建设活动必然会导致区域某些生态环境功能的改变或丧失，为保障区域的可持续发展，必须对生态环境进行建设、补偿和改善。主要包括生态环境功能区划与生态功能区保护目标的确定、生态灾害防治措施、重要的生态建设工程、产业结构调整、集中供热供气、污染集中处理以及综合整治方案等。

13.2.2.9　建立区域环境管理体系

完善的环保管理体系包括：区域环保规划、区域环保政策、法规与措施（含主要环保工程）；环境监测制度与队伍、装备；环境管理机构与管理制度，经费预算与资金来源等。环评中对这一体系可逐项提出建议。还可根据需要，建立动态管理的模型或网络，以实现在线监测与实时管理。

13.2.3　区域环境影响评价重点

区域环境影响评价的重点如下：

（1）识别区域开发活动可能带来的主要环境影响以及可能制约开发区发展的环境因素。

（2）分析确定开发区主要相关环境介质的环境容量，研究提出合理的污染物排放总量控制方案。

（3）从环境保护角度论证开发区环境保护方案，包括污染物集中治理设施的规模、工艺和布局的合理性，优化污染物排放口及排放方式。

（4）对拟议的开发区各种规划方案（包括开发区选址、功能区划、产业结构与布局、发展规模、基础设施建设、环保设施等）进行环境影响分析比较和综合论证，提出完善开发区规划的建议与对策。

13.2.4　区域环境指标体系

区域环境指标体系包括主要环境污染指标体系、主要生态指标体系和环境经济指标体系。

13.2.4.1　环境污染指标体系

一般包括大气、土壤、水和生物等方面指标：

（1）大气质量指标，包括年平均温度、无霜期、年降雨量、年总辐射量、相对湿度、平均风速、最大风速、大气稳定度、逆温层高度等大气物理指标，以及颗粒物，SO_2，NO_x，CO、碳氢化合物、氧化剂，苯并［a］芘、F等物质含量和大气污染指数等大气化学指标。

(2) 水质和水量指标，包括流域面积、年径流量、洪水次数、洪水日数、枯水日数、侵蚀模数、河流泥沙含量等水文特性指标；地下水静、动贮量，补给条件，以及水温、透明度、矿化度、pH 值、SS、BOD、COD、酚、氰、氮、磷农药和有毒有害重金属含量等水质指标。

(3) 土壤质量指标，包括土壤有机质、pH 值、土壤质地、农药、氟以及有毒有害重金属的含量等。

(4) 生物受污染指标，包括生物体中农药、氟和有毒有害重金属的含量等。

13.2.4.2 生态指标体系

包括形态结构指标、能量结构指标、物质结构指标和生态功能指标等等。

(1) 形态结构指标，森林、农田、河流、湖泊及人类居住面积等生态结构指标，以及生物群落结构、物种种类、保护区面积、植被覆盖面积等。

(2) 能量结构指标，如每平方公里的植物量、动物量、人口数以及每人每年的食物量等。

(3) 区域物质结构指标，水体结构指标，包括区域各种水体的流入量、流出量及农业用水量和排水量等；营养结构指标，包括氮、磷、钾等营养物质在区域内的各种输入量、输出量以及在生物体和土壤中的含量等。

(4) 生态功能指标，如物质利用率和利用效率，包括水、氮、磷、钾等物质利用率和利用效率等，能量利用率及利用效率，包括总生物量、净生物量、净辐射量等；生态效益指标，包括有益生物量、水土保持效果、净化空气效果、消除噪声效果、景观、保健、游憩效果等。

13.2.4.3 环境经济指标体系

(1) 环境投资指标。万元投资环保费和基建用料种类和数量、万元产值污染治理费，万元产值环保管理费、万元产值劳保费等。

(2) 资源、能源耗用量指标。万元投资基建费用、占地面积、万元产值生产原料、能源及劳动力耗用量、用水及用气量等。

(3) 污染物排放指标。单位产值或产量的污染物排放量（排水量及其他各种水污染物排放量、排气量、SO_2、NO 和其他空气污染物排放量、废渣量、各种危险废物量等）。

(4) 环境经济效益指标。万元产值产品量、成本费、纯利润、万元环保投资资源节省量、增产量、治污量、环保收入、纯利润及旅游人数等。

13.3 区域开发的环境制约因素分析

区域开发的环境制约因素分析包括环境承载力分析、土地使用及生态适宜度等分析，通过以上分析可找出区域可持续发展的影响因子，并对土地利用进行合理规划，使区域开发及布局更合理，符合可持续发展的需求。

13.3.1 区域环境承载力分析

13.3.1.1 区域环境承载力的概念

环境承载力是在某一时期、某种状态或条件下，某地区的环境所能承受的人类活动作用的阈值。人类赖以生存和发展的环境是一个具有强大的维持其稳态效应的巨大系统，它既为人类活动提供空间和载体，又为人类活动提供资源并容纳废弃物。对于人类社会活动来说，环境系统的价值体现在能对人类社会生存发展活动的需求提供支持。由于环境系统的组成物质在数量上存在一定的比例关系，在空间上有一定的分布规律，所以它对人类活动的支持能力有一定的限度，或者说存在一定的阈值。

区域环境承载力，即区域环境系统结构与区域社会经济活动的适宜程度，是指在一定的时期和一定区域范围内，在维持区域环境系统结构不发生质的改变，区域环境功能不朝恶性方向转变的条件下，区域环境系统所能承受的人类各种社会经济活动的能力。区域开发和可持续发展是当前区域经济发展中所面临的两个重要问题，表现为如何协调区域社会经济活动与区域环境系统结构的相互关系，这就是区域环境承载力所要解决的问题。

13.3.1.2　区域环境承载力分析的对象和内容

区域环境承载力的研究对象是区域社会经济-区域环境结构系统，包括两个方面：(1) 区域环境系统的微观结构、特征和功能；(2) 区域社会经济活动的方向、规模。区域环境承载力研究目的就是将两个方面结合起来，以量化手段表征出两个方面的协调程度。

区域环境承载力的研究内容包括：区域环境承载力的指标体系，表征区域环境承载力大小的模型及求解，区域环境承载力综合评估，与区域环境承载力相协调的区域社会经济活动的方向、规模和区域环境保护规划的对策措施。

13.3.1.3　区域环境承载力的指标体系

要准确客观地反映区域环境承载力，必须有一套完整的指标体系，它是分析研究区域环境承载力的根本条件和理论基础。

A　建立环境承载力指标体系的原则

(1) 科学性。应从为区域社会经济活动提供发展的物质基础条件以及对区域社会经济活动起限制作用的环境条件两方面来构造环境承载力的指标体系，并且各指标应有明确的界定。

(2) 完备性。尽量全面地反映环境承载力的内涵。

(3) 可量性。所选指标必须是可度量的。

(4) 区域性。环境承载力具有明显的区域性特征，选取指标时应重点考虑能代表明显区域特征的指标。

(5) 规范性。必须对各项指标进行规范化处理以便于计算，并对最终结果进行比较等。

B　环境承载力的指标体系的分类

环境承载力的指标体系应该从环境系统与社会经济系统的物质、能量和信息的交换上入手。即使在同一个地区，人类的社会经济行为在层次和内容上也完全可能会有较大差异，因此不应该也不可能对环境承载力指标体系中的具体指标作硬性的统一规定，只能从环境系统、社会经济系统之间物质、能量和信息的联系角度将其分类。一般可分为三类：

(1) 自然资源供给类指标，如水资源、土地资源、生物资源、矿产资源等；

(2) 社会条件支持类指标，如经济实力、公用设施、交通条件等；

(3) 污染承受能力类指标，如污染物的迁移、扩散和转化能力、绿化状况等。

13.3.1.4 区域环境承载力的量化

区域环境承载力的指标体系建立之后，对环境承载力的研究就是对环境承载力值进行计算、分析，并提出相应的保持或提高当前环境承载力值的方法措施。一般来说，这些指标与经济开发活动之间的数量关系是很难确定的，一方面是因为这种关系本身是非常复杂的，如大气中SO_2的浓度不仅与区域的能源消耗总量有关，而且还与当地的能源结构、环保设施投资状况等有关；另一方面，所选取的指标除与人类的经济活动有关外，还可能受到许多偶然因素的影响，如降雨可将大气中的许多污染物（如SO_2）转移到水环境中，使环境承载力的结构发生变化。目前一般是针对某一具体的区域来进行环境承载力的量化，如在湄州湾的环境规划中，就是用下式表示第j个地区环境承载力的相对大小的：

$$I_j = \sqrt{\frac{1}{n}\sum_{i=1}^{n}\overline{E}_{ij}^2}$$

式中，$\overline{E}_{ij}$是进行归一化后的第i个环境因素的j个地区的环境承载力：

$$\overline{E}_{ij} = \frac{E_{ij}}{\sum_{i=1}^{n} E_{ij}}$$

式中，E_{ij}是第i个环境第j个地区的环境承载力，表示E_{ij}所选用的指标简单而实用，如选取风速指标来表示各区域的大气环境承载力，风速越大，则表示该区域的大气环境承载力越大等。此外还有专家打分、灰色系统分析法、专家系统方法等其他量化方法，所有这些方法的关键都集中在指标的筛选、各指标权重的确定及指标值的预测等方面。

13.3.2 土地使用和生态适宜度分析

13.3.2.1 土地使用适宜性分析

土地使用适宜性分析是区域环境影响评价的重要内容，对土地利用的适宜性评价可为区域开发行业结构在空间的布局调整提供依据，对区域开发的可持续发展具有十分重要的意义。

环境资源的使用及其对人类影响，是随着空间和时间的迁移而变化不定的。因此，要求系统而全面地对土地使用适宜性及环境影响进行精细的分析评价，目前还存在着一定的困难。不可能完全定量地把所有环境变量都结合在决策模型中，而只能按优劣序列排队，采取非参数的统计学方法或多目标半定量分析技术，求得准优解，作为决策依据。目前具体的方法有矩阵法、图解分析法、叠图法以及环境质量评价法，这些方法往往结合在一起使用。下面介绍一种土地使用适宜性分析的综合方法，该方法曾被成功地应用于“京、津、塘高速公路沿线两侧（天津段）土地使用适宜性分析”，其分析过程如图13-2所示。该方法包括四个步骤：

(1) 根据实地调查或遥感资料，将规划区域划分成不同的土地利用类型，如住宅区、工业区、大型游乐区、金融商贸区、文化教育区等；

(2) 根据土地利用要求，制定资源利用的适宜性评价表，并定性描述每一类型土地的潜力与限制；

（3）分析每一类型土地对某特定土地利用的适宜性等级；

（4）根据规划目标将不同土地利用的适宜性叠合成区域综合适宜性图。

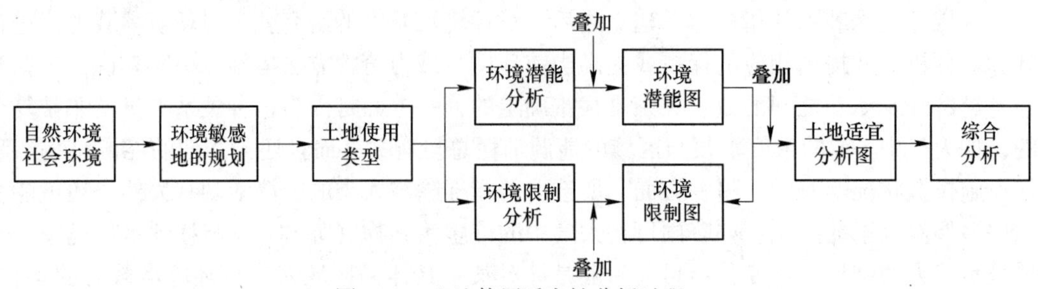

图 13-2　土地使用适宜性分析过程

13.3.2.2　生态适宜度分析

生态适宜度分析是在区域生态调查的基础上，寻求最佳土地利用方式的方法。

生态适宜度分析的方法和步骤如下：

A　选择生态因子

选择能够比较准确描述影响该种用途的各种生态因子，通过多种生态因子的评价，得出综合评价值。不同土地用途，所选择的生态因子不同，表 13-2 是某市生态因子的选择。

表 13-2　某市生态因子选择

土地用途	生 态 因 子
工业用地	绿地覆盖面积、气象因子（风向）、大气质量指数、土地利用评价值
居住用地	大气质量指数、土地利用评价值、环境噪声、绿地覆盖面积

B　单因子分级评分

对具体土地利用目的所选择的生态因子，在综合分析前，首先必须进行单因子分级评分。单因子分级一般可分为五级，即：很不适宜、不适宜、基本适宜、适宜、很适宜；也可分为三级，即：不适宜、基本适宜、适宜。进行单因子分级评分应考虑以下因素：

（1）该生态因子对给定土地利用目的的生态作用和影响程度。例如，人口密度对工业用地的影响很敏感，在对人口密度进行分级评分时，就应充分考虑到这一特点，把工业用地的不适宜人口密度标准定得高一点，即人口密度应尽量小；

（2）城市生态的基本特征。在进行单因子分级评分时，要充分考虑城市大环境的特征，使各类用地的单因子分级体现城市的生态特色。如一个城市是风景旅游城市，应将风景旅游用地适宜度分析的各单因子的适宜标准定得较严。

单因子分级评分没有完全一致的方法，同样的土地利用方式，城市的性质不同，单因子分级评分的标准也不同，因此，各地应做到因地制宜。表 13-3 是单因子评分的示例。它仅考虑 4 个生态因子，即 $n=4$。不同区域可依据自身特点增加生态因子内容。有些要素不能直接定量，可通过咨询等各种方法定值。

C　生态适宜度分析

在各单因子分级评价的基础上，进行各种用地形式的综合适宜度分析。由单因子生态适宜度计算综合适宜度的方法有直接叠加和加权叠加两种。

表 13-3　××市单因子分级评分

单因子 \ 描述 \ 适宜度值	1	2	3
	不适宜	基本适宜	适宜
风向	下风向	中间	上风向
（昼 | 夜）环境噪声/dB（A）	>65 | >55	>55~65 | >45~55	≤55 | ≤45
绿地覆盖率/%	<10	10~30	≥30
大气质量指数①	>1.9	0.8~1.9	<0.8
土地开发评价值 D	<0.9	0.9~1.2	>1.2

①大气质量指数评分值与所选指数类型有关：这里用“上海大气质量指数”进行计算和分级。

a　直接叠加

$$B_{ij} = \sum_{e=1}^{n} B_{iej}$$

式中　B_{ij}——第 i 个网格，利用方式为 j 时的综合评价值（j 种利用形式的生态适宜度）；

i——网格编号（或地块编号）；

j——土地利用方式编号（或用地类型编号）；

e——影响 j 种土地利用形式的生态因子编号；

n——影响 j 种土地利用形式的生态因子总数；

B_{iej}——土地利用方式为 j 的第 i 个网格的第 e 个生态因子适宜度单因子评价值。

这种直接叠加方法应用的条件是：各生态因子对土地的特定利用方式的影响程度基本相近。在我国城市生态规划中，直接叠加法应用较为广泛。

b　加权叠加

当各种生态因子对土地的特定利用方式的影响程度和重要性相差很明显时，就不能通过直接叠加求综合适宜度了，必须应用加权叠加法，对影响大的因子赋予较大的权值。计算公式为

$$B_{ij} = \frac{\sum_{e=1}^{n} W_e B_{iej}}{\sum_{e=1}^{n} B_e}$$

式中，W_e 为 e 因子对 j 种土地利用方式的权值，其他符号含义与直接叠加公式相同。

D　综合适宜度分级

与单因子分级相对应，它可以分为三级和五级两种。三级法将土地利用要求分为三类：一类区为文物保护、风景林园、政府机关和水源用地；二类区为居住区，其中包括学校、医院和其他服务行业用地；三类区为空旷地、污染型工业用地。每一类可分为三级：适宜、基本适宜和不适宜。五级法可将土地利用分为五类，每一类分为五级：很适宜、适宜、基本适宜、不适宜和很不适宜。

如果各因子的权值相等，可用直接叠加法确定适宜度值，其结果可以表 13-4 的形式列出。

表 13-4 三级法确定适宜度（$W_e=1/n$，$n=4$）

	一类	二类	三类	适宜度值	评价描述
B 值范围	$10\leq B\leq12$	$8\leq B$	$6\leq B$	3	适宜
	$8\leq B<10$	$6\leq B<8$	$4\leq B<6$	2	基本适宜
	$B<8$	$B<6$	$B<4$	1	不适宜

如果各因子的权值不等，应用加权叠加法对表 13-4 中的数值进行修改。如果为五类，可以按实际情况，规定每类的各个适宜度范围。生态适宜度分析容易借助 GIS 实现。

13.3.3 区域开发方案合理性分析

在土地及生态适宜度分析的基础上，充分综合考虑地理区位、气候水文、资源资产、历史文化、人文生态等条件，对区域发展方案进行合理性分析，它主要包括区域开发与城市总体规划的一致性分析和开发区总体布局与功能分区合理性分析。

13.3.3.1 区域开发与城市总体规划的一致性分析

区域开发是更大范围内的地域或城市总体规划的一部分，开发区的性质是否符合地域或城市总体规划的要求，或者与周围各功能区是否一致，将直接影响整个地域或城市的环境质量。开发区是否符合地域或城市总体规划的要求，是否与周围环境功能区协调，实际上取决于开发区的性质和选址是否合理。例如，污染较重的工业开发区应尽可能布置在城市的主导风向下风向或主导风向两侧，环境污染较轻的工业，如高科技园区可以接近市区或居住区布置。因此，在区域开发环境影响评价中，从开发区的性质和整个区域的环境特征出发，分析开发区的性质与选址的合理性是区域开发环境影响评价的重要内容。

13.3.3.2 开发区总体布局与功能分区合理性分析

开发区规划合理性分析，不仅要看开发区与整个地域或城市总体规划布局的一致性，还要重视开发区内部布局或功能分区的合理性。大多数开发区往往同时存在多种功能，如工业、居住、仓储、交通、绿地等，其对环境的影响和要求不尽相同。在区域开发总体规划布局时，如能对各功能进行合理的组织，将性质和要求相近的部分组合在一起，就能各得其所，互不干扰，有利于开发区的环境质量。在开发区总体布局的合理性分析方面，如何从各种功能对环境的影响及对环境的要求出发，综合分析开发区总体布局的合理性，具有十分重要的意义。开发区总体布局的合理性分析，应从下列几个方面考虑。

A 工业区用地布局的合理性分析

工业用地是工业开发区的重要组成部分，其布局合理与否，对开发区环境具有重要的影响。因此，在开发区布局规划时，往往首先需要解决工业用地。一般来说，工业用地合理性分析包括以下两个方面。

a 工业用地与其他用地关系分析

工业用地与其他用地关系合理性分析应考虑以下几点。

（1）工业用地是否与居住等用地混杂。如果工业用地与开发区内的居住、商业、农田混杂，将导致居住区被工厂包围，居住环境受到严重影响；由于各项用地犬牙交错，限制今后各项用地发展；相互干扰，不利生产，也不便生活。

（2）污染重的工业是否布置在开发区小风风频出现最多的风向。从污染气象条件讲，位于静风和小风上风向则对周围环境污染较严重。因此，工业用地布置应避免在小风风频出现最多风向的上风向。

b　工业用地内部合理性分析

工业用地内部的合理布置既可有利于生产协作，同时也可减少不良影响，有利于保护环境。工业用地内部合理性分析可从以下三方面考虑：

（1）企业间的组合是否有利于综合利用；

（2）相互干扰或易产生二次污染的企业是否分开；

（3）是否将污染较重工业布置在远离居住区一端。

B　交通布局的合理性分析

开发区的交通运输担负着开发区与外界及开发区内部的联系和交往功能。交通工具在运行中均产生不同程度的噪声、振动和尾气污染。因此，分析开发区交通布局的合理性，是开发区规划方案评价的重要内容之一。

布置开发区的内部交通，应考虑以下内容。

（1）根据不同交通运输及其特点，明确分工，使人车分离，减少人流、货流的交叉；

（2）防止干线交通直接穿越居民区，防止迂回往返，造成能源消耗的增加、运输效率的降低和污染的重复与扩大；

（3）开发区对外交通设施，如车站等，尽可能布置在开发区边缘，对外交通路线应避开穿越开发区等。因此，在评价中应尽可能从上述方面论证交通组织的合理性。

C　绿地系统合理性分析

绿地对改善开发区的环境具有极其重要的作用，研究证明绿地具有释氧、吸毒、除尘、杀菌、减噪和美化环境的作用。

开发区绿地合理性分析可以从下列两方面加以考虑。

（1）绿化面积或覆盖率。足够的绿地面积或绿地覆盖率是发挥绿地改善环境作用的重要因素。

（2）绿化防护带的设置。绿化防护带的合理设置，可使开发区内污染源与生活区之间相隔离，从而减轻对生活区的污染影响。开发区防护带的设置是否合理，取决于防护带位置是否合理，以及防护带有效宽度或距离是否能防止污染源对周围环境的影响，或是否符合国家关于防护距离的规定。

13.4　区域环境容量分析与污染物总量控制

对于已经存在一定程度环境污染的区域，其区域开发的环境影响评价应着重分析和计算区域环境容量，并集中研究和实施区域环境污染物总量控制对策。

13.4.1　区域环境容量分析

13.4.1.1　环境容量的概念

环境容量是按环境质量标准确定的某一环境单元（区域环境）所能承纳的最大污染

物负荷总量。它是一个变量，包括两个组成部分：基本环境容量（或称差值容量）和变动环境容量（或称同化容量）。前者可通过拟定的环境标准减去环境本底值求得，后者是指该环境单位的自净能力。

目前的环境容量研究主要是开展区域环境要素中污染物的环境容量计算，可以作为环境目标管理的依据，是区域环境规划的主要环境约束条件，也是污染物总量控制的关键参数。

13.4.1.2 环境容量计算方法

A 水环境容量计算方法

对于拟接纳开发区污水的水体，如常年径流的河流、湖泊、近海水域应估算其环境容量。污染因子应包括国家和地方规定的重点污染物、开发区可能产生的特征污染物和受纳水体敏感的污染物。水环境污染物估算要点如下：

（1）根据水环境功能区划明确受纳水体不间断（界）面的水质标准要求，通过现有资料或现场监测，分析受纳水体的环境质量状况和水质达标程度；

（2）在对受纳水体动力特性进行深入研究的基础上，利用已验证的水质模型建立污染物排放和受纳水质之间的输入响应关系；

（3）确定合理的混合区，根据受纳水体达标程度，考虑相关区域排污的叠加影响，应用输入响应关系，以受纳水体水质按功能达标为前提，估算相关污染物的环境容量（即最大允许排放量或排放强度）。

B 大气环境容量计算方法

特定地区的大气环境容量与以下因素有关：

（1）涉及的区域范围与下垫面复杂程度；

（2）空气环境功能区划及空气环境质量保护目标；

（3）区域内污染源及其污染物排放强度的时空分布；

（4）区域大气扩散、稀释能力；

（5）特定污染物在大气中的转化、沉积、清除机理。

a 修正的A-P值法

修正的A-P值法是最简单的大气环境容量估算方法，采用此法可以在不知道污染源的布局、排放量和排放方式的情况下，粗略地估算指定区域的大气环境容量，对决策和提出区域总量控制指标有一定的参考价值，适用于开发区域规划阶段的环境条件的分析。

采用A-P值法估算环境容量需要掌握的基本资料包括：

（1）开发区范围和面积；

（2）区域环境功能分区；

（3）第 i 个功能区的面积 S_i；

（4）第 i 个功能区的污染物标准浓度 C_i^0；

（5）第 i 个功能区的污染物背景浓度 C_i^b。

得到以上资料后，可按如下步骤估算开发区的大气环境容量：

（1）根据所在地区，按《制定地方大气污染物排放标准的技术方法》（GB/T 3840—1991）表1查取总量控制系数 A 值（取中值）。

（2）确定第 i 个功能区的控制浓度：$C_i = C_i^0 - C_i^b$。

（3）确定各个功能区总量控制系数 A_i 值：$A_i = A \times C_i$。

（4）确定各个功能区允许排放总量：$Q_{ai} = A_i \frac{S_i}{\sqrt{S}}$。

（5）计算总量控制区允许排放总量：$Q_a = \sum_{i=1}^{n} Q_{ai}$。

所求得的允许排放总量 Q_a 只是对新开发区大气环境容量的一个估计，还需要考虑开发区的发展定位、布局、产业结构、环境基础设施等因素，将其转化为建议的总量控制指标。

以上方法原则上仅适用于大气 SO_2 环境容量的计算，在计算大气 PM_{10} 的环境容量时，可作为参考方法。

b　模拟法

模拟法是利用环境空气质量模型模拟开发活动所排放的污染物引起的环境质量变化是否会导致环境空气质量超标。如果超标可按等比例或按对环境质量的贡献率对相关污染源的排放量进行削减，以最终满足环境质量标准的要求。满足这个充分必要条件所对应的所有污染源排放量之和便可视为区域的大气环境容量。

模拟法适用于规模较大、具有复杂环境功能的新建开发区，或将进行污染治理与技术改造的现有开发区。但使用这种方法时需要通过调查和类比了解或虚拟开发区大气污染源的排放量和排放方式。

运用模拟法估算开发区的大气环境容量的步骤如下：

（1）对开发区进行网格化处理（$i = 1, \cdots, N; j = i, \cdots, M$），并按环境功能分区确定每个网格的环境质量报告目标 C_{ij}^0。

（2）根据开发区的空气质量现状 C_{ij}^b，确定污染物控制浓度 $C_{ij} = C_{ij}^0 - C_{ij}^b$。

（3）根据开发区发展规划和布局，利用工程分析、类比等方法预测污染源的分布、源强（按达标排放）和排放方式，并将污染源分别处理为点源、面源、线源和体源。

（4）利用《环境影响评价技术导则》规定的空气质量模型或经过验证适用于本开发区的其他空气质量模型模拟所有预测污染源达标排放的情况下对环境质量的影响 C_{ij}^a。

（5）比较 C_{ij}^a 和 C_{ij}（$i = 1, \cdots, N, j = i, \cdots, M$），如果 C_{ij}^a 超过 C_{ij}，提出布局、产业结构或污染源控制调整方案，然后重新开始计算，知道所有点的 C_{ij}^a 都等于或小于 C_{ij} 为止。

（6）加和满足 C_{ij} 所有污染源的排放量，即可把这个排放量之和视为开发区的环境容量。

需要指出的是，采用模拟法估算开发区大气环境容量时应充分考虑周边发展的影响，这也是采用模拟法的优势所在。

c　线性规划法

与模拟法相同，线性规划法适用于规模较大、具有复杂环境功能的新建开发区，或将进行污染治理与技术改造的现有开发区，且使用这种方法时需要通过调查和类比了解或虚拟开发区大气污染源的排放量和排放方式。

线性规划法根据线性规划理论计算大气环境容量，该方法以不同功能区的环境质量标准为约束条件，以区域污染物排放量极大化为目标函数。这种满足功能区达标对应的区域污染物极大排放量可视为区域的大气环境容量。

目标函数为：
$$\max f(\boldsymbol{Q}) = \sum \boldsymbol{DQ}$$

约束条件为：
$$\sum \boldsymbol{AQ} \leqslant \boldsymbol{c}_{\mathrm{s}} - \boldsymbol{c}_{\mathrm{a}}$$
$$Q \geqslant 0$$

其中
$$\boldsymbol{Q} = (q_1, q_2, \cdots, q_m)^{\mathrm{T}}$$
$$\boldsymbol{c}_{\mathrm{s}} = (c_{\mathrm{s}1}, c_{\mathrm{s}2}, \cdots, c_{\mathrm{s}n})^{\mathrm{T}}$$
$$\boldsymbol{A} = \begin{pmatrix} a_{11}, & a_{12}, & \cdots, & a_{1m} \\ a_{21}, & a_{22}, & \cdots, & a_{2m} \\ & & \vdots & \\ a_{n1}, & a_{n2}, & \cdots, & a_{nm} \end{pmatrix}$$
$$\boldsymbol{c}_{\mathrm{a}} = (c_{\mathrm{a}1}, c_{\mathrm{a}2}, \cdots, c_{\mathrm{a}n})^{\mathrm{T}}$$
$$\boldsymbol{D} = (d_1, d_2, \cdots, d_m)$$

式中 m——排放源总数；
n——空气环境质量控制点总数；
q_i——第 i 个污染源的排放量；
$c_{\mathrm{s}j}$——第 j 个空气环境质量控制点的标准限制；
$c_{\mathrm{a}j}$——第 j 个环境质量控制点的现状浓度；
a_{ij}——第 i 个污染源排放单位污染物对第 j 个环境质量控制点的浓度贡献；
d_i——第 i 个污染源的价值（权重）系数。

浓度贡献系数矩阵 $\boldsymbol{A}$ 中各项，可采用《环境影响评价技术导则　大气环境》（HJ/T 2.2—2008）中推荐的扩散模式或其他已验证的模型计算。价值系数矩阵 $\boldsymbol{D}$ 中各项，在没有特殊要求时可取 1。

线性规划模型可用单纯形法或改进单纯形法求解，具体计算过程参阅有关线性规划理论书籍由计算机辅助完成。

d　反演法

反演法适用于总量控制发展规划的制定，基本模型为窄烟流稀释矩阵模型，即 ATDL（Atmosphere Turbulence Diffusion Laboratory）模式。通过模型反演，可以在已知污染物排放总量的条件下，将总量分配到各个源上；也可在无源条件下，给定目标浓度后，规划出源的位置、源强和高度。对于同一高度的排放源源强 Q_{jk} 与浓度 C_{ik} 可用以下矩阵表示：

$$\begin{bmatrix} C_1 \\ C_2 \\ \vdots \\ C_{n-1} \\ C_n \end{bmatrix} = \begin{bmatrix} T_{11} & T_{12} & \cdots & \cdots & T_{1n} \\ & T_{11} & T_{12} & \cdots & T_{1n-1} \\ & & & \vdots & \\ & & & T_{11} & T_{12} \\ & & & & T_{11} \end{bmatrix} \times \begin{bmatrix} Q_1 \\ Q_2 \\ \vdots \\ Q_{n-1} \\ Q_n \end{bmatrix}$$

即
$$\boldsymbol{C}_k = \boldsymbol{T}_k \times \boldsymbol{Q}_k$$

式中，$\boldsymbol{T}_k$ 为某区高为 H_k 的源对接收器的稀释系数。如果将排放源高度考虑到矩阵中，则：

$$\begin{bmatrix} C_{11} \\ C_{12} \\ \vdots \\ C_{1k} \\ C_{21} \\ C_{22} \\ \vdots \\ C_{2k} \\ \vdots \\ C_{n1} \\ \vdots \\ C_{nk} \end{bmatrix} = \begin{bmatrix} T_{111} & 0 & \cdots & 0 & T_{121} & 0 & 0 & \cdots & T_{1n1} & 0 & 0 \\ & T_{112} & 0 & \cdots & \cdots & 0 & T_{122} & 0 & 0 & \cdots & T_{1n2} & 0 \\ & & & & & & & \vdots \\ & & & \cdots & \cdots & \cdots & \cdots & \cdots & \cdots & \cdots & \cdots & \cdots & \cdots \\ & & & & \cdots & \cdots & \cdots & \cdots & \cdots & \cdots & \cdots & \cdots & \cdots \\ & & & & & \cdots & \cdots & \cdots & \cdots & \cdots & \cdots & \cdots & \cdots \\ & & & & & & & & & & \vdots \\ & & & & & & & \cdots & \cdots & \cdots & \cdots & \cdots & \cdots \\ & & & & & & & & T_{111} & 0 & \cdots & \cdots & 0 \\ & & & & & & & & & T_{112} & 0 & \cdots & 0 \\ & & & & & & & & & & \cdots & \cdots & \cdots \\ & & & & & & & & & & & & \vdots \\ & & & & & & & & & & & & T_{1nk} \end{bmatrix} \times \begin{bmatrix} Q_{11} \\ Q_{12} \\ \vdots \\ Q_{1k} \\ Q_{21} \\ Q_{22} \\ \vdots \\ Q_{2k} \\ \vdots \\ Q_{n1} \\ Q_{n2} \\ \vdots \\ Q_{nk} \end{bmatrix}$$

由上式直接反演，可用规划目标浓度分布求源强，即当给定大气污染浓度允许值 C_i，并按源高规定出分担量 C_{ik}后，则可由上式求出源强分布的上限允许值 Q_{ik}，设每顺风行的下标为1，对每行使用上式并左乘 T 的逆阵 $[T_{ijk}]^{-1}$后有

$$[Q_{ik}] = [T_{ijk}]_l^{-1} \cdot [C_{jk}]_l$$

13.4.2 区域环境污染物总量控制

13.4.2.1 区域环境污染物总量控制的概念和分类

区域污染物总量控制是指在某一区域环境范围内，为了达到预定的环境目标，通过一定的方式，核定主要污染物的环境最大容许负荷（近似相等于环境容量），并以此进行合理分配，最终确定区域范围内污染源容许的污染物排放量。

目前，根据确定方法不同，总量控制分析方法总体上有容量总量控制、目标总量控制、指令性总量控制和最佳技术经济条件下总量控制四种形式。其相互关系如图 13-3 所示。

在进行总量分析时，方法的采用要因地制宜、因时制宜，根据区域单元的实际情况加以决定，并配套一系列的政策、法规、经济等手段，成为制度化的管理模式。

A 容量总量控制

即将允许排放的污染物总量控制在受纳环境具体功能所对应的环境标准范围内。容量总量控制的“总量”系受纳环境中的污染物不超过环境标准所允许的排放限额。它把污染物控制管理目标与环境目标联系起来，用环境容量（承载能力）推算受纳环境的允许纳污总量，并将其分配到污染控制区各污染源（污染单元）。

环境容量是一个变量，包括基本环境容量和变动环境容量两个部分。基本环境容量指环境标准与环境本底值之差，变动环境容量指环境对污染物的自净同化能力。由于与环境

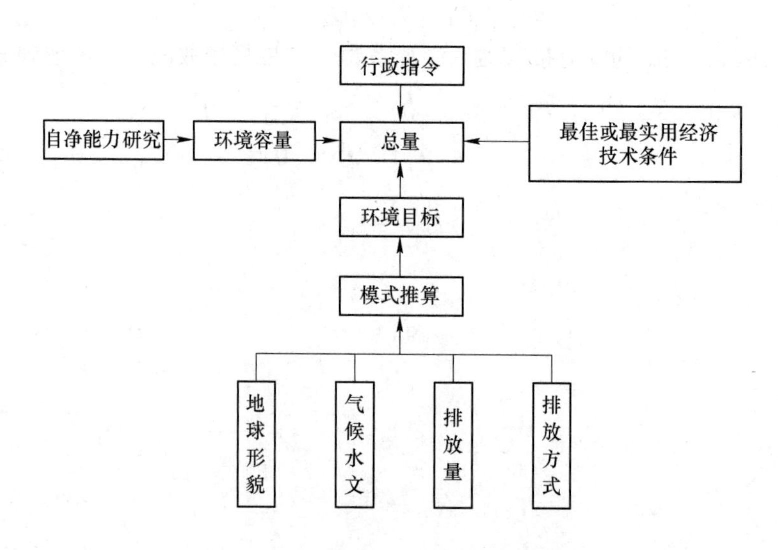

图 13-3 四种总量控制的相互关系

自净规律复杂，研究的周期长、工作量大，而且某些自净能力的因子还难以确定，因此通过环境容量来确定排放总量仍面临着很大的困难。

B 目标总量控制

即将环境目标或相应的标准看作确定环境容量的基础，目标总量控制的“总量”指一个区域在保证其环境质量达标条件下的最大排污量。

它是用行政干预的办法，通过对控制区域内污染源治理水平所能投入的费用及产生的效益进行综合的分析，可以确定污染负荷的适宜削减率，并将其分配到源。目标总量控制，一般用在污染较严重的老城市或老工业区的开发上。

一般应采用现场监测和相应的模拟模型计算的方法，分析原有总量对环境的贡献以及新增总量对环境的影响，特别是要论证采取综合整治和总量控制措施后，排污总量是否满足环境质量的要求。

C 指令性总量控制

即国家和地方按照一定原则在一定时期内所下达的主要污染物排放总量控制指标，所做的分析工作主要是如何在总指标范围内确定各小区域的合理分担率，一般根据区域社会、经济、资源和面积等代表性指标比例关系，采用对比分析和比例分配法进行综合分析来确定。这种方法简便易行，可操作性强，见效快，目前多数城市运用这种方法，取得明显效果。

D 最佳技术经济条件下总量控制

即行业总量控制，主要是分析主要排污单位在经济承受能力的范围内或合理的经济负担下，采用最先进的工艺技术和最佳污染控制措施所能达到的最小排污总量，要以其上限达到相应污染物排放标准为原则。它是基于清洁生产的发展水平，将污染控制与生产工艺的革新及资源、能源的有效利用联系起来，体现出全过程控制原则。

13.4.2.2 区域开发环境污染总量控制分析

在分析环境污染物排放总量控制时可采用目标总量控制、技术经济总量控制和指令性总量控制相结合的方法，技术路线如图13-4所示。

在这个程序中，首先根据国家对本开发区所在省、市下达的总量控制指标和区域各类主要污染物排污总量的预测分析制定出一个控制目标，同时根据有关规则中提出的控制对策和方案，进行技术经济分析，并对照指令性总量控制目标进行目标可达性及合理分担的分析。此时确定的控制总量应是经济上可承受、技术上可行（且最优化）、分担合理的排放总量。可采用扩散模型分析的方法，利用此总量进行环境影响评价和环境质量目标的可达性分析。如在区域环境质量标准允许范围之内，这个总量可以作为区域总量控制目标；而几个条件不能达到相应的标准时，则应进行反馈，重新制定更合理的总量控制方案。

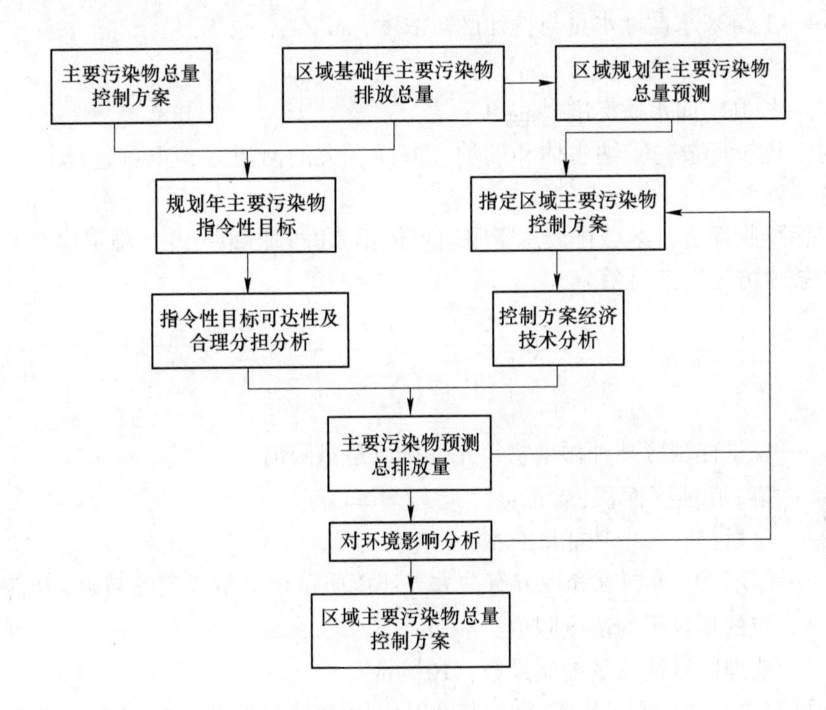

图13-4 区域开发环境污染总量控制分析程序

13.4.2.3 区域环境总量控制的分析方法和要点

根据上述总量控制分析过程，区域环境影响评价的总量控制分析的要点和方法主要体现在以下几个方面。

A 选择合适的总量控制因子

目前大气污染物总量控制因子为烟尘、粉尘和SO_2，水污染物总量控制因子包括COD、NH_3、TN、TP以及受纳水体最为敏感的特征因子。

B 污染源达标分析

我国在环境管理中执行污染物排放浓度控制和总量控制的双轨制。浓度控制法，就是通过控制污染源排放口排出污染物的浓度满足国家排放标准，来控制环境质量的方法。污染物（浓度）达标排放是实施总量控制的前提和基础。因此，在进行总量控制分析时，首先应当分析区域开发项目中的主要污染物（主要应针对总量控制因子）是否实现达标排放。

C　环境质量达标分析

总量控制的目标是通过确定区域范围内各污染源允许的污染物排放量，达到预定的环境目标。

以环境质量达标为前提，通过模式计算，可以推算出区域污染物允许排放的目标总量。对水环境而言，单点源排放情况下，排污口与控制段间水域允许纳污量可按下式计算：

$$W_c = S(Q_D + Q_e) - Q_D C_D$$

式中　W_c——水域允许纳污量，g/s；

Q_D，C_D——上游来水设计水量与设计已知浓度，m^3/s，mg/L；

Q_e——污水设计排放流量，m^3/s；

S——控制断面水质标准，mg/L。

另外对于比较复杂的受纳水体和湖泊、海洋、大的河流等，也可选择其他相应模式计算。

对大气污染物而言，区域排放总量限值可依据 GB/T 1320—91“制定地方大气污染物排放标准的技术方法”来计算：

$$Q_{ak} = \sum_{i=1}^{n} \frac{A C_{ki} S_i}{\left(\sum_{i=1}^{n} S_i\right)^{0.5}}$$

式中　Q_{ak}——总量控制区某种污染物年允许排放总量限值，10^4 t；

S_i——第 i 功能区面积，km^2；

n——总量控制区中功能区总数；

C_{ki}——GB 3095 等国家和地方有关大气环境质量标准所规定的与第 i 功能区类别相应的年日平均浓度限值，mg/m^3；

A——地理区域性总量控制系数，$10^4\ km^2$。

对于区域集中排放的大气污染源，也可以应用 P 值控制法。它将烟囱排放高度和允许排放量用一个 P 值联系起来，通过地面大气污染质量浓度的限定，推导出 P 值，通过调整污染源的高度和排放量，达到控制大气污染的目的。

D　是否符合指令性总量控制要求

在分析区域污染物排放总量时，如果当地环保部门已经给建设项目分配了污染物允许排放的总量，则执行所分配的指令总量。此时，如果该区域有污染物总量控制限值，则可按一定的分担率来确定建设项目的总量限值。分配方法可采用等比例分配、排放标准加权分配、分区加权分配、行政协商以及数学优化分配等几种方法。

（1）等比例分配。为确定一个合理分担率，可以采用等比例分配方法。

（2）排污标准加权分配。考虑各行业排污情况的差异，以行业排放标准为依据，按不同权重分配各行业容许排放量。同行业按等比例进行分配。

（3）分区加权分配。将所有参加排污总量的污染源划分为若干控制区域或控制单元，根据与区域或单元相应的环境目标要求、各控制单元的污染现状、治理现状与技术经济条件，确定出各区域或各单元的削减权重，将排污总量按此权重分配至各区，区域内可采用等比例分配法将总负荷指标分配至源。

(4) 行政协商分配。已知目标削减量，根据环保管理人员了解和掌握的各点源生产、污染、排放、治理与技术经济状况，经与排污单位协商，行政决策分配总量负荷指标。

(5) 数学优化分配。以总投资费用最小为目标函数，运用数学优化方法，得到总体上结构合理、经济上费用最省的总量控制优化分配方法。

E 贯彻“增产不增污、以新带老、集中治理”的原则

总量控制的目标就是将污染物排放量控制“冻结”在某一水平，在环境质量已超过国家标准的区域，总量控制不仅要双达标，还要严格贯彻“增产不增污”、“以新带老”的原则。分析区域开发后，其污染物的排放量，占地区污染物排放总量的份额为多少，通过该区域能否把老污染源治理一并考虑，集中治理、削减原来污染物排放总量，达到增产不增污的效果。

对老工业区改造项目，应对老企业进行深入细致的排污现状及变化趋势分析，做好项目建设前后的对比分析，算清“三笔账”，即老企业现有的排污账，改、扩建与技改新增的污染账，项目建成使用后的新老污染合成账即污染物的增减量。

另外，有条件的地区要进行通过排污权交易达到区域增产不增污的可行性分析。排污总量控制指标可以在地区或行业内综合平衡，调剂余缺，有偿转让。总量指标的取得，是通过一定的法律程序，经环保部门审定的。一旦企业取得了总量指标后，如有多余指标，可以留作企业发展生产用，也可以作为商品交易，或调剂余缺，或有偿转让。反之，若企业总量超标，则需购买排污权。

F 经济技术可行分析

在环境影响报告书中，为了说明对拟建项目污染物排放总量控制的可行性，应该对该项目的环保措施和生产工艺流程进行经济技术可行性分析。经济技术可行性分析时可按以下两个步骤进行。

(1) 估算产污排污情况。在国内，产污排污情况可用产污排污系数来说明。产污系数是指在正常技术经济和管理等条件下，生产单位产品所产生的原始污染物量；排污系数是指在上述条件下经过污染控制措施削减后或未经削减直接排放到环境中的污染物量。它们又有过程和终端之分，过程产污系数是指在生产线上独立生产工序生产单位中间产品或终端产品产生的污染物量，不包括其前工序产生的污染物量。过程排污系数是指上述条件下有污染治理设施时生产单位产品所排放的污染物量。它与相应的过程产污系数之差即为该治理设施的单位产品污染物削减量。终端产污系数是指包括整个工艺生产线上生产单位最终产品产生的污染物量，是指整个生产工艺线相应过程产污系数之和。

(2) 评估排污水平。评估的标准可参照本行业的历史最好水平，国内外同行业、类似规模、工艺或技术装备的厂家的水平。

通过上述总量控制分析，可从不同侧面说明拟建项目污染物允许排放的水平、如何实现该目标以及目前存在的差距等，为环境管理决策部门提供依据，这也是环境影响报告书中总量控制分析篇章的主要内容。

13.4.2.4 区域污染物总量控制计划的制订方法

制订总量控制计划程序如图 13-5 所示。

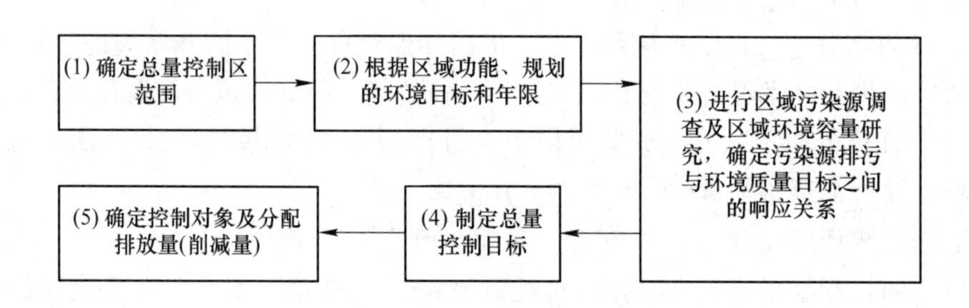

图 13-5　总量控制计划程序

（1）总量控制区的范围的确定。总量控制区的范围，有时是一个城市的行政边界范围，有时是跨几个区域行政边界的地理区域。确定这个范围是实行总量控制的基础。

（2）区域环境目标及有效年限的确定。确定有效年限是体现总量控制的动态性。鉴于一个地区常常有多个环境功能，在特定的环境状况以及现实的技术经济条件下，制定区域环境目标往往不是单一的，而是针对不同的环境功能，可以制定不同的环境目标，从时间上可制定近期目标和最终目标。

（3）区域污染源调查及环境容量研究。目的是确定区域环境每个总量控制因子的允许排入总量及环境容量。

（4）制定总量控制目标。总量控制目标的制定，应结合区域的具体情况。

（5）允许排放总量的分配。目的是确定每个总量控制因子目前的排放总量（或区域削减总量），每个总量控制因子的预留排放总量以及分配给每个污染源的每个总量控制因子的允许排放量（或削减量）。因为总量控制区域包括众多污染源和污染控制单元，如何合理地将污染物总量分解到每个污染源，是总量控制方法的核心问题。

采用容量总量控制法应利用环境质量模型的计算结果确定总量或削减量。在进行总量控制分配时，应进行总体系统分析，综合运用上述各种原则、环境政策和管理手段进行协调，求得既保持总体合理，又使每个污染源尽量公平地承担责任。在我国，短时期内尚不可能完全用容量总量控制来制订计划，应视情况综合多种方式制定分配原则，常用的分配原则有以下三个。

（1）等比例分配原则。即在承认各污染源排污现状的基础上，将总量控制系统内的允许排污总量按各污染源核定的现在排污量，按相同百分率进行削减，各污染源分担等比例排放责任。这是一种在承认排污现状的基础上，一刀切的、也是比较简单易行的分配方法，但不平等。因为这要求一个生产技术和管理水平高、排污少的企业要和污染物排放量大的落后企业承担相同的义务。

（2）费用最小分配原则。又称经济优化规划分配原则。即以区域为整体，以治理费用为目标函数，以环境目标值作为约束条件，使全区域的污染治理投资费用总和最小，求得各污染源的允许排放量。按此原则分配能反映区域污染控制系统整体的经济合理性，具有好的整体性经济、社会和环境效益，但并不能反映出每个污染源的负荷分担都是合理的。为了总体方案优化，有些污染源要承担超过本单位应承担的削减量，而另外一些污染源则可能承担少于应承担的削减量。这种分配结果在市场经济条件下，不利于企业间的公平竞争。

(3) 按贡献率来削减排放量的分配原则。按各个污染源对总量控制区域内环境影响程度的大小（或污染物排放量大小及其所处地理位置）来削减污染负荷。即环境影响大的污染源多削减，反之少削减。该原则体现每个排污者公平承担损害或降低环境资源价值的责任。对排污者来说，这是一种公平的分配原则，有利于加强企业管理、提高效率和开展竞争。但是，这种分配原则并不涉及采取什么污染防治的方法以及相应的污染治理费用，也不具备治理费用总和最小的优化规划特点，所以在总体上不一定合理。

13.4.2.5　区域污染物总量控制的推行

在市场经济条件下，运用经济手段更能合理地推行总量控制。

A　征收排污费

这是环境管理中一项采用多年的经济政策，它与工业企业的经济效益直接相关，对调动企业实施总量控制的积极性十分有利。向排污单位收取排污费是为了补偿由排放污染物造成的环境价值损失。对超过排放标准排污的收费标准（每单位污染物排放量），应高于控制或处理污染物所需的费用，才能使征收排污费起到促进污染防治、减少排放总量的作用。

B　排污交易政策

主要有两类：

(1) 发放排污许可证的地区，通过技术改造、污染治理等措施削减下来的低于许可证规定的污染排放指标，经环保部门同意，可在本控制区内有偿转让给需要排污量的单位。

(2) 在没有排污许可证的地区，为了不影响发展经济又不增加本地区的排污总量，新、改、扩建单位新增加排污量，可本着等量削减的原则，经环保部门同意，有偿利用本控制区内其他企业削减下来的排污量来抵消。例如，由新、改、扩建单位投资支持本控制区其他排污单位建设污染防治工程，削减原有排放量，这样可以做到增产不增污或增产减污。

(3) 鼓励企业实行清洁生产政策。这一点非常重要，尤其是那些对国家贡献大、污染欠账多、财力小的企业。对于国家优先发展的行业、支柱产业，如果通过技术改造和推行清洁生产、提高资源能源利用来发展生产、预防污染的企业，综合经济部门、财政金融部门应优先立项、优先贷款，环保补助资金也可以给予一定的贴息。

13.5　区域环境管理计划与公众参与

环境管理是指运用经济、法律、技术、行政、教育等手段使经济和环境保护得到协调发展。为保证区域环境功能的实施，必须加强区域的环境管理工作，制定必要的环境管理措施。环境监督是环境管理最基本的职能和最大的权力，包括环境立法、制定环境标准、环境监测，以及环境保护工作的监督。环境监测在环境监督管理中占有主要地位。它的主要作用是：了解和监视环境现状、评价环境质量，为科研和法律提供依据，监督法规的有效实施。对于特定的区域，如经济技术开发区，区内应设置专门的环境管理及监测机构，如开发区管委会，可下设环保办公室和监测站，以执行区内环境监测、污染源监督和环境管理工作。

13.5.1　区域环境管理指标体系的建立

指标体系是由一系列相互联系、相对独立、互为补充的指标所构成的有机整体。由于规划的层次、目的、要求、范围、内容等不同，规划管理指标体系也不尽相同。在实际规划中，指标体系的选择以能基本表征规划对象的实际状况和体现规划目标的内涵为原则。

区域环境管理指标在结构上首先可分为直接指标和间接指标两大类。直接指标主要包括环境质量指标和污染物总量控制指标，间接指标重点是与环境相关的经济和社会发展指标、区域城建指标等，如图13-6所示。

区域环境管理指标按其表征对象、作用以及在环境规划管理中的重要程度或相关性可分为环境质量指标、污染物总量控制指标、环境规划措施与管理指标及相关指标。

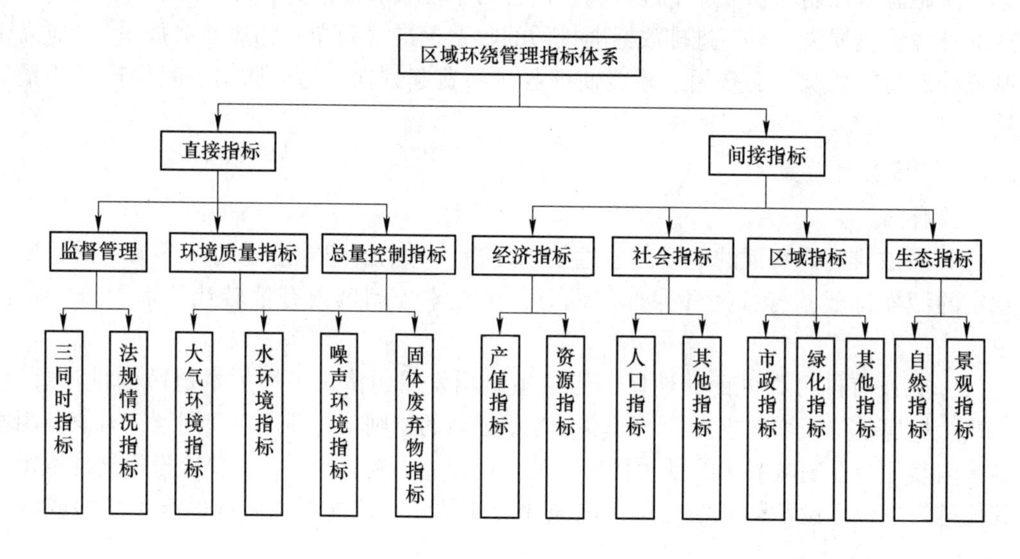

图13-6　区域环境管理指标体系分类结构

A　环境质量指标

环境质量指标主要表征自然环境要素（大气、水）和生活环境的质量状况，一般以环境质量标准为基本衡量尺度。环境质量指标是环境规划管理的目标，所有其他指标的确定都围绕环境质量指标进行。

B　污染物总量控制指标

污染物总量控制指标是根据一定地域的环境特点和容量来确定的，其中又有容量总量控制和目标总量控制两种。前者体现环境的容量要求，是自然约束的反映；后者体现规划的目标要求，是人为约束的反映。我国现在执行的指标体系是将二者有机地结合起来，同时采用。

污染物总量控制指标将污染源与环境质量联系起来考虑，其技术关键是寻求源与汇（受纳环境）的输入-响应关系，是与目前盛行的浓度标准指标的根本区别。浓度标准指标虽对污染源的污染物排放浓度和环境介质中的污染物浓度作出规定，易于监测和管理，但此类指标体系对排入环境中的污染物量无直接约束，未将源与汇结合起来考虑。

C 环境规划措施与管理指标

环境规划措施与管理指标是达到污染物总量控制指标、进一步达到环境质量指标的支持和保证性指标。这类指标有的由环保部门规划与管理，有的则属于城市总体规划，这类指标的完成与否与环境质量的优劣密切相关。

D 相关性指标

相关指标主要包括经济指标、社会指标和生态指标三类。相关指标大都包含在国民经济和社会发展规划中，都与环境指标有密切的联系，对环境质量有深刻影响，但又是环境规划所包容不了的。因此，环境规划将其作为相关指标列入，以便更全面地衡量环境规划指标的科学性和可行性。对于区域来说，生态类指标也为环境规划所特别关注，在环境规划中将占有重要的位置。

13.5.2 区域环境目标可达性分析

所谓环境目标是在一定的条件下，决策者对环境质量所想要达到（或希望达到）的结果或标准。“在一定条件下”是指规划区内的自然条件、物质条件、技术条件和管理水平等；“决策者”是指各级政府、城市建设部门、环保部门或依法实施职权的单位。有了环境目标就可以确定出环境规划区的环境保护和生态建设的控制水平。

初步确定环境目标之后，必须论述环境目标是否可以达到。只有从整体上认为目标可达后，才能进行目标的分解，落实到具体污染源、具体区域、具体环境工程项目和措施。因此从整体上定性或半定量论述目标的可达性是非常重要的。

A 从投资分析环境目标的可达性

环境目标确定以后，污染物的总量削减指标以及环境污染控制和环境建设等指标也就确定了。根据完成这些指标的总投资，可以计算出总的环境投资，然后与同时期的国民生产总值进行比较。我国20世纪末环境保护目标研究表明，要使环境污染达到“基本控制”的目标，需要投资2600亿元，约占同期国民生产总值的1%左右。近几年来国家提出将原定年均增长6%的经济发展速度提高到8%~9%，虽然速度加快有可能增加对环境的压力，但是高速增长的经济实力也将为环境保护提供更强有力的支持。因此，应尽可能地利用经济发展产生的效益来实现环境目标。

根据环保投资占同期国民生产总值的比例论述目标可达性时，一定要结合具体的经济结构（特别是工业结构），因为不同工业结构，环保投资比例相同时，环境效益则会出现明显的差异。

B 从环境管理技术和污染防治技术的提高论述目标的可达性

环境保护目标责任制、城市环境综合整治定量考核制度、排污申报登记和排污许可证制度、污染集中控制制度、污染限期治理制度的实施，标志着我国环境管理发展到了一个新的水平，也标志着我国环境管理发展到了由定性转向定量、由污染源治理转向区域综合防治的新阶段。环境管理技术的提高必将进一步促进强化环境管理，为环境目标的实施提供保证。

随着科技的发展，生产的工艺技术在不断更新，逐渐淘汰一大批高消耗、低效益的生产设备；许多污染治理技术也在发展。一些新技术的普及必将为这一目标的实现提供技术保证。

C　从污染负荷削减的可行性论述环境目标的可达性

在分析总量削减的可行性时，要分析目前削减潜力的可能性，然后粗略地分析今后一定时期内可能增加的污染负荷的削减能力，也就是比较污染物总量负荷削减能力和目标要求的削减能力。如总削减量大于目标削减量，一方面说明目标可能定得太低，另一方面说明目标可达；如果总削减量小于目标削减量，一方面说明目标可能定得太高，另一方面说明在不重新增加污染负荷削减能力的条件下，目标难以实现。

13.5.3　公众参与

公众参与的对象主要是可能受到区域开发建设影响、关注区域开发建设的群体和个人。应向公众告知区域规划和开发涉及的环境问题、环境影响评价初步分析结论、拟采取的减缓环境影响的措施与效果等公众关心问题。

13.6　区域环境影响评价案例

以陕西省某市区域环境影响评价中的区域环境承载力分析为例。

该市位于陕西省中部，面积10213km^2，2004年人口504万。2004年各环境要素的统计值见表13-5。

表13-5　某市2004年各环境要素的统计值

环境要素	统计值	环境要素	统计值
TSP年日均浓度/mg·m^{-3}	0.28	人均耕地/hm^2	0.07
SO_2年日均浓度/mg·m^{-3}	0.024	人口密度/万人·km^{-2}	0.220
工业废水排放达标率/%	78.52	人均GDP/万元·人$^{-1}$	1.41
人均用水量/m^3·（人·年）$^{-1}$	110.65	恩格尔系数/%	36.80

13.6.1　区域环境承载力的指标体系

区域环境承载力的指标体系包括自然资源供给承载力、社会条件承载力和污染承载力三类，自然资源供给承载力包括人均用水量和人均耕地，社会条件承载力包括人口密度、人均GDP和恩格尔系数，污染承载力包括TSP年日均浓度、SO_2年日均浓度和工业废水排放达标率。采用专家咨询法确定各指标层及各指标层内各环境要素的权重，结果如表13-6~表13-10所示。

表13-6　指标层权重

项　目	资源供给承载力	社会承载力	污染承载力	权重值
资源供给承载力	1	2	1	0.4
社会承载力	1/2	1	1/2	0.2
污染承载力	1	2	1	0.4

表 13-7 资源供给承载力要素层权重

项 目	人均用水量	人均耕地面积	权重值
人均用水量	1	3	0.75
人均耕地面积	1/3	1	0.25

表 13-8 社会承载力要素层权重

项 目	人口密度	人均 GDP	恩格尔系数	权重值
人口密度	1	1/3	1/3	0.1428
人均 GDP	3	1	1	0.4286
恩格尔系数	3	1	1	0.4286

表 13-9 污染承载力要素层权重

项 目	SO_2年日均浓度	TSP 年日均浓度	工业废水排放达标率	权重值
SO_2年日均浓度	1	1/3	1/4	0.1263
TSP 年日均浓度	3	1	1	0.4160
工业废水排放达标率	4	1	1	0.4577

表 13-10 各环境要素权重

项 目	SO_2年日均浓度	TSP 年日均浓度	工业废水排放达标率	人均用水量	人均耕地	人口密度	人均GDP	恩格尔系数
权重值	0.05	0.17	0.17	0.30	0.10	0.03	0.09	0.09

13.6.2 表征区域环境承载力大小的模型选择及求解

引入区域环境承载力动态表征量，即区域环境承载力相对剩余率的概念和计算模型。

区域环境承载力相对剩余率是指在一定区域范围内，在某一时期区域环境承载力指标体系中各项指标所代表的在该状态下的取值与该指标理想状态值的差值，与该指标理想状态值的比值。

13.6.2.1 区域的综合环境承载力相对剩余率

区域的综合环境承载力相对剩余率从区域人地系统的整体性角度出发，衡量了区域内多要素的目前综合环境承载量与可能的综合环境承载力之间的大小关系，当区域综合环境承载力相对剩余率小于0时，说明区域环境承载力已经超载，需要采取措施降低区域的环境承载量或提高区域的环境承载力，否则将导致区域的发展趋向不可持续。因此，通过环境承载力相对剩余率的计算，可以判断出区域环境承载量和环境承载力的匹配程度，有助于人们弄清区域社会经济活动与区域环境整体的协调程度。

区域环境承载力相对剩余率的计算模型如下：

$$p = \sum_{i=1}^{n} p_i w_i + \sum_{j=1}^{n} p_j w_j + \sum_{k=1}^{n} p_k w_k$$

式中 p——区域综合环境承载力相对剩余率；

i——指标体系中资源供给变量的个数；

j——指标体系中社会支持变量的个数；

k——指标体系中污染承受能力变量的个数；

w_i，w_j，w_k——各指标的权重。

13.6.2.2　单项指标的环境承载力相对剩余率

单项指标的环境承载力相对剩余率反映了区域实际的环境承载量与其理论上的环境承载力之间的量值关系。当某一环境要素的相对剩余率大于0时，说明该要素的承载量尚未超过其可容纳的承载力范围；反之，则说明该要素的实际承载量已超过其允许的承载力限度，有可能引发相应的环境问题。

单项指标的环境承载力相对剩余率的计算方法如下。

A　正向指标的环境承载力相对剩余率

正向指标是指数值越大，环境质量越好的指标，其环境承载力相对剩余率为

$$p_i = \frac{C_i}{C_{i0}} - 1$$

式中　C_{i0}——环境标准值；

C_i——实测值。

B　反向指标的环境承载力相对剩余率

反向指标是指数值越大，环境质量越差的指标，其环境承载力相对剩余率为

$$p_i = 1 - \frac{C_i}{C_{i0}}$$

13.6.2.3　指标理想值的确定

根据该市的实际情况，对于污染承载力指标中的TSP和SO_2采用国家大气环境质量标准（GB 3095—1996）所规定的二级标准浓度为其标准值；污染承载力中的工业废水排放达标率采用《创建国家环境保护模范城市》中的有关指标值；资源承载力中的人均用水量、人均耕地面积以及社会承载力中的人均GDP和恩格尔系数均采用全国2004年的平均值作为标准值；人口密度则采用我国城乡建设部门推荐的城市人口密度控制目标，即省会、加工工业城市和地区中心城市每1平方千米不超过1万人。各个评价指标的标准值见表13-11。

表13-11　各评价指标标准值

评价指标	标准值	评价指标	标准值
TSP年日均浓度/$mg \cdot m^{-3}$	0.20	人均耕地/hm^2	0.094
SO_2年日均浓度/$mg \cdot m^{-3}$	0.06	人口密度/万人·km^{-2}	1
工业废水排放达标率/%	95	人均GDP/万元·人$^{-1}$	1.1
人均用水量/m^3·（人·年）$^{-1}$	427	恩格尔系数/%	35

13.6.2.4　模型求解

利用上述模型计算得出：该区域的综合环境承载力相对剩余率p为0.2733；各指标的环境承载力相对剩余率见表13-12。

表 13-12　各评价指标的环境承载力相对剩余率

评价指标	反向指标					正向指标		
	TSP 年日均浓度	SO_2年日均浓度	人口密度	人均用水量	恩格尔系数	工业废水排放达标率	人均 GDP	人均耕地
环境承载力相对剩余率	-0.4	0.4	0.78	0.74	-0.05	-0.17	0.28	-0.26

13.6.3　区域环境承载力综合评估

从计算结果可以看出，该区域的综合环境承载力相对剩余率为正值（$p = 0.2733$），说明该区域还有一定的环境承载力，可以进行一定程度的开发建设。

13.6.4　与区域环境承载力相协调的对策措施

从各指标的环境承载力相对剩余率计算结果分析，制约该地区发展的约束因素主要有 TSP 年日均浓度、工业废水排放达标率、人均耕地和恩格尔系数，因此需要在今后的发展过程中采取相应的措施降低 TSP 的污染，提高工业废水的处理达标率、保护耕地以及改善提高人民的生活质量。

思　考　题

13-1 区域环境影响评价的特点、目的、主要类型及意义。
13-2 区域环境影响评价的基本内容和原则是什么？
13-3 区域环境影响评价在工作程序和基本内容上与项目环境影响评价的主要区别是什么？
13-4 解释说明环境承载力、土地使用和生态适宜度分析的概念。
13-5 区域环境影响评价为什么要进行土地利用和生态适宜度分析？
13-6 区域环境总量控制是如何分类的？
13-7 什么是区域环境污染总量控制？允许排放量的分配应遵循哪些原则？
13-8 区域环境总量控制的分析方法和要点？
13-9 运用经济手段进行总量控制有哪些途径？其意义如何？
13-10 区域环境管理指标选取原则与指标类型有哪些？
13-11 可以从哪几个方面分析区域环境目标的可达性？
13-12 简述区域环境影响评价中公众参与的意义和内容。
13-13 一个新开发区第一期发展的全部废水经处理后排入附近河道，该河道在这一河段允许受纳的 BOD_5 总量为 1t/d。该区域拟预留 40%的总量给今后二、三期发展。试问第一期允许排放总量是多少？

14 社会经济环境影响评价

[内容摘要] 本章先从社会经济环境影响评价的目的入手，指出社会经济环境影响评价是建设项目或区域开发可行性研究和规划、决策的重要依据。然后分析社会经济环境影响评价的项目筛选、因子识别以及评价的内容与评价范围。在此基础上，进一步介绍社会经济影响预测和评价。

14.1 社会经济环境影响评价概述

社会经济环境影响评价以环境经济学理论为基础，其中外部性理论是主要的理论基础之一，而环境质量影响的费用—效益分析是主要的评价方法。

14.1.1 社会经济环境影响评价目的

通过研究分析开发建设对社会经济可能带来的各种影响，提出防止或减少在获取利益时可能出现的各种不利社会经济环境影响的途径或补偿措施，进行社会效益、经济效益和环境效益的综合分析，使开发建设的可行性论证更为合理、可靠，设计和实施更为完善。

14.1.2 社会经济环境影响评价等级

与整个环境影响评价项目筛选相似，在社会经济环境影响评价中的项目筛选也应在评价初期阶段进行。通过项目筛选确定拟建项目的类别，并以此决定项目是否需要进行社会经济环境影响评价以及所要求的评价广度和深度。在这里参照世界银行和亚洲开发银行的项目分类原则并根据项目的社会经济环境影响大小分成 S1~S4 四类。

14.1.2.1 S1 类项目

拟建项目对外界社会经济环境无影响或影响较小（如技术改造项目以及项目远离社区或项目外界无敏感区等情况）。由于此类项目主要产生内部经济性效果，对外社会经济环境影响较小，所以一般无需进行单独的社会经济环境影响评价，只需把可行性报告中有关的社会经济分析内容并入环境影响报告书中即可。

14.1.2.2 S2 类项目

拟建项目对外界社会经济环境产生有利和不利的影响，如能源以及一般工业项目等。除一些特殊大型项目以及外界社会经济环境较敏感的区域，如少数民族居住区以及文物古迹保护区，一般只要求进行社会经济环境影响简评，并将其并入环境影响报告书中。

14.1.2.3 S3 类项目

拟建项目主要产生有利的社会经济环境影响。此类项目包括脱贫以及改善社会经济环境等，如农村和农业发展项目、贫穷落后地区的开发项目、基础设施项目以及社会福利项目等。由于此类项目旨在提高社会经济福利总水平，所以是世行、亚行等国际金融组织关注和投资的重点。对此类项目一般要求进行社会经济环境影响详评，充分论证项目的社会经济效益或效果。这部分评价内容可并入环境影响报告书中。

14.1.2.4 S4类项目

拟建项目对外界社会经济环境产生严重不利影响或外界环境极为敏感，以及任何具有相当数量移民的项目，如项目产生大量人口失业和引起项目周围地区居民生活水平降低，项目影响区有国家重点文物保护区和少数民族集中区以及大坝、高速公路和机场等引起大量人口迁移的项目等。对此类项目要求进行社会经济环境影响详细评价，一般要求进行社会经济环境专题评价并形成专题报告书。

14.1.3 社会经济环境影响评价范围及敏感区

社会经济环境影响评价范围是由目标人口确定的，凡属于目标人口的范畴都可以划为社会经济环境影响评价的范围。目标人口是指受拟建项目直接或间接影响的那部分人口，目标人口所在社区的范围即为社会经济环境影响评价的范围。当拟建项目对自然环境和社会经济环境所产生影响的区域或范围不同时，则两者所确定的评价范围也应不同。例如，建造水坝对库区的自然环境和社会经济环境都会产生影响，自然环境影响评价范围可以确定为库区范围。但由于库区内人口迁移会对移民安置区的社会经济环境产生影响，因此，社会经济环境影响评价范围应包括库区及移民安置区，其中目标人口包括库区人口和移民安置区人口。

根据开展社会经济环境影响评价的实际需要，我们可以按目标人口的行政区划分和功能分区、收入水平和职业的不同、民族和文化素养的差异以及受拟建项目影响的程度和受益情况的区别等把目标人口划分为若干层次或部分。目标人口的划分原则和方法要视具体情况而定，并无统一标准可循。

当拟建项目对敏感区的社会经济环境产生较大程度影响时，社会经济环境影响评价的深度可不受项目筛选制约，一般要求进行社会经济环境影响详评或针对着某些社会经济环境要素进行专项评价。

14.1.3.1 少数民族居住区

当拟建项目所影响区域为少数民族居住区时，社会经济环境影响评价显得尤为重要。在评价中要依据党和国家有关少数民族的方针和政策，注重少数民族的习俗，先分别征求他们对拟建项目的意见。同时要注意少数民族的生活习惯，传统观念以及适应能力等方面的情况。少数民族居民可能会受到由于拟建项目所带来的社会无序化和相对贫困化的冲击，由此可能会带来一定的潜在社会风险因素，对此一定要给予充分重视。

14.1.3.2 森林区

森林是构成生态环境最重要的要素，因此需要保护森林。山区的热带和温带森林是脆弱的生态系统，在这些区域开发建设要特别给予重视，如果开发过度或不当，将会导致整个区域的生态退化和崩溃，由此会产生多方面的社会经济问题。特别是那些在很大程度上依赖森林资源而生存的目标人口将会受到极大威胁，对此在社会经济环境影响评价中要给予充分的考虑。

14.1.3.3 沿海地区

沿海及海洋地区多数属于世界上大多数生物，特别是水生生物的富产地带，这些区域也多数是生态脆弱区，对环境的变化极为敏感。由开发建设活动所产生的各种环境影响可能会导致海洋复杂的食物链和生物链遭到破坏，进而影响到以海洋资源为生的那部分目标人口。因此，在海洋开发项目环境影响评价中要特别注重社会经济环境影响评价。

14.1.3.4 文物古迹保护区

文物古迹的社会价值难以用货币计量，因此在文物古迹保护区从事开发建设活动要特别慎重。在社会经济环境影响评价中要从保护文物古迹角度出发，遵照执行有关的文物保护法律和条例，提出合理的开发建设方案，尽量避免或减少对文物古迹的影响和破坏。如果有些开发建设活动必须影响和破坏文物古迹，则要同时提出文物古迹损失的补偿及恢复措施，并与当地文物局及其他有关部门共同协商保护方案。

14.1.3.5 农业区

如果一个开发建设项目占用大量农田、菜地等耕地，由此会使当地农民丧失维持生存和生活最基本的生产资料，从而产生移民和对移民安置地产生影响。因此，在社会经济环境影响评价中要对占地拆迁引起农业生产现实和潜在损失以及由于粮食和蔬菜供给能力下降而引起当地及邻地居民生活水平下降等问题，对这些人的赔偿和补偿及长期生活安置问题，移民安置区的人口密度问题、土地使用问题以及其他潜在的社会经济问题进行评价。

14.1.4 社会经济环境影响评价程序

社会经济环境影响评价程序如图 14-1 所示。

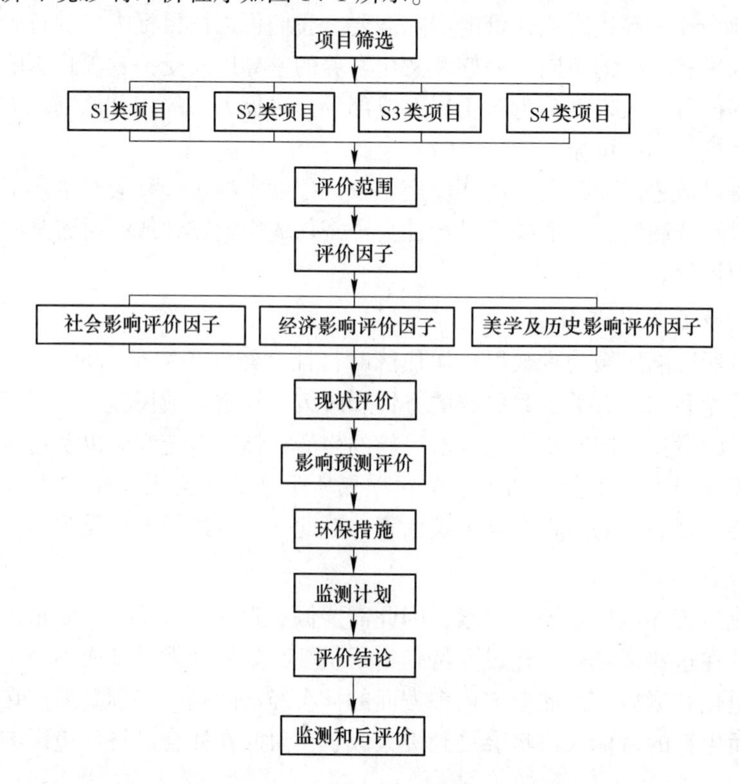

图 14-1 社会经济环境影响评价程序

14.2　社会经济环境影响评价

14.2.1　社会经济环境影响识别

社会经济环境影响评价因子是指在范围内受拟建项目影响的各个社会经济环境要素，这些要素从总体上反映了目标人口因其社会经济环境受拟建项目影响的情况。

14.2.1.1　社会影响评价因子

A　目标人口

包括影响范围内的人口总数、人口密度、人口组成、人口结构等的现状情况，受拟建项目影响人口现状情况的变化，现实和潜在的受损者与受益者的人数及其比例，人口迁移等方面的情况。

B　科技文化

当地的传统文化、习俗、科研单位、科研力量、科研水平、学校数、教学水平、入学等方面的情况。

C　医疗卫生

当地的医疗设施以及卫生保健等方面的情况、医院的分布和人员规模；设施和卫生健康等。

D　公共设施

当地住房、交通、供热、供电、供水、排水、通信以及娱乐设施等方面情况。

E　社会安全

当地的凶杀、暴力、盗窃等犯罪率的情况以及交通事故和其他意外事件的情况等。

F　社会福利

当地的社会保险和福利事业以及生活方式和生活质量等方面的情况。

14.2.1.2　经济影响评价因子

A　经济基础

评价区的经济结构、产业布局、国民收入、人均收入水平等情况。

B　需求水平

根据市场预测对拟建项目产出的市场需求，特别是评价区内目标人口对拟建项目产出的需求。

C　收入分配

受拟建项目或拟议战略的影响，收入分配在目标人口中的变化情况。

D　就业与失业

受其影响，目标人口的就业与失业的变化情况。

14.2.1.3　美学和历史学影响因子

A　美学

受影响的自然景观以及人工景观、风景区、游览区等具有美学价值的景点。

B 历史学

受影响的历史遗址、文物古迹、纪念碑等具有历史价值的场所。

14.2.2 社会经济现状调查

根据影响因子识别和筛选的结果，对筛选出的因子在评价范围内进行调查和资料收集。对调查和收集到的资料进行加工整理，通过定性和定量分析对评价区内的社会经济环境总体状况做出评价。

14.2.3 社会经济环境影响预测方法

社会经济影响评价的一项重要工作是预测各种备选方案的影响，其中包括零行动方案。常用的预测社会影响的方法以下四种。

A 定性描述法

由独立的专业人员或者跨学科的评价工作组凭借其在类似的影响和案例研究方面的通用知识来描述各类备选方案的影响。

B 定量描述法

由独立的专业人员或者跨学科的评价工作组凭借对现状和行动影响方面的理解，应用数值分析方法对环境影响作定量的描述。

C 专用预测技术

包括前两种方法中的相关技术。例如描述性核查标法、黑箱模型。

D 人口统计方面影响预测法

它包括从受影响区域迁入和移出的人口数、分布及其特征的预测技术。这对评价公共服务设施的需求、财政影响和社会影响很重要。

14.2.4 社会经济环境影响评价

社会经济影响评价是在预测拟议行动引发的社会经济环境的变化基础上，运用各种计算来筛选可能有的重大性，然后确定可能有重大影响的那些变化。最后由环评人员按价值做作后判断。对于重大的经济影响应判断项目行动的可行性并提出消减措施。

常用的社会经济影响评价方法有以下几种。

14.2.4.1 专业判断法

专业判断法是通过有关专家或一定的专业知识来定性描述拟建项目所产生的社会、经济、美学及历史学等方面的影响和效果，该方法主要用于对该项目所产生的无形效果进行评价。如拟建项目对景观、文物古迹等影响难以用货币计量，所产生的效果是无形的。对于此类影响和效果可以咨询美学、历史、考古、文物保护等有关专家，通过专业判断来进行评价。

14.2.4.2 调查评价法

价值是公众态度、偏好和行为的反映。支付意愿是指消费者为获得一种物品或服务而愿意支付的最大货币量。支付意愿是福利经济学的一个基本概念，它被用来表征一切物品和服务的价值，是环境资源加和评估的根本。

14.2.4.3 费用-效果分析法

当拟建项目所产生的环境影响难以用货币单位计量，即产生无形效果时，可以通过费用-效果分析进行非完全货币化的定量分析。在费用-效果分析中，费用以货币形态而效果以其他单位来加以度量。在实际开展费用-效果分析时，又可通过最佳效果法、最小费用法或直观效果法来进行。

(1) 最佳效果法。在费用基本相同的条件下来比较不同方案的效果，从中选择最佳方案，称为最佳效果法。

(2) 直观效果法。拟建项目所产生的环境影响用其他的定量单位指标也难以度量时，我们可以通过采用强、中、弱以及无影响或通过文字说明来直观地描述拟建项目和环保设施的环境效果。由于是通过专业判断来进行，所以要以有关专家的判断作为重要的参考依据。

(3) 最小费用法。在效果基本相同的条件下，即达到所要求的环境保护目标，比较不同方案的费用，从中选择费用最小的方案，称为最小费用法。

14.2.4.4 费用-效益分析法

环境污染对人类产生有害影响则被认为是人类社会经济福利的减少，这可以用补偿社会经济福利损失所需等货币量的商品加以计量。

A 基本原理

a 需求和效益

在一个固定的货币收入和对所有其他商品在不变的边际价格的条件下，给定某商品的消费量以及一个人的愿意支付的价格反映了他在这个消费水平上的边际效用。根据消费量的变化可以确定基于边际效用函数的个人支付愿望，绘制个人对该商品 x 的需求曲线。把所有人对特定商品的需求曲线相加，就可以得到该商品的市场需求曲线。以模拟的市场需求曲线 D（图 14-2）来表示目标人口对拟建项目产出的需求或支付愿望，对项目产出或等货币量的商品的需求为 x，其需求价格或影子价格为 P（例如，一般环境损失不计入生产成本，如果考虑这项内容就需要对现行价格进行修正，经修正后的价格为影子价格）。

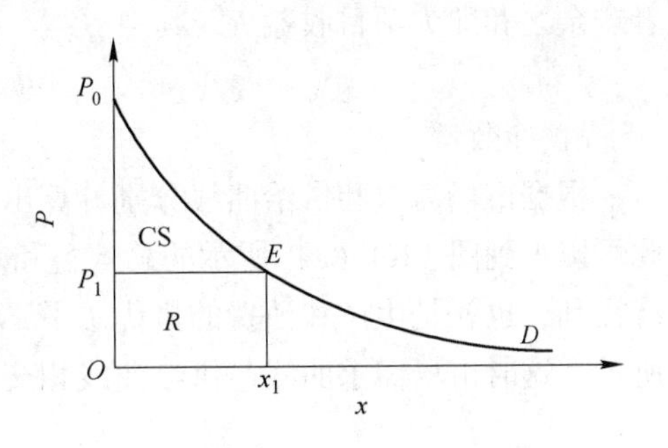

图 14-2 需求曲线

现假设对项目产出的需求为 x_1，需求价格为 P_1。总的支付愿望等于从 O 到 x_1 所有商品 x 边际价值的总和，即区域 OP_0Ex_1 的面积，这也称为产出 x_1 所带来的效益，以 B 表示。它包括现金支付的项目收益 OP_0Ex_1，以 R 表示，和消费者剩余 P_0EP_1，以 CS 表示。其中

$$B = \int_{O}^{x_1} p(x)\,\mathrm{d}x$$

$$R = P_1 x_1$$

$$\mathrm{CS} = B - R$$

消费者剩余（consumer surplus，CS）是指个人为获得一种物品或服务而愿意支付的最大货币量与他实际的货币支出之间的差额，即假设的市场价格和实际的市场价格的差。可以用消费者剩余来度量最大支付愿望超出实际消费的现金费用。为了正确估计总经济效益，应该把消费者剩余加到消费商品和劳务的市场价值上。

只要能够模拟项目产出的市场需求曲线，就能够分别计算出效益、收益和消费者剩余。

b 供给和费用

也可以用模拟的市场供给曲线 S（图 14-3）来表示拟建项目投入的费用情况，其中 x 表示商品供给量，P 表示供给价格。在给定的时期内，若生产较多量的商品 x，由于工艺技术和资源稀缺等原因，生产的边际成本将增加，为了弥补增加的生产成本，生产者出售产品价格上升，因此供给曲线向上倾斜。

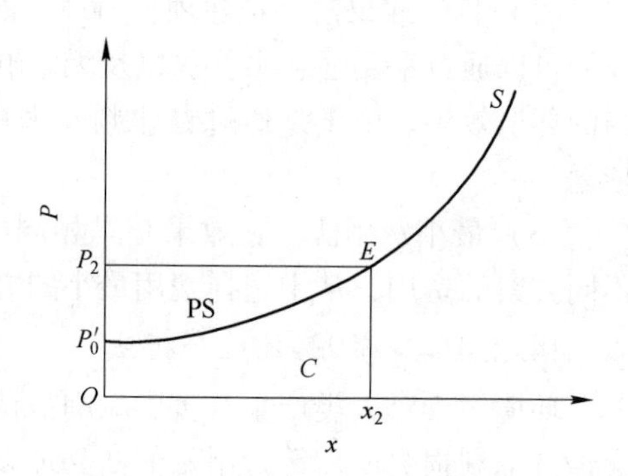

图 14-3 供给曲线

现商品供给量为 x_2，供给价格为 P_2，投入的费用 C 或资源总成本等于从 O 到 x_2 边际生产成本的和，即供给曲线下面区域 $OP_0'Ex_2$ 的面积。区域 P_2EP_0' 的面积为生产者额外增加的收益，称为生产者剩余，用 PS 表示。费用和生产者剩余之和即为项目收益 R。其中

$$R = C + \text{PS}$$

c 净效益

根据市场需求和供给曲线分别计算出在不同生产或消费水平下的总效益或总费用，由此可以得到图 14-4（a）所示的总效益和总费用曲线。当社会有最大净效益而取得最大经济福利，也就是生产和消费的最优水平 x_3，此时边际效益等于边际费用。如图 14-4（b）所示，这时市场需求曲线与供给曲线相交于一点 E，所对应的价格为 P_3。

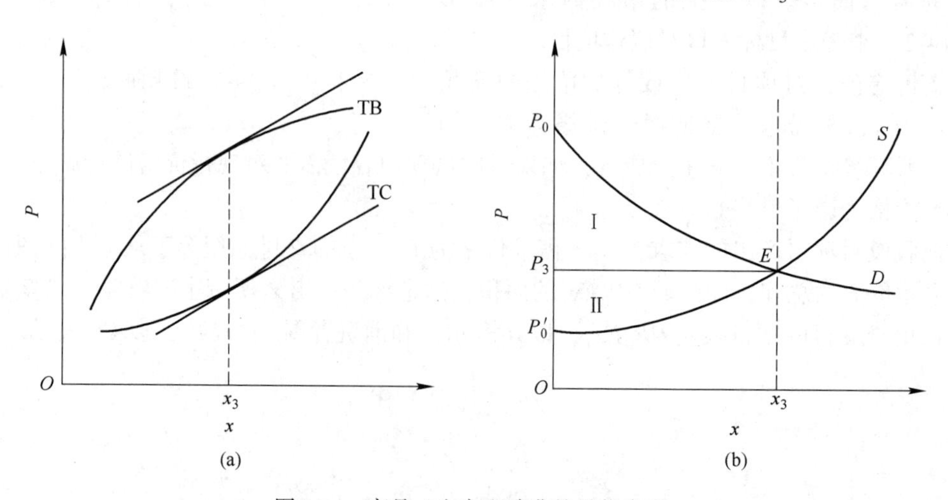

图 14-4 商品 x 生产和消费的最优水平

在图 14-4（b）中，需求曲线和供给曲线之间的面积为净效益 NB，净效益是由消费者剩余（区域Ⅰ的面积）和生产者剩余（区域Ⅱ的面积）的和构成的，它等于总效益和总费用之差。

$$\mathrm{NB} = \mathrm{CS} + \mathrm{PS} = B - C$$

B 常用的费用-效益分析方法

a 影子价格法

影子价格法就是在计算一个区域环境所带来的收益或损害时，可以假设以同样大小、生态功能类似的环境所具有的总收益或总费用，将其作为补偿费用以代表区域的收益或收费，也就是使用非实际存在的“影子价格”把环境功能价格化的一种方法。计算时，先分别计算环境中各功能的“价值”，再求出环境的总价值。

b 人力资本法

人力资本法是以建设项目引起周围环境质量变化，从而对人体健康发生影响为依据的。人过早得病或死亡的社会效益损失是由社会劳务的部分或全部损失带来的，等于一个人丧失工作时间的劳动价值和预期的收入限值。

$$V_x = \sum_{n=x}^{\infty} \frac{(P_x^n)_1 (P_x^n)_2 (P_x^n)_3}{(1+r)^{n-x}} Y_x \tag{14-1}$$

式中 V_x——预期的收入现值；

Y_x——年龄 x 的人未来收入的限值；

$(P_x^n)_1$——年龄 x 的人活到年龄 n 的概率；

$(P_x^n)_2$——年龄 x 的人活到年龄 n 并且具有劳动能力的概率；

$(P_x^n)_3$——年龄 x 的人在年龄 n 还活着，具有劳动能力，仍然被雇佣的概率；

r——贴现率。

c 防护费用法

防护费用法是根据项目对环境的有害影响，用人们愿意负担消除或减少有害环境影响的费用作为项目所带来环境效益损失的最低估价。

防护费用法已被广泛用于对噪声污染的评价中。先假设对一个机场进行噪声污染损失评价，由于附近住房对飞机噪声引起的负效益通过主观评价求得效益损失为 LB；如果住户为了避免噪声污染，决定搬迁到一个较为安静的地区，则需要支出一定的费用。该费用主要包括：

（1）反映房屋给房主附加的价值或实际房租超过房屋市场价值的消费者剩余 CS；

（2）有噪声引起的房地产价格降低值 D；

（3）搬迁费用 R。

一般来说，如果 $\mathrm{LB}>\mathrm{CS}+D+R$，多数人将会决定搬迁；如果 $\mathrm{LB}<\mathrm{CS}+D+R$，住户一般会留下忍受噪声。无论从理论上还是从实际上看，住户所选择的方案都要使总费用降到最低，其费用可作为机场噪声引起效益损失的最低估价。

d 旅行费用法

旅行费用法是根据消费者为了获得娱乐享受，或消费环境商品所花费的旅行费用，来评价旅游资源和娱乐性环境商品的效益。通常情况下，可通过旅行费用法来评价旅游资源的效益。当不考虑其他因素影响时，由旅行者的人-天数（Q）和边界旅行费用（MC）建立起一定的需求函数，或描绘出一条需求曲线，由此计算出的总费用即代表旅游环境商品的效益。

e 恢复费用法

如果建设项目引起环境质量下降，进而造成生产性资产的损害，则恢复环境质量或生产性资产的初始状态的费用可作为项目引起环境效益损失的最低估价。例如，水土流失、水污染造成工、农、渔、林业损失，采煤引起地面下沉而造成建筑物损失等都可以用恢复费用法来评价效益损失。

14.2.5 判断社会经济环境影响重大性的原则

表 14-1 列出了筛选影响重大性的主要准则。这些准则表达了三方面的影响重大性：

（1）影响性质；

（2）影响的绝对严重性和感觉到的严重性；

（3）采取缓解和消减负面影响措施的可能性和合理性。

表 14-1 评价影响重大性的筛选准则

准　　则	定义和尺度
影 响 性 质	
1. 发生的概率	一项规划、政策或项目产生影响的可能性有多大； 大多数社会经济影响可以用高、中、低三个等级进行定性的评价
2. 受影响的人群	影响波及的人口数； 可用受影响人口占总人口数的百分比，不同性质人口组分中受影响人口百分比表示
3. 地理区域范围	受影响的地理区域范围多大； 利用各种调查统计数据将受影响区域标在地图上，还可利用地理信息系统来表示
4. 持续时间	在政府、公众团体和个人采取或不采取缓解行动的条件下，该影响将延续的时间； 一般可定性的表示为：暂时的、短期的和长期的
5. 累积效应	这种改变是否和当地过去、现在和可合理预见的未来的其他影响产生累积影响； 累积影响的强度和范围如何
严　重　性	
1. 当地对影响的敏感性	当地公众对影响的觉悟程度，是否感到影响是严重的； 是否是当地一直关心的问题
2. 大小	影响究竟如何严重，是否显著改变已有的基线条件（例如就业率、犯罪率）； 引起变化的速率如何，是短时间内剧变还是缓慢变化； 这种改变是否能为当地公众所认同或者适应，是否超过一个规定的阈值
缓解的可能性	
1. 可逆性	通过自然的和人为的方法，需要多长时间来减轻或缓解影响； 如果影响是可逆的，那么需要长时间、短时间或迅速地消除影响
2. 费用	缓解逆影响需要多少费用，什么时候需要这笔费用； 所需费用与项目收益比例是否被接受
3. 政治体制协调的能力	现有的政治体制会怎样对待这些影响，是否已建立了相关的法律、法规和服务管理的机构，是否有充裕的能力来解决问题，还是早已负担过重； 地方政府是否有能力解决，还是必须由上级或私人和公众团体来解决

14.2.6 消减负面影响的措施

消减拟议行动对社会经济负面影响的目的是使该行动的综合效益最大化。消减其负面影响不仅需要采取技术措施，而且需要社会、经济、法律、行政和宣传等方面的综合措施。这些措施要结合每项行动或每个项目的具体特点。例如对大坝或水库建设中的移民项目，消减负面影响的措施主要有以下几点：

（1）制定移民计划，落实移民所需经费、安置地点、实施的日程表等，计划必须有法律保证；

（2）成立移民办公室，负责计划实施的日常工作，如移民局具体安置地点、补偿金额以及化解矛盾等；

（3）向移民介绍工作情况，使移民清楚为何要搬迁，工程负责部门应该用实际行动表明不致使移民的生活质量下降；

（4）在保证移民正常的饮食、居住等基本生活条件同时，为他们提供就业机会，还要保证相应的教育、医疗、交通、治安等方面的需求。

思 考 题

14-1 进行社会经济环境影响评价的目的是什么？
14-2 社会经济环境影响评价的敏感区有哪些？
14-3 简述社会经济环境影响评价主要实施步骤。
14-4 常用的社会经济环境影响评价方法有哪些？

15 环境风险评价

[内容摘要] 本章系统论述了环境风险评价的系统、基本理论、内容框架、评价方法和程序等，内容包括：(1) 风险评价的概念，程序和方法；(2) 环境风险评价的概念、分类，与环境影响评价的关系和区别；(3) 环境风险的识别方法和事故源项的分析；(4) 环境风险及其评价的主要内容。最后对相应的案例进行分析。

15.1 环境风险系统

15.1.1 风险

风险是由不幸事件发生的可能性及其发生后将要造成的损害所组成的概念。每一个人或人类群体随时随地暴露在风险中。可以说，与风险共存是人类的基本特征之一。

但风险和机遇是同时存在的。一项开发行动在提供获取效益的机遇时，存在带来损害的风险，只有在开发行动成功结束后，风险才消失，但新的风险又会产生。例如一个污染事故已经发生，就这一事故而言，发生的风险已经不存在，但是继发性事故的风险仍将存在。

15.1.2 环境风险系统

环境风险是由自发的自然原因和人类活动引起的，并通过环境介质传播的，是能对人类社会及自然环境产生破坏乃至毁灭性作用等不幸事件发生的概率及其后果。从风险评价的角度来说，环境风险是指突发性事故对环境（或健康）的危害程度，用风险值 R 表征，其定义为事故发生概率 P 与事故造成的环境（或健康）后果 C 的乘积，即：

$$R\,[\text{危害/单位时间}] = P\,[\text{事故/单位时间}] \times C\,[\text{危害/事故}] \tag{15-1}$$

环境风险不能被简单看作是由事故释放的一种或多种危险性因素造成的后果，而应看作是由产生与控制风险所有因素构成的系统，即环境风险系统。

一个环境风险系统包括以下几个方面：

(1) 风险源，指可能产生危害的源头。因为，任何风险源都有正负面反映，问题是对相关的效益和风险的权衡与取舍；

(2) 初级控制，包括对风险源的控制设施与维护、管理等使之良好运作等主要与人有关的因素；

(3) 二级控制，主要是对风险传播的自然条件的控制；

(4) 目标，人、敏感的物种和环境区域。

15.1.3 环境风险评价

环境风险评价 ERA（Environmental Risk Assessment）是指对由于人类的各种行为所引

发的危害人类健康、社会经济发展、生态系统的风险可能带来的损失进行评估，并提出减少环境风险的方案和决策。对建设项目建设和运行期间发生的可预测突发性事件或事故（一般不包括人为破坏及自然灾害）引起有毒有害、易燃易爆等物质泄漏或突发事件产生的新的有毒有害物质，所造成的对人身安全与环境的影响和损害，进行评估，提出防范、应急与减缓措施。

环境风险评价一般分为以下三类：

（1）自然灾害环境风险评价，指对地震、火山、洪水、台风等自然灾害的发生及带来的化学性与物理性风险进行评价；

（2）有毒有害化学品环境风险评价，指对某种化学物品从生产、运输、使用到最终进入环境的整个过程中可能产生的危害人体健康、对生态系统造成危害的可能性及其结果进行评价；

（3）生产过程与建设项目的环境风险评价，指对一个生产过程或建设项目所引起的具有不确定性的风险发生的概率及其危害后果的评价。

15.1.4　环境风险评价与环境影响评价

人们的拟议开发行动或建设项目的环境影响可分为确定性和不确定性两大类。确定性影响的程度和范围是可以凭借专家经验和各种模型作出定性描述或定量预测和判断的；而不确定性影响只能推测其发生概率及其发生后可能造成的后果的严重程度和波及范围。环境风险评价所研究的是不确定性事件的影响评价方法。

在开发行动和建设项目的建设和运行中，都可能出现意外，对环境和人群造成严重伤害、损失、毁坏和痛苦的事件。在环境影响评价中应设立专题对其发生的可能性及发生后的严重性进行研究，这是环境风险评价的任务。

环境风险评价是环境影响评价与管理的重要组成部分。环境风险评价与环境影响评价的主要区别见表15-1。

表15-1　环境风险评价与环境影响评价的主要区别

序号	分析项目	环境风险评价（ERA）	环境影响评价（EIA）
1	分析重点	突发事故	正常运行工况
2	持续时间	很短	很长
3	应当计算的物理效应	火、爆炸、向空气和水体排污	向水体、大气排放的污染物、噪声、热污染
4	释放类型	瞬时或短时间连续释放	长时间连续释放
5	应考虑的影响类型	突发性的激烈效应及事故后期的长远效应	连续的、累积的效应
6	主要危害受体	人和生态	人和生态
7	危害性质	急性受毒，灾难性的	慢性受毒
8	大气扩散模型	烟团模型，分段烟羽模型	连续烟羽模型
9	照射时间	很短	很长
10	源项确定	极大的不确定性	不确定性很小
11	评价方法	概率方法	确定性方法
12	防范措施与应急计划	需要	不需要

15.2 环境风险的识别和影响预测

15.2.1 环境风险的识别

风险识别是风险评价的基础，主要是通过定性分析及经验判断，识别评价系统的危险源、危险类型和可能的危险程度及确定其主要危险源。

风险识别范围包括生产设施风险识别和生产过程所涉及的物质风险识别。生产设施风险识别范围包括主要生产装置、贮运系统、公用工程系统、工程环保设施及辅助生产设施等。物质风险识别范围则包括主要原材料及辅助材料、燃料、中间产品、最终产品以及生产过程排放的“三废”污染物等。

根据有毒有害物质放散起因，可将风险分为火灾、爆炸和泄漏三种类型。

15.2.1.1 事故分析技术

事故分析是了解各种工艺条件下发生事故的特点和规律，确定源项的重要依据。在风险评价中，要对所评价的系统做大量的事故统计调查分析，以提高评价的可靠性和准确度。

事故分析就是对危险因素的性质、能量、感官度等基本要素进行分析。常采用的分析方法有事故结构分析、事故的数理统计分析和事故过程分析法。

15.2.1.2 物质危险性识别

A 易燃易爆物质

具有火灾爆炸危险性物质可分为爆炸性物质、氧化剂、可燃气体、自燃性物质、遇水燃烧物质、易燃或可燃液体与固体等。

B 毒性物质

毒性物质指物质进入机体后，累积达一定的量，能与体液和组织发生生物化学作用或生物物理变化，扰乱或破坏机体的正常生理功能，引起暂时性或持久性的病理状态，甚至危及生命的物质。如苯、氯、氨、有机磷农药、硫化氢等。

一般我们用毒物的剂量与反应之间的关系来表征毒性，其单位一般以化学物质引起实验动物某种毒性反应所需的剂量表示。毒性反应通常是动物的死亡数。

15.2.1.3 化学反应危险性的识别

化学反应分为普通化学反应和危险性化学反应。通常的化学变化的实质是物质性质发生变化，分子结构发生变化，并有新物质生成。危险性化学变化指像爆炸反应、绝热反应等一些危险性化学反应，生成爆炸性混合物或有害物质的反应。

15.2.2 评价工作等级

根据评价项目的物质危险性和功能单元重大危险源判定结果，以及环境敏感程度等因素，将环境风险评价工作划分为一级、二级。

经过对建设项目的初步工程分析，选择生产、加工、运输、使用或贮存中涉及的1~3个主要化学品，进行物质危险性判定。敏感区系指《建设项目管理名录》中规定的需特殊保护地区、生态敏感与脆弱区及社会关注区。具体敏感区应根据建设项目和危险物质涉及的环境确定。根据建设项目初步工程分析，划分功能单元。凡生产、加工、运输、使用或贮存危险性物质，且危险性物质的数量等于或超过临界量的功能单元，定为重大危险源。

风险评价的工作级别，按表15-2划分为两级。

表15-2 评价工作级别

环境敏感程度	剧毒危险性物质	一般毒性危险物质	可燃、易燃危险性物质	爆炸危险性物质
重大危险源	一级	二级	一级	一级
非重大危险源	二级	二级	二级	二级
环境敏感地区	一级	一级	一级	一级

一级评价应对事故影响进行定量预测，说明影响范围和程度，提出防范、减缓和应急措施。二级评价可参照本标准进行风险识别、源项分析和对事故影响进行简要分析，提出防范、减缓和应急措施。

15.2.3 环境风险影响预测

风险影响预测的内容因风险事件的性质不同而异。化学污染事故包括：危险化学品释放量估算、释放后在环境中的扩散、危害预测。物理性污染事故则包括：事件发生后的强度、传播到受体的强度以及该强度下的破坏性。

15.2.3.1 *危险化学品释放量估算*

危险化学品释放量是由事故的特征、生产工艺和管理条件等决定的；要由评价人员和生产工艺的设计和技术管理人员研究确定。有关计算方法可参考《建设项目环境风险评价技术导则》。

15.2.3.2 *释放后在环境中的扩散*

泄漏的污染物在环境中的扩散可分两个阶段，首先是泄漏物的蔓延，其次是在蔓延过程中与环境介质逐渐混合和稀释扩散。

以有毒有害物质在大气中的扩散为例，有毒有害物质在大气中的扩散，采用多烟团模式或分段烟羽模式、重气体扩散模式等计算。按一年气象资料逐时预测或按大气取样规范取样，计算各网格点和关心点浓度值，然后对浓度值由小到大排序，取其累积概率水平为95%的值，作为各网格点和关心点的浓度代表值进行评价。

而有毒物质在河流中的扩散预测则可采用相关导则推荐的地表水扩散数学模式。有毒物质在湖泊中的扩散预测可采用湖泊扩散数学模式。此外还有油在海湾、河口的扩散模式可以使用。

15.2.3.3 *危害预测*

任一毒物泄漏，从吸入途径造成的效应包括：感官刺激或轻度伤害、确定性效应（急性致死）、随机性效应（致癌或非致癌等效致死率）。毒性影响通常采用概率函数形式计算有毒物质从污染源到一定距离能造成死亡或伤害的经验概率的剂量。具体计算方式可参照相关导则。

15.3 环境风险评价

15.3.1 环境风险评价标准

15.3.1.1 个人风险

个人风险定义为在某一特定位置长期生活的未采取任何防护措施的人员遭受特定危害的频率，通常此特定危害指死亡。个人风险常用风险等值图表征，其风险值与距工厂的距离有关，风险等值线表征在此区域内的个人其受到的风险等于或大于此风险值。这些曲线往往重叠在厂址地图上，给出了很重要的信息，即厂址周围哪个区域范围需要减少风险的防范或应急措施。

15.3.1.2 社会风险

社会风险描述事故发生概率与事故造成的人员受伤或致死数间的相互关系。因此，与个人风险不同，描述社会风险需要人口分布资料。社会风险常用“余补累积频率分布”（Complementary Cumulative Frequency Distribution，简称 CCFD）或“余补累积分布函数”（Complementary Cumulative Distribution Function，简称 CCDF）表示。

15.3.2 环境风险评价内容

15.3.2.1 风险识别

风险识别主要包括物质风险识别和生产设施风险识别两方面的内容。

（1）物质风险识别。原材料及辅料、中间产品、产品及“三废”污染物是否属于剧毒、有毒易燃和爆炸性物质，识别标准如表 15-3 所示。

（2）生产设施风险识别包括主要生产装置、贮运系统、公用和辅助工程。

表 15-3 物质危险性标准

物质特性		LD_{50}（大鼠经口）/$mg \cdot kg^{-1}$	LD_{50}（大鼠经皮）/$mg \cdot kg^{-1}$	LC_{50}（小鼠吸入，4h）/$mg \cdot L^{-1}$
有毒物质	1	<5	<1	<0.01
	2	$5< LD_{50}<25$	$10< LD_{50}<50$	$0.1< LC_{50}<0.5$
	3	$25< LD_{50}<200$	$50< LD_{50}<400$	$0.5< LC_{50}<2$
易燃物质	1	可燃气体：在常压下以气态存在并与空气混合形成可燃混合物；其沸点（常压下）是20℃或20℃以下的物质		
	2	易燃液体：闪点低于21℃，沸点高于20℃的物质		
	3	可燃液体：闪点低于55℃，压力下保持液态，在实际操作条件下（如高温高压）可以引起重大事故的物质		
爆炸性物质		在火焰影响下可以爆炸，或者对冲击、摩擦比硝基苯更为敏感的物质		

15.3.2.2 源项分析

源项分析包括以下两方面内容。

（1）确定最大可信事故发生概率。最大可信事故指在所有预测概率不为零的事故中，对环境（或健康）危害最严重的事故，即“给公众带来严重危害，对环境造成严重污染的事故”。

（2）估算危险化学品的泄漏量、泄漏时间和泄漏率。

15.3.2.3 后果计算

预测分析最大可信事故对环境（或健康）造成的危害和影响，即“影响范围和程度”，包括有害有毒物质在大气中的扩散和有毒有害物质在水中的扩散。

15.3.2.4 风险计算和评价

综合分析确定最大可信事故造成的受害点距源项（释放点）的最大距离以及危害程度，包括造成厂外环境损害程度、人员死亡和损伤及经济损失。采用式（15-1）计算出风险值 R。

将最大可信事故风险值 R_{max} 与同行业可接受风险水平 R_L 比较：

（1）$R_{max} \leqslant R_L$，本项目的风险水平可以接受；

（2）$R_{max} > R_L$ 本项目应进一步采取减少事故的安全措施，以达到可接受水平，否则建设项目不可接受。

15.3.2.5 风险管理

风险管理主要包括防范措施和应急预案，应急预案内容有如下几个方面：

（1）应急计划区；

（2）应急组织机构、人员；

（3）预案分级响应条件；

（4）应急救援保障；

（5）报警、通讯联络方式；

（6）应急环境监测、抢救、救援及控制措施；

（7）应急检测、防护措施，清除泄漏措施和器材；

（8）人员紧急撤离、疏散，应急剂量控制、撤离组织计划；

（9）事故应急救援关闭程序与恢复措施；

（10）应急培训计划；

（11）公众教育和信息。

15.4 环境风险评价案例

此案例为山西化学厂重大氯气泄漏事故的风险评价，引自中国核工业研究院的评价报告。

15.4.1 事故原因和案例分析

某化工厂用电解法生产氯气，并以此为原料生产各种化学产品。该厂氯气泄漏的事故源很多，最严重的是液氯贮槽泄漏事故。经过故障树和事故树的分析，确定当发生严重贮槽破裂泄漏事实时，事故泄漏量预计为 30t，泄漏时间为 30min，根据类比调查得到其发生频率约为 1.33×10^{-3} 次/年。

15.4.2 事故的天气条件分析和计算模型

评价报告详细分析了当地的风向、风速、稳定度资料，确定了容易引起严重污染事故的若干典型天气条件。

计算模型分为毒气扩散和致死率两部分。

15.4.2.1　毒气的扩散

毒气的扩散采用烟团模型计算。如式（15-2）和式（15-3）所示。

$$c_i(x,\ t - t_{i0}) = \frac{Q_i}{(2\pi)^{3/2}\sigma_x\sigma_y\sigma_z}\exp\left\{-\frac{[x - \bar{u}(t - t_{i0})]^2}{2\sigma_x^2}\right\} \quad (15\text{-}2)$$

$$c(x,\ t - t_{i0}) = \sum_{i=1}^{31} c_i(x,\ t - t_{i0}) \quad (15\text{-}3)$$

式中　$c_i(x,\ t - t_{i0})$——t 时刻第 i 个烟团在下风向 x 距离处的浓度贡献值，mg/m^3；

t_{i0}——第 i 个烟团释放开始时刻，i 表示烟团释放数，这里假设每 30s 释放一个烟团，事故期间共释放 60 个烟团；

Q_i——第 i 个烟团源强。

15.4.2.2　毒气致死率与计量的相关性

毒气造成的致死率与有毒气体的性质、毒气浓度及接触时间有关，其中关联通过中间量 Y 表征，Y 与致死率 $f(Y)$ 的关系如表 15-4 所示。例如 $Y=-1.0$，由表 15-4 可查到致死率约为 16%。Y 与有毒气体浓度 c 及接触时间（t_e）的关系如式（15-4）所示。

$$Y = (A_t - 5) + B_t\ln(c^n t_e) \quad (15\text{-}4)$$

式中，A_t、B_t和 n 取决于毒物的性质。表 15–5 给出某些物质的 A_t、B_t和 n 值。

表 15-4　致死率 $f(Y)$ 与 Y 的关系

$f(Y)$/% \ Y \ $f(Y)$/%	0	1	2	3	4	5	6	7	8	9
0		-2.33	-2.05	-1.88	-1.75	-1.64	-1.55	-1.74	-1.41	-1.34
10	-1.28	-1.23	-1.18	-1.13	-1.08	-1.04	-0.99	-0.95	-0.92	-0.88
20	-0.84	-0.81	-0.77	-0.74	-0.71	-0.67	-0.64	-0.61	-0.58	-0.55
30	-0.52	-0.50	-0.47	-0.44	-0.41	-0.39	-0.36	-0.33	-0.31	-0.28
40	-0.25	-0.23	-0.20	-0.15	-0.13	-0.13	-0.10	-0.08	-0.05	-0.03
50	0.00	0.03	0.05	0.08	0.10	0.13	0.15	0.18	0.20	0.23
60	0.25	0.28	0.31	0.33	0.36	0.39	0.41	0.44	0.47	0.50
70	0.52	0.55	0.58	0.61	0.64	0.67	0.71	0.74	0.77	0.81
80	0.84	0.83	0.92	0.95	0.99	1.04	1.08	1.13	1.18	1.23
90	1.28	1.34	1.41	1.48	1.55	1.64	1.75	1.88	2.05	2.33
99	2.33	2.37	2.41	2.46	2.51	2.58	2.58	2.65	2.88	3.00

表 15-5 某些物质的 A_t、B_t 和 n 值

物质名称	A_t	B_t	n
氯	-5.3	0.5	2.75
氨	-9.82	0.71	2.0
丙烯醛	-9.93	2.05	1.0
四氯化碳	0.54	1.01	0.5
氯化氢	-21.76	2.65	1.0
甲基溴	-19.92	5.16	1.0
光气（碳酸氯）	-19.27	3.69	1.0
氢氰酸（单体）	-26.4	3.35	1.0

15.4.3 影响预测和风险分析

15.4.3.1 影响预测

（1）烟团模型计算。按烟团模型可计算相应于不同天气下风距离处的氯气地面浓度。计算中假定每 30s 释放一个烟团，共释放 60 个烟团；计算中取平均风速为 2.4m/s。计算结果如表 15-6 所示。

表 15-6 不同天气条件下不同下风距离的氯气浓度 （10^{-3}mg/m^3）

下风向距离/m	大气稳定度				
	A	B	C	D	E~F
100	1.37	1.56	1.32	1.36	1.99
200	6.42	6.49	8.45	7.80	1.36
300	3.17	3.15	5.28	4.89	8.32
500	1.30	1.31	2.96	2.81	5.02
800	5.45	5.52	1.59	1.52	3.09
1000	3.55	3.63	1.16	1.11	2.36

（2）事故致死率估算。根据表 15-6 所示的氯气浓度分布，按式（15-4）计算出 Y 值。计算中取接触时间 t_e 为 30min，再由表 15-4 查出死亡率，得出结果如表 15-7 所示。

表 15-7 事故泄漏时不同下风距离的致死率 （%）

下风向距离/m	大气稳定度				
	A	B	C	D	E~F
100	0.43	0.50	0.41	0.42	0.63
200	0.11	0.11	0.21	0.17	0.43
300	0.015	0.015	0.07	0.055	0.19
500	0	0	0.01	0.01	0.06
800	0	0	0	0	0.01
1000	0	0	0	0	0

表 15-7 表明，如果发生这样的氯气泄漏事故，则在各类天气条件下，在不同下风向距离处的致死率是不同的。例如，在稳定度 D 下，下风距离为 100m 时，氯气泄漏的致死率为 0.42%。

15.4.3.2 风险影响分析

由于山西化学厂在太原市的西北角，而太原市的主导风向是 NNW 风，因而最需关注的下风方位是 SSE。表 15-8 给出了 SSE 方位不同距离带的人口数。

表 15-8 SSE 方位不同距离带内人口数

下风向距离/m	100	200	300	500	800	1000	1500
人口数/人	400	400	400	1000	1200	1500	3000

我们在计算事故风险值时，不仅要考虑事故的发生概率，也应考虑不利天气条件（例如 NNW 风）出现的频率、下风向人口分布。最终的计算结果如表 15-9 所示。

表 15-9 氯气泄漏事故风险估算

事故概率	1.33×10^{-3}次/年				
NNW 风出现概率	12.2%				
NNW 风下出现各稳定度的概率	A	B	C	D	E~F
	1.3%	14.4%	10.2%	26.2%	47.7%
NNW 风发生事故并出现该稳定度的概率	2.11×10^{-6}	2.34×10^{-5}	1.66×10^{-5}	4.26×10^{-5}	7.73×10^{-5}
NNW 风该类稳定度下发生事故在下风向 1km 内造成的人员死亡数	222	250	286	268	572
事故风险/人·年$^{-1}$	4.67×10^{-4}	5.85×10^{-3}	4.74×10^{-3}	1.14×10^{-2}	4.43×10^{-2}
最大风险/人·年$^{-1}$	4.43×10^{-2}				

由表 15-9 所示，最大风险值为每年致死 4.43×10^{-2} 人，事故造成的人员伤亡风险很高。因此，该化工厂必须采取严格有效的措施，降低贮槽的事故发生频率和事故泄漏量。

思 考 题

15-1 什么是环境风险？它可分为哪些类型？

15-2 什么是环境风险评价？如何进行环境风险识别？

15-3 环境风险评价与环境影响评价有何联系和区别？

15-4 环境风险评价指标分哪几类？

16 累积影响评价

[内容摘要] 本章首先介绍累积影响的概念，指出累积影响是世界各国发展所面对的共同问题。在此基础上，全面介绍累积影响评价的概念、目的、方法，说明累积影响评价的关键环节，包括累积影响评价时间范围和空间范围的确定、累积影响的识别和评价、累积影响消减措施等。重点介绍累积影响评价的方法。

16.1 累积影响与累积影响评价

16.1.1 累积影响

累积影响也称累积效应。最具破坏性的环境影响往往不是由一项特定活动直接效应产生的，而是多项活动的各个较小影响构成的联合效应随着时间推移造成的。

累积影响的概念最早见于美国1978年颁布的《关于“国家环境政策法”的若干规定》。该规定称累积影响是“当一项行动与过去、现在和可预见的将来行动结合在一起时对环境所产生的递增的影响……发生在一段时间内，单独的影响很小，但累积起来影响却很大的多项行动会导致累积影响”。

累积效应的发生是由于人类活动对环境的各种影响在空间上和时间上的密集和拥挤造成的。当人类活动对一个地点的生态系统产生的第一次扰动还没有充分恢复之前，又发生第二次扰动时，就是这些扰动累积起来，造成累积影响。

累积影响可分为环境系统层次上的累积影响和环境要素层次上的累积影响。

环境系统层次上的累积影响是指单个或多个项目产生的不相关联的多种影响，以不同的途径共同损害生态系统的功能或影响社会经济水平。如大气酸沉降、旅游业发展、工业点源排放含有毒化学物质废水、湖区渔业活动和农业非点源排放含营养物质废水等，共同影响一个湖泊的生态系统。这种累积效应是环境影响在环境系统整体层次上发生的，影响之间关联程度相当复杂。

环境要素层次上的累积影响是指多个项目通过加和或协同作用共同影响某一环境要素的一种或几种因子，如汽车尾气与火电厂排气共同影响大气环境中NO_x的水平。这种累积是环境影响在环境要素层次上的累积，影响之间的关联程度较高。这是目前累积影响研究的主要对象，其时空尺度相对于前者较小，复杂性也相对前者较低。

16.1.2 累积影响评价

以往的环境影响分析都是集中在各个项目或行动单独影响的分析上，从而看不清项目或行动间的相互影响，因此必须在评估每个行动方案的直接效应和间接效应的同时，评估多个项目或行动的累积效应。累积影响评价则是在较大的时空范围内系统分析和评估人类开发行动的累积影响，并提出避免或消减累积影响的对策措施，为决策人员提供全面、有效的环境影响信息。

累积影响评价可以分为专门的区域累积影响评价和结合在项目 EIA 中的累积影响评价。专门的累积影响评价一般针对一个区域，识别和评价区域内在过去和现在已发生的累积影响问题，分析造成累积影响的原因，并预测将来区域累积影响的发展趋势，制定减轻和预防区域累积影响的对策措施。结合在项目 EIA 中进行的累积影响评价则是在对拟议项目环境影响分析的基础上，进一步在扩大的时空范围内分析拟议项目与其他人类行动的累积影响，评价累积影响的重大性和对区域环境资源可持续性的影响，提出消减累积影响的对策措施。

从时间上来划分，累积影响评价可分为对已有的累积影响或累积效应的评价和对将来的累积影响的预测评价。在项目 EIA 中进行的累积影响评价通常同时包括了对已有的累积影响的评价和对将来的累积影响的预测评价。

累积影响评价的目的是为区域决策人员提供开发行动的全面的环境影响信息，对开发的类型、速度和空间布局进行管理，以使一定空间和时间范围内的最终环境影响保持在一定的阈值范围内，避免人类行动引发严重的环境后果。在更高的层次上来讲，累积影响评价的目的是促进国家乃至全球的可持续发展。我国目前在法规中没有评价累积环境影响的要求，但在《生态环境影响评价技术导则》和《规划环境影响评价技术导则》中提到了累积环境影响的内容。

16.2 累积影响的识别

16.2.1 累积影响的识别技术

识别项目的主要累积影响就是确定拟议行动的直接和间接影响，分析受影响的是哪些资源。拟议行动可能直接或间接地影响多种资源。资源可以是物理环境、物种、栖息地、生态系统、文化资源、人类社区结构等其他经济社会条件。但从广义上说，影响是累积性的，需要将注意力集中在对全国、地区或地方上有重大意义的累积影响上。

识别与拟议行动相关的明显和潜在累积影响后果的重大性，可以采用提问式核查表技术，从以下七个方面开始。

（1）受影响的资源或生态系统的价值。例如，它是否是立法或规划的保护目标，是否有生态重要性，是否有文化重要性，是否有经济重要性，对一个人类社区的福利是否重要。

（2）在同一地理区域内是否有与拟议行动相似的几个相同的过去、现在或未来行动。这里所指地区可能是土地管理单元、湿地、有法规约束的地区、省、生态区域等。例如在河流上进行水利开发，在社区建多个废物焚烧炉。

（3）在同一区域是否有与拟议行动相似的其他行动。

（4）拟议行动是否将影响任何自然资源、文化资源、社会或经济部门或生态系统。

(5) 在建设项目时，国家的法规是否已经对相似的并正在进行的行动进行了规定。

(6) 影响是否具有历史上的重大性。

(7) 拟议行动是否包含以下累积影响后果：

1) 造成环境酸化的空气污染物长距离输运或富营养化；

2) 排放造成气候变化的温室气体；

3) 排放造成区域空气质量恶化等的污染物；

4) 向大水体排放沉积物、热量和毒物等；

5) 持久的危险性污染物的处置；

6) 改变重要河流和河口的水利状况；

7) 降低土地数量和质量；

8) 持久性和生物累积性物质通过食物链发生迁移；

9) 地下水供量减少或受污染；

10) 正在进展的开发行动对低收入或少数民族社区的社会、经济或文化有影响；

11) 由于居住区、商业和工业开发而丧失自然栖息地和历史考古遗址；

12) 由于放牧、伐林和其他消耗性利用植被资源，使栖息地退化；

13) 由于基础设施建设或土地利用方式改变，使动物栖息地被分割、变小；

14) 破坏洄游性鱼类和徙移性野生动物种群的通道，导致某些物种的毁灭；

15) 丧失生物多样性。

16.2.2 累积影响的识别范围

累积影响的地理边界和时间跨度应涵盖作用于各种资源的累积影响的全部范围。但是，在累积影响评价中，如果范围确定得太大，则基础数据无法满足评价要求，评价所需的时间、资金和人员都会急剧上升，同时累积环境影响的复杂性也将超出现有的认识水平，使累积影响评价难以进行。如果范围确定得过于狭小，则可能使重要的累积影响问题没有包括在评价范围内，从而无法为决策人员提供关于开发行动的环境后果的全面信息。为此，评价人员必须在理想的评价范围与现实可行的评价范围之间寻找一个平衡点，即合适的评价范围，既较为全面地考虑了重要的累积环境影响，又将评价的时间、资金和人员限制在合理的范围内。

16.2.2.1 识别地理边界

(1) 传统 EIA 的地理边界是累积影响评价空间范围确定的基础。确定累积影响评价范围较确定传统 EIA 地理边界复杂得多。最简单就是将按 EIA 技术导则规定所确定的评价地理边界作为项目累积影响区，确定累积影响评价地理边界就是将项目影响区进行合理的扩展。

(2) 累积影响评价空间范围随环境要素或资源类型的不同而不同。项目影响区随环境要素或资源类型的变化而变化，这是由不同环境要素受到的影响的传播特点决定的。因此，要确定累积影响评价范围也必须依不同的环境要素或资源类型而定。

(3) 确定累积影响评价地理边界时应考虑的因素。在确定累积影响评价范围时必须从下列几个角度来进行分析：

1）项目的特点；
2）受影响的环境要素或资源类型；
3）可能获得的资料范围；
4）累积影响的类型和特征；
5）区域的自然、生态和社会特征；
6）评价工作的时间、资金和人员限制。

16.2.2.2　时间跨度的确定

与空间跨度的确定类似，时间跨度的确定也应以传统 EIA 的时间跨度作为解决问题的基点。在我国已发布的 EIA 技术导则中没有时间跨度的具体规定。实际工作中一般以建设前的环境状况作为评价基线，然后分析项目建设期和运行期的环境影响，即 EIA 的时间跨度是项目建设前至项目服务期结束。在开展累积影响评价时，必须作相应拓展。

16.2.2.3　识别过去、现在和未来的行动

识别累积影响应用图解法表示拟议项目区域、各种资源分布、其他已有的和规划中的设施以及人类社会的分布。应用 GIS 系统或采用手工的叠图技术勾画出具体的行动区域。通过对叠合图的检验，可以整理出一个累积影响分析中应考虑项目的清单。

16.2.3　拟建项目与其他项目之间的累积效应

同时考虑累积影响源、累积途径和累积效应的特征，拟建项目与其他项目通过加和产生累积影响，造成功能效应的累积途径多为相互作用，因为功能效应一般是在状态效应或结构效应的基础上产生的，往往具有时间滞后或阈值效应等的特点，累积过程中多包含了复杂的非线性特征。多方面组合起来构成以下几种累积影响类型，如表 16-1 所示。

表 16-1　累积影响分类系统

累积影响类型	累积影响源	累积途径	累积效应	举　例
类型 1	多个行动	加和	状态效应	农业灌溉、生活用水、工业用水共同造成地下水位下降
类型 2	多个行动	加和	结构效应	交通、居住、工业等建设引起区域土地利用结构变化
类型 3	多个行动	加和	功能效应	河流中上游地区过度使用水资源，造成下游河段水量减少，灌溉功能降低。
类型 4	多个行动	相互作用	状态效应	多种来源的营养物质排放，共同造成湖泊富营养化
类型 5	多个行动	相互作用	结构效应	多种来源的营养物质排放，共同造成水库水库富营养化，引起水生生态系统种群组成变化
类型 6	多个行动	相互作用	功能效应	多种来源的营养物质排放，共同造成水库富营养化，使水库丧失饮用水源地功能

16.3 累积影响评价

16.3.1 累积影响评价的功能特性

累积影响评价也就是确定累积效应的环境后果。累积影响评价虽然与传统的EIA在评价范围、内容以及评价原则等诸多方面有着较大的区别，但评价方法上基本采用了较为成熟的EIA方法，并针对累积影响的特点作了一些改进。

累积影响评价方法应具备下列特性或功能：

(1) 对多项活动进行分析（包括诱发的活动）；

(2) 适应多种不同的时间、空间范围，尤其是扩大的时空范围；

(3) 识别和说明影响累积途径；

(4) 分析与空间相关的累积影响（空间拥挤效应、跨边界效应、破碎效应）；

(5) 反映环境影响累积的非线性特征（如阈值效应、协同或拮抗效应、间接效应）；

(6) 对多个影响进行综合（包括影响的加和及相互作用）；

(7) 分析与时间相关的累积影响（时间拥挤效应、时间滞后效应）；

(8) 综合利用定性和定量信息。

现有的大多数累积影响评价方法往往只能满足上述的部分要求。因此在进行累积影响评价时必须组合使用多种评价方法，如在累积影响评价的开始阶段应用因果图和网络法来识别累积影响和累积途径，然后利用景观分析或模拟模型进行更全面深入的分析、评价，而分析的结果则纳入规划方法（如多准则评估、土地适宜性评价）来建立和比选累积影响管理方案。可见，要有效进行累积影响评价就必须应用多种累积影响评价方法。

16.3.2 累积影响评价的方法

常用的累积影响评价方法主要有以下几类。

16.3.2.1 矩阵法

该方法能够体现环境影响的原因和结果之间的关联，并可能进行一些简单的定量评价，因此可用于CEA中。克鲁恩（Crutzen）和格来尔（Graedel）曾在1985年提出一个矩阵形式，它由四个次级矩阵构成，最初是用来确定人类活动对环境成分的影响，该矩阵形式比其他矩阵形式能更好地体现影响的累积。例如，一种活动对多个环境成分的影响，多项活动对一个环境成分的作用，以及各种环境输入物之间的相互作用。

矩阵方法的缺点是缺乏时间和空间上的解决办法，特别是空间方面分析手段的缺乏，对于区域或更大范围的CEA来说是一个严重的问题。此外，为了综合分析环境影响而进行的矩阵加和，至多只能计算一种累积影响，即加和的累积影响。而其他更广泛的、协同的、复杂的、相互作用的影响的大小则不是简单的矩阵加和所能获得的。

16.3.2.2 网络法

该法采用树图的形式，能够比矩阵方法更清晰地描述和分析原因、过程和结果之间的关联，并能计算单个影响发生的可能性。因此，它在分析单一累积影响源的间接影响时是非常有用的。缺点是只能表达一个空间和一个时间的概念。

16.3.2.3　投入产出法

该法综合了环境部门的投入产出模型，可以有效地表达经济和环境之间的关系，但实际操作却很困难，例如数据的限制、模型的结构特征和处理环境成分的困难，使其不能用处理经济问题的方法来评价累积环境影响。

16.3.2.4　幕景分析法

一种幕景代表的是某一时刻的人类行动情况和环境状况，是对某一时刻人与环境系统的"快照"。幕景分析法是设定一系列幕景，通过对比分析各幕景下的人类行动和相应的环境状况，来评价不同幕景下的累积影响，分析区域内各种人类行动或各个时段人类行动对累积影响的贡献。

在累积影响评价中，可采用以下四类基本幕景系列，每一类幕景都包含一系列的场景（分幕景）：

（1）原始幕景，在大规模的人为开发之前的情况，这种情况可通过历史资料分析和推断来确定；

（2）当前幕景，指近期与现状；

（3）将来幕景（无拟议行动），在没有拟议行动情况下预测的将来情况；

（4）将来幕景（有拟议行动），在拟议行动发生情况下预测的将来情况。

由当前幕景与原始幕景的比较可以分析过去和现在开发行动的累积影响；由将来幕景（无拟议行动）与当前幕景的比较可以分析将来其他开发行动的累积影响；而由将来幕景（有拟议行动）与将来幕景（无拟议行动）的比较可以分析拟议行动对累积影响的贡献。

幕景分析法通过人为建立一系列在时间上离散的幕景，避免了累积影响评价中难以确定评价时间范围的问题。这种方法可操作性较好，易于实施，但受评价人员主观因素影响较大，设定幕景时应进行专家咨询。

但幕景分析法必须与GIS或环境数学模型或矩阵法结合在一起使用，因为幕景分析法只是建立了一套进行累积影响评价的框架，分析每一幕景下的累积影响还必须依赖于GIS、环境数学模型或矩阵法等更为具体的累积影响评价方法。

16.3.2.5　系统动力学方法

首先考察评价区域及其周边地区的环境特点，将整个大区域划分为若干子系统，进而考察系统结构和各子系统之间的关系，建立相应的模拟模型，确定有关的系统动力学方程，模拟模型在通过真实性检验、结构稳定性分析、参数确定及其灵敏度分析证明具有可信性后，即可用以预测评价区域范围内环境变化趋势，从而评估人类开发建设活动所引起的环境影响累积效应。

16.3.2.6　GIS技术

GIS是一个计算机化的储存、检索、使用空间数据的系统，能够储存、检索、处理、显示和更新数据的属性信息和空间信息；是将计算机化的制图系统（储存图形数据）和数据库管理系统（储存性数据，如一个区域的土地利用或一条道路的坡度）联结起来的系统。由于CEA拓展了EIA的时空分析范围，更强调环境变化的时空放大作用，因此其更多地要求评价方法的能力，而GIS具有编辑、加工和评价长时段、大地理区域数据的能力及卓越的建模和影响预测能力，能够识别和分析环境影响在时间和空间上的累积特征，因此为进行 CEA 提供了强大的可操作方法。但 GIS 的缺点是缺乏体现过程联系和进行综合评价的能力，但这可以通过进一步研究和其他方法如网络法的配合来加以解决。

16.3.2.7 模糊系统分析方法

累积环境影响涉及大量环境、经济和社会因素，跨越了较大的时空范围，包含复杂的因果关系和相互作用，其中许多过程和联系是难以精确描述的，即具有一定的模糊性，而模糊数学方法在处理模糊性方面是得天独厚的，因此，在 CEA 中使用模糊系统分析方法是非常适用的。

模糊系统分析方法可通过模糊相关分析，确定主要的联系和相互作用，以及影响的主要因素；可以通过模糊逻辑推理，在不需要明确相互作用过程的情况下对累积环境影响进行预测；还可以通过分别构造时间和空间的模糊相似矩阵，对影响在时空上的累积做出比较和半定量的描述。最后，它还可以通过模糊综合评价方法对累积环境影响进行综合分析。因此，其是一种综合性较强的分析和评价 CEA 的方法，但其缺点在于忽视了相互作用的过程。

由以上的介绍可以看到，目前累积影响评价还没有成熟的方法学，没有一种方法可以单独完成对 CEA 的评价，必须将它们有机地结合在一起，同时还应积极寻求和建立新的方法，来解决过去所不能解决的问题。

以西方国家为例，美国环境质量委员会和加拿大环境评价署建议的累积影响评价方法如表 16-2 所示。

表 16-2 美国和加拿大建议的累积影响评价方法

美国环境质量委员会建议方法	加拿大环境评价署建议方法
调查表、会谈和讨论组 核查表 矩阵法 网络法和系统图 数值模型 趋势分析 叠图与 GIS 承载力分析 生态系统分析 经济影响分析 社会影响分析	相互作用矩阵 影响模型 网络法和因果图 GIS 指数法 数值模型

16.3.3 判断累积影响重大性的方法

累积效应的重大性与其强度密切相关。强度包括大小、地理范围、持久性和发生效率，也表示效应的严重性。理论上说，要进行定量评估，必须设定判断重大性的具体基准或阈值。这些基准或阈值要能客观地反映资源、生态系统和人类社区对可能发生的累积效应的恢复力。

确定累积效应重大性的阈值和基准，对于不同类型的资源和不同重要性的资源是不同的。人类对污染物在各种环境要素中累积效应的阈值和基准已积累了大量的资料，在人类社区效应阈值和基准方面也有一定基础，现在最缺少的是关于评判生态系统累积效应方面的阈值和基准。

依据累积影响评价的结果，应该要求对累积效应有贡献的其他行动采取措施，而措施的实施常常不在提出拟议行动的权限之内。所以负面累积效应的重大性是一个敏感的结果，需要改进对区域内资源、生态系统和人类社区累积效应历史趋势的分析，这样有利于更准确掌握拟议行动的贡献及各个部门和单位应承担的责任。

16.3.4 重大累积效应的避免和消减

当累积影响超出容许水平或将要产生重大的累积影响时，可采取如下对策措施：

（1）现有的其他项目对累积影响贡献最大，这时消减累积影响有两种途径：一是现有的其他项目应采取一定的措施，减轻其影响，这种途径超出了拟议项目的范围，往往实行起来有一定的困难；二是拟议项目向现有的其他项目购买排污权，即提供资金或采取措施减轻其他现有项目的影响，这种方式在区域污染物总量控制中已有应用。若上述两种途径均不可行时，应提出拟议项目的替代选址方案；

（2）拟议项目对累积影响贡献最大，这时拟议项目应采取有效的对策措施，减轻其环境影响；

（3）拟议项目将诱发大量新的开发行动，产生诱发影响，这时由于诱发行动的具体信息往往难以获得和确定，应随后制定区域开发规划，以确保将来的开发行动与区域环境保护相协调，避免产生重大的累积影响；

（4）将来的其他项目对累积影响贡献最大，这时应提请管理部门警惕，在审批该项目时要求其严格地采取有效地消减措施。

16.4 累积影响评价案例

该案例为 M 水库投饵网箱养鱼项目累积影响评价。M 水库位于某城市东北方向，距市区约 90km，库区跨越 A、B 两河。水库常年蓄水量为 20 亿立方米左右。该水库现为城市饮用水水源地，保护水库水质是直接关系到城市人民生活和健康的重大问题。

16.4.1 项目简介

M 水库从 1984 年开始进行投饵网箱养鱼试验，此后网箱养鱼规模逐步扩大，1990 年发展至网箱面积近 2.5hm^2。网箱内饲养的主要鱼种是鲤鱼。网箱养鱼主要分布于 M 水库南部沿岸的多个库湾内，这样可以减少风浪的影响，并便于管理操作。

根据历史资料推测，当地政府为发展库区经济，提高库区群众收入水平，拟将网箱养鱼面积由 1990 年的 2.5hm^2扩大至 4.67hm^2。以下针对此项目（以下简称为拟议网箱养鱼项目）进行累积影响评价。

16.4.2 累积影响识别

M 水库 1990 年网箱面积为 2.5hm^2，拟议项目是在此基础上将网箱养鱼规模扩大至

4.67hm², 因此，拟议项目将与过去和现在的网箱养鱼以及将来可能的其他网箱养鱼项目的影响进行累积，加重对水库水质的影响。

假定 M 水库周边某乡镇计划在 M 水库开展面积为 1.0hm²的网箱养鱼活动，且该项目（以下简称为其他将来的网箱养鱼项目）正在审批过程中。此项目与拟议网箱养鱼项目（2.17hm²）对水库水质产生同样的影响，并产生累积效应。

上游来水水质和水量是决定水库水质的重要因素。上游来水水质受到上游流域范围内人类行动的影响，包括生活污水、工业废水排放、农业非点源污染等。因此，M 水库上游流域内的人类行动会与网箱养鱼项目发生累积影响，共同作用于 M 水库的水环境。

网箱养鱼一般每年春季投放鱼种，5 月至 10 月集中投喂，11 月份捕捞成鱼，是每年重复进行的活动。网箱养鱼分布于 M 水库的多个库湾内，是空间分散的人类活动。时间上重复发生、空间上分散的网箱养鱼活动会产生一定的累积效应。

考虑到 M 水库过去和现在的网箱养鱼、将来可能的其他网箱养鱼项目，以及上游地区人类行动后，累积影响识别见表 16-3。

表 16-3 累积影响识别

环境资源		拟议网箱养鱼项目	其他网箱养鱼	上游地区人类行动	累积影响
水体	水质	*	*	*	* *
	底质	*	*	*	*
	水生生物	+	+	*	+
社会经济	就业	+	+		+
	相关产业	+	+		+
	交通运输	+	+		+
	居民收入	+	+		+
	税收	+	+		+
	水产品市场	+	+		+
供水	源水水质	*	*	*	* *
	水厂运行费用	*	*	*	* *
健康	市民健康	*	*	*	*
	医疗费用	*	*	*	*

注：*轻微不利影响；* * 中等不利影响；+有利影响。

M 水库水质是受到网箱养鱼项目影响的环境资源中最为重要的，以下对网箱养鱼项目及以上识别的其他人类行动对水质产生的累积影响进行定量分析。

16.4.3 幕景设定

为分析拟议网箱养鱼项目及其他人类活动对 M 水库水质的累积影响，以下从 A、B 河入流水质和水库网箱养鱼规模两个方面来设定多种幕景。

（1）A、B河入流水质设定为4种水平：

1）A、B河入流水质采用1991年实际监测数据作为基线水平，代表水库来水水质在2015年前保持不变的情况；

2）A、B河入流水质采用2000年预测值，代表A、B河入流水质受到上游地区人类活动所新增污染负荷（2000年预测情况）影响时的情况；

3）A、B河入流水质采用2010年预测值，代表A、B河入流水质受到上游地区人类活动所新增污染负荷（2010年预测情况）影响时的情况；

4）A、B河入流水质采用2015年预测值，代表A、B河入流水质受到上游地区人类活动所新增污染负荷（2015年预测情况）影响时的情况。

（2）M水库网箱养鱼规模设定为3种情况：

1）水库网箱养鱼规模保持现状2.5hm^2；

2）拟议网箱养鱼项目（2.17hm^2）实施后，水库网箱养鱼规模为4.67hm^2；

3）同时考虑拟议网箱养鱼项目（2.17hm^2）和将来可能的其他网箱养鱼项目（1hm^2），水库网箱养鱼规模为5.67hm^2。

将4种A、B河入流水质和3种网箱养鱼规模进行组合，可得到a、b、c、d四个系列共12种幕景，见表16-4。

表16-4　用于累积影响分析的12种幕景

网箱养鱼规模	入流水质			
	a	b	c	d
1	幕景1a	幕景1b	幕景1c	幕景1d
2	幕景2a	幕景2b	幕景2c	幕景2d
3	幕景3a	幕景3b	幕景3c	幕景3d

12种幕景的含义如下：

幕景1a：代表水库来水水质不变，网箱养鱼规模保持现状时的水库水质情况，即水库按现状情况运行时的水质情况；

幕景2a：代表水库来水水质不变，拟议网箱养鱼项目（2.17hm^2）实施后的水库水质情况，反映拟议网箱养鱼项目对M水库水质的影响；

幕景3a：代表水库来水水质不变，拟议网箱养鱼项目（2.17hm^2）和将来可能的其他网箱养鱼项目（1hm^2）实施后的水库水质情况，反映拟议网箱养鱼项目与现在的和将来可能的其他网箱养鱼活动对M水库水质的累积影响；

幕景1b、1c、1d：代表水库网箱养鱼规模保持现状，A、B河入流水质受到上游地区人类活动所新增污染负荷影响时的水库水质情况，反映上游地区将来人类活动对水库水质的影响；

幕景2b、2c、2d：代表同时考虑拟议网箱养鱼项目（2.17hm^2）和M水库上游地区人类活动情况下的水库水质情况，反映上游地区将来人类活动和拟议网箱养鱼项目对水库水质的累积影响；

幕景3b、3c、3d：代表同时考虑拟议网箱养鱼项目（2.17hm^2）、将来可能的其他网箱养鱼项目（$1hm^2$），以及M水库上游地区将来人类活动情况下的水库水质情况，反映评价空间范围内人类活动（包括过去的、现在的和将来的人类活动）对M水库水质的全面累积影响。

16.4.4 累积影响评价

将各幕景的入流水质、水量、出流水量、水库春季水质和天气等数据输入WQRRS（Water Quality for River-Reservoir System）模型进行模拟，可以得到该幕景一年中各月的水质情况。由于预测结果数据繁多，在此仅就11月份水质预测结果（见表16-5）进行分析。由于M水库在秋未发生翻库，因此M水库11月份水质表层、中层和底层水质一致。

表16-5 M水库11月份水质预测结果 (mg/L)

幕景	DO	NH_4—N	NO_3—N	NO_2—N	PO_4—P
幕景1a	8.2	0.070	0.972	0.021	0.022
幕景2a	8.1	0.083	0.928	0.025	0.024
幕景3a	8.0	0.089	0.910	0.027	0.026
幕景1b	8.0	0.080	0.929	0.024	0.024
幕景2b	7.9	0.092	0.890	0.028	0.027
幕景3b	7.9	0.098	0.871	0.029	0.028
幕景1c	8.0	0.083	0.926	0.025	0.025
幕景2c	7.9	0.094	0.887	0.028	0.027
幕景3c	7.9	0.101	0.867	0.030	0.028
幕景1d	8.0	0.084	0.926	0.025	0.025
幕景2d	7.9	0.095	0.887	0.029	0.027
幕景3d	7.8	0.101	0.868	0.030	0.029

将11月份水质预测结果与水质标准及比较可知：

各种幕景下，DO、NH_4—N、NO_2—N和NO_3—N均符合水质标准。

幕景1a、1b、1c、1d、幕景2a，PO_4—P符合标准，而幕景2b、2c、2d和幕景3a、3b、3c、3d，PO_4—P超标。说明单独考虑拟议网箱养鱼项目或上游将来人类活动新增的污染负荷，对M水库水质均无重大影响。而考虑其他将来的网箱养鱼项目（幕景3a）后，或考虑上游地区新增的污染负荷（幕景2b、2c、2d）后，或综合考虑其他将来的网箱养鱼项目和上游地区新增的污染负荷（幕景3b、3c、3d）后，累积影响导致水库PO_4—P超标。

M水库换水周期较长（4年左右），P作为持久性物质，将在水库中随时间累积。由于M水库为P限制性水体，PO_4—P的累积将加速水库的富营养化进程，从而使水库水质无法满足城市饮用水水源地的功能要求。因此，尽管拟议网箱养鱼项目本身对M水库水质无重大影响，但考虑到累积影响后，拟议网箱养鱼项目对M水库水质的影响是重大的。

16.4.5 累积影响消减措施

由于累积影响是现有库区上游的社会经济活动、现有网箱养鱼、拟议网箱养鱼项目、将来可能的其他网箱养鱼项目和上游地区人类行动共同作用的结果，因此必须在 M 水库流域范围内采取累积影响消减措施。建议采取以下几方面的措施：

（1）提高饲料效率；

（2）回收残饵和鱼粪；

（3）建议网箱养鱼区应布设于距离水库出水口足够远的库湾内；

（4）建议该网箱养鱼项目分期分批实施，根据前面一期实施后水库水质变化情况，决定后续项目是否实施。在审批其他的网箱养鱼项目时应谨慎，不能超出 M 水库对网箱养鱼活动的承载力；

（5）建议在网箱中搭配养殖滤食性鱼类或在设箱水域增放一定数量的滤食性鱼类；

（6）采取有效措施，减少上游地区农业和生活污染负荷；

（7）加快水库上游地区水源保护林建设。

思 考 题

16-1 什么是累积影响？

16-2 什么是累积影响评价，它的目的是什么？

16-3 如何确定累积影响评价的时间范围？

16-4 如何确定累积影响评价的空间范围？

16-5 避免和消减累积影响的主要途径有哪些？

16-6 评价累积影响的主要方法有哪些？与传统环境影响评价方法有何区别？

参考文献

[1] 王罗春. 环境影响评价 [M]. 北京：冶金工业出版社，2012.

[2] 陆雍森. 环境评价 [M]. 第二版. 上海：同济大学出版社，1999.

[3] 何德文，李铌，柴立元，等. 环境影响评价 [M]. 北京：科学出版社，2008.

[4] 陆书玉，等. 环境影响评价 [M]. 北京：高等教育出版社，2001.

[5] 国家环境保护总局环境影响评价管理司. 环境影响评价上岗培训教材 [M]. 北京：化学工业出版社，2006.

[6] 包存宽，陆雍森，尚金城，等. 规划环境影响评价方法及案例 [M]. 北京：科学出版社，2004.

[7] 张威，郭玉刚，王建中，等. AERMOD模型在大气环境影响评价点源预测中的应用研究——某城市集中供热点源预测为例 [J]. 北方环境，2010 (3)：23-27.

[8] 余婷婷，周大为，范军，等. AERMOD模型在大气环境影响评价中的应用 [J]. 油气田环境保护，2010，20 (1)：17-19.

[9] 严勰. 累积环境影响评价研究综述 [J]. 化学工程与装备，2010 (7)：109-113.

[10] 张虎成，闫海鱼，杨桃薄，等. 累积环境影响评价理论体系及其发展趋势 [J]. 贵州水力发电，2008，26 (2)：18-21.

[11] 单晨，丁绍兰. 某合成革企业湿法生产线的生命周期评价清单分析 [J]. 西部皮革，2011，33 (2)：13-17.

[12] 蔡治平，阎茹. 区域环境影响评价中大气环境容量的计算方法 [J]. 武汉工程大学学报，2008，30 (1)：26-29.

[13] 杨卫国. 区域环境承载力评价在区域环境影响评价中的应用 [J]. 中国环保产业，2009 (10)：31-34.

[14] 长江水资源保护科学研究所. 太仓市应急水源地工程环境影响报告书 [R]. 2008.

[15] 长江水资源保护科学研究所. 宏华海洋油气装备（江苏）有限公司启东制造基地工程环境影响报告书 [R]. 2009.

[16] 马忠强，汪林，朱京海，等. 2×300MW机组烟塔合一方案大气环境影响分析 [J]. 环境科学研究，2012，25 (12)：1416-1421.

[17] 中国环境保护产业协会环境影响评价分会. 我国环境影响评价行业2013年发展综述 [J]. 中国环保产业，2015 (1)：12-14.

[18] 中国环境保护产业协会环境影响评价分会. 我国环境影响评价行业2014年发展综述 [J]. 中国环保产业，2015 (5)：13-17.

[19] 中国环境保护产业协会环境影响评价分会. 我国环境影响评价行业2015年发展综述 [J]. 中国环保产业，2016 (5)：5-9.

[20] 徐蕾. 环保新形势下环境影响评价工作存在的挑战及建议 [J]. 中国环境管理干部学院学报，2016，26 (1)：7-10.